高等学校工程创新型“十二五”规划教材
电子信息科学与工程类

电子对抗原理与技术

周一宇　安　玮　郭福成
柳　征　姜文利　编著

電子工業出版社
Publishing House of Electronics Industry
北京・BEIJING

内 容 简 介

本书系统介绍了电子对抗的基本原理、技术、系统及应用等内容。全书共分8章，包括电子对抗的历史、概念和发展，电子侦察信号截获原理和测频接收机技术，无源测向和辐射源定位技术，信号处理技术及侦察系统，电子干扰原理和技术，电子干扰系统，隐身与反辐射武器硬摧毁技术，电子防护技术。本书以雷达对抗为主线，内容涵盖通信对抗、光电对抗等领域的关键技术。

此书可作为高等学校电子信息科学与工程学科电子对抗专业本科生教材，也适用于该方向的研究生、科研人员参考。

图书在版编目(CIP)数据

电子对抗原理与技术 / 周一宇等编著. —北京：电子工业出版社，2014.8
高等学校工程创新型“十二五”规划教材
ISBN 978-7-121-24006-5

Ⅰ. ①电… Ⅱ. ①周… Ⅲ. ①电子对抗－高等学校－教材 Ⅳ. ①TN97

中国版本图书馆 CIP 数据核字(2014)第 176382 号

策划编辑：陈晓莉
责任编辑：陈晓莉
印　　刷：北京虎彩文化传播有限公司
装　　订：北京虎彩文化传播有限公司
出版发行：电子工业出版社
　　　　　北京市海淀区万寿路 173 信箱　邮编 100036
开　　本：787×1 092　1/16　印张：16.5　字数：423 千字
版　　次：2014 年 8 月第 1 版
印　　次：2022 年 7 月第 14 次印刷
定　　价：39.00 元

凡所购买电子工业出版社图书有缺损问题，请向购买书店调换。若书店售缺，请与本社发行部联系。联系及邮购电话：(010)88254888。

质量投诉请发邮件至 zlts@phei.com.cn，盗版侵权举报请发邮件至dbqq@phei.com.cn。

服务热线：(010)88258888。

前　言

电子对抗是敌对双方围绕电磁频谱的控制权和使用权而开展的对抗斗争，习惯上也称为电子战，是信息时代最活跃的作战力量之一。历史和一次次生动的战例充分说明电子对抗在现代高技术战争中具有举足轻重的地位，发挥着不可替代的重要作用。近年来，我国着力建设信息化条件下的新型作战力量，电子对抗更加受到高度重视。

2009年我们编写了《电子对抗原理》一书，以雷达对抗为主线，侧重于电子对抗基本原理的分析，融入了当时电子对抗领域的一些新的概念、方法和技术，解决了本科教学中面向工程应用，特别是军队院校基础合训教学的教材需求，对希望了解电子对抗的工程技术人员和部队使用人员也有帮助。经过几年的教学实践，我们发现及电子对抗技术的发展原书存在诸多不如人意的地方，难以满足对“电子对抗”课程教学日益增强的需求，为此，我们在该书的基础上进行了修订。

新编《电子对抗原理与技术》的指导思想一是以雷达对抗为主线，补充通信对抗、光电对抗等领域的相关内容，但仍然保持侦察、攻击和防护三个电子对抗功能总格局，尽量避免相近内容的重复，增强体系思维和知识的相互连接；二是仍然以对抗技术原理为主，适度加强对装备和技术运用的介绍，更新、补充若干应用实例，希望使读者重点掌握电子对抗基本原理和技术方法，在此基础上开拓技术战术运用的思路；三是对原书欠缺的知识点进行补充和对偏老旧的内容进行更新，如加强信号检测、宽带接收的原理论述和干扰方程分析等，补充数字化接收机、二维干涉仪等内容。本次修订改正了原书存在的错误和不准确之处，增加了章末的习题和思考题。

本书内容主要分为电子对抗侦察、电子攻击和电子防护三个部分。第1章为电子对抗概述，介绍电子对抗的概念及其发展历史，以及信息战和赛博空间等相关概念；第2～4章介绍电子对抗侦察，包括测频、测向、信息处理的基本原理和技术、以及电子对抗侦察系统的组成、原理和应用，其中一节专门介绍通信信号分析方法；第5～7章介绍电子进攻，包括电子干扰、反辐射武器、定向能和隐身等的基本原理和技术，包括对通信、卫星导航和光电制导的干扰，以及电子干扰系统的组成、原理和应用；第8章介绍了电子防护的基本原理和技术。

如果先期学习或了解“雷达原理与系统”、“通信原理”、“随机信号分析”等课程，将有助于理解本书的内容。

本书原书由周一宇主编，安玮、郭福成、柳征、姜文利编写。周一宇、郭福成、卢启中、王丰华、柳征等参与了本次的修订工作，以及增补内容的编写，周一宇审阅了全书。在本书的编写过程中，参考了同行们此前出版的著作和发表的学术论文，吸取了他们的智慧和贡献，在此再次表示感谢。

限于不宜过多调整全书的结构，很遗憾修订版在知识体系和章节结构的合理性上不能达到理想的程度。由于编写者水平有限，书中难免存在一些缺点和错误，殷切希望广大读者批评和指正。

编　者

2014年7月

目　　录

第1章　电子对抗概述

1.1　电子对抗的发展历史

电子对抗是现代化战争中的一种特殊作战手段，是敌我双方在电磁频谱领域的斗争。西方国家称为“电子战”，前苏联称为“无线电电子斗争”。在我国，人们也常常按照西方的习惯通称其为电子战。

电子对抗包括电子对抗侦察、电子进攻和电子防御等基本内容。电子对抗的作战对象主要是那些使用电磁频谱来获取、传输和利用信息的军用电子信息装备，包括雷达、通信、导航、制导武器等。电子对抗的作用，一是通过电子对抗侦察手段截获、识别和定位敌方电子信息设备发出的电磁辐射信号，从中获取战略和战术情报，为进一步实施电子对抗行动提供信息支援；二是通过干扰和硬摧毁等电子进攻手段降低、削弱或摧毁敌方的电子信息装备正常工作的能力，使雷达迷茫、通信中断、武器失控、指挥失灵；三是通过电子防御手段，使我方电子信息装备在敌我双方激烈的电磁斗争中不受或较少受到各种电磁影响，保障我方电子信息装备有效工作。如果这些电子对抗手段使用得当，将改变敌我双方占用电磁频谱的有效程度，夺得战场的制电磁权，就像夺得制空权、制海权一样，最终影响战争的胜负。

电子对抗的发展历程与无线电技术和电子技术应用于军事装备紧密相连。每当一项无线电技术和电子技术取得重大进展，形成一种新的无线电电子装备，在军事应用上产生重大影响时，就会催生出相应的电子对抗技术和装备与其对抗，并在战争中体现出电子对抗的巨大军事和经济价值。自电子对抗诞生以来，历次较大规模的战争都将电子对抗的发展推进到一个新的高度，进入一个新的发展阶段。回顾电子对抗的发展历程有助于我们深刻理解电子对抗的精髓及其发展规律。

随着战争形态的变化和科学技术进步的推动，电子战的发展过程经历了初创、形成和发展的几个阶段。初创时期，从起源到20世纪30年代末，即第一次世界大战时期，电子战的唯一形式是通信对抗；40～50年代，即第二次世界大战时期，电子战的主要形式是对抗各种雷达，特别是高炮雷达；60～80年代初，以越南战争和中东战争为代表，电子战的显著特点是对抗各种制导方式的导弹制导系统；到80年代中期以后，更注重的是电子战与其他作战手段的综合运用，主要目标是敌方的指挥控制系统。而电子情报领域的斗争则贯穿电子战史的始终，不论和平时期还是战争时期。

1.1.1　第一次世界大战时期

电子对抗登上战争历史舞台是在1904年爆发的日俄战争。

1904年2月，日俄战争爆发。这是第一次敌对双方都使用无线电进行通信联络的战争。日军为攻击停泊在旅顺的俄军舰只，派出一艘小型驱逐舰停泊在靠近海岸的有利地点观察弹着点，用无线电报向巡洋舰报告射击校准信号。然而，日军发出的校准无线电信号被俄军岸基无线电台的一名报务员截获，该报务员意识到这个信号的重要性，因而立即用火花发射机对其进行干扰。日舰得不到目标位置信息,炮手只能盲目射击。结果,俄军舰艇在那天的战斗中无一损伤,日军则被迫提前停止炮击并撤出战斗。这次无线电干扰规模虽然很小,但却是初战成功。电子战崭露头角,在电子战史上具有重要意义。

1905 年的日俄对马海战,俄军就没有那么幸运了。由于俄国波罗的海舰队拒绝使用无线电干扰而导致整个舰队的覆灭。

1904 年 10 月 14 日,俄国海军上将罗泽斯特文斯基率领波罗的海舰队的 59 艘军舰,从芬兰湾出发,于 1905 年 5 月中旬进入我国东海,经朝鲜海峡驶往海参崴,补充与日本作战的俄国远东海军。而此时日军舰队几乎所有的舰艇都集结在朝鲜海峡南端的马山海湾,并已做好随时开赴开阔海域拦截敌舰的一切准备。俄军舰队司令权衡了使用无线电的利弊,认为俄舰队的目的是顺利到达目的地,而不被日军发现和攻击,如果使用无线电通信就可能因被日军侦听而泄露舰队位置。因此进入朝鲜海峡后,他下令保持彻底的无线电沉默。

5 月 27 日晚,浓雾弥漫,能见度只有 1.5 千米。2 时 45 分,正在巡逻的日军“信乃丸”号巡洋舰发现一艘亮着航灯的舰船开来,但不能分辨其种类和国籍,于是便尾随跟踪。4 时 46 分,大雾逐渐消散,“信乃丸”号已辨明这是一艘俄国医疗船,并看到一长列俄军战舰距这搜医疗船只有 1 千米,便立即用无线电向旗舰上的东乡舰队司令报告。但由于设备性能太差,无法送达这个重要消息。此时,俄军舰队也看到日舰正在与俄舰平行行驶,罗泽斯特文斯基命令舰队所有大炮对准日舰“信乃丸”号,但并不下令开火。这时,许多俄舰都侦听到“信乃丸”号向其旗舰呼叫的无线电报警信号,俄舰“乌拉尔”号舰长对舰队司令不向前来挑衅的日舰采取任何行动十分不满,认为现在保持无线电静默已无意义,便与无线电报务员商量干扰“信乃丸”号的无线电发射。他们认为,只要发射与日舰频率相同的连续信号就足以干扰其通信联络,阻止其将观察到的俄军舰队情况通报出去。“乌拉尔”号舰长及时用旗语向旗舰提出实施无线电干扰建议,但舰队司令简短的回答是:“不要阻止日舰发射。”正是罗泽斯特文斯基这个命令使整个舰队走向了覆灭的命运。

“信乃丸”号继续进行跟踪观察,将俄舰编队的组成、航线、位置、速度等重要情报连续不断地报告日军舰队司令,使日军具有充分的时间调动部队,进行周密的部署,并做好迎击的准备。

13 时 30 分,由“苏沃洛夫”号旗舰率领的波罗的海舰队进入日军舰队在对马海峡设置的伏击圈内,处于交叉火力网之中。顿时炮弹像冰雹一样落到俄军的舰船上,无情地将它们一艘一艘摧毁,一艘一艘被海水吞噬。最后,只有三艘设法逃脱到达海参崴港,其他未被击沉的战舰不得不升起白旗投降,几千名官兵葬身海底,舰队司令罗泽斯特文斯基伤势严重,成了日军的俘虏。

这是电子战战史上的一次惨痛教训。如果波罗的海舰队司令能接受“乌拉尔”号舰长的劝告和建议,用大功率无线电发射机干扰日舰的预警报告,并果断采取攻击和其他措施,也许不至于造成如此悲惨的结局。

从 1904—1905 年的日俄战争到第一次世界大战,无线电对抗开始应用于战争。在这一时期内,电子战的特点主要表现为对无线电通信的侦察、破译和分析,对无线电通信的干扰只是在战争中偶尔应用。因为当时各军种领导人和参谋都认识到,通过侦察分析敌人的无线电通信,就可得到有关敌人的重要军事情报,因此电子战的应用主要偏重于侦察、截获敌方的无线电发射信号,而不是中断或破坏他们的发射。此外,电子战的应用也仅局限于海上作战行动,且无专用的电子战设备,只是利用无线电收、发信机实施侦察和干扰,因而是一种最原始、最简单的电子战,因此可以认为是电子战的起源或初创阶段。

1.1.2　第二次世界大战时期

如果说电子战是在第一次世界大战前后兴起，并在战争中崭露头角，则第二次世界大战和战后就成为电子战真正形成和大量应用阶段。这一阶段中，随着电子技术的发展，许多国家开始研制和应用无线电导航系统和雷达系统。在夺取制空权成为决定战争胜负关键的第二次世界大战中，目标探测雷达、导航雷达和岸炮、高炮控制雷达已广泛装备部队，并成为作战飞机、作战舰艇的重大威胁。因此，能否有效地干扰、破坏敌方雷达系统的正常工作已关系到部队的生死存亡。这种极为迫切的战争需求推动了电子战进入第一个发展高潮。

在此期间，英、美、苏、德等国都纷纷投入大量的人力、财力，建立无线电对抗研究机构，大力研制无线电对抗装备，组建无线电对抗部队，研究无线电对抗技术。从而使电子战从单一的通信对抗发展为导航对抗、雷达对抗和通信对抗等多种电子战形式，同时也陆续研制出一些专用的电子战装备，如无线电通信侦察测向设备和干扰设备、雷达侦察设备、有源雷达干扰设备、无源箔条干扰器材、专用电子侦察飞机、专用电子干扰飞机等。电子战的作战领域也从海战扩展到空战和陆战。在作战行动上，特别是1943年以后，电子侦察、电子干扰几乎天天都在激烈地进行着，电子战已成为保护飞机和舰艇安全的不可或缺的支援手段。特别是1944年春，英、美联军为掩护登陆部队在法国诺曼底实施登陆作战而成功实施的规模巨大的"霸王"电子欺骗行动，标志着电子战的发展和应用达到了一个新的水平。

保证诺曼底登陆作战成功的关键是最大限度地隐蔽真实的登陆地区和登陆行动，尽量减少正在登陆的部队与德国部队之间的交战，特别是在登陆的初期阶段。这就是电子战在此次作战中的总任务，其重要意义和艰巨程度可想而知。

1.1.2.1　制订周密的电子战计划

1944年2月，由英国电信研究所电子对抗处处长、电子对抗专家罗伯特·科伯恩为首组成了电子对抗工作组，开始制订保障登陆的电子战计划，不久美国无线电研究实验室、第十五处美英实验室也投入了这项工作。在整个计划过程中安全保密极其严格，每个人除自己的任务所必须知道的事情外，谁也不知道计划的其他情况。计划规定了电子对抗作战方案必须完成的任务，包括阻止敌方岸基雷达对盟军登陆舰艇的早期警报、实施空中支援和各种军事佯动等具体行动措施。

1.1.2.2　战前准备

1. 扫清障碍

德国为了及时获得盟军从空中或海上攻击的警报，在法国北部和比利时、荷兰沿海建立了92座雷达站，装备了各种用途的雷达系统，包括警戒雷达和火炮控制雷达，如"猛犸象"、"沃塞曼"、"弗雷亚"、"海浪"及"维尔茨堡"和"小维尔茨堡"雷达等。这些雷达时刻监视着英吉利海峡中的舰船活动。要全面欺骗这样多体制、多频段配备的严密雷达网，那简直是不可能的。因此，盟军通过高精度测向机精确地确定这些雷达的位置，然后再通过照相侦察进行精确标定。

摧毁这些雷达的任务由英国皇家空军第二战术航空队实施，从3月16日开始，首先对比利时沿岸的雷达进行攻击，然后是法国北部沿海的雷达。至登陆行动实施之前，德军92座雷达站中，除侥幸残存的16座外，其余76座均被摧毁，为实施欺骗创造了有利条件。

2. 组建电子战部队，安装电子战设备

在攻击德军雷达站的同时，驻英国斯克索普空军基地的美国陆军航空兵第 8 航空队第 803 轰炸中队被改装为专门的电子战部队，与英国皇家空军的第 100 大队共同担负此次战役的电子战任务。第 803 轰炸中队装备 9 架 B-17 轰炸机，其中 8 架各装备 9 部美国研制的“地毯”干扰机和 4 部英国研制的“鹤嘴锄”干扰机；另一架改装为电子侦察飞机，装备 SCR-587 和 S-27 电子侦察接收机。

美军在 22 艘攻击坦克登陆艇和 9 艘大型火炮登陆艇上安装了 76 部不同型号的雷达干扰机。

3. 设计和试验“幽灵舰队”

就在工程师们紧张地在作战舰船和飞机上安装电子战设备的同时，电子对抗工作组也在精心设计支援登陆作战的欺骗措施——在雷达荧光屏上模拟两支巨大的“幽灵舰队”，目的是将德军的注意力吸引到远离登陆地点的地区。为达到这一目的，最简单的方法是使用大量相同尺寸的船只，但登陆作战时不可能有这么多的大型船只用于这个目的。科伯恩的设计方案是：由多架飞机在精心安排的航线上飞行，并投放干扰绳（长金属箔条），在敌军的雷达荧光屏上形成一个相当于长 16 英里、宽 16 英里、面积为 256 平方英里的巨大目标群所反射的雷达回波，就像一支巨大的舰队一样。该方案在远离德国的苏格兰弗斯湾针对英国自己的雷达进行了试验和登陆演习，证明“幽灵舰队”的设计是成功的。

5 月下旬，一切准备就绪。

1.1.2.3 渡海登陆作战

1944 年 6 月 5 日傍晚，经过几个月精心策划的渡海登陆作战行动开始了。由大约 2700 艘各种型号的舰船，载着数十万官兵组成的登陆部队，从英国西部各港口起锚，悄悄地向法国诺曼底方向驶去。

同日夜间，两支“幽灵舰队”“出航”了。较大的一支“幽灵舰队”命名为“征税”作战行动，由英国皇家空军第 767 中队的 8 架“兰开斯特”轰炸机投放的干扰绳形成，按照规定的航线、速度“驶向”勒阿弗尔港；较小的一支“幽灵舰队”命名为“微光”作战行动，由第 218 中队的 6 架“斯特林”飞机投放的干扰绳形成，“驶向”法国北部沿海的顿刻尔克一加来一布洛涅地区。

与此同时，在这些“幽灵舰队”的北面，由美国第 803 轰炸机中队的 4 架 B-17 飞机和英国空军第 199 中队的 16 架“斯特林”飞机，携带“鹤嘴锄”干扰机，在预定航线上设置干扰屏障，掩护各种作战行动，但故意在东面实施较弱的干扰，使德军的雷达操作员能透过干扰观察到这两支“幽灵舰队”，看起来就像有多艘舰艇的舰队在航行。

大约凌晨 3 点，两个“幽灵舰队”到达距法国海岸约 10 海里的停止线，各汽艇将装载雷达波反射器的漂浮体抛锚固定，施放烟幕，并用扬声器播放预先录制的模仿巨大舰队抛锚时发出的尖叫声、吵闹声和海浪撞击声。完成欺骗任务后，汽艇迅速返航。德军错误地将“微光”行动当成了登陆部队，命令岸炮猛烈攻击；又派出舰艇和侦察飞机进行侦察，费了很长的时间什么也没有发现。

在伴随“微光”和“征税”作战行动的汽艇向法国海岸艰苦航行的同时，英国皇家空军用 29 架“斯特林”和“哈利法克斯”轰炸机在法国昂蒂费角进行了大规模的假空降，飞机在飞行途中投放大量干扰绳，从远方的雷达看起来就像是大机群入侵。在模拟空降区投下了装备大量烟火弹的假伞兵部队，这些焰火弹爆炸时的噼啪声和轰隆声犹如在进行一场激烈的地面战斗。为了增加真实感，还空降了少量特别空勤人员，他们在那里大量制造噪声。

为了分散德军战斗机的注意力，英国空军派出 29 架轰炸机沿索姆河一线投放干扰绳，形成一支巨大的"幽灵轰炸机编队"，以增大这支部队在德军的雷达荧光屏上的视在规模，并为德国夜间战斗机提供可追寻的目标。为了阻止德国的夜间战斗机进入真正的空降区，这些飞机还利用所携带的 82 部通信干扰机实施干扰，在法国东部上空制造一道通信干扰屏障，使德国在法国北部飞行的战斗机收不到地面引导站的指令信号，无法相互支援。德军地面引导人员果然中了圈套，命令他们的夜间战斗机去截击法国东部上空的"幽灵轰炸机编队"。他们在干扰绳云团中无目的地徘徊，既找不到目标，也得不到地面的引导指示，直至燃油耗尽被迫返航。

与此同时，1069 架非武装的重型运输机和滑翔机组成的庞大机群，满载者空降部队及其装备飞向诺曼底地区的真实空降区飞去。运输机群的两侧，有数量众多的"蚊"式战斗机护航。空降顺利实施，所有运送飞机都安全返回英国，没有损失一架。

大约在 6 月 6 日凌晨 3 点，以 200 余艘登陆舰和登陆艇为主的登陆部队已靠近塞纳湾卡昂至卡朗唐一带沿海。在靠近海滩时，所有的舰载干扰机全部开机，这个真正的"干扰功率制造厂"使德国海军幸存的海岸雷达荧光屏呈现一片白光。干扰非常有效。由雷达控制的岸炮找不到目标，只能盲目射击。据称，只有一部德军雷达看到了登陆舰队正在逼近，但德军在一片混乱之中，这个雷达站的报告无人理睬。

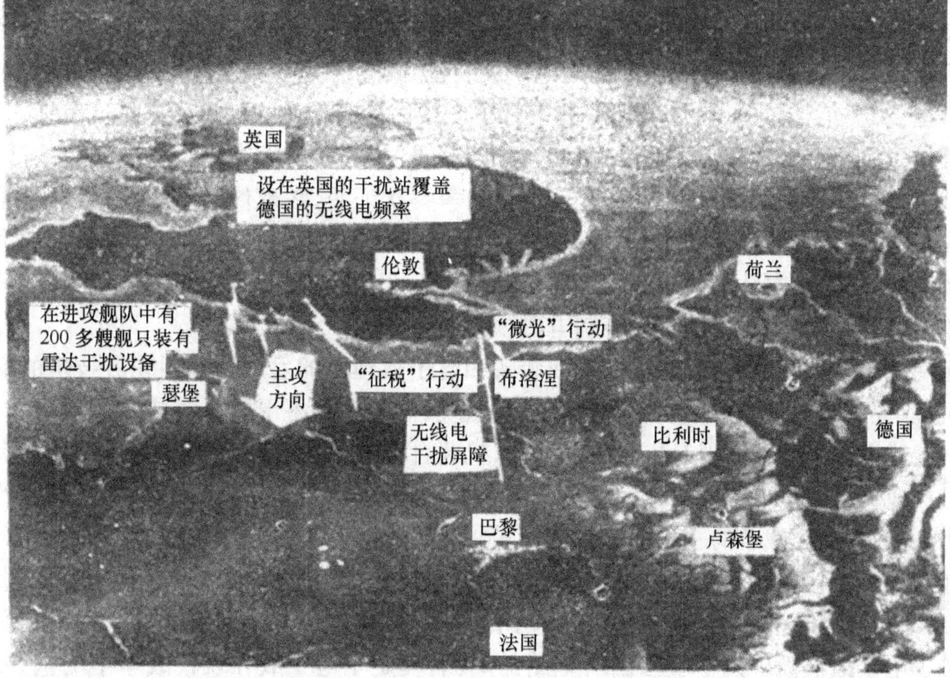

图 1.1.1　诺曼底登陆电子战示意图

登陆部队利用黎明前的黑暗，在舰炮的掩护下迅速展开登陆行动，抢占滩头阵地。到上午 10 时 15 分，大部登陆部队已经上岸。具有讽刺意味的是，德国情报系统在接到盟军已在诺曼底地区登陆的消息时，仍然认为那是佯攻，命令防御部队等待加来地区主攻的到来。直至 6 日下午，德军才将其装甲部队投入战斗，那时盟军已在陆上站稳了脚跟。盟军的战斗机部队在滩头阵地上空巡逻，构成了强有力的空中保护伞，德国空军的飞机要进入这一地区协同地面部队作战已完全没有可能。

英国首相丘吉尔在诺曼底登陆战役结束后高度赞美电子战应用的成功："我们的电子欺骗措施在总攻开始之前和开始之后，有计划地引起敌方的思想混乱。其成功令人赞美，而其重要性将在战争中经受住考验。"

1.1.3　越南战争和中东战争时期

1.1.3.1　越南战争的促进奠定了电子战在现代战争中的重要地位

第二次世界大战后到来的冷战时期，以雷达、激光和红外制导的战术导弹得到了极大的发展，并且以其对飞机等高价值武器平台的精确杀伤能力，在战争中发挥了巨大的作用。这种局面促使电子战发生了质的飞跃。

第二次世界大战后，美国认为没有哪个国家在电子对抗能力方面能与其抗衡，因此，没有必要再投入大量的人力、物力发展电子对抗装备。于是，撤销了电子对抗研究机构和电子对抗部队，已生产的装备锁进了仓库，电子战装备的发展基本停顿。为此，美军在越南战争初期付出了惨重的代价。

越南战争初期，美军由于 10 多年来生产和装备部队的电子战装备很少，锁进仓库的装备大部分已经损坏，尽管其飞机的飞行性能十分先进，但战损率曾一度高达 14%，几乎到了不能继续支持作战的程度。由于损失惨重，迫使美军不得不减少轰炸，同时重新把电子战装备的发展放到重要地位，加速研制、生产和调运电子战装备，紧急培训电子战军官，加强和扩充电子战部队。至 1967 年年初，所有的作战飞机完成了电子战装备改装，EA-6A、EB-66 和 EA-6B 专用电子战飞机相继服役，装备"百舌鸟"和"标准"反辐射导弹的"野鼬鼠"飞机先后调入战区，飞机的战损率才下降到可以承受的程度。越南战争再次证明，在现代战争中，不具备电子战能力，作战飞机就不可能生存。美军高级将领在总结越南战争教训时说："电子战必须成为我们武器系统的战斗力、军队的使用原则及部队训练的不可分割的组成部分"，并预言"未来任何一场战争的胜利，必将属于最能有效控制电磁频谱的一方"。

越南战争促进了电子战技术、电子战装备和电子战理论的发展。采用先进技术的欺骗式干扰机、双模干扰机、侦察/干扰综合化电子战系统、携带大功率干扰系统的专用电子战飞机、反辐射导弹以及电子侦察卫星先后装备部队；机载自卫电子战系统、专用电子战飞机和反辐射导弹已构成美国空军电子战的三大支柱。电子战已发展成"软硬杀伤"结合、攻防兼备的重要战斗力，并成为现代战争的一种基本作战模式。

越南战争促使各国政府和军事家开始重新认识未来战争的特点和考虑发展电子战能力，因此，纷纷建立电子战部队，研制和引进电子战装备，并将电子战装备列为优先发展项目。从而打破了电子战被极少数军事强国所垄断的局面，奠定了电子战在现代战争中的重要地位。有鉴于这一发展趋势，1969 年，美国参谋长联席会议正式明确了电子战的定义，为现代电子战概念奠定了重要基础。

在 20 世纪 50～70 年代，亦即在越南战争和中东战争期间，电子战装备已经从单机过渡到系统，从单一功能向多功能、系列化方向发展，成为武器装备系列中不可缺少的一个种类。由此发展了完整的电子战作战理论、方式、战术、技术、装备和组织，完善了电子战作战条令、作战训练。

1.1.3.2 贝卡谷地之战创造了运用电子战的典范

1982年6月,以色列为了拔掉部署在叙利亚驻贝卡谷地的苏制SAE-6导弹阵地,悍然发动空军袭击叙利亚防空导弹阵地,并与叙利亚战斗机展开大规模空战,这就是著名的贝卡谷地之战。在这场战争中,以色列运用了一套适合于现代战争的新战术,把电子战作为主导战斗力要素,以叙利亚的C^3I系统和SAE-6导弹阵地为主要攻击目标,实施强烈电子干扰压制和反辐射导弹攻击,致使叙利亚19个地空导弹阵地全部被摧毁,81架飞机被击落,而以色列作战飞机则无一损失,创造了利用电子战遂行防空压制而获得辉煌战果的成功战例。

1982年6月9日下午2点14分,以军突然对贝卡谷地发动袭击。率先飞入SAE-6阵地上空的是一批无人诱饵飞机,用以引诱叙军雷达开机并发射SAE-6导弹。随后大批F-4和A-4飞机用美制反辐射导弹攻击叙雷达,并用制导和常规炸弹实施低空轰炸。F-15和F-16飞机担负护航掩护任务,夺取制空权,这些飞机上都携带有美国提供的各种告警设备和自卫电子干扰和欺骗设备。

在地中海上空,以军有2架E-2C"鹰眼"预警飞机在空中盘旋,担负警戒和战场指挥任务。只要叙军雷达开机,E-2C就能迅速测定其位置及工作频率等性能参数,并传送给以军战斗机,使以军完全掌握了制空权和作战主动权。在以军使用反辐射导弹、激光制导导弹等高技术兵器的攻击下,叙军大部分雷达被摧毁,幸存的雷达也被迫关机,使以空军飞机若入无人之境,肆无忌惮地进行狂轰滥炸,叙军伤亡惨重。

叙利亚最高司令部在获悉以军空袭贝卡谷地的消息后,紧急从国内各基地派出了几十架米格飞机增援贝卡谷地。但这些飞机刚进入跑道滑行时,就被以E-2C预警飞机发现并跟踪。在E-2C的指挥下,以军自己改装的波音707专用电子战飞机施放了大功率干扰。同时,叙军导弹阵地的指挥中心被以F-16战机发射的2枚"百舌鸟"反雷达导弹摧毁。在叙军通信指挥中断、雷达致盲的情况下,以军数十架F-15和F-16战机猛扑上去,米格飞机纷纷落地,地空导弹阵地一片混乱。在以军发动的三个攻击波以后,贝卡谷地19个SAE-6导弹连被完全摧毁,无一幸免,而整个轰炸只持续了大约6分钟。

轰炸虽然结束,但空战仍在进行。叙军共出动60架米格21和米格23飞机迎战以军的90架以F-15和F-16为主的战斗机群。由于叙军的通信和雷达都遭到以军波音707电子干扰飞机以及各作战飞机自身携带的电子干扰设备的干扰,叙军完全处于被动挨打的境地。空战结果,叙军被击落39架飞机,而以军无一损失。

为防止以军将战火扩大到叙利亚国境内,叙军决定当夜再给贝卡谷地补充4个SAE-6导弹连和三个SAE-8导弹连,以军在侦察到这一情况后,于6月10日上午出动92架次再次实施轰炸,第二次空战随之爆发。这次叙军出动52架战斗机,战斗结果再一次令世界震惊,叙军新补充的SA-6和SAE-8导弹连被彻底摧毁,战斗机全军覆灭,而以色列空军战斗机群则全部安全返航。

在贝卡谷地空战中,以色列电子战的应用是十分出色的。其战术特点是:战前周密侦察、充分准备;发起攻击先行佯攻,采取欺骗手段引诱叙方雷达开机;机上告警系统、自卫干扰系统与远距支援干扰相结合、有源干扰与无源干扰相结合、压制性干扰与欺骗性干扰相结合、软杀伤与硬摧毁相结合,形成了侦察、告警、干扰、摧毁行动的有机配合,是综合应用各种电子战手段和其他作战行动的典范。因此,这场空战有力地证明了这种以电子战为主导,并贯彻于战争始终的战争样式正是以色列取得这次空战胜利的关键。

1.1.4 海湾战争和科索沃战争时期

如果说在以前的战争中，电子战作为重要作战手段在战争中发挥了突出的作用，那么在1991年的海湾战争中，电子战已发展成为现代高技术战争的重要组成部分。

海湾战争，多国部队投入的电子战兵器种类之多，技术水平之高，作战规模之大和综合协同性之强都是现代战争史上空前未有的，多国部队在海湾战争中的胜利可以说就是电子战的胜利。

1. 以悄声的电子情报战作为战争的先导和序幕

自伊拉克入侵科威特后到海湾战争爆发前的5个多月时间内，多国部队首先发动了一场悄声的战争——电子情报战，严密地组织了包括电子和照相侦察卫星，电子侦察飞机和地面电子侦察站等多种侦察手段，对伊拉克形成了一个全方位、多层次、多频谱和多手段、多渠道、不间断的电子/图像情报侦察网，保证了多国部队对伊拉克广大地域的军事装备和军事行动实施大面积、持续的军事情报侦察和监视，为多国部队战略战术决策提供大量翔实的情报数据。

在空间，美国部署了KH-11、KH-12照相侦察卫星和“长曲棍球”合成孔径雷达侦察卫星，摄取伊拉克地面军事装备和地下防御工事的分布概况，日夜监视伊军的各种军事行动；使用了电子侦察型“白云”海洋监视卫星，截收伊拉克的雷达和通信情报；秘密发射了“大酒瓶”、“旋涡”等通信侦察卫星，窃听伊军轻便无线电报话机通信和小分队间的电话交谈情况。

在空中，多国部队按高、中、低空分层部署了美国U-2R、TR-1A、RC-135B、RF-4B/C等战略战术情报侦察飞机，RV-1D、EH-60A侦察直升机、“黄蜂”、CL-289和CH-124A无人侦察飞机。这些侦察飞机组成了分层部署、梯次覆盖的空中电子情报侦察网，担负对伊广大地区进行战略情报侦察、战区战术情报侦察和作战效果评价任务。同时把所获取的电子和图像情报与卫星摄取的情报互相印证和相应补充，从而保证了所获取情报更及时、更准确可靠。

在地面，美国每个陆军师和空降师等配有TSQ-112、TSQ-114通信侦察设备和TSQ-109，MSQ-103A雷达侦察设备，用于侦收离战区前沿40千米纵深地带的电子情报。此外，美国把设在中东地区和地中海的39个地面电子侦察站组成一个电子情报收集网，远距离截收伊军的电子和通信信号。

多国部队通过5个多月的上述侦察活动，获取了大量有关伊拉克的军事装备和军事力量配置的信号情报和图像情报，摸清了伊拉克重要防空雷达网和通信网的性能、技术参数和重要战略目标、军事设施的性质和地理坐标。据此，多国部队制定了各种作战方案和协同计划，并将侦察到的目标攻击参数制成计算机软件和电子地图，分别装入作战飞机和“战斧”巡航导弹中，对参战人员和飞机进行战斗模拟演练，为多国部队在空袭时顺利进行电子干扰和攻击创造了先决条件。

2. 以C^3I军事信息系统和精确制导武器为目标实施全面电子进攻

在空袭前约9个小时，美国专门实施了代号为“白雪”的电子战行动，出动了数十架EF-111A、EA-6B和EC-130H电子战飞机，并结合地面MLQ-34等大功率电子干扰系统，对伊拉克纵深的雷达网、通信网进行全面的“电子轰炸”，以窒息伊军的C^3I电子“神经中枢”，致使伊拉克对多国部队的空袭活动和通信往来一无所知，雷达操纵员看不见多国部队的飞机活动情况，甚至于伊拉克广播电台短波广播也听不清。

在空袭开始时，多国部队的EA-6B、EF-111A、EC-130H和F-4G反辐射导弹攻击飞机率先起飞，在 E-3 和 E-2C 空中预警机的协调、指挥下，再次对伊军的预警雷达、引导雷达、制导雷达、炮瞄雷达和伊军通信指挥系统的语音通信，数据传输通信及战场指挥等实施远距离支援干扰，近距离支援干扰和随队掩护干扰，以及发射“哈姆”反辐射导弹直接摧毁防空雷达。多国部队参战飞机都带有大量先进的自卫电子战设备和 ADM-141 空投诱饵，它们能使伊军各种制导的防空导弹和雷达控制火炮偏离瞄准目标。在这样大规模的、综合的电子兵器攻击下，致使伊军雷达迷盲、通信中断、武器失控、指挥失灵，整个 C^3I 系统变成“聋子”和“哑吧”，防空体系完全解体。从此以后就一蹶不振，无法组织有力的反击，处处被动挨打。

3. 以隐身飞机担任空中首攻任务

在此次海湾战争中，为了保证突防飞机隐蔽、突防到目标区实施攻击而不被敌方发现。多国部队以很难被雷达发现的、突防能力极强的 F-111A 隐身战斗轰炸机担任空中首攻任务。1 月 17 日凌晨无月之夜，F-117A 躲过伊军雷达的监视隐蔽突防到巴格达上空，准确地用激光制导炸弹 BLU-109/B 炸毁了伊拉克的电信大楼。到拂晓前，美国共出动 30 架 F-117A 隐身飞机，准确攻击了伊拉克境内指挥中心、固定雷达阵地和地面截击阵地等 80 多个目标。在 F-117A 的带领下，大批攻击机群突防到巴格达上空进行大规模的空袭，使伊拉克指挥系统和防空系统立即瘫痪。

多国部队投入的电子战兵器种类之多，技术水平之高，作战规模之大和综合协同性之强都是现代战争史上空前未有的。仅就电子战飞机来看，就占作战飞机总数的 10%以上。在空袭作战所出动的飞行架次中，执行电子战任务的约占 20%。这些电子战系统有效地保证了其作战行动的有序进行，在 38 天约 11 万架次的空袭中，飞机的损失率降低到 0.04%以下，创历史水平。因此多国部队在海湾战争中的胜利，实质上是电子战的胜利。这充分证明了电子战已经超越传统的作战保障手段而发展成为高技术战争的一条无形战线。

20 世纪 80～90 年代的海湾战争和科索沃战争是电子战进入体系对抗历史发展时期的一个显著标志，进一步确立了它在现代战争中不可取代的重要地位。这一发展阶段是电子战概念、理论、技术、装备、训练和作战行动的鼎盛发展时期，体现了现代战争中以电子战为先导并贯穿战争始终的战役/战术思想。更重要的是它在世界范围内引发了一场空前广泛的新军事革命，研究并确立了信息时代的战争形态——信息化战争，推动了电子战理论的发展和升华。

1.1.5　21 世纪初的伊拉克战争和信息时代

当人类社会跨入 21 世纪的大门，真正进入信息时代开始，人们便充分认识到未来战争必将以夺取全谱战斗空间的信息优势为主线来展开。为此，信息战已经成为支援联合作战与协同作战，夺取信息优势的关键作战力量。信息战概念、理论、技术、装备、训练和作战行动都将在这一历史发展时期得到深化和完善，不对称战争环境中具有信息威慑能力的新概念武器相继问世并投入实战使用，电子战/信息战必将进入一个崭新的历史发展时期。

伊拉克战争是电子战进一步显示威力的舞台，是展示以信息优势为主导的作战样式下电子战作战的试验场。在伊拉克战争中，虽然双方军事实力相差悬殊，但是美军仍然十分重视运用电子战力量，重视电子战新技术、新装备的试用。同以往几次战争相比，伊拉克战争中电子战有以下一些新特点。

1. 电子战无人机

在伊拉克战争中，美国军方使用了 10 多种，90 多架无人机对作战进行支援。无人机在电子战方面的第一个作用是情报监视侦察(ISR),如在战争爆发后的第二天,联军的特种部队就在伊拉克与约旦边境以 H2、H3 机场为基地,使用美国空军的“捕食者”无人机进行远程侦察巡逻,防止伊军用“飞毛腿”导弹袭击以色列。

第二个作用是建立电子作战序列。在战争爆发之前,美国就采用“全球鹰”高空无人机以及一些小型的无人机系统携带信号情报载荷,穿越伊方的防空网,对伊拉克进行情报侦察,辨别每个电子辐射源的作用、部署的位置,建立电子作战序列。这对于摧毁伊拉克的防空雷达和指挥控制网至关重要。

2. GPS 对抗

在伊拉克战争中,由于美军的武器装备和作战行动均高度依赖 GPS,所以美军特别关注 GPS 干扰机是否能够破坏其 GPS 的正常工作。

战争初期,美军认为俄罗斯公司向伊拉克提供的 GPS 干扰设备使其精确制导武器受到影响。不过后来美军又宣布摧毁了这些 GPS 干扰机。

一方面可以看出 GPS 干扰对美军精确打击的重要性和有效性,同时也可推论出,美军在战场上使用的精确打击导弹可能大量应用了 C/A 码 GPS 接收机,或用 C/A 码引导的军码接收机。所以,在近几年,针对 C/A 码 GPS 接收机的干扰将仍具有较大的作战意义,可以降低敌方直接应用 C/A 码接收机和用 C/A 码引导的军码接收机的制导系统的性能。在美军实现军码直接捕获技术以前,这种干扰都将是有意义的。

3. 网络攻击

美军的网络攻击主要是对伊拉克防空雷达网的攻击。美军在过去两年多进行了一系列的演练,花费了很长时间收集伊拉克境内的电子信号及其细微特征,利用 EC-130“罗盘呼叫”和 RC-135“铆钉”电子战飞机,希望能够对伊拉克的防空系统实施欺骗、植入假目标甚至获得对设备的控制权。这标志着传统的电磁频谱领域斗争形式正在开始改变,电子战与网络战相结合正成为一种发展的趋势。

1.2 电子对抗的概念

1.2.1 电子对抗的含义

电子对抗指利用电磁能、定向能确定、扰乱、削弱、破坏、摧毁敌方电子信息系统和电子设备,并为保护己方电子信息系统和电子设备正常使用而采取的各种战术技术措施和行动。其内容包括电子对抗侦察、电子进攻和电子防御三个部分。美国及一些西方国家一直称为“电子战”,前苏联将其称为“无线电电子斗争”,中国军语的标准称谓是电子对抗。

电子对抗的概念是随着电子技术的发展和在军事上的应用不断深化和完善的。美国作为电子战强国,美国的电子战定义也是随着电子战不断发展而演变的。了解美军关于电子战定义的演变过程,有利于认识电子战的内涵和本质。经历了越南战争后,1969 年美国参谋长联席会议正式明确了电子战的定义:

电子战是利用电磁能量确定、利用、削弱或阻止敌方使用电磁频谱和保护己方使用电磁频谱的军事行动。电子战包括电子支援措施、电子对抗措施和电子反对抗措施三个组成部分。电子支援措施指对辐射源进行搜索、截获、识别和定位,以达到立即识别威胁的目的而采取的各种行动。电子对抗措施指阻止或削弱敌方有效使用电磁频谱而采取的行动。电子反对抗措施则指在电子战环境中为保证己方使用电磁频谱而采取的行动。

自此美军电子战概念又经历了两次较大的调整。第一次是世界上经历了中东战争等局部战争的实践和反辐射导弹的广泛使用,1990年美国重新修改了电子战的定义,赋予了电子战攻防兼备、软硬一体的作战功能。最后是海湾战争以后,美军认真总结了各方面的经验,并结合电子战技术、装备、功能、目标和目的等方面的发展,经过整整三年的酝酿讨论,于1993年3月对电子战进行了重新定义,延用至今。

美军的新定义规定电子战(EW)是使用电磁能和定向能控制电磁频谱或攻击敌军的任何军事行动。电子战包括电子攻击(EA)、电子防护(EP)和电子战支援(ES)三个组成部分。

其中电子攻击指利用电磁能或定向能攻击敌方人员、设施或设备,旨在降低、削弱或摧毁敌方的战斗力而采取的行动。

电子防护指为保护己方人员、设施或设备免受己方或敌方运用电子战而降低、削弱或摧毁己方战斗力而采取的行动。

电子战支援指对有意和无意电磁辐射源进行搜索、截获、识别和定位,以达到立即识别威胁的目的而采取的行动。

新的电子战定义大大扩展了电子战概念的内涵,其意义在于:

① 电子战使用的不仅仅是电磁能,而且包括定向能,也就是说,定向能战已成为电子战的一个重要组成部分;

② 电子战已具有更明显的进攻性质,电子战攻击的目标不再仅仅是敌方使用电磁频谱的设备或系统,还包括敌方的人员和设施;

③ 实施电子战的目的也不仅仅是控制电磁频谱,而是着眼于降低敌方的战斗能力;

④ 防止自我干扰和“电子自杀”事件成为电子防护的重要组成部分。

新的电子战定义为电子战开拓了广阔的发展前景,成为电子战发展史上一个新的重要里程碑。

1.2.2 电子对抗的基本内容

电子对抗主要包括电子对抗侦察、电子进攻和电子防御三个部分,分别对应于美军定义的电子战支援、电子攻击和电子防护。

1. 电子对抗侦察

电子对抗侦察指使用电子技术手段,对敌方电子信息系统和电子设备的电磁信号进行搜索、截获、测量、分析、识别,以获取其技术参数、功能、类型、位置、用途以及相关武器和平台的类别等情报信息所采取的各种战术技术措施和行动。

电子对抗侦察是获取战略、战术电磁情报和战斗情报的重要手段,是实施电子攻击和电子防护的基础和前提,并为指挥员提供战场态势分析所需的情报支援。它包含情报侦察和支援侦察两部分。情报侦察以获取战略情报和电子装备的技术情报为主要目的,既可应用于战争时期,也可应用于和平时期。支援侦察主要用于获取战场电子情报和态势,为立即采取电子进攻或其他作战行动的战术目的服务,包括威胁告警和测向定位等手段。

威胁告警包含雷达告警和光电告警,用于实时收集、测量、处理对作战平台有直接威胁的雷达制导武器和光电制导武器辐射的信号,并向战斗人员,如战斗机驾驶员,发出威胁警报,以便采取对抗措施。

测向定位用于确定军事威胁辐射源的位置,用于支援电子干扰的角度引导和反辐射攻击引导。

2. 电子进攻

电子进攻指使用电磁能和定向能扰乱、削弱、破坏、摧毁敌方电子信息系统、电子设备及相关武器或人员作战效能所采取的各种战术技术措施和行动。

电子进攻是为影响敌方的主动攻击行动，主要包括电子干扰、反辐射武器摧毁、定向能攻击和隐身等手段，用于阻止敌方有效地利用电磁频谱，使敌方不能有效地获取、传输和利用电子信息，影响、延缓或破坏其指挥决策过程和精确制导武器的运用。

电子干扰是常用的、行之有效的电子对抗措施，通过有意识地发射、转发或反射特定性能的电磁波，扰乱、欺骗和压制敌方军事电子信息系统和武器控制系统，使其不能正常工作。

隐身是通过降低飞机、军舰和战车等武器平台自身的雷达、红外、可见光和声学特征，呈现“低可观测性”，使之难以被雷达和光电探测器探测、截获和识别。

电子进攻已不仅仅限于传统意义上的电子干扰软杀伤手段，而且包括高能激光、高功率微波、粒子束武器等对电子设备的毁伤，以及利用反辐射导弹、反辐射无人机等武器对敌方设备实施硬摧毁手段。

3. 电子防御

电子防御指使用电子或其他技术手段，在敌方或己方实施电子对抗侦察及电子攻击时，为保护己方电子信息系统、电子装备及相关武器系统或人员作战效能的正常发挥所采取的各种战术技术措施和行动。

电子防御是为保护己方而采取的措施和行动，主要包括电磁辐射控制、电磁加固、电子对抗频率兼容、反隐身以及电子装备的反侦察、反干扰、反欺骗、抗反辐射武器攻击等手段。需要注意，电子防护不仅包括防护敌方电子对抗活动对己方装备、人员的影响，而且包括防护己方电子战活动对己方装备、人员的影响。

电磁辐射控制是保护好己方的作战频率，尽量减少己方雷达开机和无线通信时间，降低不必要的电磁辐射，降低无意的电磁泄漏，从而降低被敌方侦察、干扰和破坏所造成的影响。

电磁加固是采用电磁屏蔽，大功率保护等措施来防止高能微波脉冲、高能激光信号等耦合至军用电子设备内部，产生干扰或烧毁高灵敏的芯片，以防止或削弱超级干扰机、高能微波武器、高能激光武器对电子装备工作的影响。

频率兼容是协调己方电子设备和电子对抗设备的工作频率，以防止己方电子对抗设备干扰己方的其他电子设备，并防止不同电子设备之间的相互干扰。

电子装备的反侦察、反干扰、反欺骗、抗反辐射武器攻击等防护手段与其防护的雷达、通信等电子设备密切相关，其技术如超低旁瓣天线、旁瓣对消、自适应天线调零、频率捷变、直接序列扩频等，多数是设备的一个组成部分，一般不作为单独的对抗手段使用。

1.3 电子对抗的作用对象

电子对抗是以敌方电子信息系统为作战对象的对抗行动，因此深入了解电子对抗作用对象的特性具有重要意义。对抗对象是那些在电磁频谱域为获取、传输和利用信息的电子设备和系统，包括各类侦察监视传感器、通信系统、指挥控制中心、信息化武器系统和各种信息化保障系统等，涉及雷达、通信、导航、精确制导、遥测遥控、敌我识别、无线电引信等。通常电子对抗的作用对象也称为电子对抗威胁。针对不同作战对象的电子对抗技术既有共通性，也有各自的技术特征，因此也常常根据对抗对象和技术特征将电子对抗分为雷达对抗、通信对抗、光电对抗、导航对抗、引信对抗、敌我识别对抗和空间电子对抗等。下面分别简要介绍雷达、通信、精确制导等重要威胁。

1.3.1　雷达

雷达是当前最重要的探测设备，广泛应用于对空对海搜索监视、导弹探测预警、武器制导、成像侦察、气象测绘、航空空中交通管制以及救援反恐等各个任务领域。

1. 搜索雷达与跟踪雷达

在防空和对海监视等任务中，为覆盖广阔的空域，雷达波束对设定的空域实施周期扫描，当雷达主波束（主瓣）扫过目标时，其回波被检测，实现目标发现和测向测距，并将目标的位置或速度信息传送到预警网络或武器系统，这类雷达统称为搜索雷达。较陈旧的搜索雷达是两坐标的，波束在仰角方向没有分辨能力，但两坐标雷达逐渐被更先进的三坐标雷达所取代。空间分辨能力的提高使电磁能量更集中于希望的角度空间，更不利于电子侦察和电子攻击。现代搜索雷达广泛采用脉冲压缩、频率捷变、低旁瓣、旁瓣对消、动目标显示（MTI）等技术，对电子侦察和干扰系统的能力提出了挑战。具有边搜索边跟踪（TWS）能力的搜索雷达在其数据处理器中对检测出的目标位置报告进一步处理，获得对目标运动历史的跟踪。这增强了对目标位置和速度真实性判断的能力。机载预警（AEW）雷达位于高空，具有更优良的对低空目标的发现能力。如 E-2 系列预警机采用的 APS-145 雷达，具有对空和对海、对地搜索模式，采用多普勒处理技术抑制地杂波。新一代 E-2D 预警机将雷达更新为 APY-9，采用机械旋转加电子扫描天线和固态功率放大器，提高了对弱小目标的检测能力。

在目标指示、武器制导和遥测遥控等任务中主要使用跟踪雷达。传统的以机械控制波束指向的跟踪雷达一般一次只能跟踪一个目标，通过将目标角度、距离或速度状态参数的量测与前一时刻目标状态指示相比较，预测目标下一时刻的状态，并控制跟踪机构调整到新的目标状态位置上，从而实现对目标的持续观测，获取对运动目标状态参数的稳定报告。雷达在对目标的跟踪控制上构成跟踪环路，从这个意义上说，跟踪雷达增强了雷达的信噪比，从而增强了抑制与该目标不相关的外来影响的能力，包括外部电子干扰。

搜索雷达以发现目标为首要任务，且一般不专门针对某一个或几个目标，对飞机、舰船等目标平台不产生直接威胁，因而通常不将它作为武器平台自卫电子对抗的主要对象。对搜索雷达对抗的任务主要出现在作战支援行动中，通过电子侦察和攻击，掌握与雷达有关的预警监视系统、防空武器系统等的部署情况，压制其目标发现能力，进而降低或瘫痪敌方远程预警能力和防空反导远程打击等能力，掩护其他平台进入敌方防区的作战行动。跟踪雷达一般与火力打击系统紧密联系，因而是武器平台自卫电子对抗的主要作战对象。在敌我交战的态势下，自卫电子对抗的首要任务是破坏敌方雷达的目标跟踪，或使其跟踪失锁，或使其不能获得准确的目标状态信息，最终达到丢失真正目标的效果。针对搜索和跟踪两大类雷达，将需要与威胁特点和不同作战任务相适应的对抗技术、装备和战术。

2. 相控阵雷达

雷达采用相控阵体制以后，使得雷达波束能够受控快速灵活地改变指向和形状，并且能够同时形成多个不同指向的波束。这使得相控阵雷达具备完成搜索监视与目标跟踪两项不同性质任务的能力，并且能够在搜索监视的同时跟踪多个目标。这种同时具备搜索与跟踪以及其他功能的雷达有时称为多功能雷达。相控阵已逐渐成为弹道导弹早期预警、导弹防御、机载截击等雷达的首选体制。如美国爱国者防空导弹系统配备的 AN/MPQ-65 雷达即是集中距离搜索、多目标跟踪和导弹制导等功能一体的陆基多功能相控阵雷达。波束电扫描的方位角范围 120°，俯仰角范围约 82°，方位可机械旋转 360°。可在搜索监视的过程中同时跟踪目标，并完成导弹制导任务。搜索监视的目标数大于 100 批，可同时跟踪 9 批目标，组织 3 枚导弹攻击同一个或不同的目标，具有 6 种自适应切换的导弹制导方式。采用了频率捷变、宽带信号、旁瓣对消、脉冲多普勒、诱饵识别、干扰源跟踪等多种抗干扰措施，简单的侦察和干扰措施难以对其发挥效力。舰载宙斯盾作战系统的核心装备 AN/SPY-1A 多功能相控阵雷达也同样具有极强的抗干扰能力。

从以上叙述和对抗实践可知，相控阵多功能雷达具有工作模式多，信号形式多、变化多，抗干扰和适应复杂环境能力强等特点，难于有效侦察和干扰，成为当前雷达对抗未能很好解决的难题。

3. 合成孔径雷达

合成孔径雷达(SAR)通过侧向天线沿平台飞行路线移动所形成的大量顺序观测信号进行相干组合，等效成一个大的天线孔径，来获得极高的沿波束横向的分辨率，采用大带宽信号在纵向获得高的距离分辨率，提供了地形与地面固定目标的高分辨率成像能力。合成孔径雷达的成像方式包括正侧视成像、聚束成像，类似的还有前视和斜视的多普勒波束锐化。此外，SAR 还可提供地面动目标指示(GMTI)能力，能探测和跟踪沿公路或穿过乡村移动的地面车辆。合成孔径雷达已广泛应用于预警和作战飞机、侦察无人机、侦察卫星，实现高分辨率地图测绘、地面目标侦察跟踪、武器投放等任务。

逆合成孔径成像采用类似的原理，由静止雷达站对被观测的运动目标成像，因而应用于防空反导，提供对目标的高分辨观测和识别能力。

这种相干成像处理相当于雷达获得了对距离和速度分辨单元的二维处理增益，从而极大提高了对非相参干扰信号的抑制能力。但是为实现多普勒相干处理，通常在合成孔径驻留时间内雷达脉冲信号需保持频率不变，这是对抗合成孔径雷达可以利用的一个条件。

4. 机载截击雷达

机载截击雷达需要完成空—空和空—地精密目标指示与武器发射控制、态势感知、目标识别和分类、导航、地形规避、测高和成像(地面和目标)等多种功能。这种雷达采用脉冲多普勒多模工作方式和高、中、低脉冲重复频率提供上视和下视能力，设计以兼顾对空搜索跟踪和抑制的作用。脉冲多普勒雷达的速度分辨率高、相干积累增益高，既可抑制对地杂波又可抑制箔条和多普勒带外的干扰。高重复频率的大量脉冲对电子侦察系统的信号分析和处理也带来了困难。采用有源电扫相控阵体制，更是将传统火控雷达功能以外的敌我识别、电子干扰、定向通信等其他航空电子设备的功能集于一身。

AN/APG-79 全数字化全天候多功能机载截击雷达采用了先进的宽带有源电扫阵列(AESA)天线系统，以及单脉冲、脉冲压缩、脉冲多普勒、合成孔径、多普勒波束锐化、地面动目标指示/跟踪等技术，实现了真实波束地形测绘、SAR 地图测绘、对空搜索跟踪、无源探测、海上搜索和地面动目标指示等功能，作用距离是其前身 APG-73 雷达的 3 倍，增强了发现动目标和巡航导弹的能力。有源阵列还可以在一定频率范围内作为电子干扰源使用。

5. 雷达在防空体系中的应用

下面以典型的防空体系为例说明各种类型雷达的应用场合。当对敌方防空系统实施空中打击和压制时，突防飞机首先遭遇的是预警雷达网，其功能是提供对目标的早期探测，向防空系统发出告警。所用的地面雷达通常是低分辨率、低频率、两坐标搜索雷达，对 $1m^2$ 目标的探测距离在 300km 左右。

随后遭遇到的是空中预警(AEW)雷达，由于它主要采用机载平台，故对于低空目标具有更远的视线探测距离，解决了地基预警雷达的地形遮挡问题。为解决俯视观测所面临的高强度地杂波，需采用多普勒技术将运动目标从杂波中分离出来。

地面或空中预警雷达向引导(拦截)雷达网发出预警报告，给出已发现的目标信息，包括其粗略的位置。引导雷达网部署有三坐标监视雷达或两坐标与测高雷达的组合，提供覆盖空域内精确的目标三维位置数据，并通过跟踪滤波处理在雷达数据处理器或防空系统中心形成目标航迹，供交战决策使用。

突防飞机最后遭遇的通常是地对空导弹(SAM)系统作战单元。一套 SAM 系统中可能包括引导雷达、敌我识别系统、目标跟踪雷达、半主动制导用的目标照射雷达、导弹跟踪雷达、指令制导数据链、导弹引信传感器等。这些单元可能像爱国者导弹系统那样高度地综合在一起，也可能由若干个系统分别实施不同的功能。如果遭遇拦截飞机，那么还将受到机载截击雷达的威胁。

因此在一次对敌防空系统的突防行动中，需要面对多种不同类型不同型号的雷达系统。当面对不同的威胁，需要采取相适应的对抗技术，才能有效感知和压制对方。

1.3.2 通信

在现代战场上，由于战斗力量高度机动的要求，指挥控制命令的下达、敌我态势情报的分发、各军事信息系统和武器系统内外的信息传递过程，这些都必须通过通信网进行信息传输和交换，通信网畅通和安全与否，是决定战争胜负的关键因素。对于作为对抗对象的通信系统，需要关注形成联接关系的通信网络和实现信号在媒介中传输交换的用户终端设备两个层次的问题，也就是通常所说的网络层和信号层问题。在网络层，需要关注网络的拓扑结构、重要网络协议、网络关键节点、关键链路与脆弱链路等。在信号层，需要关注终端收发电台的制式、信号特性、编码调制和加密等。在现代信息化战场，有代表性的军事通信包括战场战术通信网、战术数据链和卫星通信等几种类型。

1. 战场战术通信网

战场战术通信网是栅格状干线节点和传输系统组成的覆盖作战区域的网络化通信系统，由若干干线节点交换机、入口交换机、传输信道、保密设备、网控设备和用户终端互连而成。主要保障在一定地域范围内军(师)作战的整体通信需求，具有生存能力强、时效性高、综合互通程度高、机动性好、保密性和抗干扰能力强等特点。例如美国开发的移动用户设备(MSE)，即是一个栅格状的战场通信网，目前是美国陆军军、师级主要的野战战术通信网。MSE 通信网主要由节点中心及交换机、用户节点、无线电入口、系统控制中心、移动和固定用户终端等组成，提供语音、数据、电传和传真通信业务，任何地方的移动用户可以像使用普通电话那样呼出和呼入。

战术无线通信电台是战术通信网的基本设备，提供中、短距离通信，典型距离是 50km，采用的频段通常是 30～88MHz 的 VHF 波段。其中最具有代表性的是美军的 SINCGARS 系列无线电台、HAVE QUICK 系列跳频电台以及法国的 TRC-350H 系列跳频电台等，均具有信道数多、跳频带宽宽等特性，而 HAVE QUICK 的跳频速率更是达到了 1000 跳/秒，因而具有很强的反侦察、抗截获和抗干扰能力。

2. 战术数据链

战术数据链的基本功能是从一个作战单元向网络中的所有其他单元传输宽带信息。其主要特点是无节点，这意味着用户直接与用户通信而不需要通信中心。如果网络的一个单元遭到坏或停止发射，其他成员照常能够通信。战术数据链采用统一的格式化信息标准，提高了信息表达效率，实现了信息从采集、加工到传输的自动化，提供了作战单元实时信息交互的能力。典型的系统有美国的联合战术信息分发系统（JTIDS），它为战区的数据采集终端、战斗单元和指控中心之间提供了很强的互操纵性。JTIDS 系统工作于 L 波段（960～1215MHz），在视距范围内进行数字数据传输。所有用户均在一个公共信道中传输。利用时分多址（TDMA）的共信道传输模式，使各个用户的所有信息均可被需要这些数据的用户实时享用。JTIDS 系统使用 51 个频点的随机序列跳频和伪随机扩谱编码，使其具有很高的保密性和抗干扰性。战术数据链主要用于战斗机、预警指挥机、水面舰船之间的持续连接，提供高可靠、抗干扰和保密的数字信息分发能力。

3. 卫星通信

卫星通信为分布区域广泛和高度机动的部队间提供信息传输，21 世纪以来得到飞速发展，在军事通信中发挥着越来越重要的作用。卫星通信系统主要由通信卫星、地面站（地球站）和其他支持设备组成。军用卫星通信主要工作在 UHF（250～400MHz）、SHF（7～8GHz）和 EHF（20～60GHz）三个频段。地球同步轨道通信卫星主要提供重要用户间的数据传输和广域的信息广播等服务，低轨道的通信卫星系统具有大量用户和话音等多种传输形式。

MILSTAR 是美国典型的地球同步轨道军用通信卫星系统，三颗卫星覆盖除两极之外的大部分地球表面。系统上行链路工作在 EHF（44GHz）和 UHF（300MHz）频段，下行链路工作在 SHF（20GHz）和 UHF（250MHz）频段，卫星之间的链路工作在 60GHz。在 EHF 频率上工作，可形成窄至 1°的笔形波束，具有低的被截获和被检测概率。

低轨卫星通常工作在范·艾伦辐射带以下，即从 700～1400km 的高度。单个卫星的覆盖区域较小，因此需要多颗卫星提供无缝覆盖。由于卫星体积小、数量多，因此系统抗打击能力较强。若对其实施电子干扰，也需要多部大功率干扰机，并具有快速的切换能力，才能连续不断地阻塞某一空域。

卫星通信的上行和下行采用不同的信号频率，重要链路使用笔形波束，对于天地间这种特殊的地理位置关系，电子对抗难于以一个平台处在上、下行侦察与干扰的有利位置。卫星通信的薄弱环节是卫星透明转发器，现代通信卫星采用了星上处理转发器，阻断了上行干扰对下行传输的影响。卫星使用自适应调零天线，从空域上抑制可能的干扰。在使用频率选择上，军用卫星通信在 EHF 频段不断向高扩展使用频率，并得到更宽的扩频带宽和更强的编码纠错能力。这些措施都极大增强了卫星通信系统的反侦察、抗干扰能力。

在军事通信的发展上有两点特别值得重视，一是通信的网络化，二是对商业通信的利用。以美军的战场信息网络（C^4ISR 系统）为例，该系统多节点、多路由和多接口，部分网络节点、链路的损坏对整个网络通信能力影响有限。若对 C^4ISR 系统这样的网络进行攻击，其难度要比对单个通信系统大得多。

当今商业通信事业蓬勃发展，形成了覆盖范围广阔、能力完善配套、成本相对低廉的庞大的通信体系，例如移动通信、民用卫星通信、宽带网络等。商业通信是国家信息基础设施的重要组成部分，并且具有重大的军事应用价值。从经济的角度出发，许多国家都把民用通信设施作为军事应用的补充，在非战争期间用于军事部门的一般性通信传输，在紧急情况下也用于应急通信。因此在特定情况下商用通信设施也应成为电子对抗考虑的作用对象。而且商用设施比军用系统更容易受到攻击破坏，从而将影响到整个国家信息基础设施的安全。

1.3.3　精确制导

精确制导武器极大提高了火力打击的效能，是具有里程碑意义的近代军事装备。精确制导武器是作战平台的致命威胁，因而精确制导信息系统是电子对抗的重要作战对象。

1. 雷达制导

雷达制导应用于多种导弹系统。在役面对空、空对空系统，为降低导弹弹头的成本和体积重量，其制导方式多采用半主动制导。半主动制导从功能上讲只需要有一部用于跟踪并照射目标的雷达和一条数据链，为导弹提供稳定的参考信号。如果只使用一部雷达，则常采用脉冲多普勒雷达。在有的系统中还配置有一部独立的连续波照射雷达。导弹导引头使用窄带滤波器跟踪目标反射信号，抑制具有不同多普勒频移的照射器的直射信号和雷达杂波信号。由于半主动导弹的导引头是无源的，且使用窄带多普勒跟踪，因此其抗干扰性能远优于指令制导。有的系统，如"爱国者"陆基防空反导系统在半主动制导体制基础上进行改进，采用经导弹制导方式，进一步增强了系统的抗干扰能力。而在战斗机上，照射制导的任务由机载截击雷达来完成。

多数反舰导弹使用主动雷达末制导，也有越来越多的空对空、地对空系统采用主动雷达制导导引头，从而无须另外使用目标照射器。主动制导的优点是具有"发射后不管"的能力，当发射了多枚导弹之后，发射飞机不必跟踪照射目标，可以自由地进行机动以回避对方的导弹。主动制导导弹采用 3cm 以上的波段，并更多采用毫米波波段。由于受弹体直径的限制，天线口径发射功率乘积比较小，因而其作用距离受到限制。当需要远距离作战时，需采用半主动制导或指令制导等技术实施中段制导。

在作战过程中，发现制导雷达信号，通过信号特征识别制导系统的体制和参数，并及时告警和采取有针对性的干扰，是保护已方作战平台安全的关键。特别在毫米波波段的电子对抗面临许多特有的技术难题。

2. 光电制导

光电制导主要包括激光制导、红外制导和电视制导等体制。

最常用的激光制导方式是激光驾束制导和激光半主动式寻的制导。两种制导方式都要求激光发射器瞄准和照射目标。所不同的是驾束制导弹尾的激光接收器接收激光，控制弹体沿光束中心飞行，因而只适合在通视条件下的短程作战使用，是反低空飞机的得力武器。而半主动寻的制导的激光接收器安装在弹体前端，接收目标对激光的反射信号。从而可以实现较远的射程。美制"海尔法"激光制导导弹就是半主动激光寻的导弹的典型代表，主要用于攻击坦克、各种战车、导弹发射车、雷达等地面军事目标。目前半主动式激光制导武器多采用 1.06μm 波长的脉冲激光束，具有窄光束和脉冲编码等抗干扰特性。因此为防护重要目标，需接收特定波长的激光，对制导激光照射及时告警，通过向敌方激光制导武器发射与其相当的激光信号，压制敌激光接收机或发送假信息，使对方无法使用激光制导武器，或使导弹被误导而无法命中真实目标。

红外制导导弹采用被动接收热辐射的方式探测目标，可用于攻击飞机、直升机、坦克、舰船等目标，是用途非常广泛的精确制导武器。红外点源导引头通常采用锑化铟、碲镉汞等冷却式探测器，在 3～5μm 波长范围内响应发动机排气以及发热的发动机部件，能够以较宽的交战角进行攻击。而在 8～10μm 波长范围则能够在各个角度方向探测跟踪到天空冷背景下飞机的热蒙皮。早期的导引头使用了旋转调制盘以抑制背景辐射并对目标角位置进行编码。现在成像制导导引头采用焦平面阵列探测器可实现对目标成像，这样从形状特征就比较容易鉴别出诱饵和目标。此外还采用两组探测器，分别对应于两个不同的谱段，通过对同一辐射体的两个谱段响应的比值可以反映该辐射体的辐射特性，进而辨别该辐射体是曳光弹诱饵还是飞机。目前先进红外制导武器的目标识别和抗干扰能力明显增强，且自身较少电磁辐射，要实现对红外制导武器有效自卫，必须增强对其攻击的综合告警能力，提高诱饵等干扰的逼真度。

美军的一份研究报告指出，在几次局部冲突中 90%的战斗机损失是由红外制导导弹造成的，这说明迫切需要加强红外对抗技术的研究。

3. 复合制导

红外、激光系统与有源雷达的结合是精确制导发展方向。导引头中采用不同传感器组合制导的技术称为多模复合制导。导引头的光电与雷达传感器结合将具有全天候和高精度的双重性能优势，特别提高了目标识别和抗单一形式干扰的能力。另一方面，在引导发射、中制导和末制导的各个阶段，为发挥雷达和光电传感器各自的优势，在武器平台和导引头的传感器配置上采取有效的组合，构成复杂的复合制导系统。

在空对空作战武器系统中，一种特别有效的组合是用机载被动前视红外或红外搜索跟踪装置探测目标，然后用激光测距仪测距。接着再向目标发射雷达或红外制导导弹。这种导弹发射方式几乎很少暴露电磁辐射，因而自卫者难以及时发出警告。此外若采用雷达制导导弹，在中制导阶段借助前视红外的方位指引，也仅在末制导阶段才辐射射频信号。

在地基防空/反坦克系统(ADATS)中集中了射频雷达、红外和激光多种传感器。该系统采用 X 波段的监视雷达初始定位目标，雷达采用频率捷变和全相干技术，在边扫描边跟踪模式下进行 20 个目标计算机半自动威胁评估，帮助操作员将武器分配到高优先权威胁上。前视红外设备提供高精度的目标角度信息，近红外摄像电视系统在夜间瞄准和跟踪目标，工作在 10.2μm 的激光束对准目标角度，由 1.06μm 激光测距仪测定目标距离。导弹则采用激光驾束制导并采用先进的激光引信，能快速拦截低空战机和直升机，也能有效攻击地面坦克等目标。

1.4 电子对抗的作战应用与发展

1.4.1 电子对抗的作战应用

电子对抗作为一种现代战争不可缺少的作战力量，可以以多种不同的方式运用于战略威慑、作战支援、武器平台自卫、阵地防护以及反恐维稳等战略、战役和战术行动中。

1. 战略威慑

在战略威慑行动中，配合其他军事威慑力量或作为独立的作战力量，对敌重要战略、战役信息系统实施电子攻击，影响敌人的感知、士气及凝聚力，破坏敌方的通信、后勤及其他关键能力，形成信息威慑。利用电子对抗系统对敌方的侦察预警系统、核心指挥通信系统实施强力的电磁压制，瘫痪敌方关键的预警监视和指挥能力，将影响敌人对局势的判断和信心。

2. 作战支援

在各类战役、战术行动中，通过各种软硬电子进攻手段，瘫痪或削弱敌预警探测和通信指挥，夺取战场制电磁权，支援火力打击等各种作战行动。电子对抗侦察可以提供敌方目标及其他情报信息，支持作战行动的正确决策。电子对抗将在破击敌方预警机、防空雷达、数据链、导航识别、制导兵器等关键信息节点和要害目标中发挥重要作用，因此可实施对敌联合作战信息系统实施体系破击，有效支援联合火力打击等大规模联合作战。典型的电子战进攻支援是在飞机突破敌防空体系时，对防空雷达系统实施的以支援干扰和摧毁为主要手段的对敌防空压制。

3. 武器平台自卫

飞机、军舰甚至卫星等高价值武器平台配备自卫电子对抗装备，在武器平台遭遇导弹等武器攻击时，发出威胁告警，并采取有源或无源电子干扰手段，扰乱和破坏敌武器跟踪与制导，起到保护自身的作用。自卫电子对抗装备已成为主战武器平台的必备装备，与平台其他装备有机配合，在保障武器平台自身安全和有效作战中发挥不可替代的作用。

4. 阵地防护

在阵地、重要设施周围配备雷达干扰、光电干扰等电子对抗装备，干扰来袭的武器平台、精确制导武器的制导或末制导传感器，扰乱武器瞄准和发射，降低敌火力的攻击精度，保护被掩护目标。因此电子对抗将应用于重点地域如重点城市、重大水利设施、机场、港口、导弹阵地、指挥所等设施的防空反导作战，配合火力防空行动，为重要目标提供有效安全防护。

5. 反恐行动

在反恐维和等非战争行动中，通过电子侦察获取恐怖组织的活动信息，通过多种电子干扰手段阻止无线电控制简易爆炸物的爆炸破坏，通过特种电子攻击手段限制恐怖分子的活动范围，降低其破坏活动的能力，为维护正常军事活动和其他任务提供保障。

电子对抗手段不仅可用于进攻作战，而且可用于防御作战；既可以成系统地用于一个作战任务，又可以融入军舰、飞机、战车等武器平台的装备之中，辅助完成武器平台的作战任务。在信息化战争中，电子对抗可以作为独立的作战力量完成作战行动；更多情况下则融入其他各层次作战行动当中，与其他作战行动紧密结合、协调实施，共同完成联合作战任务。

电子对抗是战争的先导，并贯穿战争始终。在以往的战争中，战役的发起通常从火力突击开始，而在信息化作战条件下，电子攻击已成为整个战役行动发起的标志。因为首选的打击目标不再是敌方重兵集团和炮兵阵地，而是敌方的指挥控制中心，力求瘫痪敌方探测、指挥和通信等电子信息系统，一举剥夺或削弱敌方的信息控制能力，为尔后夺取作战空间的控制权和实施决定性交战创造条件。电子对抗不只在某一阶段进行，而是从先期交战开始直到战役战斗结束不停顿地进行，具有明显的全程性。

电子对抗不但用于战争时期，也可运用于和平时期，为获取敌方电子信息装备情报而采取的电子侦察就从来没有停止过。

电子对抗的历史和一次次生动的战例充分说明了电子对抗在现代高技术战争中所具有的重要作用。在机械化战争向信息化战争转型的过程中，信息优势已逐渐成为夺取军事胜利的先决条件，围绕信息和信息系统所展开的电子斗争将成为敌我双方斗争的焦点。电子对抗的重要作用之一就是通过对电磁频谱的使用与控制权的斗争从敌人那里剥夺信息，使敌方雷达探测系统迷盲、通信中断、导航定位错误、精确制导武器失控、计算机网络瘫痪、指挥控制失灵，大大降低或削弱敌方军事系统的作战效能，同时保障我方信息和信息系统安全，从而掌握战场信息优势，进而转化为决策优势，最终达到夺取全谱军事行动的主动权的目的。

未来高技术战争是电子对抗发挥巨大作用的战争，以至于一些军事家把电子战比作高技术战争的"保护神"和"效能倍增器"。所以，信息对抗装备和技术在当前武器装备建设和国防技术发展中具有不可替代的重要作用，在未来以网络中心战为核心的高技术战争中具有举足轻重的地位。

1.4.2 电子对抗的发展

1.4.2.1 信息战

1. 信息战概念的形成

海湾战争对电子战作战理论的发展产生了巨大的推动作用。美军认为，海湾战争证明，电子战已明显地发展成为现代战争的主流，电子战必须与作战总司令部建立更为密切的联系，必须与实体摧毁、作战保密、军事欺骗及心理战更为紧密地融为一体。为此，1993 年，美军在重新定义电子战的同时，将 C^3 对抗升级为指挥控制战（C^2W）。

指挥控制战（C^2W）指在情报的支援下，综合运用心理战、军事欺骗、作战保密、电子战和实体摧毁，阻止敌方获得信息，影响、削弱或摧毁敌方的指挥控制能力，同时保护己方的指挥控制能力不受敌方类似行动的影响。

指挥控制战战略的实质就是要综合并协调一致地运用各个组成要素，以便获取对敌方指挥控制系统的主导权和控制权，影响乃至控制敌方指挥官对战区/战场情报的认识和感知，延缓其决策周期，从而赢得并保持军事行动的主动权。

海湾战争对电子战理论的发展还有一个更深层次的重要意义。电子战理论的创新发展，在世界范围内引发了一场大讨论，其涉及范围之广，参与层次之高，都是前所未有的。首先，美国经过 6 年的广泛研究和讨论，提出并确定了两个新作战行动概念——信息作战和信息战，创立了信息战理论，并将其作为未来高技术战争的战略制高点和一种特殊战争形态。在海湾战争中，美军初次尝试了信息战的战法，有计算机入侵、间谍战、间谍卫星、窃听、监视摄像机、电子战、对信息基础设施的实体摧毁、伪造证件、感知操纵、心理战以及计算机病毒攻击和欺骗，等等。

信息战是社会发展的产物，是战争形态由机械化向信息化转变的产物。当今社会已步入信息化时代，21 世纪的战争将是以信息优势为基础，以战场高度透明化为显著特征，以远距离、防区外、全球化精确打击为主要作战模式的全新的信息化战争。在未来信息化战场上，夺取信息优势，制信息权，将成为打赢信息化战争的关键。全谱信息获取、快速可靠的信息传递、实时有效的信息应用是夺取信息优势的三大重要环节。如何有效地保护己方的信息系统，确保己方信息优势，同时又想方设法去破坏敌方的信息系统，剥夺敌方的信息优势，即信息化条件下的信息对抗将成为现代战争敌我双方的斗争焦点。未来战场上的敌对双方必定紧紧围绕信息、信息系统、信息网络及其基础设施的控制权而展开激烈的或殊死的争夺，这就是信息战，是时代赋予现代战争的一个最根本的鲜明特征，也是电子战不断发展和进步的必然结果。

2. 信息战的含义

信息战的最初概念从20世纪80年代末被提出，经历了多年的讨论和研究，世界各国的学者和机构提出了多种不同的定义形式，总的趋势是扩大了信息战的作用领域，使其难于作为一种作战行动来控制。基于多年的研究，美军和美国政府最终恰当地从广义和狭义两个方面定义了信息行动和信息战，1998年获得美国政府最后的批准。

信息行动——影响敌方的信息和信息系统，同时保护己方的信息和信息系统而采取的各种行动。

信息战——在发生危机和冲突时，为达成特定目的，针对特定的敌手或敌方而进行的信息行动。

信息战主要指军事领域、特别是战场上信息行动。信息战的要素包括电子战、作战保密、军事欺骗、心理战、实体摧毁及计算机网络攻击。但在非专门军事领域，仍然常常不区分这两个概念，通称其为信息战。

要认识信息战的实质，首先要认识信息社会对战争带来的影响。第三次浪潮的提出者和研究者们认为，在信息社会，信息是财富生产的中心资源，财富生产将以拥有信息为基础，同时世界矛盾冲突也将以针对意识形态及经济的地缘信息竞争为基础。因此当随着信息时代的到来，价值从实物财产向知识及信息资产转变时，国家的物理保护作用将让位于新的信息保护手段，从而引发战争形态的变化。

在信息时代的军事作战中，战争的原则由机械的消耗和大规模摧毁转变为意志和能力的消耗，影响战争胜负的主导力量由装甲和机械转变为基于感知的精确控制。从著名的观察、判断、决策、行动回路所描述的指挥控制模型，可以看出影响对方的观察、判断最终影响对方指挥者的决策，将对战争的进程产生重大的甚至是决定性的影响。从这个层次上来理解，信息战的实质是以信息能为主要作用手段，通过攻击敌方的认知系统，直接影响指挥员和战斗员的意志，或通过影响敌方领导人的决策能力，主导战争向着有利于我方发展。

3. 信息战的主要特征

信息战是信息时代产生的一种新的战争形式，它既有常规战争的某些性质和特征，同时还具有许多特有的性质和特征。

信息战具有战斗力倍增器的作用。信息化战争手段极大地依赖于海陆空天一体的信息基础设施和信息系统，信息战将破坏敌C^4ISR系统的正常运转，使情报不明，指挥不灵，使信息化打击武器迷失目标，因此将极大地降低敌人信息化装备的战斗力，同时通过信息防御保护己方的以信息和信息系统为基础的作战力量，以夺取信息资源、占据信息优势的方式迅速改变敌我双方战斗力的对比。获取信息优势的一方将以较少的兵员、较短的时间以及较小的伤亡赢得战争。

信息战具有强大的威慑作用。遍布全球的信息基础设施和无时无处不在的信息活动是现代社会运转的基础，如果这一基础受到破坏，将使国际或国家的政治、经济、军事、社会活动受到极大的影响，甚至产生动乱和危机。因此有人认为信息战可具有与大规模毁灭性生化武器以及核武器类似的威慑作用。此外，利用强大的信息攻势，可能阻止一场战争的发生，也可能使对手不战而降。

信息战是一种非对称性的战略手段。发达社会的信息基础设施越庞大，其易损性影响越大，越惧怕信息攻击。而计算机网络攻击是进入的技术门槛低，耗资极少的手段，具有明显的非对称作战特性。

信息战具有浓厚的非线式特征。借助电磁波和网络的传播作用，信息战的作战范围可以达到全球的各个地方，不分前方后方，因此加重了现代信息化战争非线式的色彩。

信息战在冲突的升级和目标掌握上不同于常规战争。信息攻击的破坏没有量的飞跃，在攻击时机、广度、作用范围和影响强度方面的把握上难以控制。

信息战往往是战争行动的先导，并贯穿于战争的始终。

美军对 20 世纪 90 年代初、中期发生的几场现代化局部战争的经验教训以及实现军事转型思想的具体实践，特别是夺取“信息优势”的各项指标进行量化分析之后，认为美军的 C^4ISR 系统尽管发挥了很大作用，但也暴露了一些亟待克服的缺点。经过多年酝酿，美军从 90 年代末陆续提出了全球信息栅格(GIG)、网络中心战(NCW)和《联合构想 2020》等新军事革命思想。一方面，将电子信息对抗上升为一种独立作战样式，真正开始“从基于平台的作战转向基于网络的作战”，即转向网络中心战的作战方式并军事转型到网络中心部队的方向上来；另一方面，由于其大大增强了进攻性信息作战行动的力量和增加了信息威慑能力，所以能够在现代化战场上独立地遂行并完成一个战役作战行动，因而在任何战争级别上，信息作战行动都已经成为一种最基本而且很可能是主导的作战力量。

除此之外，随着人类社会进入信息时代和信息化革命进程的不断深入，一个国家的社会生活、政治外交、经济建设等都必将更加严重地依赖于各种各样的信息基础设施，因此，信息战必然要扩展到包括社会、经济、政治、外交等广阔的社会领域。在美军新版的《联合构想 2020》中，进一步明确了通过夺取信息优势以获得决策优势和知识优势的战争主动权，除了《联合构想 2010》中原有的四个作战概念即主导机动、精确交战、集中后勤和全维防护之外，又增加了信息作战(信息防御和信息进攻)和联合指挥控制(通过信息优势达到决策优势)这两个新作战概念，其最终目的就是要实现“全谱主导”，特别是要实现“信息优势＋信息威慑”的能力。

1.4.2.2 赛博空间和电磁频谱空间

1. 赛博空间

随着信息网络、计算机、通信以及微电子等科学技术的发展，以及这些科学技术在人类社会生活、工作中的广泛应用，一个新的物理域已经形成。这个域的基本特征是通过网络化系统以及配套的物理基础设施，利用电子设备和电磁频谱，存储、修改和交换数据。这个域被称为“赛博空间”(Cyberspace)，一般认为由电磁频谱、电子系统以及网络化基础设施三部分组成。

近年来，无处不达的互联网和覆盖各行各业的智能化终端充斥了人们的生活，移动通信、手机上网成为多数人生存的依赖，人们看到，信息技术以超乎想象的方式改变了全球经济和市场，也以前所未有的方式将人们连接在一起，同时也深深影响到军事武器和作战方式。在这种形势下，人们形成了共同的认识，那就是赛博空间直接影响个人、社会和国防的安全，是一个不可忽视的、新兴的物理域，必须给予充分的重视。

在信息化到来的时代，现代军队在战略与战术行动中越来越多地依赖网络和信息系统，这些系统由此成为可被攻击和利用的新的脆弱点。其次，随着现代社会和军队的发展，越来越依赖一系列相互关联而又易受攻击的“关键基础设施”，使得这些基础设施成为一种新的战略目标，一旦这些基础设施受到破坏，就会造成社会瘫痪，产生巨大的损失。从可实现性来说，在很多情况下，只要通过灵巧的低成本的手段就可以有效地造成敌方信息网络基础设施的损坏，导致整个国家的关键基础设施的全面瘫痪，而不在于对有形的基础设施实施大规模破坏。因此有理由预测，在未来的任何战争中，赛博空间将成为作战的主要的和关键的战场，要在未来作战中获胜，将取决于成功发动并打赢“赛博空间第一枪”。

正因为如此，世界各国都迅速认识到这一点，开始极大重视网络及信息基础设施的安全。我国将网络电磁安全作为重要的国家安全战略问题，给予了高度重视。美国政府在2003年将赛博空间安全提升为美国国家战略，并对赛博空间的概念进行了广泛研究，指出：博空间是由多种信息技术基础设施组成的彼此相互依存的网络，包括因特网、电信网、计算机系统和关键行业中的嵌入式处理器及控制器；通常也指信息与人际交互的虚拟环境。

赛博空间是一个全新的作战空间，是与陆、海、空、天作战环境并列的第5个域。然而在这5个域中赛博域是唯一的人为形成的域。赛博空间与其他空间域互相依赖，从物理上讲，赛博空间节点存在于所有域中。赛博空间中的行动可以支持陆、海、空、天域的行动自由，陆、海、空、天域的行动可以在赛博域内或通过赛博域产生影响。

赛博战是在赛博空间实施的军事行动，重点是使用赛博空间来攻击敌方人员、设施或设备，以实现降级、压制、摧毁敌战斗能力的目的，同时要保护己方的赛博空间。当前赛博战使用的手段仍然主要是信息作战中使用的电子战和计算机网络战，它们都通过电子和电磁频谱来实施。如何将计算机网络战技术与电子战技术相结合，实现能力互补，针对赛博空间目标实施对抗，是当前重点关注的研究方向。

2. 电磁频谱空间

强调赛博空间并不意味其与电磁频谱的对立，更不意味可以忽视在电磁频谱空间中的对抗。电磁频谱是可以联系陆海空天各个自然域的一个物理域，也是能够在赛博空间中机动的联系纽带。在电磁资源紧缺的今天，电磁环境可以被利用，也可以被破坏和挤占，从而使得电磁环境，特别是战场电磁环境，日益复杂化。因此迫切需要制定完整的电磁频谱战略，来综合利用、管理和控制电磁频谱。这也迫使人们重新审视与电磁频谱密切相关的电子战与电磁频谱管控的问题和相互关系，进而研究电磁频谱和赛博空间的关系，以及电子战和赛博战的关系。

2013年美国国防部发布“电磁频谱战略”，强调了电磁频谱对于作战的重要性，同时也在拟订《联合电磁频谱作战》条令，希望在传统的电子战上增加电磁频谱管控，从而升华为电磁频谱作战。当前主要的观点认为，武装部队必须要具备在空中、陆地、海上、太空和赛博空间作战的能力。所有这些作战领域都同样存在着电磁频谱，同时也越来越依赖于运用电磁频谱在这些领域并通过这些领域进行作战。在这样的总要求下，电子战的目的是抑制敌方在电磁作战领域的优势，同时确保己方在所选择的时间和地点运用电磁作战领域。

纵观网络电磁安全上升为国家战略以来的发展，不难发现在有关电子对抗的概念、技术和运用等方面正发生着变化。可以预期，为适应网络电磁安全战略的要求，适应新形势下作战的要求，电子对抗将会发生更深刻的变化，得到进一步的发展。

习题一

1. 我军的电子对抗定义和美军电子战的定义有何不同？
2. 电子对抗侦察中的情报侦察和支援侦察有何不同？两者有何关系？
3. 美军1993年的电子战定义扩展1969年电子战定义的内涵是什么？
4. 隐身是否属于电子进攻手段？为什么？

第 2 章　侦察接收机技术

2.1　信号环境与信号截获

2.1.1　电磁信号环境

电子对抗侦察系统(简称电子侦察系统)是实现电子对抗侦察的电子系统,它所要处理的对象是雷达、通信、导航、敌我识别等辐射源发射出的电磁波信号。因此,了解战场上可能遇到的电磁信号环境,是设计电子对抗侦察系统的前提。我们把侦察系统所在空间的电磁辐射源信号的总和称为电磁信号环境。

现代战场电磁频谱分布情况如图 2.1.1 所示。从 0.5MHz～40GHz 的频谱范围内,密集地分布着各种辐射源信号,包括通信、雷达、敌我识别、导航、干扰机等。每一大类中又可以细分成各种不同类型、功能和体制的辐射源信号,例如在雷达中,远程警戒雷达集中在长波波段,而跟踪和火控雷达集中在微波波段、制导雷达集中在毫米波波段,当然各种体制雷达的频段分布也不是绝对的,而是相互重叠交叉的。因此,电子侦察系统面临的是一个非常宽的电磁频谱,是多体制、高密度的辐射源信号聚集的电磁信号环境。

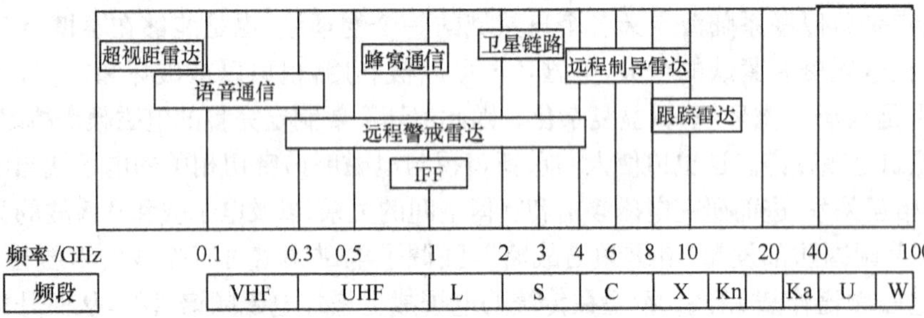

图 2.1.1　现代战场电磁频谱分布情况

现代电子对抗侦察面临的电磁信号环境的特点可以概括为密集性、复杂性和多变性。

1. **密集性**

在现代战场上,为完成发现目标、实施打击和联络通信等任务,从单兵、战车、舰船、飞机到导弹、卫星,都装备了一定数量的雷达、通信装备。这种状况使参与作战的辐射源数目越来越多,特别是在各类指挥部、防空武器系统、大型舰船、飞机等平台上,密集集中了大量的辐射源。因此,信号环境的密集性首先反映在辐射源的数目上。曾经有文献对冷战时期华约和北约对峙地区的情况做了这样的估计:在 1000km^2 的范围内,各种雷达的数目可以达到 129 部。因此,现代先进的雷达侦察系统需要具有对付 100 部以上,甚至 500 部以上雷达的能力。信号环境的密集性还反映在信号密度上,反映雷达信号密度的指标是每秒钟有多少雷达脉冲数,称为脉冲密度。在 12000m 高空,侦察接收机在 20 世纪 70 年代可能接收到的雷达脉冲密度达到每秒 40 万个,80 年代达到每秒 100 万个,90 年代在每秒 100 万～1000 万个之间。雷达信号环境的高密度和高增长趋势,要求侦察系统具备快速测量与处理信号的能力。现代支援侦察系统都已具备在每秒 100 万脉冲的信号环境下工作的能力。

信号环境的密集性与电磁频谱资源有限的矛盾直接导致了辐射源频率覆盖范围不断变宽，仅雷达辐射源频带覆盖就从冷战时期的 2～12GHz，发展到现在的 0.01～40GHz，几乎扩展到整个电磁频谱，包括从高频到微波、毫米波、红外、激光等频段，并且仍有扩大的趋势。电子侦察系统事先不能确切知道会有那些辐射源将要工作，也不可能知道这些辐射源发出信号的频率。因此，电子侦察系统很重要的任务之一就是要截获到辐射的电磁信号，测量出信号的频率。因此，要求电子侦察系统需要具备极宽的工作频率范围。

2. 复杂性

信号环境的复杂性表现在两个方面。一方面是多辐射源信号相互交叉重叠引起的复杂性。如图 2.1.2 显示了雷达脉冲在时间上交叠的实例，假设有三部雷达照射在侦察设备上，每一部雷达的脉冲序列都是有规律的。但是像图中最下面的脉冲序列表现的那样，当三部雷达的脉冲各自按时间顺序到达侦察接收设备，它们的脉冲看起来杂乱无章地排列在一起，不可能从时间顺序上直接把某一部雷达的脉冲挑选出来。因此，电子侦察系统必须具有很强的信号处理功能，把交叠的雷达脉冲分离开来。

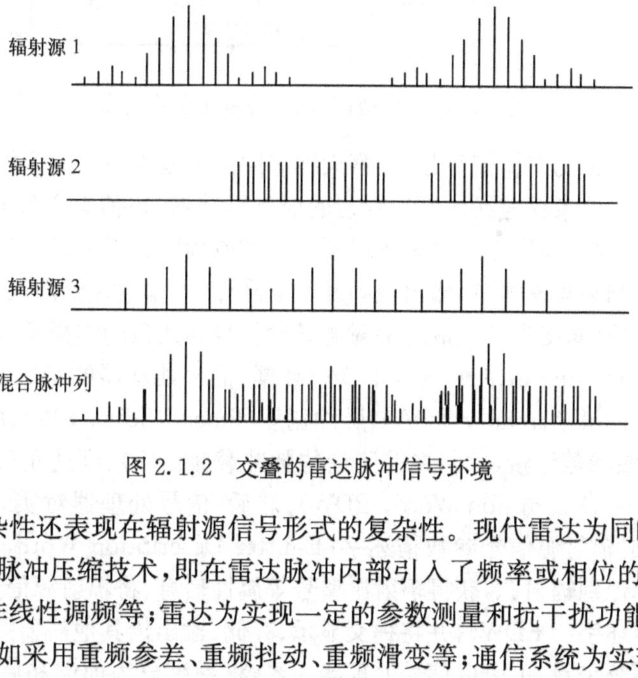

图 2.1.2　交叠的雷达脉冲信号环境

信号环境的复杂性还表现在辐射源信号形式的复杂性。现代雷达为同时提高探测距离和分辨率，广泛采用了脉冲压缩技术，即在雷达脉冲内部引入了频率或相位的调制，典型的有线性调频、相位编码、非线性调频等；雷达为实现一定的参数测量和抗干扰功能，还在脉冲重复频率上进行了调制，例如采用重频参差、重频抖动、重频滑变等；通信系统为实现抗干扰和低截获特性，采用扩频体制与幅度、相位或频率的数字调制相结合，使得信号样式种类多，形式复杂。

3. 多变性

辐射源信号的形式或者参数还是可以变化的。从工作频率上看，存在频率捷变或跳频等不同形式，其中频率捷变信号的载频可以随机跳变，每个脉冲都不一样；雷达的脉冲重复间隔也是可以变化的，例如重频抖动、重频参差等，这些复杂而多变的信号样式，有些是为保证雷达自身性能而设计的，有些则是为了反侦察的需要特意设计的。军用雷达不止有一个工作参数，这些参数可能根据作战的需要而更换。那些保密的作战参数在平时是不使用的，从而使对手无法从平时的电子情报侦察中获得。

电磁信号环境的这种密集、复杂和多变特性，随着军事电子信息技术的发展和电子战双方对抗的激烈程度加剧越来越突出，给电子侦察系统完成分析和识别任务增加了极大的难度。

2.1.2 信号截获

信号截获是电子侦察设备需要具备的一项基本功能，指非预定接收者对辐射源信号的接收。也就是说，电子侦察系统对于其所处电磁信号环境中的辐射源的信息是未知的，因此要实现对辐射源的侦察，电子侦察系统首先应当具备截获未知频率或方位的辐射源发出的信号的能力。

为说明这一点，我们以一类典型的雷达侦察系统为例，理解信号截获的全过程。侦察系统的基本组成如图 2.1.3 所示，大致分为侦察天线、测频接收机、测向接收机、信号处理器、存储和终端设备(如显示器、情报分析终端计算机)等组成。

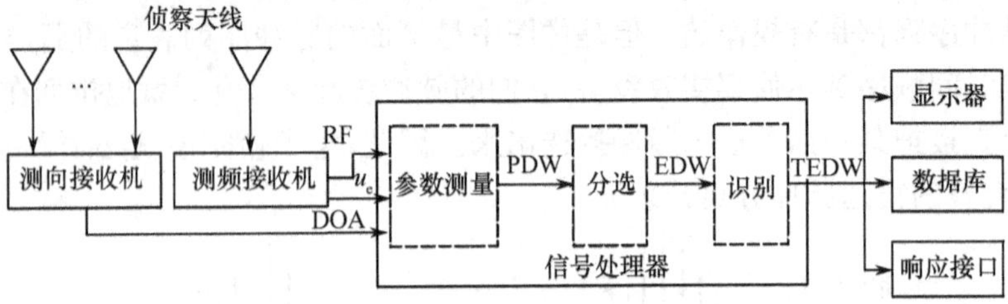

图 2.1.3　典型雷达侦察系统的基本组成

雷达侦察系统大致的工作流程是：侦察天线采用固定波束或指向可控波束等方式，实现对待侦察的角度范围的波束覆盖接收雷达辐射的射频脉冲信号；侦察天线与测频接收机组成信号接收和脉冲检测系统，采用多通道全频段覆盖方式或频段扫描方式，实现对待侦察的频率范围内的脉冲信号检测和频率测量，输出视频脉冲信号 u_e 和脉冲载频(Radio Frequency，RF)参数；侦察测向天线与测向接收机组成对辐射源脉冲信号到达角的测量系统，输出检测范围内脉冲信号的到达角(Direction of Arrival ，DOA)数据；信号处理器的参数测量部分完成脉冲信号的到达时间(Time of Arrival ，TOA)、脉冲宽度(Pulse Width，PW)、脉冲幅度(Pulse Amplitude，PA)等时域参数测量，并与之前测量的脉冲载频(RF)、到达角(DOA)组合在一起形成脉冲描述字(Pulse Description Word，PDW)；之后，信号处理器对实时输入的脉冲描述字序列进行分选，形成辐射源信号参数描述字(Emitter Description Word，EDW)，利用事先安装的辐射源数据库识别辐射源，获得辐射源型号等属性信息，将辐射源信号参数和属性参数合并为辐射源属性描述字(TEDW)，并将提交显示、存储，输出给其他需要的端口。

从整个侦察系统来看，可以以信号处理器为界，将系统分为前端和后端，对应的信号截获也分为前端截获和系统截获两部分。前端截获是指对在信号处理之前，由侦察天线、测频接收机和测向接收机组成的侦察前端对辐射源脉冲信号的接收、检测；系统截获是指在前端截获基础上，由信号处理器完成脉冲列分选，形成辐射源参数和位置，并基于先验知识识别辐射源型号的全过程，输出辐射源的情报信息。

前端截获是系统截获的前提和保证，前端截获越好，对系统截获提供的信息越充分，对辐射源信息提取越有利，因此对前端截获条件的讨论具有重要意义。

要实现前端截获，必须满足几个条件，即侦察前端在时域、频域和空域上同时截获(即对准)辐射源信号，且辐射源信号具备足够的信号强度。以下分别阐述这几个条件。

(1) 时域截获：即辐射源正在辐射信号的时间内，侦察前端处于接收状态。

(2) 频域截获：即辐射源信号频谱正好落入侦察前端的瞬时带宽内，且满足对信号的测频条件。

(3) 空域截获：一般指侦察天线的波束覆盖辐射源。而辐射源发射波束与侦察接收机天线的关系有两种情况：一种情况是仅在辐射源发射天线主波束覆盖侦察接收机天线时，方可检测到该辐射源信号，称为主瓣截获；另一种情况是只需辐射源的发射波束旁瓣覆盖侦察天线，侦察接收机即可检测到信号，称为旁瓣截获。

(4) 足够的信号强度：即辐射源信号到达侦察天线的信号幅度（功率）大于侦察前端可实现的最小检测幅度（功率）。

对侦察接收机而言，辐射源信号是未知的且非合作的，因此信号截获具有不确定性，是一个概率事件，我们将接收机截获到信号的概率称为截获概率。

在讨论截获概率时，通常总是认为信号的能量足够大，完全可以被截获接收机检测到，也就是说条件(4)完全满足，检测概率近似为 1，虚警率很小。由此，截获能力是相对于时间而言的，即截获概率是指在给定的时间间隔内至少发生一次截获的概率。反过来，可以定义截获时间为获得给定的截获概率所需要的时间。

研究截获概率问题有两方面的意义：一是通过估算在给定搜索时间和工作量（指给定截获接收机类型、数量、操纵员及其他资源）的情况下，截获一个感兴趣信号的截获概率，从而评估侦察接收机的性能。二是通过估算在给定截获概率情况下，所需搜索时间和工作量，从而探寻满足任务所需的最佳接收机体制及其配置情况，以及最佳的搜索策略（即接收机工作方式）。

为分析方便，我们对截获概率进行举例说明。将截获接收机在给定频率或给定角度范围内的搜索用“时间窗”来表示。如果在某时间窗内满足截获条件，则在该时间窗内截获概率为 1，否则截获概率为 0。如图 2.1.4 所示，假设某截获接收机的频率扫掠（搜索）时间为 T_1，该接收机的频率在 T_1 期间内对准被探测雷达工作频率的时间为 τ_1；被探测雷达的发射脉冲可用另一个窗函数来描述，该窗函数的周期 T_2 等于信号的脉冲重复周期，窗宽度 τ_2 等于脉冲宽度。只有当这两个窗出现重合时，由这两个因素决定的截获才发生，如图中阴影处所示，此时联合的截获概率为 1。重合的宽度绝不会大于这两个窗宽度（T_1 和 T_2）之中的最窄者。

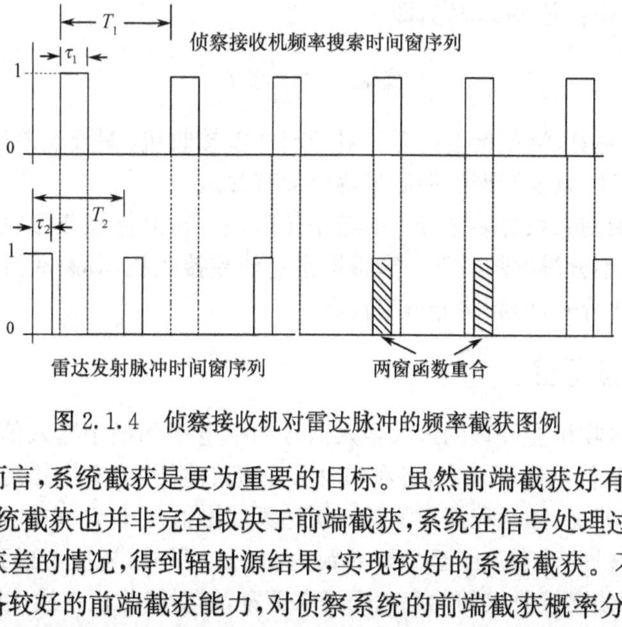

图 2.1.4　侦察接收机对雷达脉冲的频率截获图例

对于侦察系统而言，系统截获是更为重要的目标。虽然前端截获好有利于为系统截获提供更多信息，但是系统截获也并非完全取决于前端截获，系统在信号处理过程中也可以在一定程度上弥补前端截获差的情况，得到辐射源结果，实现较好的系统截获。不过即使如此，我们仍希望侦察系统具备较好的前端截获能力，对侦察系统的前端截获概率分析有助于我们在应对实际侦察问题时改善系统设计，提高生成电子侦察情报的效率和质量。

2.1.3 侦察接收机的特性

侦察接收机的主要特性如下。

2.1.3.1 测频范围

测频范围又称频率覆盖范围，是指测频接收机的能够侦察的最大频率范围。目前，雷达的工作频率已经占据了0.5～40GHz的频段，而对于接收机而言，敌辐射源工作频率是未知的，因此为了能截获到感兴趣的辐射源信号，要求测频接收机必须具有非常宽的频率覆盖范围。

2.1.3.2 瞬时带宽和分析带宽

瞬时带宽是指侦察接收机在任一瞬间可以测量的辐射源频率范围。需要将瞬时带宽和测频范围区分开来，如晶体视频接收机，其瞬时带宽和测频范围相等，而搜索超外差接收机，其瞬时带宽就明显小于测频范围。分析带宽是指侦察接收机能够处理信号的带宽。通常一部接收机的分析带宽就是供分析信号频谱结构用的检波前的瞬时带宽。但是，在某些仅能分析信号包络的接收机中，分析带宽指的是检波后的带宽。

侦察接收机应当具有较宽的瞬时带宽和分析带宽，因为这样既减少了接收机的频率搜索时间，又可以获取宽带辐射源信号（如相位编码、跳频信号等）的全部信息。但是，侦察接收机带宽的选择受技术实现的限制，通常必须根据信号环境所要求的最短响应和接收机后接的信号处理器处理能力来确定一个最佳的接收机带宽。

2.1.3.3 测频精度和频率分辨率

测频精度是测频接收机所能达到的信号频率测量误差大小。测频误差根据产生原因可分为系统误差和随机误差。系统误差由测频系统自身器件的局限引起，通常用测频误差均值表示；随机误差是由噪声等因素引起，通常用测频方差表示。对于传统的测频接收机，最大测频误差$\delta f_{\max}$主要由瞬时带宽Δf_{r}决定，即

$$\delta f_{\max}=\pm\frac{1}{2}\Delta f_{r} \tag{2.1.1}$$

可见，瞬时带宽越宽，测频精度越低。对于超外差接收机，测频误差还与本振频率的稳定度、调谐特性的线性度，以及调谐的滞后量等因素有关。

测频分辨率是指测频系统能区分开的最小频率差。对晶体视频接收机，其瞬时带宽和测频范围很宽，但其频率分辨率却很低。窄带搜索超外差接收机，其瞬时带宽较窄，但位于不同频段的信号可以有效分开，即频率分辨率较高。

2.1.3.4 动态范围

动态范围是指接收机能处理的最大输入信号功率电平和最小输入信号功率电平之比，常用分贝(dB)表示。现代电磁环境中，各种雷达发射机的输出功率从几瓦（如信标机、高度表、敌我识别器等）到几兆瓦（如远程搜索雷达）；雷达天线增益从小于10dB到接近40dB的都有。就此而言，侦察接收机的动态范围至少要求到达90dB。另外，还应考虑到对不同距离所产生的路径损失，这样对侦察接收机的动态范围要求更宽，如对接收机中线性放大器的要求一般要

有 50dB,而对数或限幅放大器要求能达到 80dB。

2.1.3.5　灵敏度

灵敏度是指测频接收机检测弱信号的能力。侦察接收机的工作是接收敌方辐射源的信号,从而探明辐射源的信息,为情报积累和电子攻击提供电子情报。因此,侦察接收机的首要任务是从复杂电磁信号环境中发现感兴趣的辐射源信号,这一过程称为信号检测。在信号接收的过程中,由于信号环境和接收机自身的原因,噪声或者干扰信号不可避免地伴随着辐射源信号一同进入接收机,掩盖了辐射源信号的本来面目,而信号检测就是判断接收信号中是否包含了感兴趣的辐射源信号,也或仅仅只有噪声或者干扰信号。显然噪声强度影响了接收机检测更小信号的能力,为此采用接收机灵敏度来衡量侦察接收机的这个信号检测能力。

侦察接收机的灵敏度是指满足侦察接收机对接收信号能量正常检测的条件下,在侦察接收机输入端的最小辐射源信号功率。接收机的灵敏度由接收机的射频带宽、视频带宽、噪声系数和检测器模型等因素决定。在测试和侦察应用中,由于使用目的不同,逐渐形成了衡量"正常检测"或"最小可检测"条件的不同准则,并由此产生了具有不同用途的接收机灵敏度定义。

(1) 最小可辨信号灵敏度

将连续波信号加进接收机的输入端,当输出功率等于无信号时噪声功率的两倍时,接收机输入端的连续波信号功率称为最小可辨信号灵敏度 P_{MDS},即

$$P_{MDS}=P_{si},\quad 当\ P_{(s+n)_0}/P_{n0}=2 \tag{2.1.2}$$

其中,P_{si}是接收机输入端的辐射源连续波信号功率;$P_{(s+n)_0}$是接收机视频放大器输出端的信号加噪声功率;P_{n0}是无信号时视频放大器输出端的噪声功率。显然,此时接收机视频放大器输出端信噪比为 3dB。

(2) 切线信号灵敏度

切线信号灵敏度简称切线灵敏度,其定义是在某一输入脉冲功率电平作用下,接收机输出端脉冲与噪声叠加后信号的底部与基线噪声(只有接收机内部噪声时)的顶部在一条直线上(相切),则称此时输入脉冲信号功率为切线灵敏度,如图 2.1.5 所示。可以证明,当输入信号处于切线信号电平时,接收机视频输出信号噪声功率比为 8dB 左右。

(3) 工作灵敏度

工作灵敏度定义如下:接收机的输入端在脉冲信号作用下,其视频输出信号噪声功率比为 14dB 时,则输入脉冲信号功率称为接收机工作灵敏度,以 P_{ops} 表示。

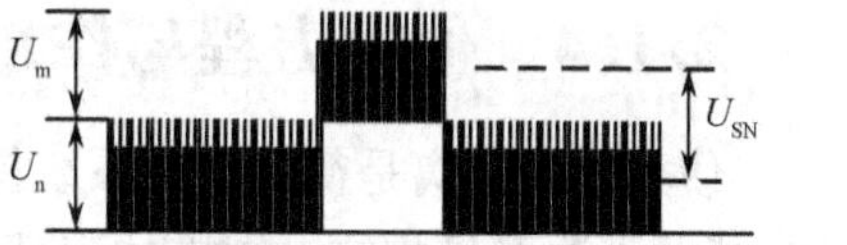

图 2.1.5　切线灵敏度波形图

(4) 检测灵敏度

在给定的虚警概率(接收机内部噪声超过门限引起的)条件下,获得一定的单个脉冲发现概率而需要的输入信号脉冲功率称为接收机检测灵敏度。

对连续波和脉冲波两种信号,接收机使用不同定义的灵敏度:最小可辨信号灵敏度适用于连续波信号;切线信号灵敏度适用于脉冲信号。工作灵敏度和检测灵敏度均适用于脉冲信号,其中工作灵敏度是根据信噪比准则定义的,而检测灵敏度是从满足虚警概率和发现概率要求出发的。在四种灵敏度定义中,最小可辨信号和切线信号灵敏度用以比较各种接收机检测信号能力,而工作灵敏度和检测灵敏度是实用灵敏度。

虽然侦察接收机与雷达、通信接收机接收的是相同的信号,但是在考察侦察接收机灵敏度

时，两者有着重要的区别。以雷达为例，首先，信号是由雷达发射机发出的，对雷达接收机而言，信号是已知的，因此接收机的检波前滤波器、检波后滤波器和信号处于准匹配状态；而对于侦察接收机来说，其侦收的信号是未知的，检波前和检波后的滤波器都和信号处于严重的失配状态，并且检波前滤波器的带宽 Δf_R 与检波后滤波器的带宽 Δf_v 之比不是确定的数值（雷达一律为 $\Delta f_R/\Delta f_v=2$）。其次，在接收机的体制上，雷达几乎都采用窄带超外差接收机，检波前有足够高的增益，检波器和视放的噪声特性对接收机的输出噪声影响可以忽略；而侦察接收机采用搜索超外差接收机、晶体视频接收机及其他接收机，有时检波前没有足够高的增益，检波器和视放的噪声特性对接收机的输出噪声有一定的影响。

2.1.3.6 信号处理能力

信号处理能力包含了三方面的意义。一是接收信号的能力；二是对同时到达信号的分离能力；三是检测和处理多种形式信号的能力。

侦察接收机对信号的接收能力，由接收机后接的信号处理器的处理速度决定。接收能力没有必要超过处理速度。否则，会因此而丢掉多余脉冲，甚至阻塞信号处理器。

由于信号环境日益密集，两个或两个以上信号在时域上的重叠概率也随之增大，为此要求侦察接收机应能分别精确地测定同时到达信号的参数，而不得丢失其中的弱信号。对于脉冲信号，同时到达信号是指两个脉冲的前沿时差 $\Delta t<10\text{ns}$ 或 $10\text{ns}<\Delta t<120\text{ns}$，前者称为第一类同时到达信号，其含义主要指信号几乎同时到达，前沿无法区分，后者称为第二类同时到达信号，是前沿可区分的部分重叠信号。

现代雷达信号的种类很多，总的可分为脉冲信号和连续波信号两大类。在脉冲中，又分低工作比的脉冲信号、高工作比的脉冲多卜勒信号、重频抖动信号、各种编码信号及扩谱信号。宽带信号的旁瓣往往遮盖弱信号，引起频率模糊，使接收机的频率分辨率降低。因此，宽带信号对截获接收机的频率测量和频谱分析能力提出了更高的要求。

连续波信号有非调频和调频两类。它们的共同特点是峰值功率低，比普通的脉冲信号要低三个数量级，这就对截获收机的灵敏度提出了苛刻的要求。另外，连续波信号的存在将产生大量的同时到达信号，滤除连续波信号是分离同时到达信号的任务之一。

2.1.4 侦察方程与作用距离

侦察作用距离是衡量侦察系统探测能力的一个重要指标。人离物体越远，就越难看清物体，甚至无法看见物体。同样的道理，侦察系统发现辐射源，也有一个距离的限制，因为在辐射源发射机功率一定的情况下，距离越远，传输到该处的辐射源信号强度越弱，能被接收机检测到的概率越小。侦察系统接收到辐射源信号的强弱与辐射源本身的发射功率、辐射源的发射天线以及侦察系统的接收天线有关，而侦察系统可检测信号的强弱就是侦察接收机的灵敏度，因此，通过前几节的学习，可以进一步推导侦察系统的作用距离。

2.1.4.1 简化的侦察方程

简化侦察方程就是指不考虑传输损耗、大气衰减以及地面或海面反射以及设备损耗、极化失配等因素的影响而导出的侦察作用距离方程。假设侦察接收机和辐射源的空间位置相距 R_r，辐射源发射功率为 P_t，发射天线在侦察接收机方向上的增益为 G_{tr}，侦察接收天线有效面积为 A_r，侦察接收天线收到的辐射源信号功率为

$$P_r=\frac{P_t G_{tr} A_r}{4\pi R_r^2} \tag{2.1.3}$$

式中，侦察天线有效面积 A_r 与侦察天线增益 G_r、信号波长 λ 的关系为

$$A_r=\frac{G_r\lambda^2}{4\pi} \tag{2.1.4}$$

代入式(2.1.3)，则

$$P_r=\frac{P_t G_{tr} G_r\lambda^2}{(4\pi R_r)^2} \tag{2.1.5}$$

若侦察接收机的灵敏度为 P_{rmin}，则当接收到的辐射源信号功率为灵敏度时，达到最大侦察作用距离

$$R_{rmax}=\left[\frac{P_t G_{tr} G_r\lambda^2}{(4\pi)^2 P_{rmin}}\right]^{1/2} \tag{2.1.6}$$

2.1.4.2　对雷达的修正侦察方程

修正侦察方程是指考虑了发射、传输和接收过程中的信号损失情况下的侦察方程，如式(2.1.7)所示。

$$R_{rmax}=\left[\frac{P_t G_{tr} G_r\lambda^2}{(4\pi)^2 P_{rmin} L}\right]^{1/2} \tag{2.1.7}$$

式中，L 表示总的信号损失。它包括雷达发射机——雷达天线的馈线损耗、雷达天线波束非矩形损失、侦察天线波束非矩形损失、侦察天线在宽频段范围内变化引起的损失、侦察天线与雷达信号极化失配损失、侦察天线——接收机输入端的馈线损耗。一般 $L\approx16\sim18$dB。

2.1.4.3　直视距离

在微波频段以上电波是近似直线传播的，地球表面的弯曲将对电波产生遮蔽作用，因此，侦察接收机与辐射源之间的直视距离受到限制。举例说明：当侦察天线距地表高度为 H_1、辐射源天线距地表高度为 H_2 时，仅当两者连线与地球表面相切时，满足直视且距离最远，如图 2.1.6所示。

图中虚线是地球表面，A、C 分别为侦察天线和辐射源天线所在位置，AC 连线刚与地表切点为 B，此时 AC 连线距离称为直视距离 R_s，经简单推导可得

$$R_s\approx\sqrt{2R}(\sqrt{H_1}+\sqrt{H_2}) \tag{2.1.8}$$

若考虑大气层所引起的电波折射，对直视距离有延伸作用，再将地球曲率半径代入，最后可得

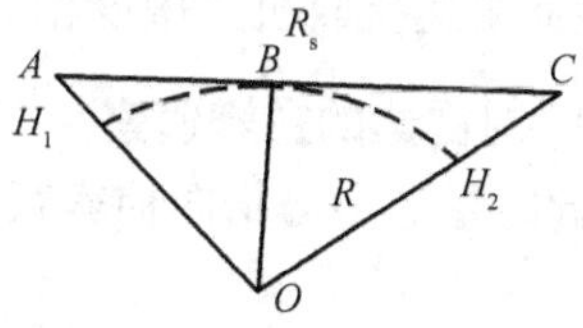

图 2.1.6　侦察直视距离示意图

$$R_s=4.1(\sqrt{H_1}+\sqrt{H_2}) \tag{2.1.9}$$

式中，R_s 以 km 为单位，H_1，H_2 以 m 为单位。

需要注意的是，按前文计算侦察作用距离后，需要与直视距离比较，当大于直视距离时，应以直视距离作为对辐射源的侦察作用距离。

2.1.4.4　侦察作用距离对雷达的作用距离优势

如果侦察接收系统安装在一架飞机上，当它和一部地面警戒雷达相对从远距离接近时，是雷达可能先发现飞机，还是侦察接收系统先发现雷达呢？也就是说雷达和侦察系统谁发现目

标的距离更远呢？要回答这个问题，首先要明确一个事实，雷达发现目标和侦察系统发现雷达，利用的电磁能量都来源于一处，就是雷达发射的电磁波。雷达发现目标的时候，电磁波从雷达传播到目标，经目标反射，又从目标回到雷达接收机，经过了双倍路程；而对侦察系统来说，电磁波从雷达辐射出来，到达侦察系统就被接收了，只经过了单程路径。而电磁波的传播是随着距离平方的增大而衰减的。由于雷达发现目标要比侦察多经过一倍的路程，电磁波能量减弱程度要严重得多，因此，概略来说，一般情况下侦察系统应当先于雷达发现对方，也就是说侦察系统相对雷达具有作用距离的优势。

下面我们通过作用距离方程具体加以说明。为分析方便，雷达方程与侦察方程均采用简化形式。假定雷达采用收发共用天线，此时简化的雷达作用距离方程如下所示。

$$R_{\mathrm{amax}}=\left[\frac{P_{\mathrm{t}}G_{\mathrm{t}}^{2}\lambda^{2}\sigma}{(4\pi)^{3}P_{\mathrm{amin}}}\right]^{1/4} \tag{2.1.10}$$

式中，R_{amax}是雷达作用距离，σ是目标的雷达截面积，P_{amin}是雷达接收机的灵敏度，G_{t}是雷达天线主瓣增益（发射和接收相同）、信号波长为λ。

将式(2.1.6)简化的侦察作用距离方程重写如下

$$R_{\mathrm{rmax}}=\left[\frac{P_{\mathrm{t}}G_{\mathrm{tr}}G_{\mathrm{r}}\lambda^{2}}{(4\pi)^{2}P_{\mathrm{rmin}}}\right]^{1/2} \tag{2.1.11}$$

可见雷达侦察作用距离与发射功率开四次方成正比，而侦察作用距离与发射功率开平方成正比。假定在侦察接收机灵敏度P_{rmin}等于系数δ乘以雷达接收机灵敏度P_{amin}，即

$$P_{\mathrm{rmin}}=\delta P_{\mathrm{amin}} \tag{2.1.12}$$

则侦察作用距离与雷达作用距离比值

$$\alpha=\frac{R_{\mathrm{rmax}}}{R_{\mathrm{amax}}}=R_{\mathrm{amax}}\left[\frac{4\pi}{\delta}\cdot\frac{1}{\sigma}\cdot\frac{G_{\mathrm{tr}}G_{\mathrm{r}}}{G_{\mathrm{t}}^{2}}\right]^{1/2} \tag{2.1.13}$$

当$\alpha>1$时，表明侦察作用距离相对雷达具有优势，反之，则是雷达相对侦察具有优势。

以下进行实例分析。假定雷达作用距离为10km，侦察接收机所在平台的雷达截面积$\sigma=1\mathrm{m}^2$，雷达天线主瓣增益$G_{\mathrm{t}}=40\mathrm{dB}$，平均旁瓣增益$G_{\mathrm{t1}}=0\mathrm{dB}$，侦察天线为全向天线，增益为$G_{\mathrm{r}}=0\mathrm{dB}$。由于雷达可实现对目标回波信号的匹配接收，而侦察接收机收到的雷达信号是未知的，因此雷达接收机灵敏度相对于侦察接收机要高得多，假定系数$\delta=1000$。

1. 对雷达的主瓣侦察

此时雷达主瓣指向侦察系统，$G_{\mathrm{tr}}=G_{\mathrm{t}}$，将以上参数代入式(2.1.13)，计算得

$$\alpha=R_{\mathrm{amax}}\left(\frac{4\pi}{\delta G_{\mathrm{t}}}\right)^{1/2}=1.1\times10^{-3}R_{\mathrm{amax}}=11 \tag{2.1.14}$$

此时侦察接收机对雷达的侦察作用距离为110km。也就是说当雷达主瓣指向侦察系统时，侦察接收机可以在距离110km处发现雷达，而雷达至多只能在10km处才发现侦察平台。

2. 对雷达的旁瓣侦察

一般雷达天线主瓣很窄，又处于空间搜索状态，侦察系统收到雷达天线主瓣辐射的概率很低，为满足侦察需要，需实现对雷达旁瓣的侦察。在雷达旁瓣状态下，$G_{\mathrm{tr}}=G_{\mathrm{t1}}$，将系数代入式(2.1.13)，计算得

$$\alpha=\frac{R_{\mathrm{amax}}}{G_{\mathrm{t}}}\left(\frac{4\pi}{\delta}\right)^{1/2}=0.011\times10^{-3}R_{\mathrm{amax}}=0.11 \tag{2.1.15}$$

此时侦察接收机对雷达的侦察作用距离为1.1km。虽然侦察作用距离小于雷达作用距

离，但是雷达作用距离是针对其主瓣照射目标定义的，此时是雷达旁瓣照射侦察系统，不具备对侦察系统的探测能力，因此对雷达旁瓣的侦察仍然是有优势的。

电子对抗侦察对雷达的距离优势给我们如下启示：

(1) 无源电子侦察可以比雷达更早、更远发现威胁，因而它是一种有效的警戒手段。

(2) 侦察系统可采用全向天线($G_r=1$)，实现全方位接收。因而侦察天线允许做得比较小，如直径为 10～20cm。

(3) 侦察系统不要求具有十分高的灵敏度，所以允许接收机的频带宽开(如为 2～8GHz，覆盖若干倍频程)，从而提高截获信号的能力。

2.1.4.5　地面反射传播的侦察方程

通常在讨论通信信号侦察距离时，由于短波、超短波通信(也包括同频段的雷达等辐射源)的电波传播方式不仅限于自由空间传播，还包括表面波、反射波、折射波、绕射波等传播方式，因而除了直线传播方式之外，还需考虑不同传播方式带来的传播损耗的影响。本节重点讨论地面反射传播模型带来的影响。

1. 地面反射传播模型

地面和其他较大的表面(相对于信号波长)可以反射电磁波。反射波在到达接收机天线时与直达波有相位上的偏移，并且当相位偏移为 180°时可能会引起相当大的衰减。当发射机和/或接收机靠近地球表面时电波弹离地面形成的反射是通信侦察常常遇到的情况，如图 2.1.7 所示。

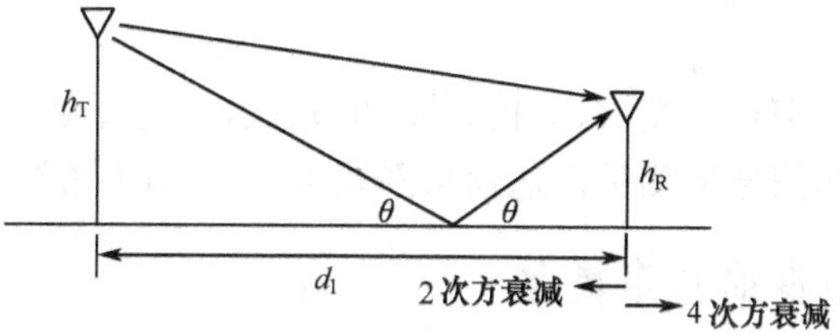

图 2.1.7　地面反射对传播的影响

反射波与直达波均到达接收天线，之间的相位差与路径差 δ_r 成比例

$$\varphi=2\pi\frac{\delta_r}{\lambda} \tag{2.1.16}$$

如果 $R\gg h_T, h_R$，即 θ 很小，于是

$$\varphi\approx\frac{2\pi}{\lambda}\frac{2h_Th_R}{R} \tag{2.1.17}$$

相位差 $\varphi=\pi$ 所对应的距离为

$$d_1=\frac{4h_Th_R}{\lambda} \tag{2.1.18}$$

称为第一菲涅耳区。由于在低反射入射角情况下(即路径距离较大的弹离地面的反射情况，θ 角很小)，无论是垂直极化还是水平极化，离开地面的反射都有一个 π 相移。于是在此距离之外，反射波的 π 相移造成了合成信号的严重衰减。理论计算和实验表明，合成的信号总功率以与 $1/R^4$ 成正比的速率减小，而不是自由传播方式中的距离平方关系。合成信号的总功率为

$$P=P_t\frac{(h_Th_R)^2}{R^4} \tag{2.1.19}$$

式(2.1.19)说明,在地面反射传播模型下,如果距离 R 大于临界距离 d_1,那么合成信号总功率随天线高度的平方增加,随距离的四次方减少,且与信号频率无关。上式称为地面反射传播模型,或称平地传播模型。

2. 侦察方程

在短波和超短波频段(30MHz～1GHz),通常通信侦察距离满足式(2.1.18)规定的临界距离,考虑发射和接收天线增益时,参考式(2.1.19),侦察接收机收到的信号功率为

$$P_r = P_t G_{tr} G_{rt} \frac{(h_T h_R)^2}{R_r^4} \tag{2.1.20}$$

式中 G_{tr} 和 G_{rt} 分别是通信发射机在侦察接收机方向的发射天线增益和侦察接收天线在通信发射机方向的增益。通过上式可以估算地面反射传播模式下的最大侦察距离为

$$R_{rmax} = \left[P_t G_{tr} G_{rt} \frac{(h_T h_R)^2}{P_{rmin}} \right]^{1/4} \tag{2.1.21}$$

式中 $P_{r\max}$ 是侦察接收机的灵敏度。虽然该模型会低估短距离上接收机的功率值,但在预计侦察距离的上限时,它却比许多别的模型准确。

2.2 测频接收机的基本原理

2.2.1 信号检测

这一节的中心内容是运用信号检测理论(统计理论),以雷达侦察为例,分析侦察系统的检测问题。

雷达侦察系统作为对信号的接收、分析、处理的系统,首先要解决的问题就是判断雷达信号的有无问题。所以雷达信号检测是雷达侦察系统最基本的问题之一。

2.2.1.1 信号检测的基本概念

1. 已知信号 $s(t)$ 的最佳检测

检测问题之所以被提及是因为接收机内存在着噪声,即信号总是伴随着噪声,所以存在统计判决的问题。

检测问题就是寻找一个检验统计量 l,来判断以下两个假设中哪一个为真。

$$\begin{cases} H_0: r(t) = n(t) \\ H_1: r(t) = s(t) + n(t) \end{cases} \tag{2.2.1}$$

$$l \underset{H_0}{\overset{H_1}{\gtrless}} l_0$$

完成上述判决的最大似然比检测器如图 2.2.1 所示。

图 2.2.1 已知信号的最大似然比检测器

2. 未知参数信号的检测

对于侦察系统，雷达信号的频率、相位都是随机的。可以将要侦察的频率范围分成 M 个信道，每个信道的中心频率分别为 $\omega_1, \omega_2, \cdots, \omega_M$，信号频率是 M 个可能值中的一个。对每个离散频率 ω_i 指定一个假设 H_i，于是形成了多择假设：

$$
\begin{aligned}
&H_0: \; r(t)=n(t) \\
&H_1: r(t)=A\sin(\omega_1 t+\theta_1)+n(t) \\
&\cdots\cdots \\
&H_M: r(t)=A\sin(\omega_M t+\theta_M)+n(t)
\end{aligned}
\tag{2.2.2}
$$

未知信号的最大似然检测器如图 2.2.2 所示。

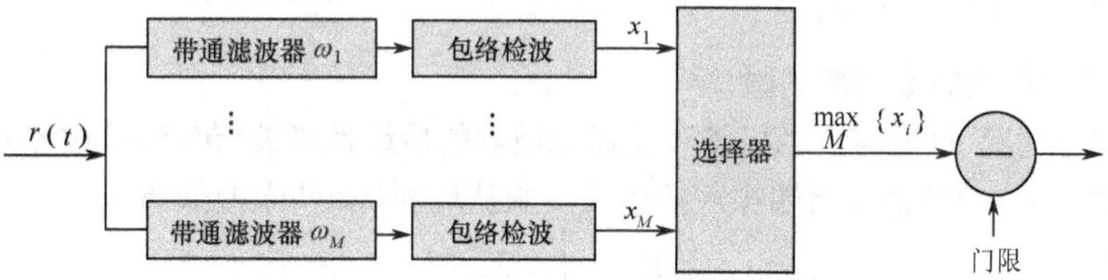

图 2.2.2　未知信号的最大似然比检测器

其中包络检波器是在随机相位（2π 均匀分布）条件下的最佳检测。判决规则是：如果 x_i 是检波器的最大输出，而且 x_i 超过了门限就选择 H_i（$i=1,2,\cdots,M$），否则选择 H_0。

当信号已知时，匹配滤波器与被接收的信号相匹配。但对于未知信号，由于不知道雷达信号的脉冲宽度等参数，所以用带通滤波器代替匹配滤波器检测性能会下降。

在侦察系统中，由于对信号的信息了解很少，所以常常不能使用最佳检测方法。而且有时为了其他性能（如为提高截获能力），必须牺牲一些检测性能。但在了解了敌方信号的参数后，为某次战役可专门配置最佳检测器。如中东战争，以色列剖析了苏制 SA-6 防空导弹后在飞机上加装了连续波（SA-6 的引导雷达信号）接收装置（最佳检测），从而有效地发挥了作用。这也说明了先验信息（情报）在电子战信号侦察中的作用。

检测器的检测性能由虚警概率 P_f 和检测（发现）P_d 概率来描述，与雷达中的定义相同。

2.2.1.2　侦察接收机的模型及检测性能

侦察接收机的模型如图 2.2.3 所示。一般由线性和非线性（如平方律检波器）单元组成。这类接收机显然是最佳检测器（接收机）的近似。

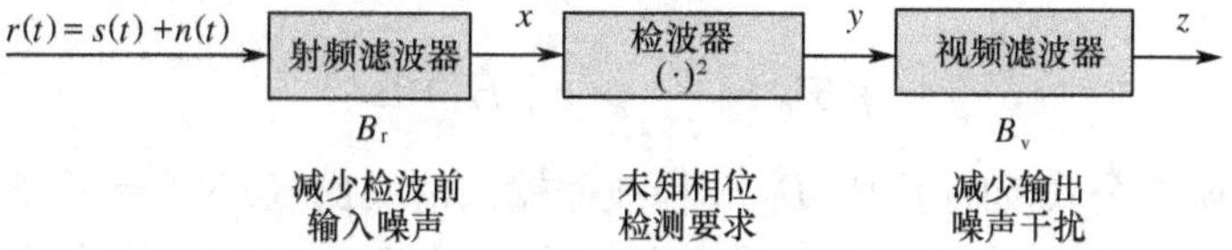

图 2.2.3　侦察接收机模型

视频带宽 B_v 一般由要处理的脉冲信号最小脉宽 PW_{min} 决定，$B_v \approx 1/PW_{min}$（例如，当 $PW_{min} \approx 0.1\mu s$ 时，$B_v \approx 10MHz$。）。

射频滤波器带宽要考虑噪声电平 P_n 和截获信号带宽 B_s 两个因素。

$$B_r\uparrow \Rightarrow \begin{cases} P_n\uparrow & \text{不利} \\ B_s\uparrow & \text{有利} \end{cases}$$

根据不同战术要求，B_r 有两种选择(对应两种类型侦察接收机)：

(1)$B_r\approx 2B_v$，称为窄带接收机，用在要求高灵敏度的场合；

(2)$B_r\gg 2B_v$($B_r\approx 10-1000B_v$)，称为宽带接收机，用在要求高截获概率的场合。

以下分别讨论窄带接收机和宽带接收机的检测性能。

2.2.1.3　窄带接收机($B_r\approx 2B_v$)的检测性能

设检波器输入端的噪声为限带(窄带)高斯白噪声，均值为 0，方差为 σ_x^2；信号为 $s(t)=A\cdot\cos(\omega_0 t+\theta)=A\cos(2\pi f_0 t+\theta)$。

1. 检波器输出的概率密度函数

(1) 大信号情况下(此时由二极管和低通滤波器构成线性半波(包络)检波器)

当只有噪声时，检波器输出端噪声的包络 v 服从瑞利(Rayleigh)分布

$$p(v/H_0)=\frac{v}{\sigma_x^2}\exp\left\{-\frac{v^2}{2\sigma_x^2}\right\},\qquad v\geqslant 0 \tag{2.2.3}$$

当信号加噪声时，检波器输出端信号加噪声的包络 v 服从广义瑞利分布

$$p(v/H_1)=\frac{v}{\sigma_x^2}\exp\left\{-\frac{v^2+A^2}{2\sigma_x^2}\right\}I_0\left(\frac{vA}{\sigma_x^2}\right),\qquad v\geqslant 0 \tag{2.2.4}$$

其中 $I_0(\cdot)$为零阶修正贝塞尔函数。

(2) 小信号情况下(此时由二极管和低通滤波器构成平方律检波器)

当只有噪声时，检波器输出为噪声包络的平方 $u=v^2$，u 服从指数分布

$$p(u/H_0)=\frac{1}{2\sigma_x^2}\exp\left\{-\frac{u}{2\sigma_x^2}\right\},\qquad u\geqslant 0 \tag{2.2.5}$$

当信号加噪声时，检波器输出端信号加噪声之和的包络平方 u 的概率密度为

$$p(u/H_1)=\frac{1}{2\sigma_x^2}\exp\left\{-\frac{u+A^2}{2\sigma_x^2}\right\}I_0\left(\frac{Au^{1/2}}{\sigma_x^2}\right),\qquad u\geqslant 0 \tag{2.2.6}$$

通常平方律检波器易于理论分析，但是由于线性律检波比平方律检波具有更大的动态范围，所以在实践中应用较多。

2. 检测性能

从以上这些分布可以得到虚警概率 P_f和检测概率 P_d。

$$P_f=\int_{V_T}^{\infty}p(z\mid H_0)\mathrm{d}z \tag{2.2.7}$$

$$P_d=\int_{V_T}^{\infty}p(z\mid H_1)\mathrm{d}z \tag{2.2.8}$$

P_f、P_d 的这两个公式反映了 P_f、P_d 和检波器输入信噪比 $S_i/N_i(=A^2/2\sigma_x^2)$以及门限 V_T的关系。通常把这个关系绘制成以 P_f 为参数的检测概率 P_d 与 S_i/N_i 的曲线以便查用。

另外，当侦察接收机检波前的射频增益足够高(即接收机处于噪声限制状态下)时，无论是哪种检波器特性，其对检测概率 P_d 的影响差别都不大，所以曲线对两种检波器都适用。

具体应用中，一般先给定 P_f 值并由式(2.2.7)解出 V_T，再将 V_T 带入式(2.2.8)，并令 P_d 从 0 ～ 1 取值求解 S_i/N_i 得到以虚警概率 P_f 为参数的 P_d 与 S_i/N_i 的关系曲线。下面以平方律检波器为例加以说明。

由式(2.2.7)和式(2.2.5)得，

$$P_f = \int_{V_T}^{\infty} p(z \mid H_0)\mathrm{d}z = \int_{V_T}^{\infty} \frac{1}{2\sigma_x^2}\exp\left\{-\frac{z}{2\sigma_x^2}\right\}\mathrm{d}z = \exp\left\{-\frac{V_T}{2\sigma_x^2}\right\} \tag{2.2.9}$$

或

$$V_T = 2\sigma_x^2 \ln\left[\frac{1}{P_f}\right] \tag{2.2.10}$$

再将 V_T 的值及式(2.2.6)带入式(2.2.8)得，

$$P_d = \int_{V_T}^{\infty} p(z \mid H_1)\mathrm{d}z = \int_{V_T}^{\infty} \frac{1}{2\sigma_x^2}\exp\left\{-\frac{z+A^2}{2\sigma_x^2}\right\} I_0\left(\frac{Az^{\frac{1}{2}}}{\sigma_x^2}\right)\mathrm{d}z \tag{2.2.11}$$

又令 P_d 从 0 ～ 1 取值，通过数值积分求解 $S_i/N_i(=A^2/2\sigma_x^2)$ 得到以虚警概率 P_f 为参数的 P_d 与 S_i/N_i 的关系曲线。

例1 设 $P_f=1\times10^{-8}$，$P_d=80\%$，由图 2.2.4 查得 $S_i/N_i\approx11.6$dB。

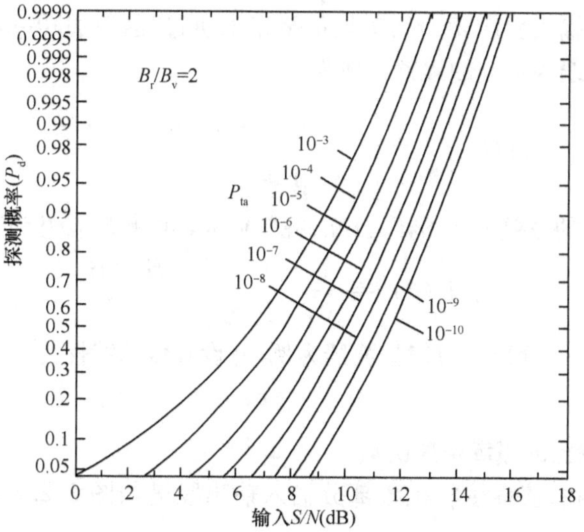

图 2.2.4 $B_r\approx2B_v$ 时，P_d 与 S_i/N_i 的关系曲线

2.2.1.4 宽带接收机($B_r\gg2B_v$)的检测性能

当 $B_r\gg2B_v$($B_r\approx10-1000B_v$)时，可以把射频频带 B_r 划分成 N 个宽度为 $2B_v$ 的子带，在任一时刻，每个子带的独立随机变量(独立的射频瑞利噪声)各自变换为视频频带 B_v 内的基带噪声，由于低通滤波器的积分(求和)作用，它们在视频积累形成随机变量和(即视放输出噪声)。当 N 足够大时，根据中心极限定理，它趋于正态分布(实际上，当 $B_r/B_v>10$，视频放大器输出噪声已经很接近正态分布了)。

简而言之，此时视频放大器的输出噪声可看成是 N 个独立的瑞利噪声样本各自变换为基带噪声后相加求和的结果。但实质上，它是一个宽度为 $2B_v$ 的带通滤波器与射频频带 B_r 内的噪声作卷积的结果。

例如，在 $B_r/2B_v=3$ 的情况下(图 2.2.5)，视频放大器输出噪声可以看成是三个独立的(宽度均为 $2B_v$)子带内的射频瑞利噪声样本各自变换到视频频带 B_v 内相加求和。

为了计算 P_f、P_d，必须求视频放大器输出的概率分布。对于正态分布，只要求一、二阶矩，分布就可以确定。所以下面求宽带接收机输出的一、二阶矩。

设侦察接收机输入信号

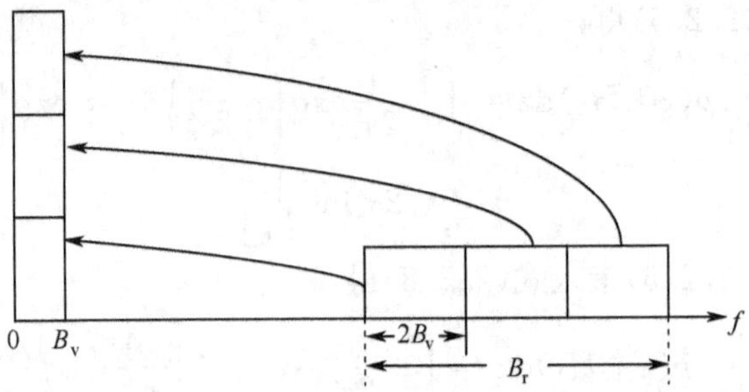

图 2.2.5　$B_r/2B_v=3$ 时，宽带射频噪声向基带 B_v 内转换

$$s(t)=A\cos(\omega_0 t+\theta)=A\cos(2\pi f_0 t+\theta)$$

$f_0>B_r$，输入信号功率 $S_i=A^2/2$；θ 为在$[0,2\pi]$上均匀分布的随机变量。

又设侦察接收机输入噪声 $n(t)$为零均值平稳随机过程，双边功率谱密度为 $G_n(f)=N_0/2$，侦察接收机检波前线性部分的幅频特性为

$$|H_r(f)|=\begin{cases}1, & f_0-\frac{B_r}{2}<|f|<f_0+\frac{B_r}{2}\\ 0, & 其他\end{cases} \tag{2.2.12}$$

平方律检波器输入 x 的方差 $\sigma_x^2=N_0B_r\triangleq N_i$；视频放大器的幅频特性为

$$|H_v(f)|=\begin{cases}1, & 0<|f|<B_v\ll B_r\\ 0, & 其他\end{cases} \tag{2.2.13}$$

为便于理论分析，下面以平方律检波器为例，并设其传输特性为

$$y=x^2 \tag{2.2.14}$$

1. 视频放大器输出的概率密度函数

(1) 只有噪声存在，侦察接收机各部分输入输出频谱如图 2.2.6 所示，相应数学表达式如下：

$$G_x(f)=G_n(f)|H_r(f)|^2 \tag{2.2.15}$$

$$\begin{aligned}G_y(f)&=\sigma_x^4\delta(f)+2G_x(f)*G_x(f)\\&=N_0^2B_r^2\delta(f)+\begin{cases}N_0^2(B_r-|f|), & 0<|f|<B_r\\ \frac{N_0^2}{2}(B_r-||f|-2f_0|), & 2f_0-B_r<|f|<2f_0+B_r\\ 0, & 其他\end{cases}\end{aligned} \tag{2.2.16}$$

$$\begin{aligned}G_z(f)&=|H_v(f)|^2G_y(f)\\&=N_0^2B_r^2\delta(f)+\begin{cases}N_0^2(B_r-|f|), & 0<|f|<B_v\\ 0, & 其他\end{cases}\end{aligned} \tag{2.2.17}$$

$$\begin{aligned}R_z(0)&=\int_{-\infty}^{\infty}G_z(f)\mathrm{d}f\\&=N_0^2B_r^2+2N_0^2B_r^2\left(\frac{B_v}{B_r}-\frac{1}{2}\frac{B_v^2}{B_r^2}\right)\\&=\sigma_x^4+2\frac{\sigma_x^4}{\gamma}\left(1-\frac{1}{2\gamma}\right)\end{aligned} \tag{2.2.18}$$

$$E(z)=\sigma_x^2=N_i\triangleq m_z \tag{2.2.19}$$

$$D(z)=\frac{2N_i^2}{\gamma}\left(1-\frac{1}{2\gamma}\right)\triangleq\sigma_z^2 \tag{2.2.20}$$

其中 $\gamma=B_r/B_v$ 为射频视频带宽比。

只有噪声时，视频放大器输出的概率分布为

$$p(z/H_0)=\frac{1}{\sqrt{2\pi}\sigma_z}\exp\left\{-\frac{(z-m_z)^2}{2\sigma_z^2}\right\},\quad z\geqslant 0 \tag{2.2.21}$$

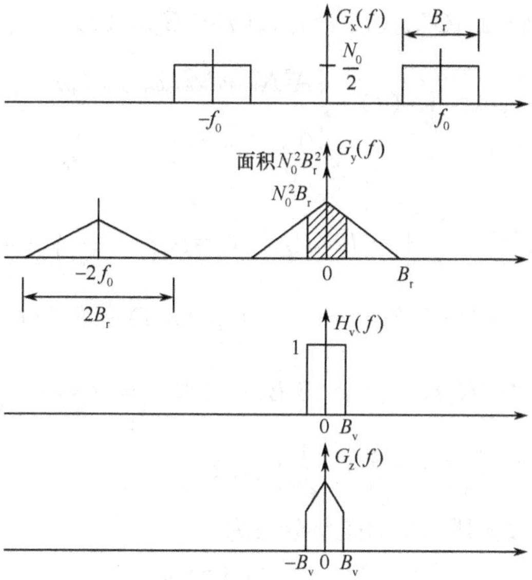

图 2.2.6　$B_r>2B_v$ 时，只有噪声情况下侦察接收机各部分输入输出频谱

(2) 信号加噪声情况下，侦察接收机各部分输入输出频谱如图 2.2.7 所示。

当信号与噪声同时作用于检波器时，其输出信号含有信号的自差拍分量[功率谱$G_{ys\times s}(f)$]，噪声的自差拍分量[功率谱 $G_{yn\times n}(f)$]，信号和噪声的互差拍分量[功率谱 $G_{ys\times n}(f)$]，以及检波器与视放自身产生的噪声。其中信号的自差拍分量为检波器输出的视频信号，其余三部分均为输出的噪声。

相应数学表达式如下：

$$G_x(f)=G_n(f)|H_r(f)|^2+\frac{A^2}{4}[\delta(f-f_0)+\delta(f+f_0)] \tag{2.2.22}$$

$$G_y(f)=G_{ys\times s}(f)+G_{ys\times n}(f)+G_{yn\times n}(f) \tag{2.2.23}$$

其中，

$$G_{ys\times s}(f)=\frac{A^4}{4}\delta(f)+\frac{A^4}{16}[\delta(f-2f_0)+\delta(f+2f_0)] \tag{2.2.24}$$

$$G_{ys\times n}(f)=A^2N_0B_r\delta(f)+\begin{cases}A^2N_0, & 0<|f|<\dfrac{B_r}{2}\\ \dfrac{A^2N_0}{2}, & 2f_0-\dfrac{B_r}{2}<|f|<2f_0+\dfrac{B_r}{2}\\ 0, & \text{其他}\end{cases} \tag{2.2.25}$$

$$G_{yn\times n}(f)=N_0^2B_r^2\delta(f)+\begin{cases}N_0^2(B_r-|f|)\,, & 0<|f|<B_r\\ \dfrac{N_0^2}{2}(B_r-||f|-2f_0|)\,, & 2f_0-B_r<|f|<2f_0+B_r\\ 0\,, & \text{其他}\end{cases}$$

(2.2.26)

$$\begin{aligned}G_z(f)&=|H_v(f)|^2G_y(f)\\&=|H_v(f)|^2\{G_{ys\times s}(f)+G_{ys\times n}(f)+G_{yn\times n}(f)\}\\&=\left(\frac{A^2}{2}+N_0B_r\right)^2\delta(f)+\begin{cases}A^2N_0+N_0^2(B_r-|f|)\,, & 0<|f|<B_v<\dfrac{B_r}{2}\\ 0\,, & \text{其他}\end{cases}\end{aligned}$$

(2.2.27)

$$E[z]=\frac{A^2}{2}+N_0B_r\triangleq S_i+N_i=N_i\left(1+\frac{S_i}{N_i}\right)\triangleq m_{zs} \tag{2.2.28}$$

$$\begin{aligned}D[z]&=R_z(0)-E^2(z)=(\int_{-\infty}^{\infty}G_z(f)\mathrm{d}f)-E^2(z)\\&=2A^2N_0B_v+2N_0^2(B_rB_v-\frac{1}{2}B_v^2)=2N_0^2B_r^2\frac{B_v}{B_r}\left(1+\frac{A^2}{N_0B_r}-\frac{B_v}{2B_r}\right)\\&=\frac{2N_i^2}{\gamma}\left(1+2\frac{S_i}{N_i}-\frac{1}{2\gamma}\right)\triangleq\sigma_{zs}^2\end{aligned} \tag{2.2.29}$$

信号加噪声时，视频放大器输出的概率分布为

$$p(z/H_1)=\frac{1}{\sqrt{2\pi}\sigma_{zs}}\exp\left\{-\frac{(z-m_{zs})^2}{2\sigma_{zs}^2}\right\},\quad z\geqslant 0 \tag{2.2.30}$$

2. **检测性能**

● 虚警概率 P_f

$$P_f=\int_{V_T}^{\infty}p(z\mid H_0)\mathrm{d}z=\frac{1}{2}erfc\left[\frac{V'_T-1}{2\sqrt{\frac{1}{\gamma}\left(1-\frac{1}{2\gamma}\right)}}\right] \tag{2.2.31}$$

其中，

$$p(z/H_0)=\frac{1}{\sqrt{2\pi}\sigma_z}\exp\left\{-\frac{(z-m_z)^2}{2\sigma_z^2}\right\},\quad z\geqslant 0 \tag{2.2.32}$$

$$m_z=\sigma_x^2\triangleq N_i \tag{2.2.33}$$

$$\sigma_z^2=\frac{2\sigma_x^4}{\gamma}\left(1-\frac{1}{2\gamma}\right) \tag{2.2.34}$$

$$erfc(x)=\frac{2}{\sqrt{\pi}}\int_x^{\infty}e^{-y^2}\mathrm{d}y \tag{2.2.35}$$

$\gamma=\dfrac{B_r}{N_v}$，$V'_T=\dfrac{V_T}{N_i}=\dfrac{V_T}{\sigma_x^2}$为归一化门限。

● 检测概率 P_d

$$P_d=\int_{V_T}^{\infty}p(z\mid H_1)\mathrm{d}z=\frac{1}{2}erfc\left[\frac{V'_T-S_i/N_i-1}{2\sqrt{\frac{1}{\gamma}\left(1+2S_i/N_i-\frac{1}{2\gamma}\right)}}\right] \tag{2.2.36}$$

其中，

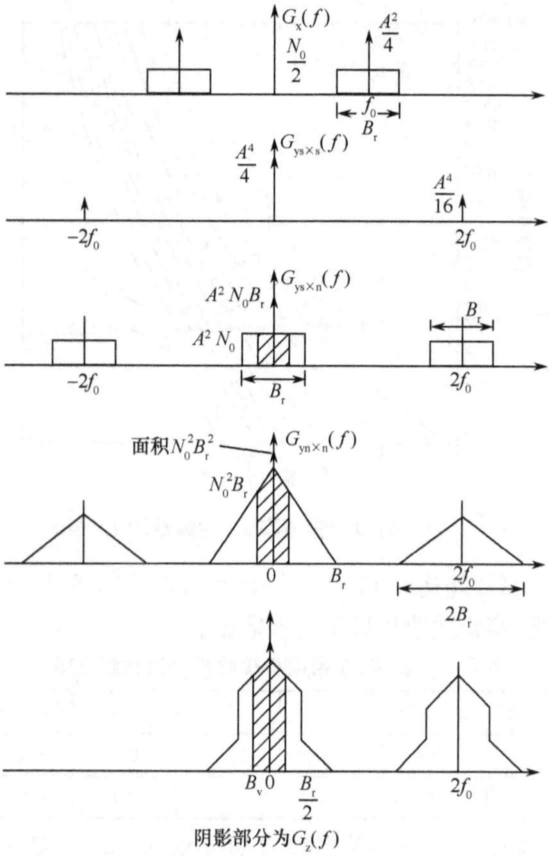

图 2.2.7　$B_r > 2B_v$ 时，信号加噪声情况下侦察接收机各部分输入输出频谱

$$p(z/H_1)=\frac{1}{\sqrt{2\pi}\sigma_{zs}}\exp\left\{-\frac{(z-m_{zs})^2}{2\sigma_{zs}^2}\right\},\quad z\geqslant 0 \tag{2.2.37}$$

$$m_{zs}=\frac{A^2}{2}+N_0B_r\triangleq S_i+N_i=N_i\left(1+\frac{S_i}{N_i}\right)=\left(1+\frac{A^2}{2\sigma_x^2}\right)\sigma_x^2 \tag{2.2.38}$$

$$\sigma_{zs}^2=\frac{2N_i^2}{\gamma}\left(1+2\frac{S_i}{N_i}-\frac{1}{2\gamma}\right)=\frac{2\sigma_x^4}{\gamma}\left(1+\frac{A^2}{\sigma_x^2}-\frac{1}{2\gamma}\right) \tag{2.2.39}$$

P_f、P_d 的这两个公式反映了 P_f、P_d 和检波器输入信噪比 S_i/N_i 及归一化门限 V_T' 的关系。通常把这个关系绘制成在不同 $\gamma=B_r/B_v$ 取值条件下，以 P_f 为参数的检测概率 P_d 与 S_i/N_i 的曲线以便查用。

与窄带情况类似，当侦察接收机检波前的射频增益足够高（即，接收机处于噪声限制状态下）时，P_d 与 S_i/N_i 的关系曲线对两种检波器都适用。

具体计算过程如下：首先给定 P_f 值，在式(2.2.31)中带入预先设定的 $\gamma=B_r/B_v$ 值，并用数值方法求出 V_T，然后将求出的 V_T 带入式(2.2.36)中，令 P_d 从 0～1 取值，用数值方法求解 S_i/N_i 得出在给定 $\gamma=B_r/B_v$ 和虚警概率 P_f 条件下 P_d 与 S_i/N_i 的关系曲线。

例 2　设 $P_f=1\times10^{-8}$，$P_d=80\%$，由图 2.2.8 查得 $S_i/N_i\approx-2$dB。

2.2.1.5　宽带、窄带两类接收机检测性能比较

下面通过表 2.1 的例子对比宽、窄带接收机的检测性能。

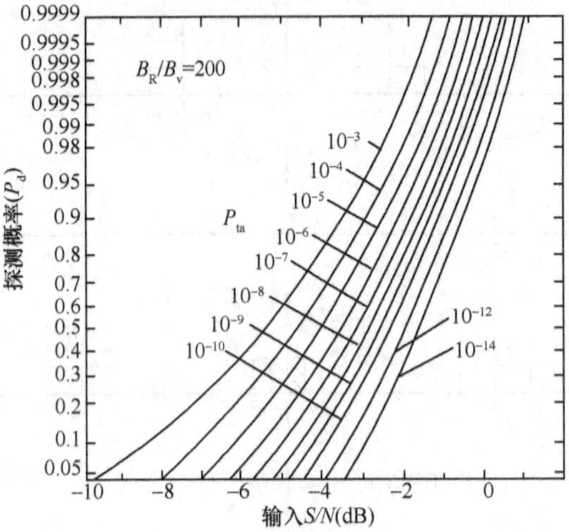

图 2.2.8 $\gamma=B_r/B_v=200$ 时，以虚警概率 P_f 为参数的 P_d 与 S_i/N_i 的关系曲线

表 2.1 列出了要求检测性能达到 $P_f=10^{-8}$、$P_d=0.8$ 时，从例 2 给出的图 2.2.8 和例 1 给出的图 2.2.4 查到的宽带、窄带接收机检测性能数据。

表 2.1 宽带、窄带两类接收机检测性能比较

类型	B_r(MHz)	B_v(MHz)	γ	P_f	P_d	S_i/N_i(dB)	图
宽带	2000	10	200	10^{-8}	0.8	−2.0	2.2.8
窄带	20	10	2	10^{-8}	0.8	11.6	2.2.4

由表 2.1 可见，γ 值越大，达到同一检测概率所要求的 S_i/N_i 却越小，其原因可以理解为视频滤波器(低通)对检波器输出噪声(正态分布)的累积平均的结果。

若宽带和窄带接收机有相同的噪声系数 F_r 和视频带宽 B_v，又记宽带接收机所需的最小(射频)输入信号功率[即灵敏度，见(2.2.42)式]为 $P_{r\min(带宽)}$，则有

$$P_{r\min(宽带)}=kTF_rB_{r(宽带)}(S_i/N_i)_{(宽带)} \tag{2.2.40}$$

因为 $B_{r(宽带)}$ 增大(γ 值增大)的同时 $(S_i/N_i)_{(宽带)}$ 却减小，由式(2.2.40)知 $P_{r\min(宽带)}$ 的值不会有很大的增加，这意味着宽带接收机的灵敏度不会因带宽的增加而大幅恶化(通常接收机灵敏度的值越小越好)。

在表 1 的例子中，为达到相同的检测性能，宽带和窄带接收机的灵敏度之差为

$$\begin{aligned}[P_{r\min(宽带)}-P_{r\min(窄带)}](\text{dBm})&=10\log\left[\frac{B_{r(宽带)}}{B_{r(窄带)}}\right]+10\log\left[\frac{(S_i/N_i)_{(宽带)}}{(S_i/N_i)_{(窄带)}}\right]\\&=10\log\left(\frac{2000}{20}\right)+10\log\left(\frac{0.63}{14.45}\right)\\&=20+(10\log0.63-10\log14.45)\\&=20+(-2-11.6)=6.4(\text{dBm})\end{aligned} \tag{2.2.41}$$

其中，$P_{r\min(窄带)}=kTF_rB_{r(窄带)}(S_i/N_i)_{(窄带)}$。

所以宽带接收机的灵敏度只要比窄带的大 6.4(dBm)就有相同的检测性能。这也可以由后面的式(2.2.43)和式(2.2.44)得到。

由以上分析可以得出结论：在侦察系统中可以采用大带宽比的宽开接收机，带宽的增加并不会使性能有很快的下降。

2.2.1.6　接收机灵敏度

把检测器放到整个接收机之中来考虑,衡量检测性能的好坏。在整个接收机反映出来的只是在某个准则下可容许的最小输入信号功率,即接收机灵敏度。如果接收机设计得越合理(接收机噪声小),检测器检测性能越好,则所要求的输入信号功率越小,即接收机灵敏度越高。

灵敏度也用于衡量发现信号的能力,它包括检测器的检测性能和噪声电平。不同的准则,有不同的灵敏度定义。

1. 概率准则下的接收机灵敏度(检测灵敏度)

从20世纪50年代开始检测灵敏度的概念被越来越广泛应用,主要适应自动的检测系统,以 P_f、P_d 来定义。其定义为:对于给定的 P_f,为达到给定 P_d 所需要的检波前信噪比 S_i/N_i 所需要的接收机输入端的最小信号功率,记为 P_{rmin}(参考图 2.2.9)。计算公式如下:

$$P_{rmin} \approx kTB_rF_r(S_i/N_i) \tag{2.2.42}$$

式中,$kT \approx 4\times10^{-12}(mW/MHz)\approx -114$(dBm/MHz);$B_r$ 为接收机线性部分带宽;F_r 为接收机线性部分噪声系数。

利用表 2.1 中的数据可以得到如下的数据。

(1) 宽带接收机的灵敏度(假定 $F_r=10$)

$$\begin{aligned} P_{rmin} &= kTB_rF_r(S_i/N_i) \\ &\approx 4\times10^{-12}(\text{mW/MHz})\times2000(\text{MHz})\times10\times0.63 \\ &= 5.04\times10^{-8}(\text{mW}) \\ &\approx -73(\text{dBm}) \end{aligned} \tag{2.2.43}$$

(2) 窄带接收机的灵敏度(假定 $F_r=10$)

$$\begin{aligned} P_{rmin} &= kTB_rF_r(S_i/N_i) \\ &\approx 4\times10^{-12}(\text{mW/MHz})\times20(\text{MHz})\times10\times14.45 \\ &= 1.156\times10^{-8}(\text{mW}) \\ &\approx -79.4(\text{dBm}) \end{aligned} \tag{2.2.44}$$

这种灵敏度只是给出了 P_{rmin}(或 S_i/N_i)和 P_f、P_d 的函数关系。

图 2.2.9 中,P_s为输入射频信号功率;$P_n=kTB_r$ 为输入噪声,检测器可以用包络检波器加低通滤波器实现。

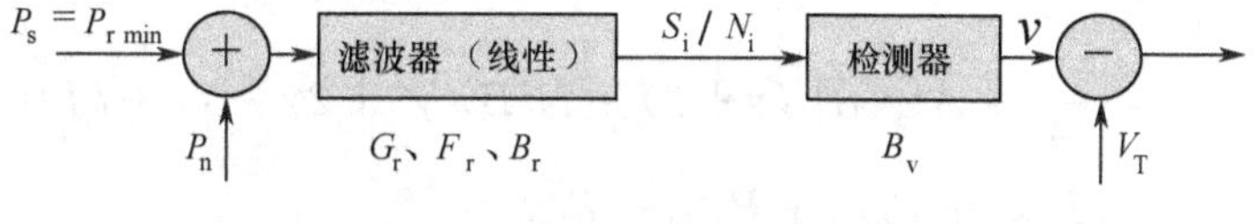

图 2.2.9　概率准则下的接收机灵敏度

2. 信噪比准则下的接收机灵敏度

(1) 信噪比准则下的接收机灵敏度定义

这种定义应用历史较长,工程中仍在采用,主要用于对信号是否出现的人工判读或后续信号处理。它以检测器输出信噪比来定义,即在某个输出信噪比条件下(判读可接收的)接收机的最小输入信号功率 P_{rmin}

图中 P_s 为输入射频信号功率;$P_n=kTB_r$ 为输入噪声。视放输出由射频信号自差拍分量 $P_{os\times s}$,射频信号与噪声互差拍分量 $P_{os\times n}$,噪声自差拍分量 $P_{on\times n}$,以及检波器和视频放大器自

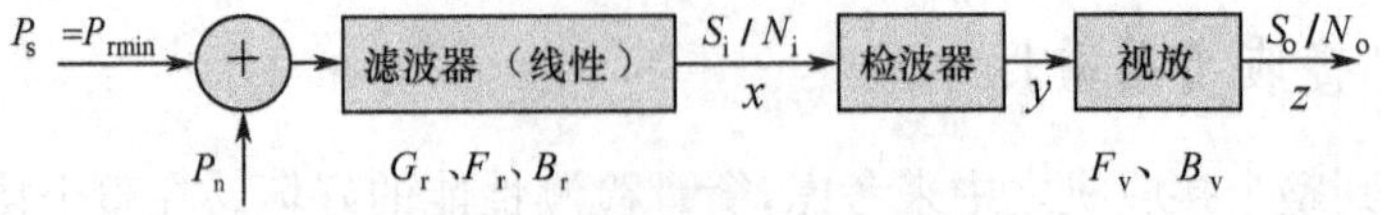

图 2.2.10　信噪比准则下的接收机灵敏度

身产生的噪声 P_{vn} 组成。

根据检波器输出信噪比的不同规定，又可分为三种：

- 最小可辨信号：$\frac{P_{os+n}}{P_{on}}=2$ (3dB)，式中 P_{os+n} 为有信号时输出功率；P_{on} 为无信号时输出功率。
- 切线灵敏度条件下：$\frac{P_{os}}{P_{on}}=6.25$(8dB)　（用于脉冲信号）。
- 工作灵敏度条件下：$\frac{P_{os}}{P_{on}}=25$(14dB)。

(2) 信噪比准则下的宽带接收机灵敏度计算公式推导

由于侦察接收机通常是宽带的(满足 $\gamma=B_r/B_v\gg 1$)，所以以下重点讨论宽带接收机的灵敏度。

有信号时由(2.2.27)式可得视频放大器的输出功率谱 $G_z(f)$。

$$\begin{aligned}G_z(f)&=|H_v(f)|^2G_y(f)\\&=|H_v(f)|^2\{G_{ys\times s}(f)+G_{ys\times n}(f)+G_{yn\times n}(f)\}\\&=|H_v(f)|^2G_{ys\times s}(f)+|H_v(f)|^2G_{ys\times n}(f)+|H_v(f)|^2G_{yn\times n}(f)\\&=\frac{A^4}{4}\delta(f)+[A^2N_0B_r\delta(f)+A^2N_0]+[N_0^2B_r^2\delta(f)+N_0^2(B_r-|f|)]\end{aligned} \tag{2.2.45}$$

进一步可得视频放大器输出的信号加噪声功率 P_{os+n}，

$$\begin{aligned}P_{os+n}&=[\int_{-\infty}^{\infty}G_z(f)\mathrm{d}f]+P_{vn}\\&=[\int_{-B_v}^{B_v}G_z(f)\mathrm{d}f]+P_{vn}\\&=\frac{A^4}{4}+A^2N_0(B_r+2B_v)+N_0^2(B_r^2+B_rB_v-B_v^2)+kTB_vF_v\\&=\frac{A^4}{4}+A^2N_0B_v(\gamma+2)+N_0^2B_v^2(\gamma^2+2\gamma-1)+kTB_vF_v\\&\triangleq P_{os\times s}+P_{os\times n}+P_{on\times n}+P_{vn}\end{aligned} \tag{2.2.46}$$

其中

$$\begin{aligned}P_{os\times s}&=\int_{-B_v}^{B_v}\frac{A^4}{4}\delta(f)\mathrm{d}f=\frac{A^4}{4},\\P_{os\times n}&=\int_{-B_v}^{B_v}[A^2N_0B_r\delta(f)+A^2N_0]\mathrm{d}f\\&=A^2N_0(B_r+2B_v)=A^2N_0B_v(\gamma+2),\\P_{on\times n}&=\int_{-B_v}^{B_v}[N_0^2B_r^2\delta(f)+N_0^2(B_r-|f|)]\mathrm{d}f\\&=N_0^2(B_r^2+2B_rB_v-B_v^2)=N_0^2B_v^2(\gamma^2+2\gamma-1),\end{aligned}$$

$$\gamma = B_r/B_v, \quad P_{vn} = kTB_vF_v。$$

可见，视频放大器的输出 P_{os+n} 由射频信号自差拍分量 $P_{os\times s}$，射频信号与噪声互差拍分量 $P_{os\times n}$，噪声自差拍分量 $P_{on\times n}$，以及检波器和视频放大器自身产生的噪声 P_{vn} 组成。

记视频放大器的输出信噪比为 S_o/N_o，则有

$$\frac{S_o}{N_o} \triangleq \frac{P_{os\times s}}{P_{os\times n}+P_{on\times n}+P_{vn}} \tag{2.2.47}$$

以下为推导方便，简记 $\beta \triangleq S_o/N_o$。

由于实际上接收的是雷达脉冲信号，而非 $s(t)=A\cos(\omega_0 t+\theta)$ 这种连续波信号（检波后为直流电压），所以检波后视频放大器输出的信号分量 $P_{os\times s}$ 中直流成分很小（$\propto \left(\frac{\tau}{T}\right)^2 \times \frac{A^4}{4}$，$\tau$、$T$ 分别为雷达脉冲信号的脉宽和周期）可以忽略，输出的视频脉冲信号的功率仍近似为 $P_{os\times s} \approx A^4/4$。

在式（2.2.46）或（2.2.47）中，$P_{os\times n}+P_{on\times n}=A^2N_0(B_r+2B_v)+N_0^2(B_r^2+2B_rB_v-B_v^2)$ 的直流分量 $A^2N_0B_r$ 和 $N_0^2B_r^2$ 被视为平方律检波器的直流偏置，而非噪声的起伏变化部分，在计算 S_o/N_o 时应去掉，则有

$$P_{os\times n}+P_{on\times n}=2A^2N_0B_v+N_0^2(2B_rB_v-B_v^2) \tag{2.2.48}$$

将（2.2.48）带入（2.2.47）得，

$$\begin{aligned} P_{os\times s} &= \frac{S_o}{N_o}\times(P_{os\times n}+P_{on\times n}+P_{vn})=\beta(P_{os\times n}+P_{on\times n}+P_{vn}) \\ &= \beta[2A^2N_0B_v+N_0^2(2B_rB_v-B_v^2)+kTB_vF_v] \\ &= \beta[2A^2N_0B_v+N_0^2B_v^2(2\gamma-1)+kTB_vF_v] \end{aligned}$$

即有，

$$\frac{A^4}{4}=\beta[2A^2N_0B_v+N_0^2B_v^2(2\gamma-1)+kTB_vF_v]$$

将 $\frac{A^2}{2}=G_rP_s$，$N_0=kTF_rG_r$ 带入上式得

$$\left(\frac{G_r^2}{\beta}\right)P_s^2-(4G_r^2kTF_rB_v)P_s-[(kTF_rG_rB_v)^2(2\gamma-1)+kTB_vF_v]=0 \tag{2.2.49}$$

记 $a\triangleq\frac{G_r^2}{\beta}$，$b=-4G_r^2kTF_rB_v$，$c=-[(kTF_rG_rB_v)^2(2\gamma-1)+kTB_vF_v]$，

带入（2.2.49）得

$$aP_s^2+bP_s+c=0 \tag{2.2.50}$$

解方程得

$$\begin{aligned} P_s &= kTF_r\times\left[2\beta B_v+\sqrt{\beta}\sqrt{4\beta B_v^2+(2\gamma-1)B_v^2+\frac{F_vB_v}{kTF_r^2G_r^2}}\right] \\ &= kTF_rB_v\times\left[2\beta+\sqrt{\beta}\sqrt{2\gamma+(4\beta-1)+\frac{F_vB_v}{kTF_r^2G_r^2}}\right] \end{aligned} \tag{2.2.51}$$

在噪声限制条件（即 $G_r\gg1$，大多数侦察接收机均如此）下，近似有

$$P_s\approx kTF_rB_v\times[2\beta+\sqrt{\beta}\sqrt{2\gamma+(4\beta-1)}] \tag{2.2.52}$$

式中 $\beta\triangleq S_o/N_o$，$\gamma=B_r/B_v$。

(3) 信噪比准则下的切线灵敏度 P_{TSS} 和工作灵敏度 P_{OPS}

① 当 $\beta=S_o/N_o=6.25\approx 8\text{dB}\triangleq\beta_{TSS}$（参见图 2.2.11）时，由式(2.2.52)给出的输入射频信号功率 P_S 定义为切线灵敏度 P_{TSS}。即有，

$$\begin{aligned}P_{TSS}&=kTF_rB_v\times[2\beta_{TSS}+\sqrt{\beta_{TSS}}\sqrt{2\gamma+4\beta_{TSS}-1}]\\&=kTF_rB_v\times[2\times 6.25+2.5\sqrt{2\gamma+4\times 6.25-1}]\end{aligned}\tag{2.2.53}$$

或写成分贝(dB)形式(式中 B_v 的单位为 MHz)

$$\begin{aligned}P_{TSS}&=10\log(kT)+10\log F_r+10\log B_v+10\log[2\times 6.25+2.5\sqrt{2\gamma+4\times 6.25-1}]\\&=-114+10\log F_r+10\log B_v+10\log[2\times 6.25+2.5\sqrt{2\gamma+4\times 6.25-1}](\text{dBm})\end{aligned}\tag{2.2.54}$$

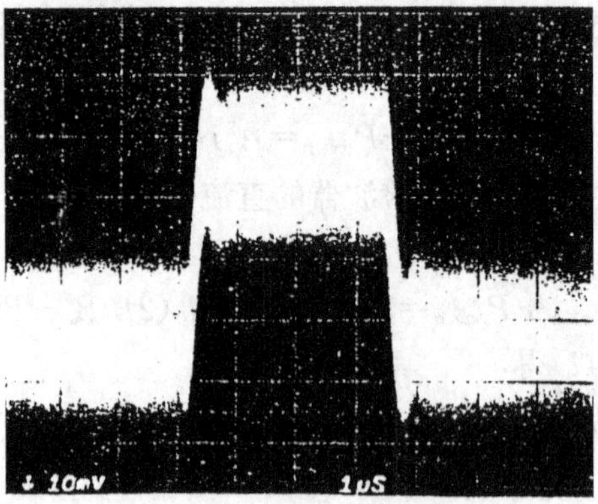

图 2.2.11　切线灵敏度时的检波器输出波形

② 当 $\beta=S_o/N_o=25\approx 14\text{dB}\triangleq\beta_{OPS}$ 时，由式(2.2.52)给出的输入射频信号功率 P_S 定义为工作灵敏度 P_{OPS}。即有，

$$\begin{aligned}P_{OPS}&=kTF_rB_v\times[2\beta_{OPS}+\sqrt{\beta_{OPS}}\sqrt{2\gamma+4\beta_{OPS}-1}]\\&=kTF_rB_v\times[2\times 25+5\sqrt{2\gamma+4\times 25-1}]\end{aligned}\tag{2.2.55}$$

或写成分贝(dB)形式(式中 B_v 的单位为 MHz)

$$P_{OPS}=-114+10\log F_r+10\log B_v+10\times[2\times 25+5\sqrt{2\gamma+4\times 25-1}](\text{dBm})\tag{2.2.56}$$

例 3　设 IFM 接收机的测频带宽 $B_r=8\text{GHz}$，检波前线性部分噪声系数 $F_r=8\text{dB}$，检波后视频放大器带宽 $B_v=10\text{MHz}$，则 $\gamma=B_r/B_v=800$，且检波前具有足够的增益，由式(2.2.56)可得该接收机的工作灵敏度为

$$\begin{aligned}P_{OPS}&=-114+8+10+10[2\times 25+5\sqrt{2\times 800+99}](\text{dBm})\\&\approx-72(\text{dBm})\end{aligned}\tag{2.2.57}$$

③ P_{OPS} 和 P_{TSS} 间的换算

由式(2.2.53)和(2.2.55)得

$$\begin{aligned}P_{OPS}&=\left(\frac{2\beta_{OPS}+\sqrt{\beta_{OPS}}\sqrt{2\gamma+4\beta_{OPS}-1}}{2\beta_{TSS}+\sqrt{\beta_{TSS}}\sqrt{2\gamma+4\beta_{TSS}-1}}\right)\times P_{TSS}\\&=\frac{50+5\sqrt{2\gamma+99}}{12.5+2.5\sqrt{2\gamma+24}}\times P_{TSS}\end{aligned}\tag{2.2.58}$$

若记

$$\frac{P_{OPS}}{P_{TSS}}=\frac{50+5\sqrt{2\gamma+99}}{12.5+2.5\sqrt{2\gamma+24}}\triangleq T(\gamma) \tag{2.2.59}$$

则

$$P_{OPS}=T(\gamma)\times P_{TSS},\quad 2<\gamma<\infty \tag{2.2.60}$$

或分贝(dB)形式

$$\begin{aligned}P_{OPS}(\text{dBm})&=[P_{TSS}+10\log T(\gamma)](\text{dBm})\\&\approx[P_{TSS}+(3\sim6)](\text{dBm}),\quad 2<\gamma<\infty\end{aligned} \tag{2.2.61}$$

$T(\gamma)$与γ的关系如图 2.2.12 所示。

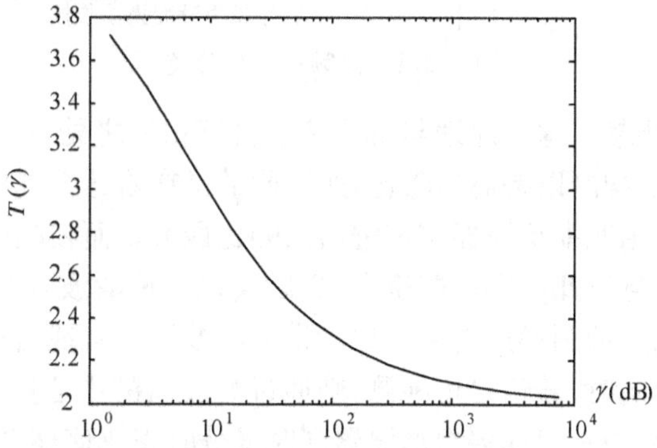

图 2.2.12 $T(\gamma)$与γ的关系

(4) 信噪比准则下的窄带接收机灵敏度计算

对于$B_r\approx 2B_v$的窄带接收机，可以直接采用检测灵敏度计算公式(2.2.44)，重写如下

$$\begin{aligned}P_{rmin}&=kTB_rF_r(S_i/N_i)\\&=-114+10\log F_r+10\log B_r+10\log(S_i/N_i)(\text{dBm})\end{aligned} \tag{2.2.62}$$

式中，B_r的单位仍为 MHz；(S_i/N_i)是窄带接收机线性系统输出端(即检波器输入端)所需要的信噪比。

2.2.2 测频的基本方法

测频接收机是完成雷达信号接收、检测和脉冲参数测量特别是频率测量的设备。电子对抗的本质是争夺电磁频谱的斗争，因此对侦察系统而言，敌方辐射源信号的频域参数是需要侦察的最重要的参数之一。辐射源的频率反映了它的功能和用途，例如，雷达的频率捷变范围和谱宽是雷达抗干扰能力的重要指标。同时频率又是电子对抗侦察信号处理的重要特征参数，是信号分选、威胁识别的重要依据。因此，即使是最简单的电子侦察系统，测频接收机也是必不可少的。

从信号截获角度来看，测频接收机的本质是在时域、频域上实现电磁信号的截获和信号基本参数、特别是频率参数的测量。由于通常侦察截获接收机的主体是测频接收机，因此也常将其直接称为侦察接收机，并以采用的测频体制不同来划分侦察接收机体制。

噪声和干扰的存在为信号检测和频率测量带来了不确定性。因此，可采用多种原理实现信号检测与测频，从而构成多种测频接收机体制。具体而言，可以按测频原理将测频接收机分为频率取样法和变换法两大类，如图 2.2.1 所示。

1. 频域取样法

这类测频原理是将测频接收机构建为一个或多个滤波器系统，在信号通过系统的过程中

- 测频原理
  - 频率取样
    - 搜索频率窗
      - 搜索超外差接收机
      - 射频调谐晶体视频接收机
    - 毗邻频率窗
      - 多波道晶体视频接收机
      - 信道化接收机
  - 变换法
    - 相关器/卷积器
      - 比相法瞬时测频接收机
      - 声光卷积测频接收机
    - 傅里叶变换
      - 压缩接收机
      - 声光接收机
      - 数字傅里叶变换接收机

图 2.2.1　测频接收机分类

直接实现信号的检测与测频。这一原理与雷达接收机有相似之处，信号检测通过滤波的方法实现对伴随噪声和干扰的抑制以提高信噪比，所不同的是在雷达系统中，由于发射信号是事先已知的，雷达接收机可采用匹配滤波器实现输出信噪比最大。而在电子对抗系统中，测频接收机面临的信号是未知的，且彼此差别可能很大，难以实现匹配滤波，因此测频接收机通常采用带通滤波法控制接收带宽，抑制噪声功率。尽管带通滤波无法实现信号匹配，但只要信噪比足够，仍可实现信号检测。同时，若信号可检测，则通过滤波器的中心频率实现对检测信号的频率测量。测频接收机可采用一组或多组滤波器同时或分时完成侦察系统感兴趣的频率范围的覆盖和处理，实现对该范围内所有辐射源信号的检测与测频。这一过程类似于频域采样，因此定名为频域采样法。

以上原理表明，滤波器的设计及实现方法至关重要，根据滤波器实现方法不同可将频率取样法分为搜索频率窗法和毗邻频率窗法。搜索频率窗法采用分时顺序测频，典型接收机为搜索超外差接收机，通过顺序改变接收频带所在范围，连续对频域进行取样。其主要特点是原理简单，技术成熟，设备紧凑；存在的缺点是频率截获概率与测频分辨率的矛盾难以解决。毗邻频率窗法为非搜索法测频，属于瞬时测频，典型接收机为信道化接收机。毗邻频率窗法同时采用多个频率彼此衔接的频率窗口(多个信道)覆盖测频接收机的频率范围，当信号落入其中一个窗口时，若信号检测成功，利用该窗口的频率值表示被测信号的频率。毗邻频率窗法较好地解决了频率截获概率与频率分辨率的矛盾，但为了获得足够高的频率分辨率，必须增加信道的路数。现代集成技术的发展已使得信道化接收机得到了迅速推广并具有较好的前景。

2. 变换法

这类测频技术的原理不是直接在频域滤波进行的，而是采用了变换手段，将信号变换至相关域、频域等变换域，完成信号检测和信号频率解算。这些方法的共同特点是：既能获得宽瞬时带宽，实现高截获概率，又能获得高频率分辨率，较好地解决了截获概率和频率分辨率之间的矛盾。基于时域相关器/卷积器的典型测频接收机是瞬时测频接收机，基于相位延迟相关法实现单脉冲频率实时测量，其中利用微波相关器构成的瞬时测频接收机，成功地解决了瞬时测频范围和频率精度之间地矛盾，但是这类接收机不具备同时到达信号处理能力，成为主要的缺点；基于傅里叶变换的典型测频接收机是声光接收机、微扫接收机和数字接收机，不仅解决了截获概率和频率分辨率之间的矛盾，而且对同时到达信号的分离能力很强。

随着超高速大规模集成电路的发展，数字式接收机已经成为可能。它通过对射频信号的直接或间接采样，将模拟信号转变为数字信号，实现了信号的存储和再现，能够充分利用数字信号处理的优点，尽可能多地提取信号的信息。比如采用数字式快速傅里叶变换处理机构成高性能测频接收机，不仅能解决截获概率和频率分辨率之间的矛盾，而且对同时到达信号的滤波性能也很强，测频精度高，使用灵活方便。

2.3 搜索式超外差接收机

超外差接收机先将接收到的射频信号转换成中频信号，然后在中频对信号进行放大和滤波。接收机在射频频率上不易实现滤波和放大的良好性能，而在中频上却容易实现，因此可获得高的灵敏度和好的频率选择性。另外，混频之后的中频信号仍保留输入信号的全部信息，这一点对于希望获取辐射源详尽信息的电子情报侦察(ELINT)系统尤显重要。

为了能截获敌辐射源信号，运用于电子战系统中的超外差接收机，与普通超外差接收机略有不同——本振采用了频率扫描技术，使接收频带在侦察频率覆盖范围内形成对信号的搜索，因而，这类特殊的超外差接收机被称为搜索式超外差接收机。

2.3.1 搜索式超外差接收机的构成及工作原理

搜索式超外差接收机的基本组成如图 2.3.1 所示。这是一种搜索式测频系统。

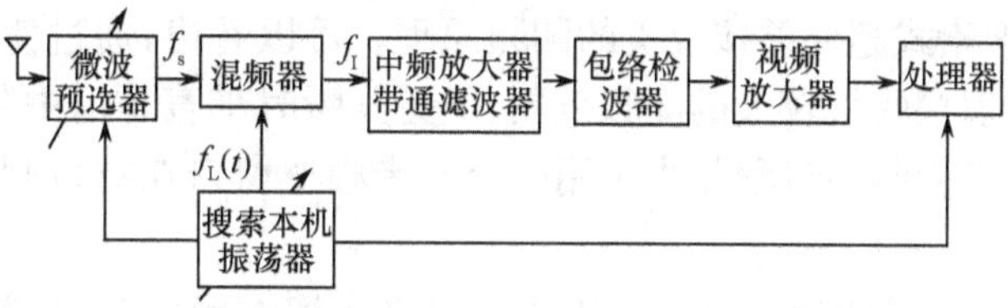

图 2.3.1　搜索式超外差接收机的基本组成

辐射源射频信号首先进入微波预选器，微波预选器与本机振荡器进行统调，从密集的信号环境中初步选出所需要的射频信号(载频为 f_s)送入混频器，混频器将输入射频信号与本振信号(频率为 $f_L(t)$)求差，将输入射频信号变为中频信号(频率为预先设定的固定值 f_I)。中频信号再经过中频放大，包络检波和视频放大后，送入处理器进行进一步的信号处理。中频频率是由本振频率与接收信号频率求差得到的三者之间关系见式(2.3.1)，我们将这类接收机称为超外差接收机。

选择什么频率的信号进入接收机，是由接收机的本振频率和中频决定的。接收机的中频是一个固定的频率，因此完全可以通过改变本机振荡器频率 $f_L(t)$来选择需要的辐射源射频信号进入接收机。如果使本机振荡器在一定的频率范围内连续变化，就可以实现对一定频率范围内的辐射源信号的搜索和截获。

由于接收机中频是固定的，中频滤波器和放大器也是固定的，可以在设计时将滤波器频率响应特性和放大器增益做得很好，从而提升整个接收系统的灵敏度，这是超外差接收机的优点所在。

$$f_I = |f_L(t) - f_s \quad (2.3.1)$$

为实现对一定频率范围内的辐射源射频信号的搜索和截获，本机振荡器输出的本振信号频率 $f_L(t)$应在相应的频率范围内连续变化。下面以压控振荡器(VCO)作为本机振荡器(简称压控本振)加以说明。

设压控本振信号频率为 $f_L(t)$，单位 Hz；压控本振的控制电压为 $u_L(t)(\geqslant 0)$，单位 V；调制灵敏度为 V_F，单位 Hz/V；控制电压 $u_L(t)=0$ 时的本振信号频率为 f_L，单位 Hz。则有，

$$f_L(t)=f_L+V_F\cdot u_L(t) \tag{2.3.2}$$

当控制电压 $u_L(t)$是周期为 T 的正斜率锯齿波时，则在每个扫描周期 T 内压控本振信号的频率 $f_L(t)$从 f_L 线性地增加至 $f_L(T)=f_L+V_F\cdot u_L(T)$。若设定 $f_L(t)$为高本振，即取 $f_L(t)=f_s+f_I$，则由式(2.3.1)和式(2.3.2)得

$$f_s=f_L(t)-f_I=f_L+V_F\cdot u_L(t)-f_I \tag{2.3.3}$$

式(2.3.3)表明，在控制电压 $u_L(t)$的每个扫描周期 T 内，可对频率范围从 $f_{smin}=[f_L-f_I]$到 $f_{smax}=[(f_L-f_I)+V_F\cdot u_L(T)]$内的辐射源射频信号进行接收，实现对 $f_{smin}\sim f_{smax}$频率范围内的辐射源射频信号的搜索和截获。

例如，在 $f_{smin}\sim f_{smax}$频率范围内有一频率为 f_s 的辐射源信号，则在某个扫描周期 T 内必存在某时刻 t_0 使式(2.3.3)成立，即

$$f_s=f_L(t_0)-f_I=f_L+V_F\cdot u_L(t_0)-f_I \tag{2.3.4}$$

此时(t_0 时刻)由于 $f_I=f_L(t_0)-f_s$，所以本振信号与辐射源射频信号的差频分量(即中频信号)进入中心频率为 f_I 的中频放大器的带通滤波器，接收机后续电路便会检测到一个高于预先设定门限的信号，同时自动记录时刻 t_0。由 t_0 和式(2.3.4)即可估计出辐射源射频信号载频 f_s 的对应数值。

以上讨论的是搜索式超外差接收机的测频原理。可以看出，通过使本振频率在一个较宽范围内扫描，可以实现接收机较大的测频范围，但是其瞬时带宽是由中频带通滤波器决定的，往往是窄带的，而信号接收的过程相当于用一个窄带频率窗口在宽带测频范围内连续搜索的过程。

若输入为连续波(CW)信号，则一旦信号频率进入搜索频率窗内，就可以实现信号检测。若输入为脉冲信号，测频原理虽然相同，但是有可能出现这样的情形，当脉冲持续期间内，脉冲信号频率未落入当时的接收机频率窗内，而当搜索窗口覆盖信号频率时，正好轮至两脉冲之间的间歇期。因此，受到频率搜索速率和辐射源的脉冲重复间隔的双重制约，使得搜索式超外差接收机对脉冲信号的频域截获成为一个概率事件，即频率截获概率。

搜索式超外差接收机要提高信号截获概率，必须采用专门的扫描技术。这种灵巧的扫描技术根据预先编制的程序，对辐射源高度集中的威胁波段进行搜索，以便用最短的搜索时间发现威胁。注意，频率扫描技术受中频滤波器脉冲响应时间、本振和预选器扫描频率的限制。

事实上，与武器系统交联的高威胁优先级雷达，通常工作在对目标的跟踪状态，因此，被跟踪目标上的搜索式超外差接收机对这类雷达的截获概率比较高。另外，这种接收机不必对整个频率范围进行搜索，只要在可能出现优先威胁的频率范围内进行灵巧扫描即可。

改进窄带扫描超外差接收机的另一个途径是使可控的瞬时带宽最佳。用最宽的带宽进行搜索，同时用较窄的带宽进行精确的分辨。如果应用先验的频率范围信息，从而避免用低的搜索概率对整个频率范围进行搜索，那么也可以降低搜索时间。此外，利用每个频段信号特征的先验知识，也可使驻留时间最佳。所有这些技术都完全依靠灵巧的计算机控制，以完成实时方案决策。

根据以上原理分析，我们可以总结出搜索式超外差接收机的特点如下：

(1) 灵敏度高。灵敏度高的原因主要来自两方面，一是放大器在中频上容易获得高增益；二是中频放大器的带宽窄，可以滤掉大部分的噪声和干扰信号，提高信噪比。

(2) 频率分辨率和测频精度高。接收机滤波器在中频上易于获取良好的选择性。搜索式

超外差接收的频率分辨率等于中频放大器带宽(Δf_I)，而测频精度等于中放带宽的一半(即$\pm 2\Delta f_I$)，Δf_I越小，则分辨率和测频精度越高。

(3) 频率测量范围宽。

(4) 搜索时间长，频率截获概率低。

(5) 窄带搜索式超外差接收机不能侦察频率快速变化的雷达。

搜索式超外差接收机的适用于远距离侦察和精确的频域分析，因而多用于电子情报侦察系统。它还常用做高精度干涉仪测向系统的接收机。总之，搜索式超外差接收机是一种传统的、应用十分广泛的侦察接收机。

2.3.2 宽带超外差接收机

宽带调谐的超外差接收机框图如图 2.3.2 所示。这种接收机采用数百兆赫兹的中频带宽，兼顾了灵敏度、截获概率和信号分析任务的需求，在探测和识别宽带雷达诸如频率捷变雷达、脉冲压缩雷达和脉冲编码的伪噪声扩频辐射源时，效果很好。它采用较宽的瞬时带宽，这样接收机的整个扫描时间也会缩短。在宽带预选超外差接收机中，无论是单个混频振荡器、组合转换振荡器，还是快速调谐的压控振荡器，都能为第一级混频器提供本振信号。

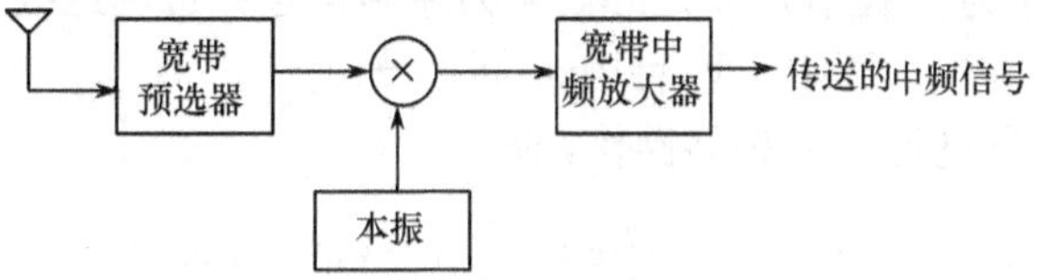

图 2.3.2　宽带超外差接收框图

2.4 瞬时测频接收机

搜索式接收机存在着截获概率低、截获时间长的缺点，这是由于它的测频精度/频率分分辨率与瞬时带宽之间存在矛盾。瞬时测频(Instantaneous Frequency Measuring，IFM)技术是为适应快速测量脉冲形式的微波频率而产生的，满足电子战支援系统对高截获概率、大瞬时带宽和脉冲快速测量的需要。

2.4.1 工作原理

IFM 接收机采用延迟线给信号带来相位差，通过测定该相位差来测量微波信号频率。延迟线是一种特殊的器件，可以实现对输入信号的固定时间延迟。假设将一个正弦波信号被分成两路，一路是原信号，另一路经过一个延迟线，在这两个输出支路之间存在由固定时延产生的相位差，此相位差与频率有关，延迟与未延迟波之间的相对相位差为

$$\varphi = \omega\tau \tag{2.4.1}$$

式中，τ 是延迟线的延迟时间，$\omega = 2\pi f_s$ 是正弦波的角频率，f_s 是信号频率。显然，如果能够测出此相位差 φ，就可以根据延迟线的延迟时间 τ，确定正弦波的频率。IFM 接收机就是基于这一原理而设计的。

IFM 接收机的原理图如图 2.4.1(a)所示，其中一个重要部件是相关器，图 2.4.1(b)给出了相关器的一种实现原理图。相关器实现了两路信号的乘法运算，并经过低通滤波器 LPF 滤

除掉高频分量，保留差拍低频分量。

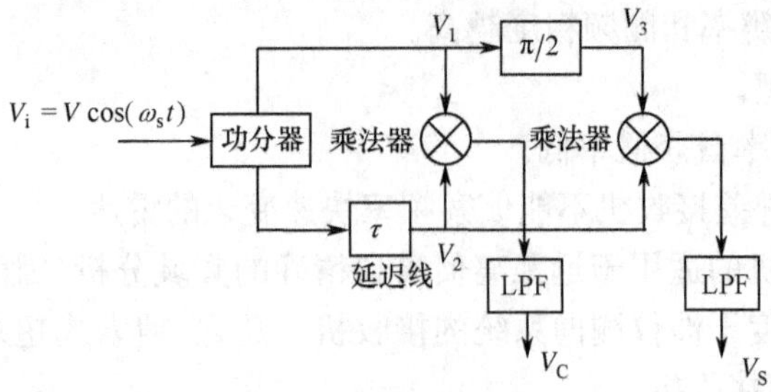

图 2.4.1　IFM 接收机原理框图

在此对 IFM 接收机的原理进行简单推导。下面假设在相关器运算时间内信号的幅度 V 基本不变，则输入信号可以简写为

$$V_i = V\cos(\omega_s t) \tag{2.4.2}$$

因此，在节点 1 处的信号为

$$V_1 = V_i = V\cos(\omega_s t) \tag{2.4.3}$$

令延迟线延迟时间为 τ，在节点 2 处的信号为原始信号经过延迟线后的输出信号，即

$$V_2 = V\cos[\omega_s(t-\tau)] \tag{2.4.4}$$

在节点 1 处，将信号进行 $\pi/2$ 相移操作，即

$$V_3 = V\cos\left(\omega_s t - \frac{\pi}{2}\right) = V\sin(\omega_s t) \tag{2.4.5}$$

将节点 1 和节点 2 处信号相乘得

$$V_1 \cdot V_2 = \frac{1}{2}V^2[\cos(\omega_s\tau) + \cos(2\omega_s t - \omega_s\tau)] \tag{2.4.6}$$

经 LPF（低通滤波器）滤除高频分量，保留低频分量得

$$V_C = \frac{1}{2}V^2\cos(\omega_s\tau) \triangleq \frac{1}{2}V^2\cos\varphi \tag{2.4.7}$$

同理，将节点 2 和节点 3 处信号相乘得

$$V_2 \cdot V_3 = \frac{1}{2}V^2[\sin(\omega_s\tau) + \sin(2\omega_s t - \omega_s\tau)] \tag{2.4.8}$$

经 LPF（低通滤波器）滤除高频分量，保留低频分量得

$$V_S = \frac{1}{2}V^2\sin(\omega_s\tau) \triangleq \frac{1}{2}V^2\sin\varphi \tag{2.4.9}$$

式中，$\varphi \triangleq \omega_s\tau$ 是参考支路（非延迟支路）与延迟支路之间的相位差。

相关器的两个输出 V_C 和 V_S 是两个正交分量，构成一个矢量 $\boldsymbol{V}$，$\boldsymbol{V}$ 的矢径为 $\frac{1}{\sqrt{2}}V^2$，相角为 φ。φ 中含有输入信号频率信息。由 $\varphi = 2\pi f_s\tau$ 可得

$$f_s = \frac{\varphi}{2\pi\tau} \tag{2.4.10}$$

因此，只要估计（测量）出 φ 就能计算出信号频率 f_s。

2.4.2　鉴频鉴相特性和测频范围

由式(2.4.7)和式(2.4.9)可知，相关器输出的一对正交分量 V_C、V_S 与相位差 φ（或信号频

率 f_s)的关系是以 2π(或 $1/\tau$)为周期的周期性正、余弦函数，对应的鉴相(鉴频)特性曲线如图 2.4.2 所示。由图可知，在长度为 $1/\tau$(或 2π)的任一区间(如图 2.4.2 中 $f_{s1}\sim f_{s2}$)内，V_C、V_S 与 f(或 φ)单值对应。但是，对于具有不同频率 f_s，$f_s\pm1/\tau$，$f_s\pm2/\tau$，…，$f_s\pm k/\tau$…($k=0$，±1，±2，…)的输入射频信号而言，将这些频率值带入式(2.4.7)和式(2.4.9)可知，它们的 V_C、V_S 却有完全相同的值。

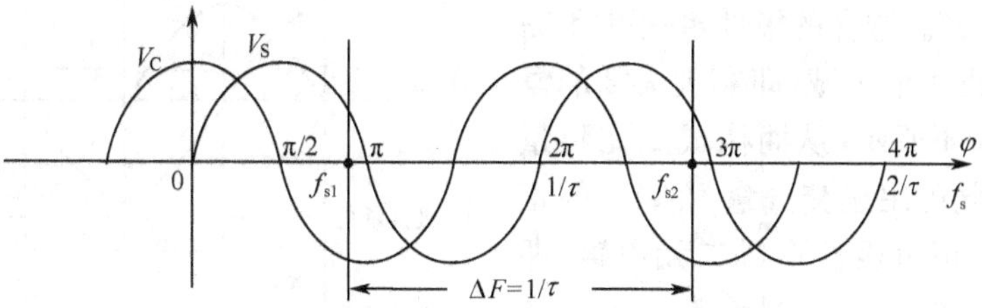

图 2.4.2　相关器鉴频/鉴相特性曲线

例 1　设 $\tau=1\mu s$。

(1) 不妨任取两个射频信号的频率分别为 $f_1=300MHz$，$f_2=1290MHz<f_1+1/\tau$，则有 $V_{C1}\neq V_{C2}$、$V_{S1}\neq V_{S2}$，即两个频率相差小于 $1/\tau$(即小于 1000 MHz)的射频信号具有不相同的 V_C、V_S 值；

(2) 但是若设两个射频信号的频率分别为 $f_1=300MHz$，$f_2=f_1+1/\tau=1300MHz$，带入式(2.4.7)和式(2.4.9)得 $V_{C1}=V_{C2}$、$V_{S1}=V_{S2}$，即两个频率相差 $1/\tau=1000$ MHz 的射频信号具有完全相同的 V_C、V_S 值。

不失一般性，在任一长度为 $1/\tau$ 的频率范围 ΔF(如例 1 中，频率范围：300MHz～1300MHz，$1/\tau=\Delta F=1000$ MHz。)内，由 V_C、V_S 的值唯一的确定了 f 的值。

而在任一长度大于 $1/\tau$ 的频率范围(如例 1 中，$\tau=1\mu s$ 时，设频率范围：300MHz～1400MHz，1400MHz－300MHz ＝ 1100 MHz $>1/\tau=\Delta F=1000$ MHz。)内，存在 V_C、V_S 的值对应不止一个频率，由 V_C、V_S 的值无法确定是哪个频率。

由以上分析可得出以下结论：当测频范围大于 $1/\tau$ 时测频具有多值性，产生测频模糊。IFM 的不模糊测频范围(记为 ΔF)为 $1/\tau$，即

$$\Delta F=f_2-f_1=1/\tau \tag{2.4.11}$$

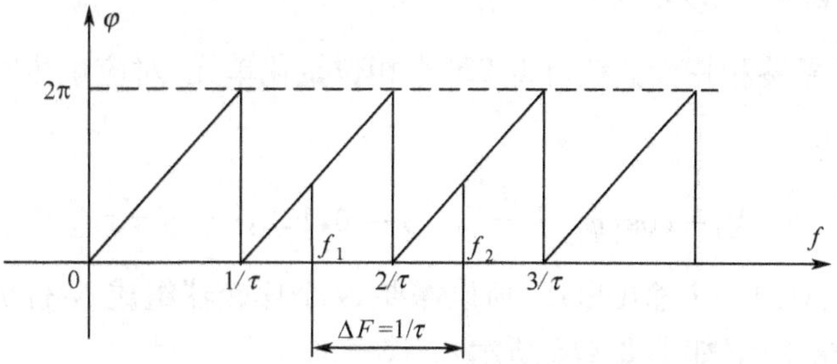

图 2.4.3　相移 φ 与频率 f 的关系

2.4.3　极性量化器的基本工作原理

如前所述，相关器输出的正交分量 V_S、V_C 包含了输入信号的频率信息。在现代接收机系统中，需要将频率量化为数字量以便于计算机处理。把这两个正余弦的模拟量转换成数字量，

采用了一种转换时间极短的极性量化器。极性量化器与一般的A/D变换器不同，它的设计思想是充分利用相位信息，较少利用幅度信息，因而对参考支路与延迟支路的幅度平衡性要求放宽，且量化速度快。下面介绍极性量化器的基本工作原理。

如果将相关器输出电压V_S、V_C分别加到两个电压比较器上，与零电压比较，输入电压是正极性时比较器输出为逻辑“1”，输入电压为负极性时为逻辑“0”。这样的极性量化可将2π相位区间量化分成4个区域，即实现$\pi/2$的量化间隔，如图2.4.4所示，从而构成2比特量化器。相位的量化可用正交分量V_C、V_S的正负极性唯一确定，正负极性形成二元逻辑，即二进制数字码，这样，任一信号都有一个二进制码与其频率相对应。

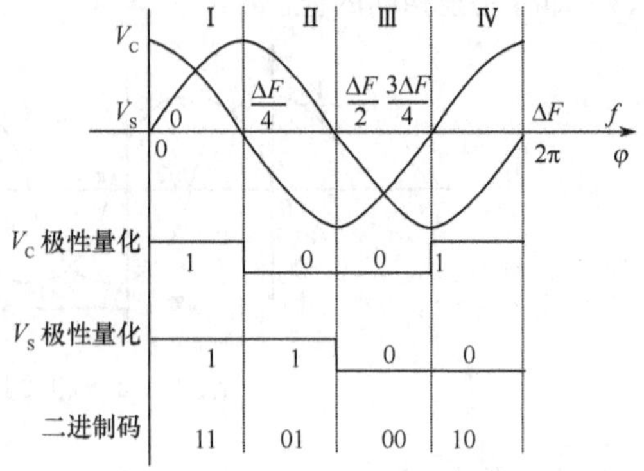

图2.4.4　极性量化器编码

显然，量化间隔越细，相位（频率）分辨率就越高，测量也就越准确。如果将V_S、V_C进行适当的加权组合，再产生两个电压$\cos\left(\varphi-\frac{\pi}{2}\right)$和$\sin\left(\varphi-\frac{\pi}{4}\right)$，这4个电压（四条鉴相特性曲线）彼此相位差为$\pi/4$，其极性量化可将$2\pi$分成8个区间（即8个量化间隔），实现$\pi/4$的相位分辨率和$\Delta F/8$的频率分辨率。例如，在图2.4.5中，当$V_1$、$V_2$、$V_3$、$V_4$的极性量化取值为0、0、1、1时，对应的频率区间为$f_4\sim f_5$。四条鉴相特性曲线分别是

$$V_1=V_C=\cos\varphi \tag{2.4.12}$$

$$V_2=\cos(\varphi-\pi/4) \tag{2.4.13}$$

$$V_3=V_S=\cos\left(\varphi-\frac{2\pi}{4}\right)=\sin\varphi \tag{2.4.14}$$

$$V_4=\cos\left(\varphi-\frac{3\pi}{4}\right)=\sin\left(\varphi-\frac{\pi}{4}\right) \tag{2.4.15}$$

由这四条鉴相特性曲线可形成3比特极性量化。3比特量化器输入的四条鉴相特性曲线及输出代码表，如图2.4.5所示。

以此类推，由N条鉴相特性曲线可得$2N$个相位量化单元，对应量化间隔$\frac{2\pi}{2N}=\frac{\pi}{N}$。$N$条鉴相特性$V_j$可表示为

$$V_j=\cos\left(\varphi-j\frac{\pi}{N}\right),\quad j=0,1,2,\cdots,N-1 \tag{2.4.16}$$

因每个鉴相特性对应一个输出电压，所以需要N个比较器组成N位极性量化编码器，其输出自动形成N位格雷码（如图2.4.5所示）。

为便于应用和显示，通常再将格雷码转换成二进制码。

2.4.4　频率分辨率和测频精度

满足式(2.4.16)的N条鉴相特曲线可得到的相位分辨率和频率分辨率如下：

相位分辨率

$$\Delta\varphi=\frac{2\pi}{2N} \tag{2.4.17}$$

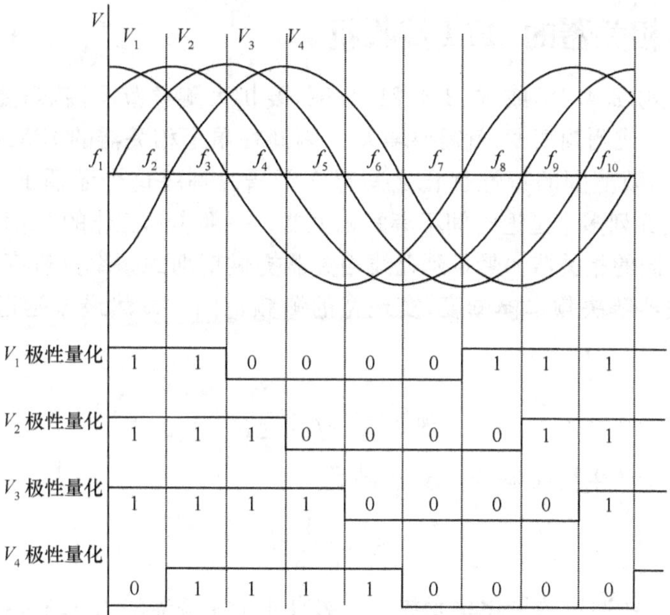

φ	$0\sim\frac{\pi}{4}$	$\frac{\pi}{4}\sim\frac{\pi}{2}$	$\frac{\pi}{2}\sim\frac{3\pi}{4}$	$\frac{3\pi}{4}\sim\pi$	$\pi\sim\frac{5\pi}{4}$	$\frac{5\pi}{4}\sim\frac{3\pi}{2}$	$\frac{3\pi}{2}\sim\frac{7\pi}{4}$	$\frac{7\pi}{4}\sim 2\pi$
f	$f_1\sim f_2$	$f_2\sim f_3$	$f_3\sim f_4$	$f_4\sim f_5$	$f_5\sim f_6$	$f_6\sim f_7$	$f_7\sim f_8$	$f_8\sim f_9$
V_1	1	1	0	0	0	0	1	1
V_2	1	1	1	0	0	0	0	1
V_3	1	1	1	1	0	0	0	0
V_4	0	1	1	1	1	0	0	0

图 2.4.5　3 比特量化器输入的四条鉴相特性曲线及输出代码表

频率分辨率

$$\Delta f=\frac{1}{2N\tau}=\frac{\Delta F}{2N}=\frac{f_2-f_1}{2N} \tag{2.4.18}$$

显然由以上两式可知 IFM 接收机的频率分辨率/测频精度与 N 成正比。N 越大、即鉴相特性曲线越多，频率分辨率越高。事实上，因为受到相关器等器件制造误差的限制，不能通过无限制增大 N 的取值来提高频率分辨率。通常量化单元数 $2N$ 用 2^m 表示，m 一般取值为 4、5、6。

IFM 接收机的主要测频误差包括相关器制造误差，延迟线误差、量化误差和系统噪声等。下面简要分析前两种误差。频率测量方程为

$$\varphi=2\pi f_s\tau \tag{2.4.19}$$

对上式求全微分，得

$$\mathrm{d}\varphi=2\pi(f_s\cdot\mathrm{d}\tau+\tau\cdot\mathrm{d}f_s) \tag{2.4.20}$$

经整理得

$$\mathrm{d}f_s=\frac{\mathrm{d}\varphi}{2\pi\tau}-f_s\frac{\mathrm{d}\tau}{\tau} \tag{2.4.21}$$

其中第一项是由相关器相位差误差引起的测频误差，第二项是由延迟线误差引起的测频误差。由式(2.4.21)可知，τ 越大，测频精度和分辨率越高。

2.4.5　多相关器的 IFM 接收机

式(2.4.11)和式(2.4.18)或式(2.4.21)表明，要扩大测频范围，就需要缩短延迟线长度 τ，要提高测频分辨率或测频精度，就需要增大 τ，因此在单个相关器的 IFM 接收机中，频率分辨率/测频精度与测频范围的特性优化之间存在矛盾。解决这个矛盾的一种方法，就是在 IFM 接收机中采用并列多个延迟时间不等的相关器。一部实际工作的 IFM 接收机，通常包括几个延迟线长度不同的相关器。最长延迟线相关器提供精细的频率分辨率和高的测频精度，而最短延迟线相关器解决频率模糊度，实现宽的测频范围。显然最短延迟长度应受到下式限制

$$\tau_{短} \leqslant \frac{1}{f_2 - f_1} = \frac{1}{\Delta F} \tag{2.4.22}$$

最长延迟线用于产生精细频率信息，应满足

$$\tau_{长} \geqslant \frac{1}{2^m \Delta f} \tag{2.4.23}$$

式中，2^m 是最长延迟线通道的量化单元数。一部有 4 个相关器的 IFM 接收机如图(2.4.6)所示。输入信号成并行的 4 路、每一路后面分别接有延迟线长度不同的相关器。每个相关器产生一对 $\sin(\omega\tau)$ 和 $\cos(\omega\tau)$ 输出，从 4 个输出值中测得输入信号的频率。

假定要设计一部 IFM 接收机，要求其频率覆盖范围为 2～4GHz，频率分辨率为 1.25MHz，最小可测脉宽为 100ns，则总的分辨单元(量化间隔数)是 1600(2000/1.25)个，并且需要用 11 比特来表征频率码。

制作上述 IFM 接收机的一个实际方法是选定最长延迟线为 25ns，其相应的无模糊频率范围是 40MHz。用 5 位来代表 40MHz 可以得到所需的 1.25MHz，若相邻相关器的延迟线比例 $n=4$。其他延迟线为 6.25ns、1.563ns 和 0.391ns。与最短延迟线相对应的无模糊频率宽度为 2560MHz，前三个相关器的组合将产生频率的 6 位最高有效位(MSB)，最后一个相关器将产生频率数据的 5 位最低有效位(LSB)。

此例说明，在多相关器 IFM 接收机中，长短延迟线通道并行组合使用，很好解决了频率测量范围和分辨率需求的矛盾。这种测量方法在电子侦察的其他方面，例如测向，也经常采用。

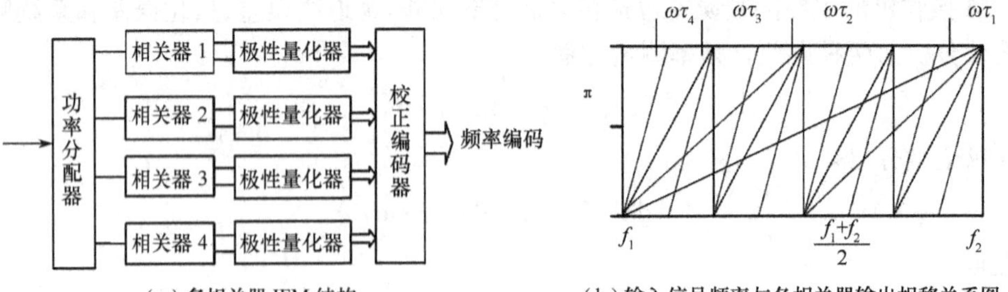

(a) 多相关器 IFM 结构　　(b) 输入信号频率与各相关器输出相移关系图

图 2.4.6　有 4 个相关器的 IFM 接收机

2.4.6　同时信号问题

IFM 接收机是频率宽开的系统，当有多个信号同时进入 IFM，则相关器产生的效应可能

造成频率码差错。脉冲的同时信号可分为两类:一类是脉冲前沿同时出现,称为同时到达信号;另一类是两个脉冲前沿在时间上不同时出现,称为重叠脉冲。这两类同时信号对 IFM 测频的影响不同。

第一类同时到达的信号经过相关器的输出是两个信号形成的各自矢量的合成矢量,其合成矢量相位值(频率值)与两信号的幅度差、频率差等有关。一般当两信号强度相差 10dB 以上时,可以正确测出强信号的频率。正确测量容许的幅度差还与通道间延迟比例有关,小的延迟线长度比例有利于相位校正,因而也有利于克服同时信号的干扰。

第二类重叠脉冲,在前沿不同时出现,使 IFM 在前沿测量时,可能在短延迟线相关器支路只有先到达的那个信号,而在长延迟线相关器上则有两个信号同时作用,从而产生混乱的频率编码。

解决同时信号问题的方法主要有三种:

一是设计同时信号检测器,一经检测出有同时信号,就给该脉冲的频率码加上一个标记,在侦察系统信号处理器中予以排除。

二是在 IFM 前端加限幅放大器,限幅器的非线性作用将使强信号的成分更强,弱信号的成分更弱,即产生所谓强信号对弱信号的抑制作用。其作用可以将功率比提高 3～6dB,从而提高了对强信号正确测频的可能。

三是采取重复采样测频等技术,在信号不重叠的部分分别测出两个信号各自的频率。IFM 必须解决同时信号的问题,才能适应更为复杂的电磁环境。

2.5 信道化接收机

2.5.1 晶体视频接收机

基本的晶体视频接收机是最简单的微波接收机,成本低,重量轻,体积小。其基本结构如图 2.5.1 所示,前端多路分配器将信号分割到多个射频频段,之后针对每个频段,进行相应的射频放大、信号检波和视频放大,最终输出各频段的视频波形。这种接收机主要用于对低占空比的脉冲信号进行宽带(2～18GHz)探测,若增加一个连续波开关或斩波装置,还可以探测连续波信号。信号检波后,仅保留了信号的视频包络信息,失去了载波频率和相位信息,因此晶体视频接收机对信号的频率测量仅能精确到分路器划分的频率范围,而无法进一步提高精度。在密集的信息环境中,由于射频频段内多辐射源信号交错而引起幅度失真,晶体视频接收机的工作质量将迅速下降。这种接收机的主要缺点是关键的威胁信号可能会被其他信号掩盖,这些信号包括干扰信号或其他辐射源的脉冲,它们在时间上与有用信号重合。

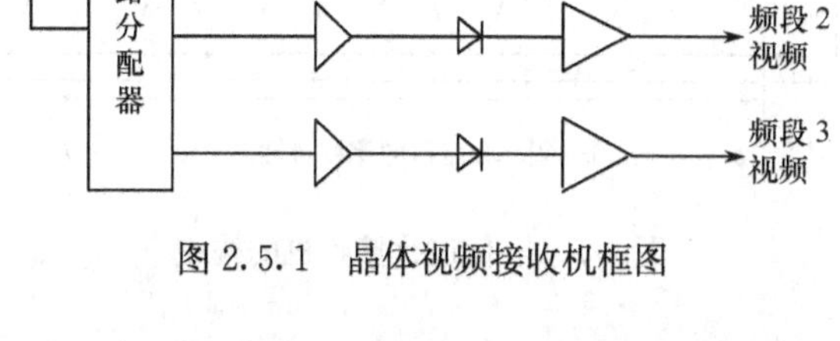

图 2.5.1 晶体视频接收机框图

晶体视频接收机的灵敏度通常受检波器本身灵敏度的限制。最好的检波器在 10MHz 视频带宽范围内切线灵敏度(视频信噪比为 8dB 或射频信噪比为 4dB)为－50dBm 和－60dBm。考虑内在的射频和滤波损失,系统的灵敏度比这个灵敏度通常要低 10dB。这个灵敏度通常足够检测多数雷达的主波束信号。同时,具有宽开特点的这种接收机的截获概率高。

在晶体视频检波器之前增加一个低噪声宽带放大器,可使灵敏度增加 20dB 以上。

通常选择视频带宽,使其正好同最窄的脉冲宽度吻合($\Delta f_v=0.35/T$ 到 $\Delta f_v=0.45/T$),接收机就可获得最大的灵敏度。

由于截获信号的距离不同,有效辐射功率各异,晶体视频接收机检波前部分的动态范围很大。根据检波器的平方律特性,在检波后动态范围还将进一步扩大(在射频时为 10dB,而到视频则增大到 20dB)。当要求在单通道内对幅度进行精确测量时,或者当通过对邻近天线的匹配接收机之间的幅度进行比较而测量角度时,这种大动态范围就成问题。因此,大多数晶体视频接收机都采用对数特性,这种特性能够对视频输出进行包络检波。对数视频接收机(即对数包络)能够在接收机的整个动态范围内进行精确幅度测量(约为±1dB)。

晶体视频接收机的另一种改型,是在接收机的检波前加一个 YIG 射频调谐滤波器,这种滤波器可作为窄带滤波器。通常,该滤波器根据所要分选的频率进行转换。还有一个途径是晶体视频接收机中的每一个滤波器都使用多节滤波器组。

2.5.2 信道化接收机

信道化接收机是一种最佳接收机形式。其设想简单,在性能方面,它既保留了窄带超外差的特性,同时还能够提供宽的频率覆盖。早期,因为实现信道化需要大量设备,造价高,信号处理难等原因,限制了该技术的发展。近年来随着微波集成电路(MIC)和表面声波(SAW)器件的进展,使信道化接收机的实用成为了可能。

1. 构成及原理

信道化接收机的构成如图 2.5.2 所示,它采用多个并行的超外差信道,每个信道的中心频率不同,相邻信道在 3dB 处相互邻接,信道间频率间隔约为 3dB 中频带宽。

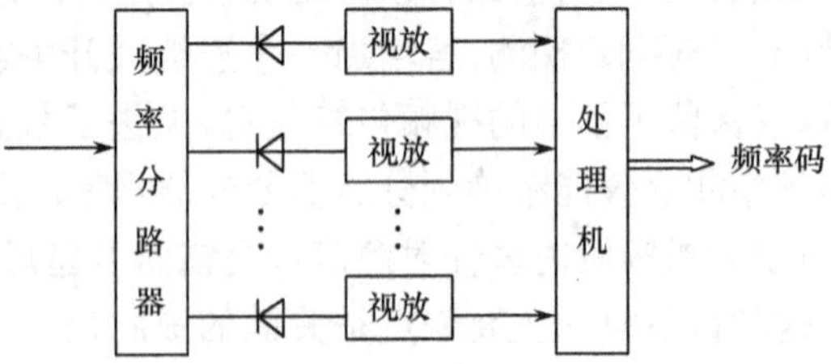

(a)方框图

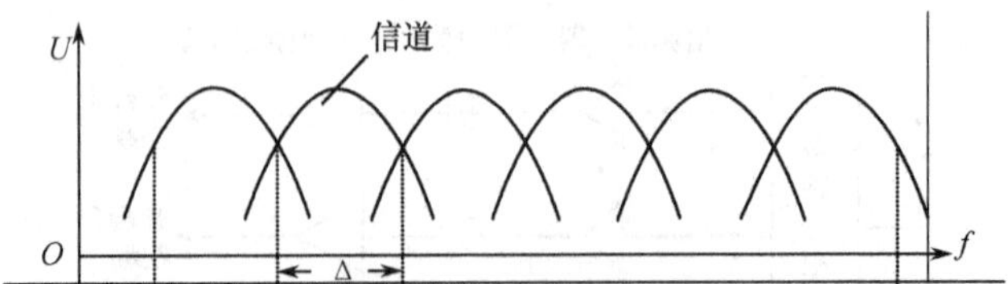

(b)频率分路器的滤波特性

图 2.5.2 信道化接收机的构成

由图 2.5.2(b)知,其瞬时带宽为 f_2-f_1,频率分辨率为 Δf(信道宽度),信号分频路数为

$$m=\frac{f_2-f_1}{\Delta f} \tag{2.5.1}$$

显然,要实现大带宽,高分辨率,要求分频路数多,即 m 大。m 越大,则所分频段(滤波器)越窄,对应接收机的频率分辨率和测频精度就越高。信道化接收机研究的重点是滤波器设计。

2. 频率分路滤波器组

在信道化接收机中,有许多并行输出的槽路,每个槽路有许多的器件和电路。这些器件包括放大器、对数放大器、限幅器、视频检波器及视频放大器。在选择信道化接收机滤波器时,考虑的最主要因素是这些器件的体积和成本。目前,1000MHz 以下的器件体积小,成本较低。因此,希望把 1000MHz 以下的滤波器用做精确测频槽路滤波器。

选择信道化接收机的滤波器要考虑的另外几个主要因素:一是滤波器边缘要陡峭,以便能分离两个频率相近的一强一弱信号;二是滤波器的输出暂态效应要小。下面分析其原因。

我们知道,矩形脉冲频谱为 sinc 函数,既有主瓣,也有旁瓣,而信道化接收机的灵敏度高,动态范围大,于是一个强信号可能同时在几个信道中有显示。对于宽度为 0.1μs 的窄脉冲,其主瓣第一个零点间宽度为 20MHz,旁瓣宽度有时可达 100MHz 以上,会同时在多个相邻信道有输出。这种频谱扩展现象不仅会引起频率模糊,还会造成处理机数据过载,甚至出现强信号频谱的旁瓣遮盖弱信号频谱主瓣的现象。

另外,滤波器的输出在时域上会出现兔耳效应。原因在于一个信号的能量有可能扩散到多个信道,这样,在滤波器组中心处脉冲信号产生的输出不仅来自中心滤波器,而且还可能来自其他的滤波器。所以滤波器输出的信号波形与输入信号波形不同。如图 2.5.3 所示,若输入信号的幅度是平坦的,主信道和邻近信道均为钟形,则邻近信道输出信号在脉冲的前沿和后沿上将有较大的起伏。这种现象称为暂态效应,或兔耳效应。消除暂态效应是信道化接收机设计的关键。

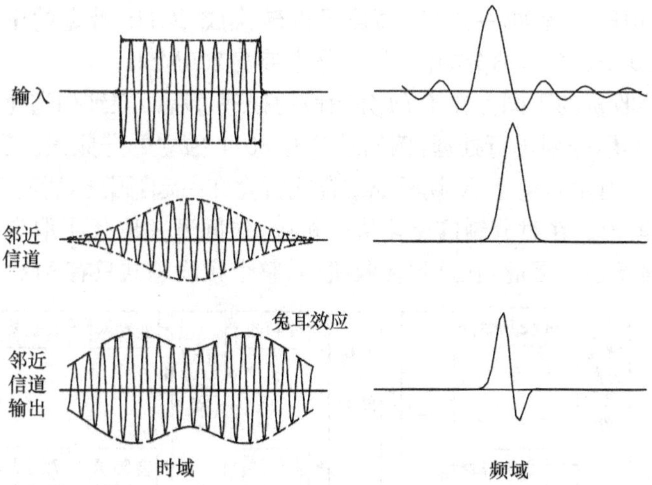

图 2.5.3 信道化接收机的时域、频域特性

作为一般的规律,滤波器的带宽越窄,所需要滤波器的节数就越多,暂态效应就越明显。为了使暂态效应较小,信道化接收机中所用的滤波器必须具有比较宽的带宽和较少的节数。

这些要求和实现高频率分辨率相矛盾。因此，信道化接收机的滤波器选择，取决于接收机的频率分辨率和最窄脉冲处理能力，目前尚无最佳选择方案。

根据经验选择的滤波器通常是一种组合器件，即两个滤波器按级联方式进行连接。第一个滤波器具有较宽的带宽和较小的节数，这个滤波器决定信号的暂态效应。第二个滤波器具有较窄的带宽和较多的节数，此滤波器用来提供陡削的边缘以便分离输入信号。

3. 表面声波(SAW)滤波器

如前所述，信道化接收机是靠采用多个频率邻接的并行的窄带超外差接收机来实现宽的频率覆盖。因此需要大量的滤波器，体积大且造价昂贵。随着表面声波(SAW)滤波器技术的开发与应用，信道化接收机的实现变为现实。

SAW 滤波器是制作在压电基片上的带通滤波器。它将输入的电信号变成声波，经声域滤波后，将声信号转换成电信号输出。利用 SAW 器件制作滤波器的优点是尺寸特别小，而且有可能利用集成电路技术实现大批量生产，所设计的滤波器的频率响应有很大的灵活性。目前，SAW 滤波器可工作在从几个兆赫兹到 1GHz 的频率范围，带宽约为中心频率的 0.8 倍。SAW 滤波器有一些与普通滤波器不同的特殊性能，它们对接收机的设计有重大影响，感兴趣的读者请参阅有关文献。SAW 滤波器的最大不足是插入损耗很大，必须用附加的放大器来补偿这部分损耗，由此而来又会增加功耗和接收机的成本。

4. 信道化方案

实际使用的信道化接收机基本上有三种不同的结构。这三种接收机是：纯信道化接收机、频带折叠信道化接收机以及时分制信道化接收机。纯信道化接收机把所覆盖的频率范围分给若干相邻的信道，信道宽度同所需的最终分辨率相同；频带折叠信道化接收机是把多个频段折叠到一个共同的分频段；时分制信道化接收机只把正在工作的那些信道接入通用分频段。

信道化接收机的射频覆盖频带通常由分路器或一组相连的滤波器分成 N 个相等的频段。例如：在 2～18GHz 的信道化装置内，有 8 个相连的 2GHz 带宽的滤波器。下一级是把每一个 N 频段分成 M 个分频段。例如，一个 N 频段可以转换成 2GHz 带宽的中频频段，即从 2～4GHz，然后再分成 10 个($M=10$)分频段，每个分段带宽 200MHz。

这三种信道化接收机的不同点在于 M 分频段的处理过程。在纯信道化接收机中，有 $M \cdot N$ 个分频段，这些分频段分别进行处理，例如总共有 80 个独立的分频段。在频带折叠信道化接收机中(如图 2.5.4 所示)，整个 N 频段都结合或折叠在一起，因此，所有 M 个分频段(例如 $M=10$)都在一个频段内。在时分制信道化接收机中，访问开关取代了取和电路，访问开关在工作时只与一个频段接通。因此，在这种接收机中，整个频段总共只有 M 个分频段。

图 2.5.4　频带折叠信道化接收机的原理图

信道化接收机的 M 分频段下面分为 K 个信道。在这一节点上的信道宽度决定信道化接收机的分辨率，即必须分离的两个信号的最小测量值，以便测出其频率。信道化接收机的频率测量精度通常比信道之间内插法获得的分辨率高，如同鉴频器的工作方式。例如，所列举的信道化接收机需要 20MHz 的分辨率，就需要使用 $K=10$ 个相接的滤波器，把 200MHz 的分频段分成 20MHz 宽的信道。在这一节点上的频率测量精度是脉宽、信号波形和有效信噪比的函数。

总之，所列举的信道化接收机把 16GHz 的频段分为 8 个 2GHz 的频段，再把 2GHz 的频段分为 10 个 200MHz 的频段，然后把 200MHz 的频段分为 10 个 20MHz 的信道。纯信道化接收机需要 $N\cdot M\cdot K$ 即 800 个信道，而频带折叠或时分制信道化接收机只需要 $M\cdot K$ 即 100 个信道。各种信道化接收机的分辨率都是 20MHz。但是，频带折叠接收机的信噪比较纯信道化接收机降低了 $10\log N$ dB，在上例中灵敏度就降低了 9dB，频率测量理论精度降低因数等于$\sqrt{8}$。时分制即快速访问式信道化接收机的灵敏度和精度可达到频带折叠式接收机的灵敏度和精度。此外，在时分制信道化接收机中，由于信号同时出现和接收机在处理中必须有一些延迟时间，可使用的外部设备消耗很大，造价也很高，当需要进行宽带覆盖时更是如此。在中等密集的信号环境中，当在频段级检测到信号的前沿时，就启动访问开关，这样，无论何时只有一个有用信号的频段同分频段的分路器接通。很明显，这就防止了多个粗测频段内的噪声从折叠频段进入最终信道。但是检波器必须在宽的粗测频段内检测到信号时就启动。粗测频段的信噪比是最终输出信道的 $1/M\cdot K$。因此，在规定快速访问型接收机中的灵敏度时，必须谨慎考虑灵敏度是否满足需求，但是，其理论频率测量精度同纯信道化接收机相等。在未来的时分制信道化接收机中，在 M 分频段输出端至 K 信道之间有可能使用快速访问开关，因此，就能使滤波器的数量降至 $N+M+K$。这样，对于前例而言就仅需 28 个滤波器。

5. 频率读出

人们通常误认为，既然信道化接收机采用的是毗邻滤波器，输入信号的频率应该很容易测定。只要测量精测频滤波器的输出，就能确定输入信号的频率。实际上，并非如此简单。大家知道，一个输入信号可能会在多个滤波器输出端产生输出信号。如果仅仅把输出最强信号对应滤波器的中心频率作为信号频率。就有可能丢失在不同槽路滤波器中的弱信号。这意味着信道化接收机最终还是不能分离同时到达信号，正好与信道化接收机设计的初衷相背。所以，在信道化之后如何确定信号的频率是信道化接收机技术研究的关键问题之一。

信道化接收机的测频方案可归纳成两种。其一是频域测量法。这种方法通过比较相邻滤波器的输出来测定输入信号频率，包括对同时到达信号的频率测量，如信道比幅方案。其二是时域测量法，在这一方法中，用单个滤波器的输出判定信号是否在该滤波器中心的内部或外部，以此确定输入信号的频率。有几种时域测频方案，如重叠槽路法、双检测法、能量检测法、峰谷比较法，等等。

6. 信道化接收机的特点

(1) 截获概率高。信道化接收机采用频率宽开体制，截获概率等于 1。

(2) 灵敏度高、动态范围大。信道化接收机采用并行窄带超外差结构。

(3) 频率分辨率高。这是从超外差接收机处继承来的优点。

(4) 可处理同时到达信号和许多复杂信号。采用信道化结构，使信道化接收机相当于频谱分析仪。

(5) 复杂程度与成本皆高。信道化以设备为代价来实现高性能测频，如何减小体积降低成本是信道化接收机技术研究的另一项重要课题。

2.6 数字接收机

随着现代雷达、通信技术的发展,辐射源占据的频谱越来越宽,辐射源信号也向着宽带、低截获的方向发展,给电子对抗侦察系统提出了更高的要求。传统接收机在瞬时带宽较宽时,虽然通过检波能提高信号的截获概率,但自身存在着灵敏度低的固有缺陷,更重要的是由于接收机前端对信号进行检测和部分信息提取的同时,破坏了信号的频率、相位调制信息。随着近年来数字化技术的快速发展,数字信号处理能力比过去大大加强,并充分发挥数字化接收机在信号处理方面的优势,提高接收系统灵敏度和对信号参数精确提取与详细分析能力,从而提供雷达信号更为精确的多种参数特征。

数字接收机是现代测频接收机的重要发展方向。在数字接收机中不采用晶体视频检波器来检测信号,而是通过模/数转换器(ADC)将信号转换为离散数字序列,利用大规模集成电路和计算机进行数字信号处理。数字接收机与模拟接收机相比具有三个明显的优势:①能保留更多的信息;②数字化数据能长期保存和多次处理;③可用更灵活的信号处理方法直接从数字化信号中获取所希望的信息。另外,数字信号处理更稳定可靠,因为它没有模拟电路中那样的温度漂移、增益变化或直流电平漂移,因此需要的校正也少。如果采用高精度和高分辨率的频谱估计技术,则频率的分辨率可接近理论极限值,而模拟接收机是难以获得这种结果的。

2.6.1 数字接收机的基本结构

数字接收机的基本结构可以用若干个功能块表示,如图 2.6.1 所示。ADC 的输出是数字的,这些数据是时域数据,必须变换成频域数据。在频域内,信息是作为谱线或者谱密度提供的,为适应电子侦察的要求,谱线必须变换成输入信号的载频编码。为了突出强调这个过程,图中除了谱估计器,还有一个参数编码器。参数编码器变频率信息为所需的 PDW。

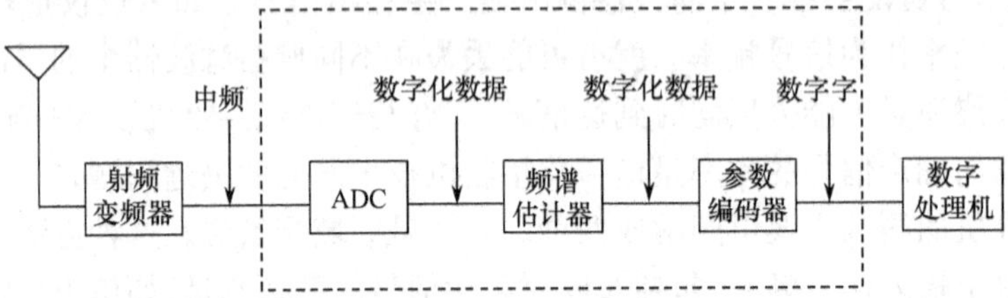

图 2.6.1　数字接收机的基本结构

(1) 射频变频器:射频变频器通常是一个下变频器,其作用是将输入的射频信号变换到 A/D 变换器的工作带宽以内。同时,射频变频器还要对微波信号进行放大。

(2) A/D 变换器(ADC):A/D 变换器的作用是将输入的模拟信号变换为数字信号。A/D 变换器的采样速度和量化比特数是数字接收机的关键参数,它决定了接收机的一些基本的性能,如瞬时带宽、灵敏度和动态范围。

(3) 频谱估计器:频谱估计器用于对输入信号频谱进行精确分析,以便精确测量输入信号的频率。频谱估计器可以是专用于 FFT 的 FPGA 或 DSP 芯片,或一个专门的程序包。

(4) 参数编码器:参数编码器用于对频谱分析的结果进行编码,以形成后续信号理器所需的 PDW。这里的 PDW 除了包含脉冲信号的幅度(PA)、载频(RF)、脉宽(PW)、到达时间(TOA)信息外,还包括脉内特征信息和脉冲上升沿、下降沿等信息。

（5）数字处理机：数字处理机用于完成对 PDW 的分析和处理，以便形成用于分析识别的 EDW。这里的 PDW 主要包含雷达最本质的特征信息，即信号载频及其特征信息、脉宽及其特征信息、重复频率及其特征信息。

2.6.2　数字接收机的关键技术

实现数字接收机涉及很多方面的技术：宽带接收天线、宽带射频放大滤波、高速 ADC 变换器、高速大容量存储器、高速数据率转换系统和高速数字信号处理（DSP）器，等等。其中，天线以及射频技术较为成熟，基本满足接收机的要求，主要问题集中在数字处理部分。

相对模拟器件，数字处理器件工作速率较低，无法与高速模拟器件相匹配。例如，根据奈奎斯特采样定律，为了覆盖 1GHz 带宽的辐射源信号，ADC 至少应以 2GHz 的速率工作。ADC 变换器的工作速率尽管已经达到上吉赫兹，但是与雷达信号的频率分布 2～18GHz 相比还是远远不够。

数字信号处理（DSP）器的工作速率较低，与宽开 ADC 变换器之间的工作速率瓶颈阻碍了数字接收机进一步发展。几种可以借鉴的方法：

（1）使用带通采样，降低采样数据流；

（2）直接降低采样频率，使用欠采样的方法侦收；

（3）构造一个高速数据率转化系统，该系统性能的坏直接影响到宽带数字接收机的性能。

2.6.3　几种典型的数字接收机结构

1. 正交双通道数字接收机

正交双通道数字接收机结构框图如图 2.6.2 所示。输入信号经过模拟正交混频得到两路正交的基带信号。ADC 对放大后的模拟基带信号进行采样量化得到数字信号，经过缓存器存储后，交后续信号处理机对信号参数进行估计处理。

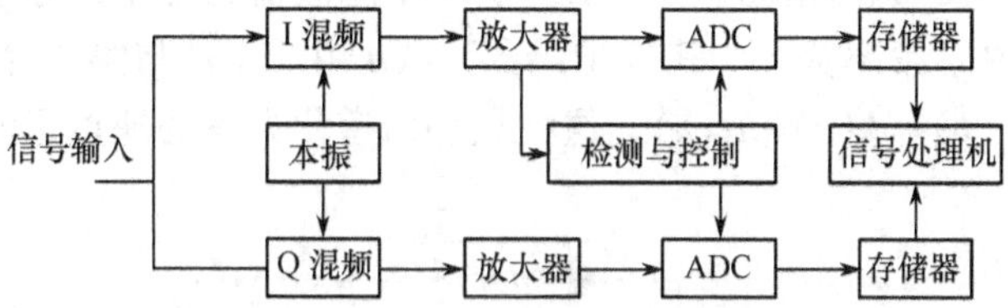

图 2.6.2　正交双通道数字接收机结构框图

正交双通道数字接收机一般采用零中频处理。在雷达侦察设备中，数字接收机一般由检测脉冲启动，只在脉冲信号宽度内进行采样。这种结构的数字接收机，如果使用无模糊正交采样，可以方便的对复杂信号进行侦收和识别。这种结构的主要缺陷是会受到 I、Q 两路通道的幅度、相位不平衡影响。

2. 欠采样多通道并行数字接收机

在数字接收机的宽监视带内，雷达脉冲信号是一个频谱相对很窄的带通信号。这样有可能采用欠采样技术来降低 ADC 的输出数据流，然而由欠采样定理可知，直接对 RF 信号进行欠采样会导致信号输出信噪比降低，系统灵敏度下降，甚至信号重叠而导致频率模糊等问题。为解决频率模糊等问题，往往需要用增加欠采样通道数的方法来去频率模糊。图 2.6.3 是时间欠采样的多通道并行数字接收机结构。这种多通道并行结构由输入延迟单元、ADC、数字信号处理模块和解频率模糊算法组成。t_0 为固定时延，$K_1 \sim K_N$ 是延迟系数，共有 N 路采样率相同的 ADC。

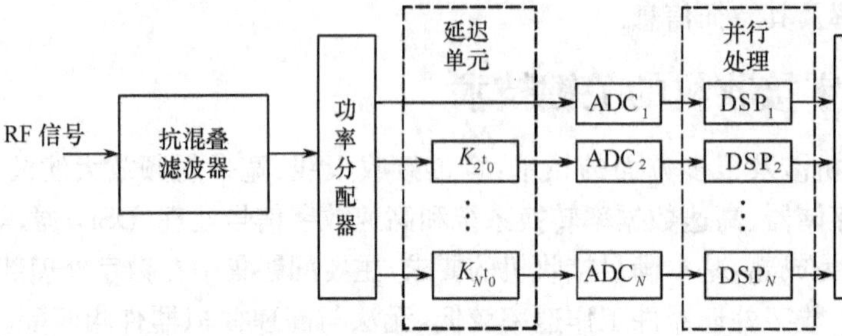

图 2.6.3　欠采样多通道并行数字接收机基本结构

采用此类结构的接收机由于是对 RF 信号直接欠采样，不可避免地会导致频谱混迭，需要对采样数据进行解模糊。目前主要分为：基于 FFT 的传统谱估计法和各种高分辨率的现代谱估计方法。多通道并行技术是目前电子侦察中用于接收多个同时到达的雷达信号的主要手段。不难看出，随着无模糊带宽的增加，通道数必然也随之增加，后端对应的解模糊算法计算量以及计算时间相应增加，增大了系统设计难度。这是多通道并行技术的而临的共同问题。

3. 频域信道化数字接收机

信道化接收机根据各个信号的频率分离各输入信号。数字信道化可以看成一个数字滤波器组，根据频率不同，输出信号将会通过某个输出端输出，通过测量滤波器组的输出，可以确定输入信号的频率。实现数字滤波器组的直接方法是设计多个单独的具有指定中心频率和带宽的数字滤波器。每个数字滤波器可以是 FIR 型或 IIR 型的，它们都可以独立设计成具有不同带宽和滤波特性的滤波器。更重要的一点是，与模拟信道化的滤波器组相比较，数字信道化的数字滤波器组容易实现各个中心频率不同的滤波器具有一致的带宽和滤波特性。图 2.6.4 给出了这种数字滤波器组的原理框图。图中，所有 N 个滤波器的带宽都等于 B 并具有相同的特性，第 k 个滤波器的中心频率为 f_k，其输出结果 $y_k(n)$ 由 $x(n)$ 与第 k 个滤波器的脉冲响应 $h_k(n)$ 卷积得到，即 $y_k(n)=x(n)_* h_k(n)$。这种数字信道化方案的缺点是滤波器组工作时运算十分复杂。

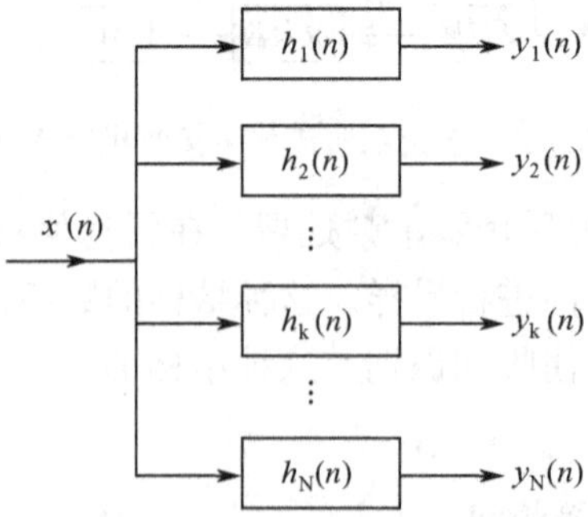

图 2.6.4　数字滤波器组原理框图

由于对时域数据 $x(n)$ 进行 FFT 运算得到的每一个输出频率分量等效于 $x(n)$ 与滤波器的脉冲响应的卷积，所以一般使用比上述单个数字滤波器设计方法简单得多的 FFT 运算方法设计数字滤波器组。例如，目前使用基于短时傅里叶变换（STFT）和多速率信号处理技术的多相滤波器组实现数字信道化。

数字信道化接收机设计的基本目标是通过减少输出信道个数提高 FFT 的运算速度。

图 2.6.5 是基于多相滤波器的信道化数字接收机的一个例子。图 2.6.5 中，输入射频 RF 信号经模拟下变频至某个带宽 $B \leqslant f_s/2$ 的频段内，再经过高速 A/D 数字化后形成数据流 $x(n)$。为减少对后一级多相滤波器处理速度的压力需对高速数据流 $x(n)$进行 32 倍抽取。图 2.6.5 中数据抽取部分将速率为 f_s 的高速数据流 $x(n)$经 32 倍抽取后，使输入到每个多相滤波器(共有 32 个)的数据流速率降至 $f_s/32$。数据抽取部分通常用高速硬件(1－N 数据选择器和 FIFO 组成)，如高速大容量 FPGA 实现。图 2.6.5 数据抽取部分中，相邻通道(包括从 31～0 通道)的切换时间为 $t_s=1/f_s$。32 个多相滤波器均为 8 阶 FIR 滤波器，滤波器的脉冲响应分别记为

$h_k(n)(k=0,1,\cdots,31)$频域的结果由 $Y(k)$，在本例中 $Y(k)=X(8k)(k=0,1,\cdots,31)$表示。图 2.6.6 给出了多相滤波器 1 的详细结构。

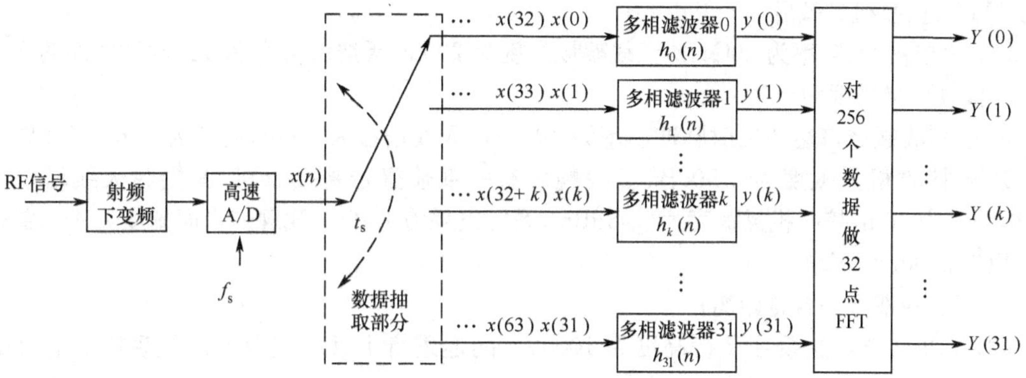

图 2.6.5　基于多相滤波器的信道化数字接收机结构

图 2.6.5 所示的信道化数字接收机相当于由 16(32/2)个毗邻的独立滤波器组成的滤波器组(图 2.6.7)覆盖了整个 $B \leqslant f_s/2$ 的频段，每个滤波器都有相同带宽 $B_r= f_s/32$。

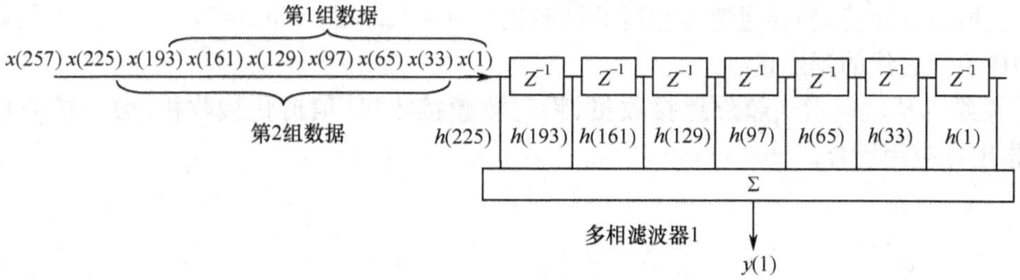

图 2.6.6　多相滤波器 1 的结构

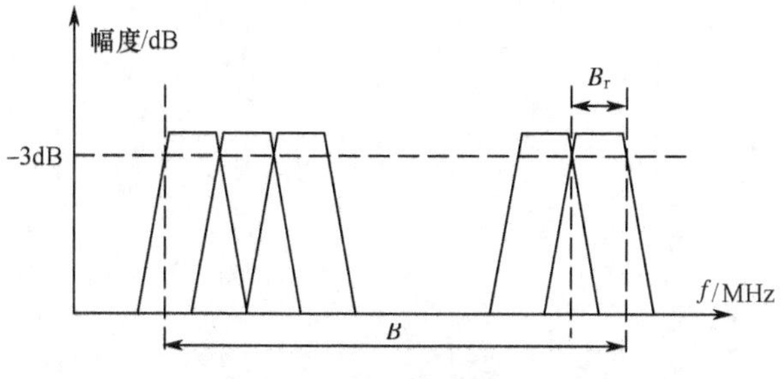

图 2.6.7　滤波器组的频率响应

习题二

1. 电子对抗侦察面临的信号环境特点有哪些？

2. 侦察系统若要实现前端截获，必须满足哪些条件？

3. 进入雷达侦察系统前端的信号密度与哪些因素有关？

4. 雷达侦察接收机的常用灵敏度有哪几种？分别对应于信号的信噪比是多少？

5. 瞬时测频接收机对同时到达的多个信号可以测频吗？为什么？

6. 某导弹快艇的水面高度为1m，雷达截面积为400m^2，侦察天线架设在艇上10m高的桅杆顶端，G_r＝0dB，接收机灵敏度为－40dBm，试求该侦察机对下面两种雷达的距离优势比。

(1) 海岸警戒雷达，频率为3GHz，天线架设高度为310m，天线增益为46dB，发射脉冲功率为1MW，接收机灵敏度为－90dBm；

(2) 火控雷达，频率为10GHz，天线架设高度为200m，天线增益为30dB，发射脉冲功率为30kW，接收机灵敏度为－90dBm。

7. 已知敌舰载雷达的发射脉冲功率为100kW，天线增益为30dB，高度为20m，工作频率为3GHz，接收机灵敏度为－90dBm。我舰装有一部侦察告警接收机，其接收天线增益为10dB，高度为30m，接收机灵敏度为－45dBm，系统损耗为13dB。我舰的水面高度为4m，雷达截面积为2500m^2，试求：

(1) 敌、我双方的告警距离；

(2) 如果将该雷达装在飞行高度为10000m的巡逻机上，敌、我双方的发现距离有什么变化？

(3) 如果将告警系统装在飞行高度为10000m的巡逻机上，巡逻机的雷达截面积为5m^2，敌、我双方的发现距离有什么变化？

8. 现有一个由三路鉴相器并行工作的数字式瞬时测频接收机，其测频范围是2～6GHz，每路量化器为5比特，相邻通道鉴相器的延时比为$n=T_{i+1}/T_i=8(i=1,2,3)$，试求其频率分辨率和最短延迟线的延迟量。

9. 总结和比较搜索式超外差接收机、瞬时测频接收机、信道化接收机、数字接收机的特点，并指出其应用场合。

第3章 测向与定位技术

3.1 测向技术概述

3.1.1 测向的概念和意义

通过截获无线电信号，进而确定辐射源所在方向的过程，称为无线电测向，或无线电定向，简称测向(Direction Finding,DF)。另外由于电子对抗侦察中的测向实质是确定或估计空间中的辐射源来波信号到达方向(Direction of Arrival,DOA)，或来波到达角(Angle of Arrival,AOA)，因此又称为被动测角或无源测角。

测向是电子对抗侦察的重要任务之一，它在电子对抗中的作用如下。

(1) 为辐射源的分选和识别提供可靠的依据

众所周知，现代的雷达、通信等辐射源为了对抗电子侦察，往往采用波形捷变、频率捷变、调制方式捷变、重复周期捷变的方式，这给辐射源分选和识别造成了一定的困难。但是由于辐射源的空间位置在短时间内不可能发生捷变，辐射源的空间位置信息是辐射源的固有特性，许多信号尽管性质相同或相近，但辐射源方向往往不同。即使对于移动目标，其方向也不可能突变。因此，信号来波到达角(AOA)成为信号分选和识别的最重要参数之一。

(2) 为电子干扰和摧毁攻击提供引导

测向和定位可为我军实施电子干扰提供引导。例如，可根据干扰对象所在方向和距离，调整天线指向和干扰功率。在对载有辐射源的载体，或与辐射源相关的军事目标进行火力摧毁时，测向设备提供的方位信息，可以直接引导武器进行火力摧毁。

(3) 为作战人员提供威胁告警

当敌方雷达跟踪照射我方飞机、舰船等重要目标时，可以截获雷达信号并测出其方位，为作战人员提供威胁告警，同时根据电子侦察系统测得威胁辐射源所在方向，引导反辐射导弹、红外、激光和电视制导等武器对威胁辐射源实施攻击。

(4) 为辐射源的定位提供参数

通过多个侦察站对同一辐射源的测向结果，或者通过单个运动辐射源不同时刻获取的测向结果，可以确定辐射源的位置，从而为电子侦察提供重要的情报，还可以引导武器对目标进行火力摧毁。

3.1.2 测向技术的分类和指标

3.1.2.1 测向技术的分类

对辐射源测向的基本原理是利用测向天线系统对不同方向到达电磁波所具有的振幅或相位响应来确定辐射源的来波方向。按照测向的技术体制可分为振幅法测向和相位法测向等。

1. 振幅法测向

振幅法测向实质上是利用天线的方向性(或天线的方向图)比较收到信号的相对幅度大小确定信号的到达角。在实现方法上又可分为波束搜索法和比较信号法。波束搜索法需要通过天线波束的扫描搜索,观察来波信号幅度随波束转动而产生的变化,确定辐射源的方位,因此它测向耗时较长,空域截获性能较差。主要的方法有:最大信号法、最小信号法、比较信号法等。

(1) 最大信号法

最大信号法通常采用波束扫描搜索体制,以侦收到信号最强的方向作为辐射源所在方向。它的优点是信噪比较高,侦察距离较远;但是由于一般天线方向图峰值附近较为平缓,故其缺点是测向精度较低,天线需要机械旋转。如图 3.1.1(a)所示。

(2) 最小信号法

最小信号法利用天线旋转时方向图的零点指向来寻找来波方向。由于在最小点的信号幅度变化急剧,因而其测向误差较最大信号法要小。缺点是由于最小信号法利用的是天线方向图幅度较小的区域,因而接收灵敏度低,适合于近距离通信测向。如图 3.1.1(b)所示。

(3) 比较信号法

比较信号法通常采用多个不同波束指向的天线覆盖一定的空间,根据各天线侦收同一信号的相对幅度大小确定辐射源的所在方向。它的优点是测向精度较高,而且理论上只需要单个脉冲就可以测向,因此又称为比幅法,或者称为单脉冲比幅法。如图 3.1.1(c)所示。

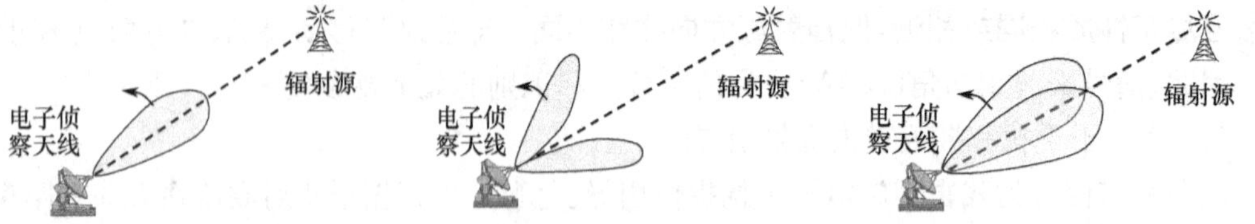

(a) 最大信号法　　(b) 最小信号法　　(c) 比较信号法

图 3.1.1　振幅法测向原理

2. 相位法测向

相位法侧向系统由位于不同位置的多个天线单元组成,天线单元间的距离使它们所收到的信号由于波程差 ΔR 而产生相位差 φ。通过比较不同天线单元收到的来自同一辐射源的信号的相位差 φ,可以确定辐射源的到达角 θ。由于相位差对波程差变化很灵敏,因此相位法测向系统的测向精度相对较高且无需机械转动天线。常用的相位干涉仪就是一种相位法测向系统。此外还有采用类似雷达相控阵天线的相位阵列测向法等。

3. 其他测向方法

除了振幅法和相位法之外,还有其他一些测向方法,如时差法,利用不同方向来波信号到达不同天线的时间差进行测向;多普勒测向法,将不同方向来波信号到达方向转化为不同的信号多普勒频率值;还有幅度—相位混合方法和空间谱估计测向等。

3.1.2.2　测向系统的技术指标

测向系统的技术指标主要反映系统测向(角)范围、精度、响应速度等方面的性能。采用不同技术体制的测向系统的性能特点可能表现出较大的不同,这种差异将通过测向系统的技术指标反映出来。这里仅列出一般测向系统的主要技术指标。

(1) 测向精度

测向精度一般用测角误差的均值和方差来度量,它包括系统误差和随机误差。系统误差是由于系统失调引起的,在给定的工作频率、信号功率和环境温度等条件下,它是一个固定偏差。随机误差主要是由系统内、外噪声及其他随机因素引起的。测向精度一般可以用均方根(RMS)误差或者最大值误差来表示。

(2) 角度分辨率

角度分辨率是指能区分同时存在的特征参数相同但所处方位不同的两个辐射源之间的最小夹角,也称为方位分辨率。

(3) 测角范围

测角范围是指测向系统能够检测辐射源的最大角度范围。

(4) 瞬时视野

瞬时视野是指在给定某一瞬时时刻,测向系统能够接收并测量的角度范围。

(5) 响应时间

响应时间是指测向设备或系统在规定的信号强度和测向误差条件下,完成一次测向所需的时间。

(6) 测向系统灵敏度

测向灵敏度是指在规定的条件下,测向设备能测定辐射源方向所需要的最小信号的强度。通常用分贝值来表示。

测向体制的优劣通常是人们最关心的问题,但是无线电测向体制也像其他的事物一样,具有两重性。就使用者来说,使用的工作环境、工作方式、工作要求、测量对象等条件不尽相同,因此笼统地说优劣,有可能脱离实际。使用者在选用测向体制和测向设备时,重要的是要透彻了解并仔细分析自身工作的需求。

为了便于比较,表3.1.1列出几种具有代表性的测向机的主要性能,供选择时参考。

表3.1.1　几种测向体制的比较

序号	名称	精度	灵敏度	速度	抗扰性	测仰角	价格
1	环形天线测向机	较低	低	低	差	不能	低
2	Watoson－Watt测向机	中	中	中	1个干扰可给出示向度	不能	较低
3	比幅单脉冲测向机	较高	中	低	空间分割	能	较低
4	Wullenweber测向机	高	高	低	空间分割	不能	高
5	干涉仪测向机	高	中(天线决定)	高	频率分割	能	中
6	多普勒测向机	较高	中	中	差	能	中
7	空间谱测向机	最高	中(天线决定)	中(处理时间长)	最好	能	高

3.2　比幅单脉冲测向技术

3.2.1　相邻比幅单脉冲测向原理

相邻比幅单脉冲测向系统由多个天线和接收机通道组成,可以覆盖所需的侧向范围。例如,图3.2.1所示的两个天线组成的相邻比幅单脉冲测向系统覆盖了90°的区域。图3.2.1所示的两个天线波束的轴向间夹角为$\theta_s=90°$(即两个天线波束的轴向正交),两个天线方向图有两个交点，O 点和 Q 点，射线$\overline{OQ}$与两个天线波束的轴向间夹角均为 $\theta_S/2=45°$。假定两个天线A和B具有相同形状的方向图 $F(\theta)$，则可记 $F_A(\theta)\triangleq F\left(\frac{\theta_S}{2}-\theta\right)$，$F_B(\theta)\triangleq F\left(\frac{\theta_S}{2}+\theta\right)$。又设到达天线处的信号幅度为 $A(t)$，两个接收机通道的增益分别为 K_A 和 K_B，则两个接收机的检波器输出视频包络电压分别为

$$L_A=K_AA(t)F_A(\theta)=K_AA(t)F\left(\frac{\theta_S}{2}-\theta\right) \tag{3.2.1}$$

$$L_B=K_BA(t)F_A(\theta)=K_BA(t)F\left(\frac{\theta_S}{2}+\theta\right) \tag{3.2.2}$$

将 L_A 和 L_B 分别进行对数放大后再相减，减法器输出为

$$Z=\log L_A-\log L_B=\log\frac{L_A}{L_B}$$

$$=\log\frac{K_A}{K_B}+\log\frac{F\left(\frac{\theta_S}{2}-\theta\right)}{F\left(\frac{\theta_S}{2}+\theta\right)} \tag{3.2.3}$$

由式(3.2.3)可知，如果 $K_A=K_B$，且已知接收天线的方向图函数 $F(\theta)$，则从 Z 中可解算出 θ。

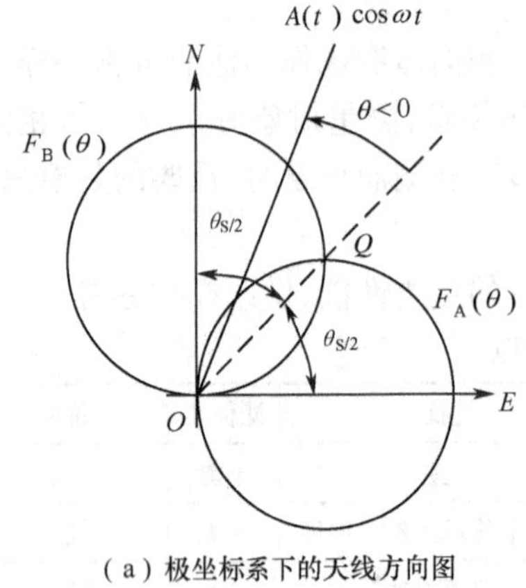

（a）极坐标系下的天线方向图

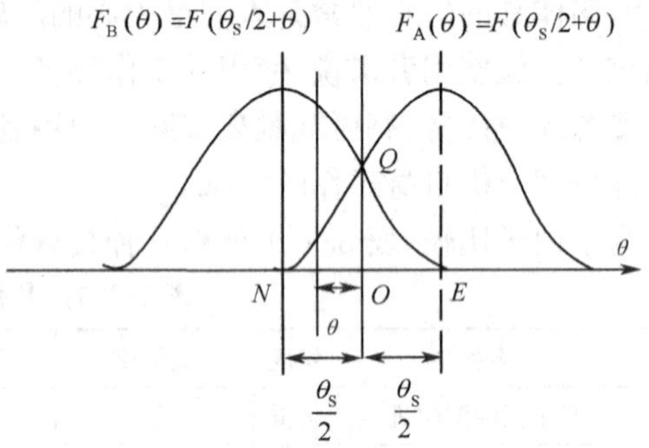

（b）直角坐标系下的天线方向图

图 3.2.1　相邻比幅法的天线方向图配置

对于不同的天线，方向图函数 $F(\theta)$不同。下面以高斯函数形式的 $F(\theta)$为例分析。这种函数可以很好地近似电子对抗装备中常用的宽带螺旋天线，对应天线方向图函数为

$$F(\theta)=\exp\left[-\frac{K\theta^2}{\theta_B^2}\right] \tag{3.2.4}$$

式中，K 是比例常数，θ_B 是天线半功率波束宽度 $\theta_{0.5}$的一半，即 $\theta_B=\frac{1}{2}\theta_{0.5}$。

将式(3.2.4)代入式(3.2.3)得

$$Z=\log\frac{K_A}{K_B}+2\theta_S\theta\cdot\frac{K\log e}{\theta_B^2} \tag{3.2.5}$$

解得

$$\theta=\frac{\theta_B^2}{2\theta_S K\log e}\left(Z-\log\frac{K_A}{K_B}\right) \tag{3.2.6}$$

若通道增益平衡，即 $K_A=K_B$，式(3.2.6)可简化为

$$\theta=\frac{\theta_B^2}{2\theta_S K\log e}Z \tag{3.2.7}$$

式(3.2.7)是最终估算 θ 的关系式，它表明 θ 与 Z 成正比。通过测量两个接收通道的信号视频包络幅度的比值，仅仅需要一个脉冲，即可实现测向。

3.2.2　全向比幅单脉冲系统

为了能够 360°全方位测向，可以采用 4 个轴向正交的天线构成全向比幅单脉冲系统，其结构如图 3.2.2 和图 3.2.3 所示。

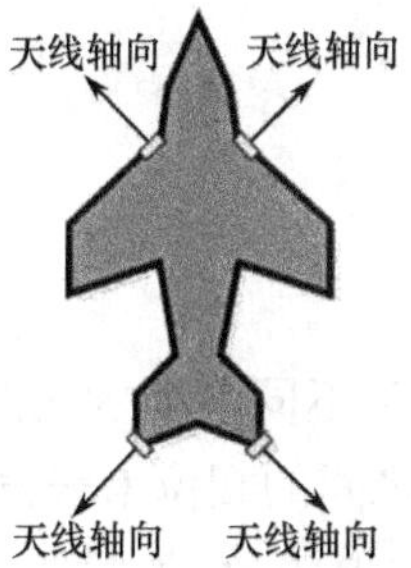

图 3.2.2　机载雷达告警器中的全向比幅天线

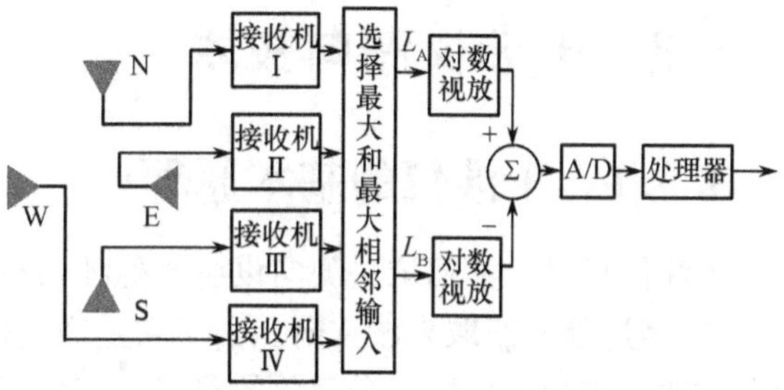

图 3.2.3　现代的全向比幅单脉冲系统结构

4 个天线的轴向分别正交，通过 4 个接收机后，选择最大及最大相邻输入，进行对数视频放大后相减，对相减后的信号进行量化编码，经过处理器运算后可得到比幅测向的结果。

3.2.3　测向误差分析

影响宽带全向振幅单脉冲测向系统的因素很多，其中的主要因素是天线方向图特性、接收通道失衡，以及内部噪声影响等。

(1) 通道失衡产生的误差

显然，当两通道之间增益不平衡时，用式(3.2.7)代替式(3.2.6)估算 θ 将存在偏差，即产生测向误差。事实上，四路接收通道的增益要在宽频带范围内做到一致是十分困难的。

(2) 天线产生的误差

由式(3.2.6)可知，$F_A(\theta)$和 $F_B(\theta)$的不一致性，或简单地表现为 θ_S、K、θ_B 等参数的不同，都将产生测向误差，而这一切在宽带系统中又是不可避免的。

(3) 通道随机噪声产生的误差

由于相邻通道的噪声是统计独立的，这样在幅度比值运算时，两者不能互相抵消，也就是有 $L_A(n_A)\neq L_B(n_B)$(n_A、n_B 分别表示两个信号最强相邻通道的噪声电压)，并且它们之比是一个随机变量。可见通道噪声会导致通道失衡，造成测向误差。可以证明，由此引起的测向误差方差与输入信噪比成反比。

对于固定的系统误差，可采用两种校正方法来减小测向误差。一种方法是设立已知到达角的辐射源进行实时校准；另一种方法是预先把修正值以表格形式保存起来，供实际测量时查表校正。

3.2.4　特点及应用

综上所述，全向振幅单脉冲测向系统的主要优点是方位截获概率高，能够单脉冲测向，设备简单、可靠、体积小、重量轻。其主要缺点是系统误差较大，用校正的方法可以减小一些。另外，除非其对应的接收机具有按频率分离信号的能力，否则这种测向系统易受同时到达信号的影响。

全向振幅单脉冲测向系统通常采用 4 个或 6 个天线单元和接收通道，由于多采用宽波束天线，其测向精度和灵敏度都较差。增加天线数量，可以提高测向精度和灵敏度。例如，天线和接收通道增加到 8 个，精度可增加一倍，并可提供 3 倍以上的增益，但是设备量及成本也大大增加。

全向振幅单脉冲测向技术已广泛用于雷达告警系统。

3.3　干涉仪测向技术

3.3.1　干涉仪的基本原理

干涉仪是对一类相位法测向设备的称呼，它是通过测量位于不同波前的天线接收信号的相位差，经过处理获取来波方向。由于它是通过比较两个天线之间的相位来获得方向，因此其测向方法也称为比相法。最简单的单基线相位干涉仪由两个信道组成，如图 3.3.1 所示。两天线“1”和“2”形成的连线称为干涉仪基线。

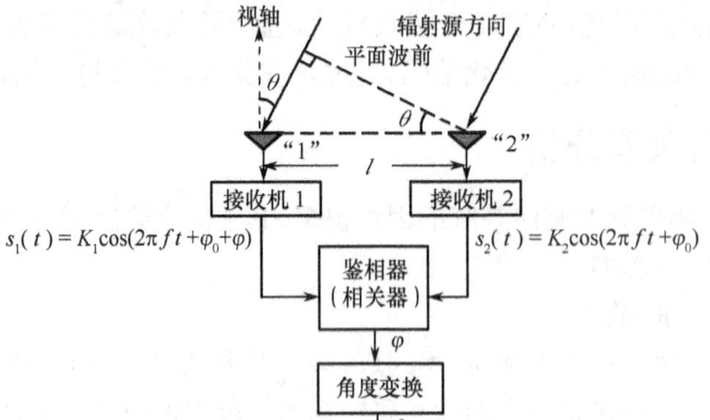

图 3.3.1　单基线相位干涉仪原理图

若某个辐射源距离接收机足够远，可以将接收到的电磁波近似为平面波。来波方向与天线视轴夹角为 θ，则平面波前到达天线“1”和天线“2”的时间就有先有后，体现在固定频率信号上就存在相位差。它到达两个天线的相位差为

$$\varphi=\frac{2\pi l}{\lambda}\sin\theta \tag{3.3.1}$$

式中，λ 为信号波长，l 为两天线间距。如果两个信道的相位响应完全一致，接收机输出信号的相位差仍然为 φ，经过鉴相器取出相位差信息

$$\begin{cases}U_C=K\cos\varphi\\U_S=K\sin\varphi\end{cases} \tag{3.3.2}$$

式中，K 为系统增益。进行角度变换，求得辐射源信号的到达方向 θ，即

$$\varphi=\arctan\left(\frac{U_S}{U_C}\right)\Rightarrow \theta=\arcsin\left(\frac{\varphi\lambda}{2\pi l}\right) \tag{3.3.3}$$

式(3.3.3)成立的条件是

$$-\pi\leqslant\varphi<\pi,\quad -\frac{\pi}{2}\leqslant\theta<\frac{\pi}{2} \tag{3.3.4}$$

由此得到的方位角表达式为

$$\theta=\arcsin\left[\frac{\lambda}{2\pi l}\varphi\right] \tag{3.3.5}$$

可见，相位干涉仪把测向变换成对路径差所产生的相位差 φ 的测量，这里对相位差 φ 的测量可采用第 2 章中的极性量化编码器，也可以采用数字信号处理的方法。另外，对相位差 φ 的测量还必须得到入射信号频率的估计，用于计算波长 λ。也就是说，相位干涉仪（尤其是单基线的）测向必须有频率 f 测量的配合。

下面就相位干涉仪测向中的特殊问题进行讨论。

3.3.2　测角模糊问题

如前所述，相位干涉仪测向是利用相位差 φ 的测量值来估计辐射源的方位角 θ。根据三角函数的 2π 周期特性，若真实相位差的绝对值 $|\varphi|$ 超过 π，由于鉴相器取反正切得到的相位差 φ 范围仍为 $[-\pi,\pi)$，根据式(3.3.3)所测量的相位差和根据式(3.3.5)计算的角度将会存在错误，这时无法分辨辐射源的真实方向。下面导出相位干涉仪的不模糊测量范围，也称为不模糊视角 θ_u。

由于相位干涉仪是以视轴为对称的，它在视轴左右两侧均能测向，因此，在视轴的一侧的最大相位差为 π，在视轴另一侧的最大相位差为 $-\pi$，即 φ 的单值范围是 $[-\pi,\pi]$。

以下分两种情况讨论（参照图 3.3.2）。

(1) $\dfrac{\lambda}{2l}<1\left(\text{或 } l>\dfrac{\lambda}{2}\right)$

设 $\theta=\theta_{max}$ 时，相位差 φ 达到最大值 $\varphi_{max}=\pi$，带入式(3.3.5)得

$$\theta_{max}=\arcsin\left(\frac{\lambda}{2l\pi}\varphi_{max}\right)=\arcsin\left(\frac{\lambda}{2l}\right) \tag{3.3.6}$$

又设 $\theta=\theta'_{max}$ 时，相位差 φ 达到最小值 $\varphi'_{max}=-\pi$，带入式(3.3.5)得

$$\theta'_{max}=\arcsin\left(\frac{\lambda}{2l\pi}\varphi'_{max}\right)=-\arcsin\left(\frac{\lambda}{2l}\right) \tag{3.3.7}$$

此时不模糊视角 θ_u 为

$$\theta_u=\theta_{max}-\theta'_{max}=2\arcsin\left(\frac{\lambda}{2l}\right),\ \frac{\lambda}{2l}<1 \tag{3.3.8}$$

(2) $\dfrac{\lambda}{2l}\geqslant1\left(\text{或 } l\leqslant\dfrac{\lambda}{2}\right)$

此时，由式(3.3.1)得

$$|\varphi|=\left|\frac{2\pi l}{\lambda}\sin\theta\right|\leqslant|\pi\sin\theta|\leqslant\pi,\ \forall\theta,\frac{\lambda}{2l}\geqslant1 \tag{3.3.9}$$

因此，当 θ 在 $[-\pi/2,\pi/2]$ 内变化时，$|\varphi|\leqslant\pi$。此时不模糊视角 θ_u 为

$$\theta_u=\frac{\pi}{2}-\left(-\frac{\pi}{2}\right)=\pi,\frac{\lambda}{2l}\geqslant 1 \tag{3.3.10}$$

合并式(3.3.8)与式(3.3.10)得

$$\theta_u=\begin{cases}2\arcsin(\lambda/2l), & \lambda/2l<1\\ \pi, & \lambda/2l\geqslant 1\end{cases} \tag{3.3.11}$$

对于给定的干涉仪基线长度 l,记 $\lambda^*\triangleq 2l$,相应来波信号频率记为 $f^*\triangleq c/\lambda^*=c/2l$,$c$ 为自由空间中光速。由式(3.3.11)、图 3.3.3 和表 3.3.1 可知,当来波信号频率 $f\leqslant f^*$ $(\lambda/2l\geqslant 1)$时,$\theta_u\equiv\pi=180°$;当来波信号频率 $f>f^*$ $(\lambda/2l<1)$时,$\theta_u=2\arcsin(\lambda/2l)$,不模糊视角 θ_u 随着来波信号频率 f 的升高(相应的来波信号波长 λ 减小)而减小。

若给定来波信号频率 f(相应的给定了来波信号波长 $\lambda=c/f$),记 $l^*\triangleq\lambda/2=c/2f$。由式(3.3.11)、图 3.3.3 和表 3.3.1 可知,当干涉仪基线长度 $l>l^*$ $(\lambda/2l<1)$时,$\theta_u=2\arcsin(\lambda/2l)$,不模糊视角 θ_u 随着 l 的增加而减小;当干涉仪基线长度 $l\leqslant l^*$ $(\lambda/2l\geqslant 1)$时,$\theta_u\equiv\pi=180°$,因此,在干涉仪视轴两侧$[-\pi/2,\pi/2]$角度范围内不产生测角模糊的最大基线长度即为

$$l_{max}=l^*=\frac{\lambda}{2} \tag{3.3.12}$$

表 3.3.1 不模糊视角 θ_u 与 $\lambda/2l$ 的数值对应关系

$\lambda/2l$	0	0.1	0.2	0.3	0.4	0.5	0.6	0.7	0.8	0.9	0.91	0.92
θ°_u	0	11.5	23.1	34.9	47.1	60.0	73.7	88.8	106	128	131	134
$\lambda/2l$	0.93	0.94	0.95	0.96	0.97	0.98	0.99	1.0	10	100	1000	∞
θ°_u	137	140	144	147	152	157	164	180	180	180	180	180

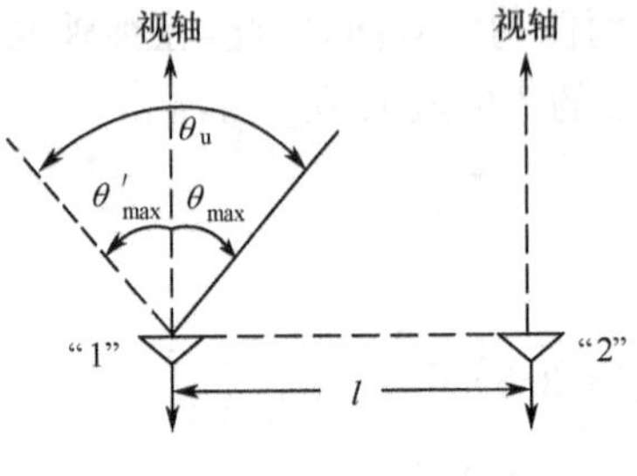

图 3.3.2 不模糊视角 θ_u 示意图

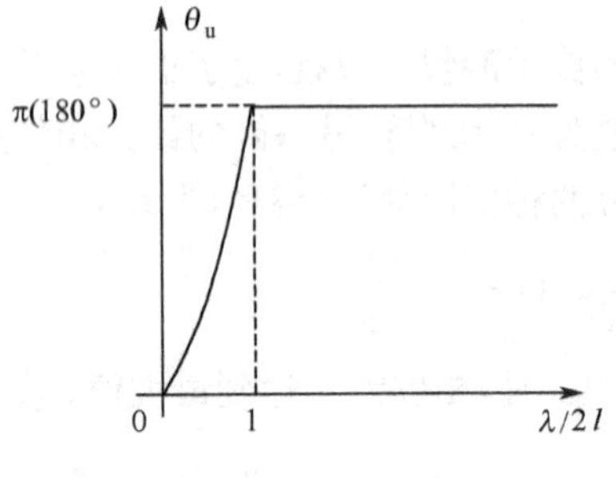

图 3.3.3 不模糊视角 θ_u 与 $\lambda/2l$ 的关系

3.3.3 测向精度分析

由于从 φ 到 θ 的变换是非线性的,因而 φ 的测量误差对 θ 的估计误差的影响,对于不同的入射角 θ 会有很大的不同。

为找出测向误差与主要因素间的关系,对式(3.3.1)求全微分得

$$d\varphi=\frac{2\pi}{\lambda}l\cos\theta\,d\theta-\frac{2\pi}{\lambda^2}l\sin\theta\,d\lambda+\frac{2\pi}{\lambda}\sin\theta\,dl \tag{3.3.13}$$

对于固定的两个天线,l 的不稳定因素可以忽略,(即 $dl=0$),式(3.3.13)简化为

$$d\varphi=\frac{2\pi}{\lambda}l\cos\theta\,d\theta-\frac{2\pi}{\lambda^2}l\sin\theta\,d\lambda \tag{3.3.14}$$

解得

$$d\theta=\frac{d\varphi}{\frac{2\pi}{\lambda}l\cos\theta}+\frac{\tan\theta}{\lambda}d\lambda \tag{3.3.15}$$

将式(3.3.15)以增量表示

$$\Delta\theta=\frac{\Delta\varphi}{\frac{2\pi}{\lambda}l\cos\theta}+\frac{\Delta\lambda}{\lambda}\tan\theta \tag{3.3.16}$$

从式(3.3.16)可看出：

(1) 测角误差来源于相位测量误差 $\Delta\varphi$ 和频率测量误差 $\Delta\lambda$。

(2) 误差值与方位角大小有关。当方位角与天线轴线一致时($\theta=0$)，测角误差最小；当方位角与天线基线一致时 $\theta=90°$，测角误差很大，以至无法进行测向。因此，有效测向视角不宜过大，通常 θ 限制在 $\pm45°$以内。

(3) 误差还与两个天线的距离 l 有关，要获得高测角精度，l 必须足够大，即采用长基线。这恰好和扩大干涉仪的不模糊视角相矛盾。

为了解决高测角精度和大的不模糊视角之间的矛盾，常用的方法是采用多基线干涉仪方法。

3.3.4　多基线干涉仪

对于单基线干涉仪而言，提高测向精度与扩大视角范围之间存在不可调和的矛盾。若采用多基线干涉仪，视角范围 θ 与测角精度之间的矛盾可以解决：由较短间距的干涉仪决定视角，由较长间距的干涉仪决定测角精度。

图 3.3.4 示出三基线一维干涉仪。“0”天线为基准天线，“1”天线与“0”天线之间距离为 l_1，组成“0－1”干涉仪。相应地，“2”天线和“3”天线与“0”天线组成“0－2”和“0－3”干涉仪，基线长分别为 l_2 和 l_3。“0－1”干涉仪具有最大的无模糊视角，为

$$\theta_u=2\arcsin(\lambda/2l_1) \tag{3.3.17}$$

而“0－3”干涉仪具有高的测角精度，仅考虑相位差误差时的测角误差为

$$\Delta\theta=\Delta\varphi/2\pi(l_3/\lambda)\cos\theta \tag{3.3.18}$$

这样，多基线干涉仪将长、短基线干涉仪组合，将解决单基线干涉仪存在的视角范围和测角精度的矛盾。

基准天线侦收的信号，经接收机变频放大后，送入各鉴相器，作为相位基准。另外，“1”、“2”、“3”天线侦收的信号都分别经过各自的接收机进行变频和放大，再分别送入各自的鉴相器，与基准信号比相。可采用与瞬时测频接收机相仿的数字鉴相技术提高测量实时性。每两路信号经鉴相、极性量化，再经组合编码校正，输出方位码，其工作原理与瞬时测频接收机相同。

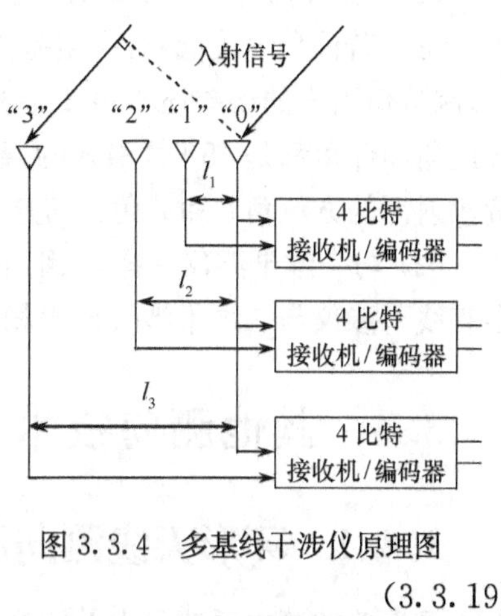

图 3.3.4　多基线干涉仪原理图

假设一维多基线相位干涉仪测向的基线数为 k，相邻基线的长度比为 n，最长基线编码器的角度量化位数为 m，则理论上的测向最小分辨单元为

$$\delta\theta=\frac{\theta_u}{n^{k-1}2^m} \tag{3.3.19}$$

相位干涉仪测向具有较高的测向精度，但一维干涉仪测向范围不能覆盖全方位，且同比相法瞬时测频一样，它也没有对多信号的同时分辨率。此外，由于相位差是与信号频率有关的，所以在测向的时候，还需要对信号进行测频，求得波长 λ，才能唯一地确定辐射源信号的到达方向。

3.3.5　二维干涉仪

一维干涉仪只能测量水平面上辐射源的方位角 θ（包括低仰角的辐射源）。可是有时不仅需要测量水平面内方位角 θ，而且还需测量垂直平面内的仰角 α（如导弹的被动导引头，卫星电子侦察等）。要得到方位、仰角这二维信息，显然用一维的干涉仪是不能解决问题的，那么，很自然会想到把一维干涉仪发展成二维干涉仪，使它既能在水平面内测角，又能在垂直面内测角。

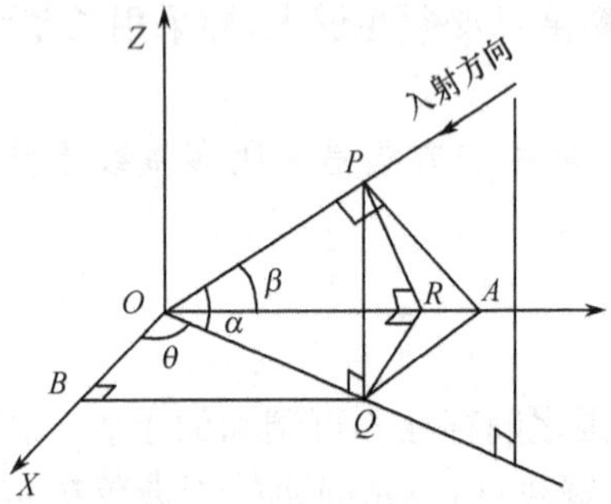

图 3.3.5　二维干涉仪原理图

二维干涉仪是由基线不处于同一个方向上的两个一维干涉仪系统组合而成，典型的是由称为 L 型的天线阵列，其构成如图 3.3.5 所示，一对互相垂直的基线 OA 和 OB 长度分别为 l_A、l_B，定义其方向分别为 X 和 Y 轴，则该二维干涉仪的二维角信息有：

$$\varphi_A=\frac{2\pi l_A}{\lambda}\sin\theta\cos\alpha \tag{3.3.20}$$

$$\varphi_B=\frac{2\pi l_B}{\lambda}\cos\theta\cos\alpha \tag{3.3.21}$$

根据上述信息关系，可以估计得到方位角和仰角如下：

$$\theta=\arctan\left(\frac{l_B\varphi_A}{l_A\varphi_B}\right) \tag{3.3.22}$$

$$\alpha=\pm\arccos\left[\frac{\lambda}{2\pi}\sqrt{\frac{\varphi_A^2+\varphi_B^2}{l_A^2\sin^2\theta+l_B^2\cos^2\theta}}\right] \tag{3.3.23}$$

由式(3.3.20)和式(3.3.21)与前面一维干涉仪对比，可得到如下结论：

(1) 当入射波仰角 $\alpha\neq0$ 时，用一维干涉仪的入射角近似辐射源方位角将引入一个误差因子 $\cos\alpha$。若仰角 α 较低，对应误差因子小，可以忽略不计。例如，当方位角为 45°，仰角为 10° 时，因近似引入的误差还不足 1°。然而，当仰角较大时，相应误差因子也较大，不能忽略。如方位角和仰角都是 45°时，引入的误差就达 15°。在这种情况下，必须采用二维干涉仪分别测量辐射源的方位角 θ 和仰角 α 信息。

(2) 与一维干涉仪一样，二维干涉仪也存在测向范围与测向精度的矛盾。因此，也可以将多基线干涉仪与二维干涉仪技术相结合，采用二维多基线干涉仪的形式。

3.4　其他测向技术

3.4.1　环形天线测向法

最简单的测向系统是由单匝和多匝导线构成的单一平面，称为环形天线。环形天线具有

8字形方向图，当天线旋转时，通过环形天线平面的磁通量（磁力线）也随着变化。如果环形天线的平面与来波方向一致，则穿过环形天线平面的磁力线数最大，接收信号也最大，也即天线方向图最大方向；如果环形天线的平面与来波方向垂直，因为没有磁力线穿过环形平面，环形天线接收不到信号，也即天线方向图最小方向。因此可以通过转动天线来获得来波方向的角度。显然环天线测向属于波束搜索振幅法测向。

环形天线测向存在示向度双值性的问题。为了解决这个问题，需要与环形天线同时使用一根无方向性天线。如图 3.4.1 所示。将这两副天线接收到的信号在接收机的输入端相加，就在平面方向形成了如图所示的心脏形极坐标方向图。这种方向图只有一个最小值，它与环形天线方向图的最小值相差 90°。根据不同的频率，来自杆状天线的放大器增益必须调到适当值，当来自环形天线输出的最大电压与杆状天线输出相同时，就能产生单一的最小值。根据最小信号的方向，可以唯一地确定辐射源的方向。

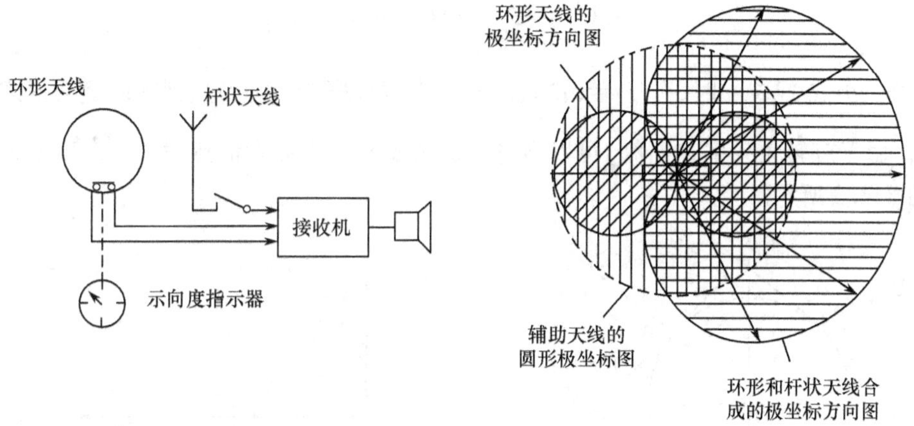

图 3.4.1　环形天线测向法

这种测向方法优点是所需技术设备最少，只要有转动和听觉设备的接收机，关掉自动增益，配上这种天线就可以测向。该方法测向时需要天线机械旋转搜索，耗费时间较长，测向误差一般在±5°～±10°(RMS)范围内。但由于价格低廉，目前在低频端，如 ELF（极低频）、VLF（甚低频）、LF（低频）和 MF（中频）频段仍有使用。

由于环形天线有水平边，对非垂直极化电波有作用，特别是对经电离层反射的短波，反射后极化方向往往有变化，环形天线水平边接收后引起极化影响的测向误差，尤其在夜间更为严重。

3.4.2　多普勒测向技术

在环形天线的基础上又发展了爱德考克、瓦特森一瓦特、乌兰韦伯和多普勒测向技术等，主要针对连续波通信信号测向。其天线单元主要适应 HF、VHF 和 UHF 频段通信信号，并且由于需要波束扫描，因此测向所需的时间一般都较长。

多普勒测向的基本原理是当电波在传播过程中遇到与它相对运动的测向天线时，被接收的电波信号产生多普勒效应，测定多普勒效应产生的频移，可以确定来波方向。为了使多普勒效应产生足够的频移，一般是让测向天线围绕某一中心点以足够高的速度旋转运动。

如图 3.4.2 所示，假定有一个旋转天线，其围绕基准点天线旋转，当旋转的接收天线沿圆周路径向辐射源方向运动时，多普勒效应使得接收频率明显增加；当天线在圆周路径的另一边背离辐射源方向运动时，接收频率则明显降低。当测向天线做圆周运动时，会使来波信号的相位受到正弦调制。设以圆周运动的中心点为相位参考点，其信号的相位为 φ，运动天线接收信号的瞬时相位为 $\varphi(t)$，于是有

$$\varphi(t)=\omega t+\varphi+k_c\cos(\Omega t-\theta) \tag{3.4.1}$$

式中，ω 为信号的角频率，Ω 为天线旋转角频率，θ 为来波方向角度，相位常数 $k_c=2\pi r/\lambda$，其中 r 为天线转动的圆周半径，λ 为信号波长。这时测向天线所收到的信号 $U(t)$ 的表达式为

$$U(t)=A\cos[\omega t+\varphi+k_c\cos(\Omega t-\theta)] \tag{3.4.2}$$

多普勒效应使测向天线收到的信号产生调相，多普勒相移为 φ_D，于是有

$$\varphi_D=k_c\cos(\Omega t-\theta) \tag{3.4.3}$$

相应的多普勒频移为

$$f_d(t)=\frac{\partial\varphi_D}{\partial t}=-k_c\sin(\Omega t-\theta) \tag{3.4.4}$$

当 $\Omega t-\theta=0$ 或者 π 时，$f_d(t)=0$；当 $\Omega t-\theta=\frac{\pi}{2}$ 或者 $\frac{3\pi}{2}$ 时，$f_d(t)$ 达到正的最大值或者负的最大值。由于旋转角频率 Ω 已知，可以通过寻找频率零点或最大值点时刻 t 来确定来波方向 θ。如图 3.4.3 所示。

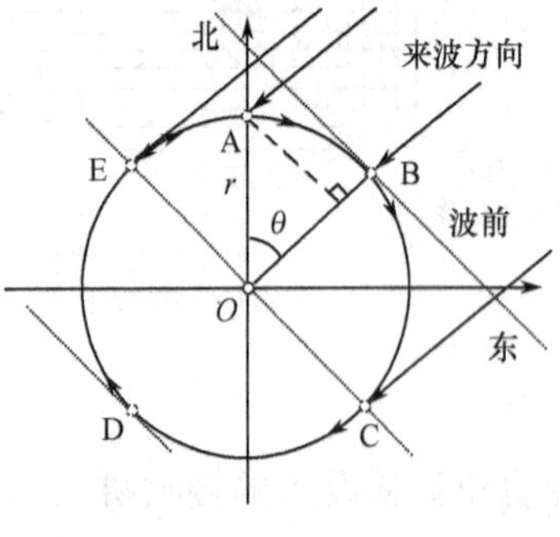

图 3.4.2　多普勒测向原理

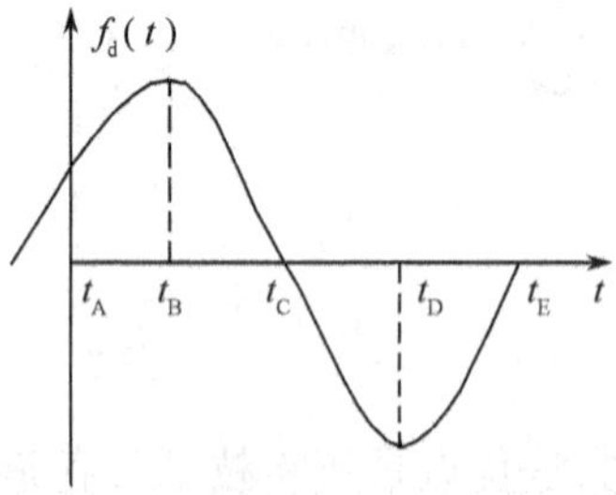

图 3.4.3　多普勒频率变化曲线示意图

实际的多普勒测向系统中，天线单元并不机械旋转，而是在圆周上安装多个对称排列的天线单元，采用高速电子开关快速切换，依次接通各个天线单元，这样就相当于单一天线实现旋转效应，其结果便产生了多普勒频移。该频移信号为一个正弦波，频率变化的周期等于假定单一天线的旋转周期。为了得到多普勒频移的正弦波，必须使用低通滤波进行平滑。将多普勒频移正弦波的相位与基准电压的相位进行比较，即可测定方位角。

多普勒测向法可以用来测定大约 20°～90°范围内的来波方向仰角，在有仰角存在时，相当于天线的基线变短，多普勒频移变小，由此可以推断出仰角。

多普勒测向技术多用于 VHF 和 UHF 频段的通信信号，在某种程度上也可用于 HF 频段。多普勒测向体制的特点是它可以采用中、大基础天线阵，准确度也高，没有间距误差，极化误差小，可测仰角。多普勒测向体制的缺点是抗干扰性能较差，对于有调制信号会引入测向误差。

环形天线、爱德考克、瓦特森－瓦特、乌兰韦伯和多普勒测向技术主要针对连续波通信信号测向，其天线单元主要适应 HF、VHF 和 UHF 频段通信信号，并且由于需要波束扫描，所以测向所需的时间较长。

3.4.3　多波束测向法

为了达到在空间同时搜索的目的，可以采用天线阵列构成多波束进行测向，类似于雷达的相控阵天线原理。利用相加、放大、混合耦合和固定移相的 Butler 矩阵形成多波瓣方向图，如图 3.4.4 所示。它可以在单一平面内进行波瓣扫描，也可以进行波瓣间的比幅。

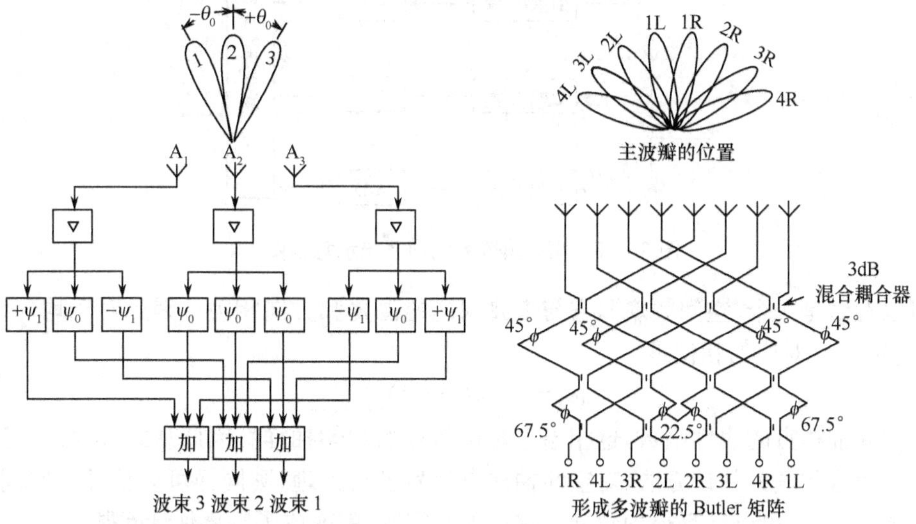

(a)3 个天线形成的 3 个波瓣方向图原理　　(b)8 个天线形成 8 个波束的 Butler 矩阵

图 3.4.4　多波束测向法

典型的多波束测向设备，如线性相位多模圆形阵是一种全向高精度测向系统。它既具有干涉仪的高测角精度，又具有全向比幅单脉冲系统的高方位截获概率。

3.4.4　阵列测向与空间谱估计技术

空间谱估计测向是在谱估计基础上发展起来的，是一种以多元天线阵结合现代数字信号处理(DSP)技术的新型测向技术。

为讨论问题方便，以均匀线阵为例，如图 3.4.5 所示。设一共有 M 个天线阵元，相邻天线阵元的间距为 d，信号到达相邻阵元的时间差为

$$\tau = d\sin\theta / c \tag{3.4.5}$$

式中，θ 为来波方向，c 为电波在自由空间的传播速度。如果将第一阵元作为参考，这样第 m 个阵元的输出信号为

$$X_m(t) = s[t-(m-1)\tau] + n_m(t) \tag{3.4.6}$$

各阵元收到的信号均为第一阵元信号 $s(t)$ 的副本，$n_m(t)$ 为噪声，它与信号不相关，各阵元的噪声也不相关。

对于单个正弦波信号，在某一瞬间时刻 t，第 m 个阵元的接收信号为

$$\begin{aligned} s[t-(m-1)\tau] &= s_0 \exp\{\mathrm{j}\omega[t-(m-1)\tau]\} \\ &= s_0 \exp(\mathrm{j}\omega t)\exp[-\mathrm{j}2\pi d(m-1)\sin\theta/\lambda] \\ &= s(t)\exp[-\mathrm{j}2\pi d(m-1)\sin\theta/\lambda] \end{aligned} \tag{3.4.7}$$

令

$$f' = d\sin\theta/\lambda \tag{3.4.8}$$

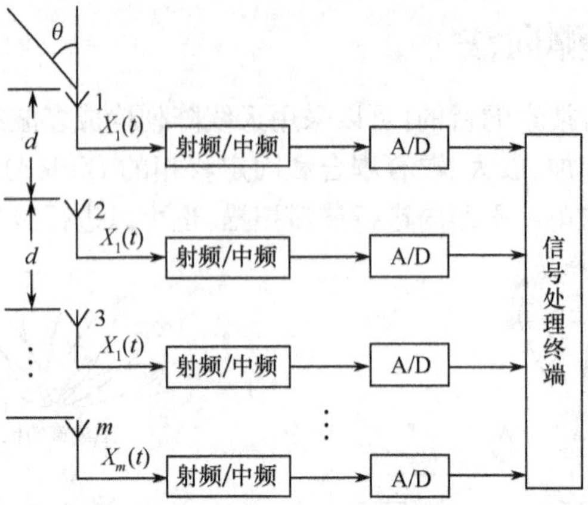

图 3.4.5 高分辨阵列测向系统示意框图

这可以看做是一个“空间频率”，它与来波到达的位置和方向相关。因此对于均匀线阵的情况，空间频率 f'对应的相位是

$$\varphi_{\mathrm{m}}=-2\pi(m-1)f' \tag{3.4.9}$$

它是空间抽样点的线性函数，这相当于时域信号的均匀抽样。因此从式(3.4.9)可知，如果采用时域信号的频谱估计方法，对空间抽样点信号进行处理，则同样可以估计出空间频率，从而根据式(3.4.8)可以计算得到角度。这样测向问题，就变成了频率估计问题。

因此，空间谱估计测向就是根据各阵元的输出信号$\{X_m(t)\}$，估计空间频率，进而求出其他参数。在各种空间谱估计方法中，多重信号分类(MUSIC)算法及其改进算法以其高精度、超分辨率等特点，显示出强大的生命力，因此得到了广泛应用。它的基本原理是对阵列输出向量进行相关，经过相关矩阵特征分解，进而获得来波方向。

与传统测向方法相比，空间谱估计方法具有如下的突出优点：

(1) 高精度。其中的阵列信号处理采用了数字信号处理的方法，可以充分利用各种复杂的数学工具，精度远高于传统方法。

(2) 高分辨率。突破了瑞利极限，能分辨出落入同一个波束的多个信号(因而又被称为超分辨测向)。

(3) 能同时对多个信号测向。

(4) 能对相干源测向，且在一定的条件下可以分辨出直达信号和多路径信号。

(5) 更容易测量二维方向，即同时得到仰角和方位。

该测向体制的主要不足，是对信号模型失真的敏感性和较大的运算量、数据量，敏感性是实用中的难点，大数据量和运算量导致它的实时性受到影响。但是随着计算机技术的发展，这些问题也终将得到较好的解决，因此其应用前景还是非常诱人的。

3.5 对辐射源的定位技术

3.5.1 无源定位技术概述

在对敌辐射源定位过程中，由于定位者自身不主动辐射信号，因此对辐射源定位又称为无源定位。无源定位(Passive Location)是由一个或多个接收设备组成定位系统，测量被测辐射源信号到达的方向或时间等信息，利用几何关系和其他方法来确定其位置的一种定位技术。

可以有多种方法对无源定位系统分类。按观测站数目分，可以分为多站无源定位和单站无源定位；按无源定位的技术体制来分，可以分为测向交叉定位、时差无源定位、频差无源定位、各种组合无源定位，等等。

总的来说，无源定位技术大致有以下用途：

(1) 情报侦察监视需要

辐射源的位置本身在军事上就是一种重要的情报，因此无源定位可以作为情报侦察的重要组成部分。

(2) 作为预警探测的一种手段

和雷达相比，无源定位技术不受目标隐身技术的影响，只要有辐射就可以实现对目标辐射源的定位，而且自身不辐射电磁波，具有较好的反侦察隐蔽效果，可以作为预警探测的手段之一。

(3) 为武器系统提供瞄准信息

通过无源定位确定出目标的位置，可以为各类武器提供瞄准信息，直接控制或制导武器摧毁辐射源目标。

(4) 为信号的分选识别提供依据

由于辐射源的空间几何位置在短时间内不可能发生大的变化，因此和信号波形及其他参数相比，辐射源的位置是一个较为稳定的参数，因此有时可以通过无源定位为辐射源的分选识别提供重要依据。

3.5.2　测向交叉定位技术

1. 定位基本原理

测向交叉定位法是在已知的两个或多个不同位置上测量辐射源电磁波到达方向，然后利用三角几何关系计算出辐射源位置，因此又被称为三角定位(Triangulation)法。它是相对最成熟、最多被采用的无源定位技术。

假定在二维平面上，目标辐射源位置位于 $T(x,y)$ 待求，两个观测站的位置为 (x_1,y_1)，(x_2,y_2)，所测量得到的来波到达角度为 θ_1 和 θ_2，两条方向射线可以交于一点，该点即为目标的位置估计。如图 3.5.1 所示。

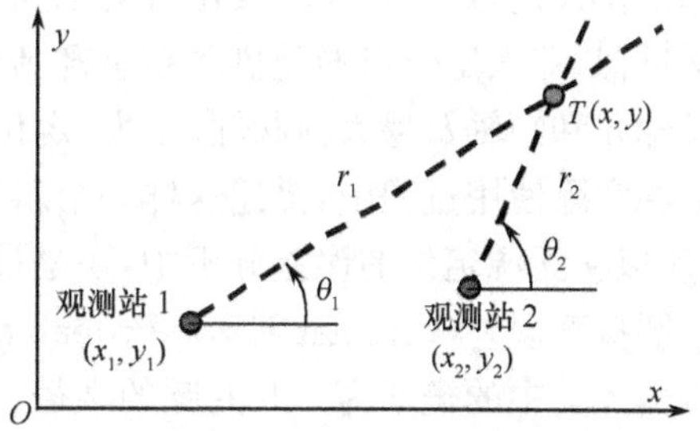

图 3.5.1　测向交叉定位原理图

根据角度定义可以得到

$$\begin{cases}(x-x_1)\tan\theta_1=y-y_1\\(x-x_2)\tan\theta_2=y-y_2\end{cases}\tag{3.5.1}$$

写成矩阵形式为

$$\boldsymbol{AX}=\boldsymbol{Z}\tag{3.5.2}$$

式中，$\boldsymbol{A}=\begin{bmatrix}-\tan\theta_1 & 1\\-\tan\theta_2 & 1\end{bmatrix}$，$\boldsymbol{X}=\begin{bmatrix}x\\y\end{bmatrix}$，$\boldsymbol{Z}=\begin{bmatrix}-x_1\tan\theta_1+y_1\\-x_2\tan\theta_2+y_2\end{bmatrix}$。

可以得到目标位置的解析解

$$X = A^{-1}Z \tag{3.5.3}$$

将矩阵展开，可得辐射源的位置估计

$$\begin{cases} x = \dfrac{-\tan\theta_1 x_1 + \tan\theta_2 x_2}{\tan\theta_2 - \tan\theta_1} \\ y = \dfrac{\tan\theta_2 y - \tan\theta_1 y - \tan\theta_1 \tan\theta_2 (x_1 - x_2)}{\tan\theta_2 - \tan\theta_1} \end{cases} \tag{3.5.4}$$

如果有更多的观测站得到多个测向线，则可以交叉出更多的定位点，需要采用统计处理方法进行处理得到定位解。

2. **定位误差的描述**

由于实际测量过程中得到的角度 θ_1 和 θ_2 必然存在误差，假定分别具有测角误差 σ_{θ_1}，σ_{θ_2}，这样两个测向站的交点就分布在一个不确定的模糊区域，如图 3.5.2 所示。该区域的形状比较接近“风筝”，该风筝形状的区域即为定位误差分布的区域。

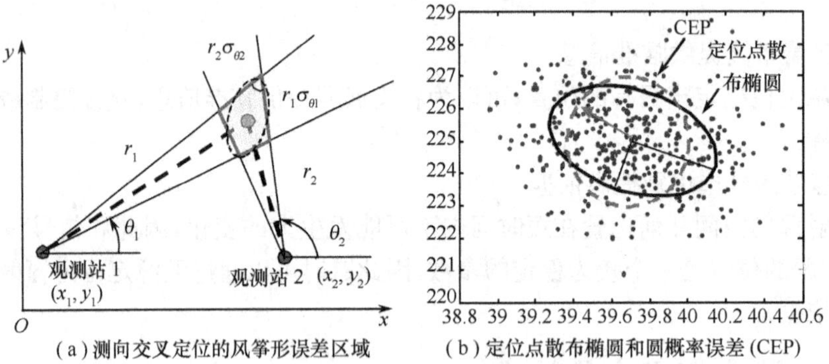

图 3.5.2　双站测向交叉定位原理及误差示意图

从统计的角度来说，由于测量(测向)系统的随机噪声产生测量(测向)误差，这个测量误差引起定位误差，定位点在真实位置周围随机散布。一般测向误差的分布可以用零均值正态分布来近似，那么定位点的随机散布呈椭圆形状。该椭圆的大小和形状说明了定位的误差情况。其长轴 a 和短轴 b 越大，则椭圆越大，定位质量越差(定位误差越大)。

在实际使用过程中，描述这样一个斜椭圆要长轴、短轴和方向等多个参数，使用起来不方便，所以在无源定位的误差分析中，还是最经常使用定位误差圆来描述定位误差。

圆概率误差(Circular Error Probable，CEP)是指以定位估计点的均值为圆心，且定位估计点落入其中的概率为 0.5 的圆的半径。其概念是从炮兵射击演化而来的。也就是说，如果重复定位 100 次，那么理论上定位点平均有 50 次会落入 CEP 圆内，有 50 次会落在 CEP 圆外。

由于误差实际的分布形状是椭圆，因此 CEP 实际上是一种近似的说法。在误差不大于 10% 的情况下，CEP 可近似表示为

$$\text{CEP} \approx 0.75\sqrt{\sigma_x^2 + \sigma_y^2} \tag{3.5.5}$$

上述讨论都是对于二维平面定位的，而对于三维空间而言，描述误差就不是圆了，而是一个误差球，称为球概率误差(SEP)。

另外，由于目标辐射源的位置不同，即使相同的测角误差在不同位置所交的区域也不同。因此如果测向侦察站的站址固定，定位误差还是目标位置 (x, y) 的函数，为了更好地描述这种

关系，可以定义一个名词称为“定位误差的几何稀释（Geometrical Dilution of Precision，GDOP）”，用下式表示：

二维情况
$$\mathrm{GDOP}(x,y)=\sqrt{\sigma_x^2+\sigma_y^2} \tag{3.5.6}$$

三维情况
$$\mathrm{GDOP}(x,y)=\sqrt{\sigma_x^2+\sigma_y^2+\sigma_z^2} \tag{3.5.7}$$

从图 3.5.2 中可以看出，侦察站与目标的距离越远，测向交叉定位的误差区域越大，也即误差越大。为了进一步衡量无源定位系统的性能，可以扣除距离因素，因而常用相对误差%R的概念，即

$$\text{相对误差}=\frac{\sqrt{\sigma_x^2+\sigma_y^2}}{R}\times 100\% \tag{3.5.8}$$

对于多个测向站的情况，计算距离 R 的基准点可以采用多个站的几何中心。

3. 定位误差分析

利用上述指标，可以对双站测向交叉定位的误差进行分析。为了分析方便，不妨假定测角误差服从均值为 0 的高斯分布，两站之间的测角误差相互独立。对式(3.5.2)求偏导，整理后写成矩阵形式为

$$\boldsymbol{A}\delta\boldsymbol{X}=\boldsymbol{B} \tag{3.5.9}$$

式中，定位误差 $\delta\boldsymbol{X}=\begin{bmatrix}\delta x\\ \delta y\end{bmatrix}$，$\boldsymbol{B}=\begin{bmatrix}(x-x_1)\sec^2\theta_1\delta\theta_1\\ (x-x_2)\sec^2\theta_2\delta\theta_2\end{bmatrix}$，故可以得到定位误差为

$$\delta\boldsymbol{X}=\boldsymbol{A}^{-1}\boldsymbol{B}\triangleq\boldsymbol{T}\cdot\boldsymbol{B} \tag{3.5.10}$$

式中

$$\boldsymbol{B}\triangleq\begin{bmatrix}B_1\delta\theta_1\\ B_2\delta\theta_2\end{bmatrix},\boldsymbol{T}\triangleq\begin{bmatrix}T_{11} & T_{12}\\ T_{21} & T_{22}\end{bmatrix}=\frac{1}{\sin(\theta_1-\theta_2)}\begin{bmatrix}-\cos\theta_1\cos\theta_2 & \cos\theta_1\cos\theta_2\\ \cos\theta_1\sin\theta_2 & \sin\theta_1\cos\theta_2\end{bmatrix} \tag{3.5.11}$$

故式(3.5.11)可以写作

$$\delta\boldsymbol{X}=\begin{bmatrix}T_{11}B_1\delta\theta_1+T_{12}B_2\delta\theta_2\\ T_{21}B_1\delta\theta_1+T_{22}B_2\delta\theta_2\end{bmatrix} \tag{3.5.12}$$

可以得到定位误差的协方差矩阵为

$$\boldsymbol{P}=E[\delta\boldsymbol{X}\delta\boldsymbol{X}^{\mathrm{T}}]=\begin{bmatrix}T_{11}^2B_1^2\sigma_{\theta_1}^2+T_{12}^2B_2^2\sigma_{\theta_2}^2 & T_{11}T_{21}B_1^2\sigma_{\theta_1}^2+T_{12}T_{22}B_2^2\sigma_{\theta_2}^2\\ T_{11}T_{21}B_1^2\sigma_{\theta_1}^2+T_{12}T_{22}B_2^2\sigma_{\theta_2}^2 & T_{21}^2B_1^2\sigma_{\theta_1}^2+T_{22}^2B_2^2\sigma_{\theta_2}^2\end{bmatrix} \tag{3.5.13}$$

故可以得到定位误差的几何稀释(GDOP)为

$$\begin{aligned}\mathrm{GDOP}(x,y)&=\sqrt{\mathrm{tr}(\boldsymbol{P})}\\ &=\sqrt{(T_{11}^2+T_{21}^2)B_1^2\sigma_{\theta_1}^2+(T_{12}^2+T_{22}^2)B_2^2\sigma_{\theta_2}^2}\end{aligned} \tag{3.5.14}$$

将式(3.5.11)代入式(3.5.14)可得到

$$\mathrm{GDOP}(x,y)=\frac{1}{|\sin(\theta_1-\theta_2)|}\sqrt{r_1^2\sigma_{\theta_1}^2+r_2^2\sigma_{\theta_2}^2} \tag{3.5.15}$$

式中，r_1 和 r_2 分别为辐射源 T 到两个测向站间的距离。式(3.5.15)表明测向交叉的定位误差等于测向线交叉区域的多边形边长 $r_i\sigma_{\theta_i}$ $(i=1,2)$的平方和除于其夹角的正弦。如果假设两个站的测向精度完全相同，即 $\sigma_{\theta_1}=\sigma_{\theta_2}\triangleq\sigma_\theta$，代入式(3.5.15)可得

$$\mathrm{GDOP}(x,y)=\frac{\sigma_\theta}{|\sin(\theta_1-\theta_2)|}\sqrt{r_1^2+r_2^2} \tag{3.5.16}$$

根据式(3.5.16)，假定两个站分别位于(－20km,0km)和(20km,0km)处，间距40km，可以计算得到测向交叉定位的GDOP误差分布等值线图如图3.5.3所示。

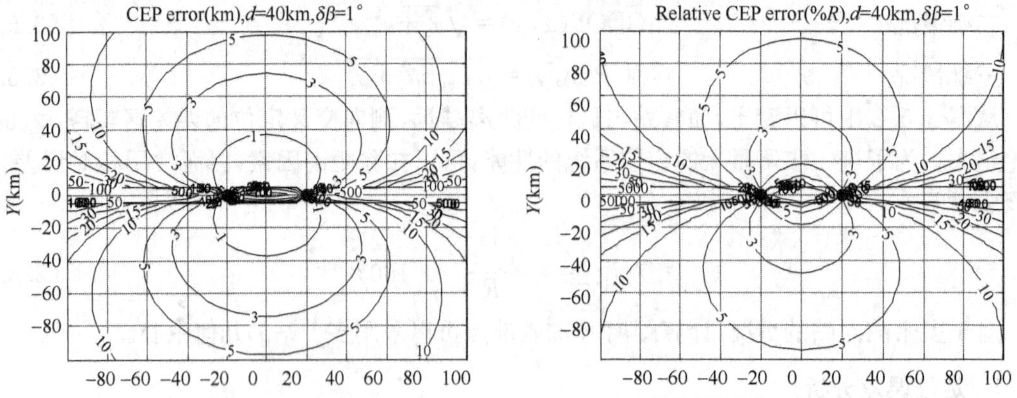

(a)绝对定位误差GDOP分布(CEP，km)　　(b)相对定位误差GDOP分布(CEP，%R)

图3.5.3　测向交叉定位的误差分布，$\sigma_\theta=1^\circ$

从图3.5.3中可以看出，绝对定位误差和相对定位误差的分布是不同的，绝对误差的等误差线要"扁"一些，在两个测向站连线方向定位误差无穷大。

对于目标最有可能出现的区域，如何正确部置站点才能使其定位误差达到最优呢？设二侦察站分别位于$(-l,0)$和$(l,0)$处，根据正弦定理，可以得到

$$\begin{cases} r_1=\dfrac{2l\sin\theta_2}{\sin(\theta_1-\theta_2)} \\ r_2=\dfrac{2l\sin\theta_1}{\sin(\theta_1-\theta_2)} \end{cases} \tag{3.5.17}$$

将式(3.5.17)代入式(3.5.16)中可以得到

$$\mathrm{GDOP}(x,y)=2l\sigma_\theta\frac{\sqrt{\sin^2\theta_1+\sin^2\theta_2}}{\sin^2(\theta_1-\theta_2)} \tag{3.5.18}$$

如果GDOP在某一个θ_1、θ_2取得最小值，必然满足以下极值条件

$$\begin{cases} \dfrac{\partial \mathrm{GDOP}}{\partial\theta_1}=0 \\ \dfrac{\partial \mathrm{GDOP}}{\partial\theta_2}=0 \end{cases} \tag{3.5.19}$$

故可以得到方程

$$\begin{cases} \sin\theta_1\cos\theta_1\sin(\theta_1-\theta_2)=2(\sin^2\theta_1+\sin^2\theta_2)\cos(\theta_1-\theta_2) \\ \sin\theta_2\cos\theta_2\sin(\theta_1-\theta_2)=-2(\sin^2\theta_1+\sin^2\theta_2)\cos(\theta_1-\theta_2) \end{cases} \tag{3.5.20}$$

解方程可以得到

$$\sin2\theta_1=\sin(-2\theta_2) \tag{3.5.21}$$

不妨仅仅考虑$0\leqslant\theta_1\leqslant\pi/2$的区域，可以得到三种情况的讨论：

(1) 如果$\theta_1=-\theta_2$，两线不相交，因此该处的极值是极大值。

(2) 如果$\theta_1=\theta_2=0$或$\theta_1=\theta_2=\pi/2$，两条测向线重合，因此也是极大值。

(3) $\theta_1=\pi-\theta_2$，也即两条测向线交叉成为一个等腰三角形，因此交点在y轴上，也即最优的定位精度在$x=0$处获得。

令$\theta_1=\pi-\theta_2\triangleq\theta$，代入式(3.5.18)可得最优的定位绝对误差为

$$\mathrm{GDOP}(x,y)=\frac{\sqrt{2}l\sigma_{\theta}}{|2\sin\theta\cos^{2}\theta|} \tag{3.5.22}$$

当 $\sin\theta\cos^2\theta$ 取得最大值时，GDOP 取得最小值。因此 $\sin\theta\cos^2\theta$ 对 θ 求导并令其等于零，可得

$$\theta_{\mathrm{GDOPmax}}=\arctan(1/\sqrt{2})=35.3^{\circ} \tag{3.5.23}$$

于是可以得到结论：当目标处于两个测向站连线的中线上，且和两个测向站之间的夹角约为 70°时，测向交叉定位的绝对误差最小。

在许多时候，通常采用相对定位精度(%R)来衡量无源定位系统的定位精度，定义两站连线中心为原点，因此相对定位误差为

$$\frac{\mathrm{GDOP}(x,y)}{R}=\frac{\sigma_{\theta}}{\sin(\theta_1-\theta_2)}\sqrt{\frac{1}{\sin^2\theta_1}+\frac{1}{\sin^2\theta_2}} \tag{3.5.24}$$

因此如果相对定位误差取得最小值，也是 $\sin^2\theta\cos\theta$ 对 θ 求导并令其等于零，可得

$$\theta_{\mathrm{GDOPmax}}=\arctan\sqrt{2}=54.7^{\circ} \tag{3.5.25}$$

因此相对定位误差最小的布站方式为：当目标处于两个测向站连线的中线上，且和两个测向站之间的夹角约为 110°时，测向交叉定位的相对误差最小。

4. 测向交叉定位的应用说明

实现测向交叉定位有两种方法。一是用两个或多个侦察设备在不同位置上同时对辐射源测向，得到几条位置线，其交点即为辐射源的位置，这种方法常用于地面侦察站对机载辐射源等运动目标(平台)的定位。二是一台机载侦察设备在飞行航线的不同位置上对地面辐射源进行两次或多次测向，得到几条位置线再交叉定位。

在利用测向进行交叉定位的过程中，应注意以下两方面的问题。

(1) 侦察站的几何配置

由测向交叉定位精度讨论知，CEP 与测向误差 σ_θ、侦察站位置配置以及辐射源到基线的垂直距离(R)等参数有关。因此，为了减小定位误差，提高定位精度，应合理配置两侦察站的位置，使侦察站和辐射源形成近似等边三角形的最佳配置。当用地面侦察站对辐射源定位时，应尽可能将侦察站配置在前沿阵地，使 R 减小，同时也相应地减小了两站之间的距离。

(2) 虚假定位

值得注意的是，当侦察区域中有多个辐射源在同时工作时，采用测向交叉定位法可能产生虚假定位，这时的交叉点(定位点)可能不是辐射源位置所在。原因是这种方法只测量辐射源的方位并由方位线的交点来确定辐射源的位置。若误将不同辐射源的方位线相交，该定位点便是一虚假目标位置。例如，当同时存在辐射源 1 和 2 时，就有可能产生 A 站方位线对准辐射源 1，B 站方位线对准辐射源 2，从而出现了虚假的交点 C，产生了虚假的辐射源，如图 3.5.4 所示。

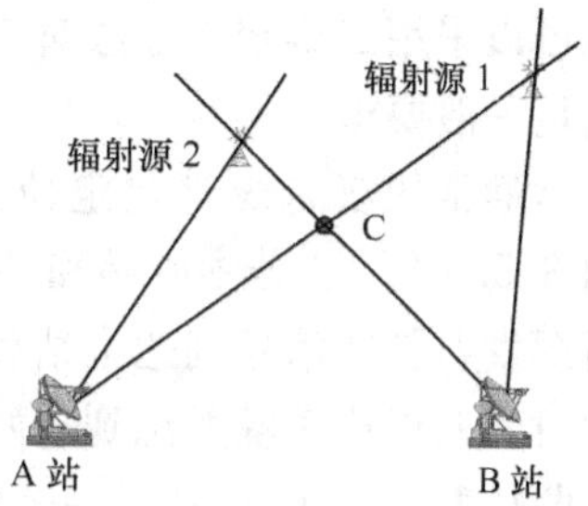

图 3.5.4　虚假定位点的产生

减少虚假定位的方法与途径包括：

① 在信号分选和识别的基础上，区分不同的定位线，从而消除虚假定位点。

② 在机载侦察条件下，多次测向并鉴别真假辐射源。

3.5.3　时差定位技术

1. 时差定位的基本原理

时差(Time Difference of Arrival，TDOA)无源定位技术是通过测量辐射源到达不同侦察站的信号时间差，实现对目标辐射源的定位技术。由于其实际上是“罗兰导航(Long Range Navigation)”技术的反置，因而又称为“反罗兰”技术。为简化讨论，设两侦察站(机)在 x 轴上，两站距离为 L，称为定位基线，坐标系的原点为其中点，如图 3.5.5 所示。

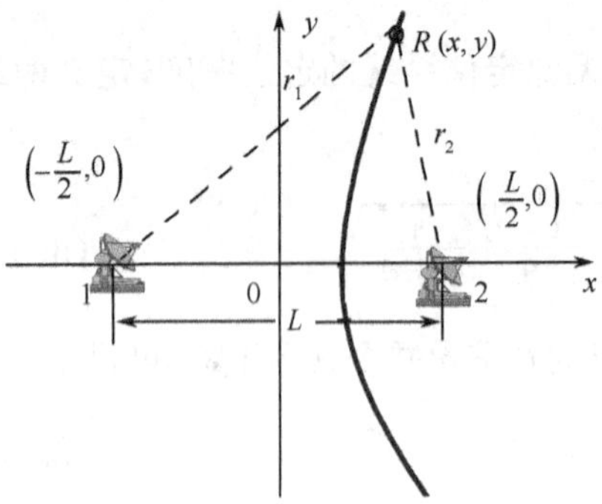

图 3.5.5　时差双曲线

假定某时刻发射的信号分别经 t_1 和 t_2 时间后被 1 站和 2 站接收，两站收到同一辐射源信号的时间差为

$$\Delta t = t_1 - t_2 \tag{3.5.26}$$

式(3.5.26)两边同乘以光速 c 得对应的距离差

$$\Delta r = c\Delta t \tag{3.5.27}$$

从解析几何知识可知，在平面上某一固定的距离差可以确定一条以两个侦察站为焦点的双曲线

$$\frac{x^2}{\frac{\Delta r^2}{4}} - \frac{y^2}{\frac{L^2 - \Delta r^2}{4}} = 1 \tag{3.5.28}$$

因此，如果平面上有三个侦察站，可以确定两条双曲线，这两条双曲线在平面上最多只能有两个交点。如果只有一个交点，则不存在定位模糊；如果存在两个交点，这两个交点位置必然是分布在基线的两侧，也即存在定位模糊。为了排除这种模糊，通常采用两种方法：一种是再增加一个侦察站，可以得到另外一条双曲线，三条双曲线交于一点，从而消除模糊；另一种是在某一个侦察站上增加测向系统，通过测向判断消除模糊点。

对于三维空间定位的情况，两个侦察站测量得到的距离差可以确定一个回转双曲面，三个侦察站可以确定两个回转双曲面相交得到的一条曲线，该曲线与第 4 个侦察站得到的时差回转双曲面相交于两点，辐射源必定位于两点中的一点。实际应用时，对于远距离飞行的目标，也可以采用二维定位方法对三维目标进行定位，虽然用二维定位算法会产生误差，但通常也能满足一般要求。

通常的双曲线时差定位系统由一个中心站和两个以上的辅助站组成，其定位原理如图 3.5.6所示。若中心站和各辅助站的位置都已知，且都接收辐射源信号，并相应测得同一辐射源发射脉冲信号到达主站和各辅助站的时间差。图 3.5.6 中主站 C 和一个辅助站 A 测得的时间差正比于辐射源到这两个站的距离差，从而可以确定一条以这两站位置 A,C 为焦点的双曲线 L_1。主站 C 和另一辅助站 B 测得的时间差也可确定一条双曲线 L_2。这两条双曲线的交点即是辐射源所在的位置。由此可见，双曲线时差定位系统至少需要由三个接收站组成，才能实现对同一平面内的辐射源目标定位。

上述时差定位系统在多个雷达辐射源环境中，有一个特殊问题就是侦察站间的脉冲配对

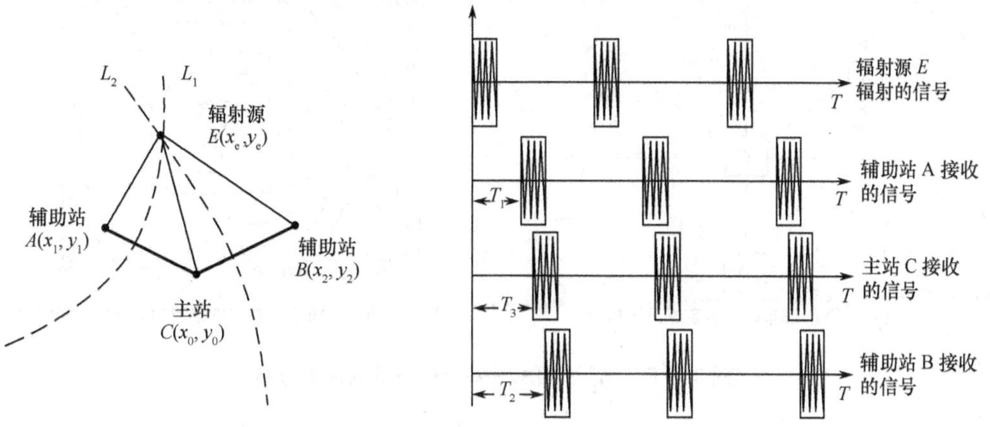

图 3.5.6　双曲线时差定位原理

问题。所谓配对问题就是三个侦察站必须针对同一个脉冲计算时差,否则就会得到完全错误的结果。主要有两种情况会引起时差配对的困难:一是如果站间的基线距离太长,或者辐射源的脉冲重复周期(PRI)太短,会引起时差配对的模糊现象;二是如果存在多个辐射源照射的情况,这样就必须同时考虑分选和配对问题。另外由于需要多个站的时间配合,因此侦察站之间必须进行数据或信号的通信。

到达时间差定位技术的主要特点是定位精度高,且与脉冲频率无关,有利于形成准确航迹。另外,侦察系统可以采用宽波束天线,同时覆盖一定的方位扇区,天线不需扫描。

2. 定位误差分布与构型分析

由于实际的时差测量总是存在误差的,因此也会使得时差定位的结果产生误差。与其他定位方法不同的是,时差定位系统产生的误差与侦察站的位置构型具有密切关系。假定时差精度 10ns,可以计算得到三站构型条件下的定位误差分布如图 3.5.7 所示。从图可见,三站时差定位系统在站—站连线方向上定位误差无穷大,在其侦察站三角形的钝角对应方向定位精度较高。

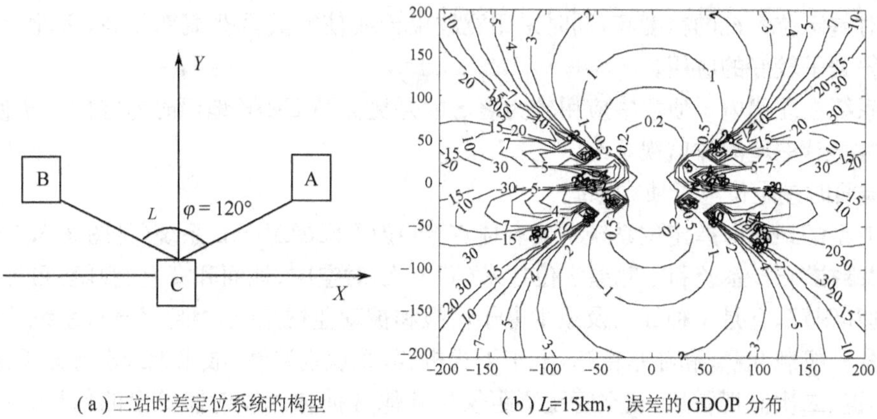

(a) 三站时差定位系统的构型　　(b) L=15km，误差的 GDOP 分布

图 3.5.7　三站时差定位系统的误差分布

对于四站时差定位,主要有两种布站方式,一种是“Y”形布站,一种是倒“T”形布站。两种布站方式的误差分布图分别如图 3.5.8 和图 3.5.9 所示。

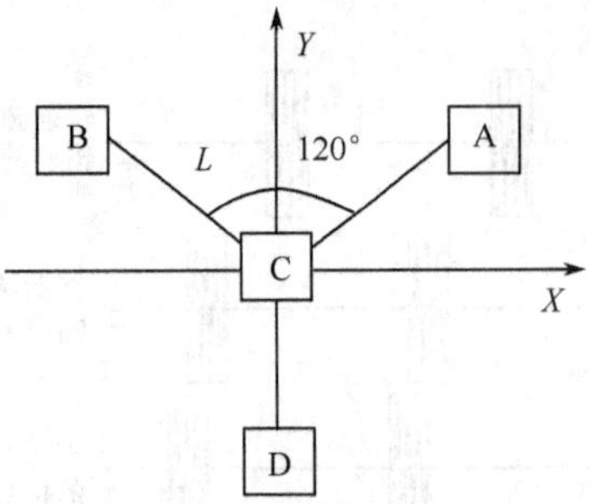

(a)“Y”形布站时差定位系统构型

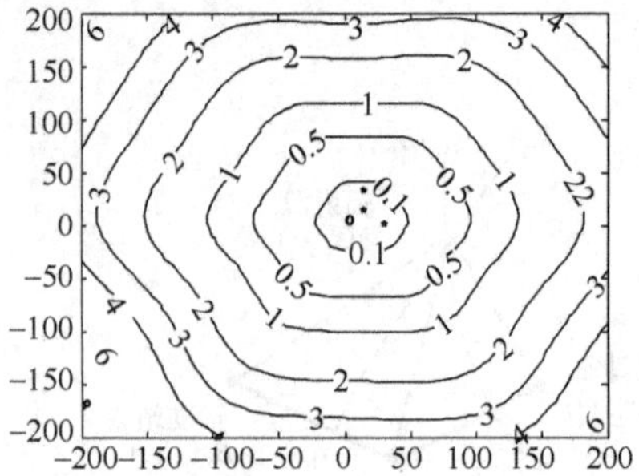

(b) L=15km，四站时差定位误差的 GDOP 分布

图 3.5.8 “Y”形四站时差定位系统的误差分布

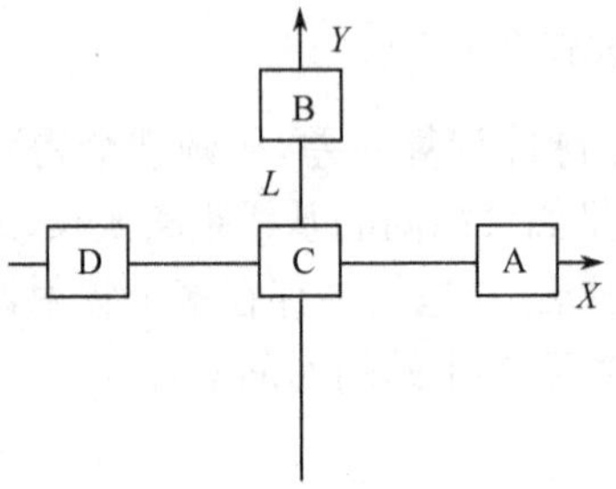

(a)倒“T”形布站时差定位系统构型

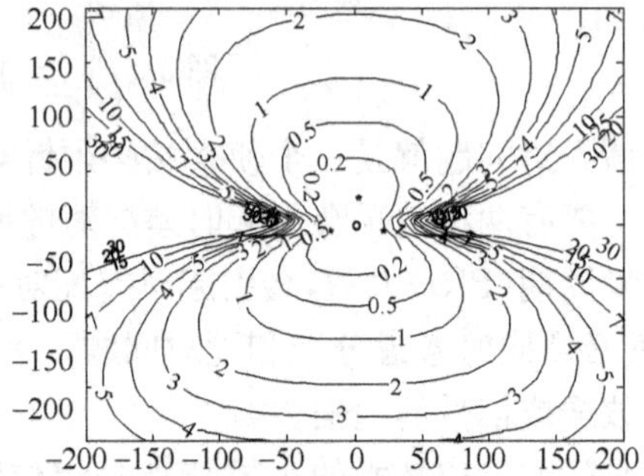

(b)四三站时差定位误差的 GDOP 分布

图 3.5.9 倒“T”形四站时差定位系统的误差分布

从图 3.5.8 和图 3.5.9 可知，四站“Y”形布站可以得到全方向较为均匀的定位精度，而倒“T”形布站在“T”形顶端的定位精度较高，但是在三个侦察站连线方向上定位精度较差。因此如果要对重点区域实施高精度定位，应使得布站形式如“T”形方式；如果要取得全方向较好的定位精度，应选择“Y”形布站。

3. 时差定位系统的装备应用

由于时差定位系统的精度高，同时采用宽波束天线使得其截获概率较高，因此，在电子侦察定位中得到了较好的应用。

时差系统在现代电子侦察中应用较为著名的是捷克“VERA”地面时差定位电子侦察系统和美国的“白云”三星海洋监视系统。

(1) 地面时差定位电子侦察系统

国外典型的地面时差定位系统主要有捷克“维拉(VERA)”－E 系统(见图 3.5.10)等。

捷克“维拉”－E 系统利用时差定位技术(TDOA)对空中、地面和海上(舰艇)目标的探测、定位、识别和跟踪，它是一种战略及战术电子情报和被动监视系统，“维拉”－E 系统能接收、处理和识别各种机载/舰载和陆基雷达、电子干扰机、敌我识别装置、战术无线电导航系统(即“塔康”)、数据链、二次监视雷达、航空管制测距仪和其他各种脉冲发射器发出的信号。主要工作方式包括空中目标监视、地面/水面目标侦察、早期预警和频率活动情况监视。

针对各种雷达和干扰机探测时，“维拉”－E 的工作频段为 1～18GHz(见图 3.5.11)，用户还可以选择 0.1～1GHz 和 18～40GHz。用于敌我识别装置探测时是 1090MHz，用于“塔康”和测距仪时是 1025～1150MHz。方位瞬时视场 120°。系统的最大探测距离达到 450km，能同时跟踪 200 个辐射源目标。

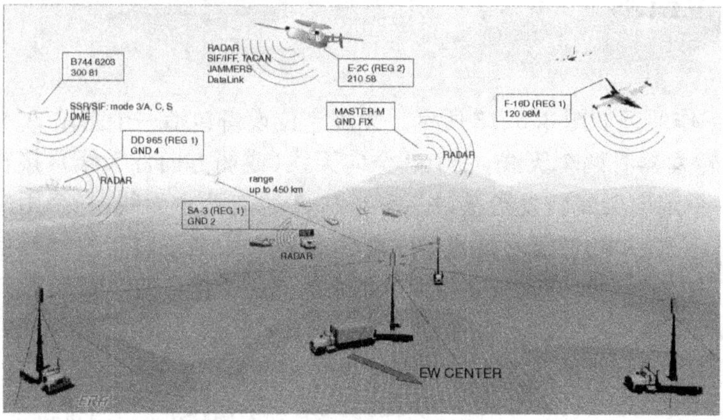

图 3.5.10　捷克"维拉"－E 系统

图 3.5.11　"维拉"－E 系统的一个侦察站

"维拉"－E 整套系统由 4 个分站组成：电子战中心即分析处理中心位于中央地带。另外 3 个信号接收站则分布在周边地区，呈圆弧线形布局，系统展开部署后站与站之间距离在几十千米。信号接收站使用重型汽车运载，具有灵活部署的优点。

(2) 海洋监视卫星

电子侦察型海洋监视卫星系统采用多颗卫星组网工作，利用星载电子侦察接收机同时截获海上目标发射的雷达等无线电信号，来测定目标的位置和类型。图 3.5.12 示出了三星星座测时差定位的基本方法：三颗卫星可以测得两组独立的时差，在三维空间中，辐射源信号到达两观测站的时间差规定了以两站为焦点的半边双叶旋转双曲面，考虑到目标处于海面上(海洋监视)，再利用目标位于地球的表面这一定位曲面上，三个定位面的交点就是目标所处的位置。

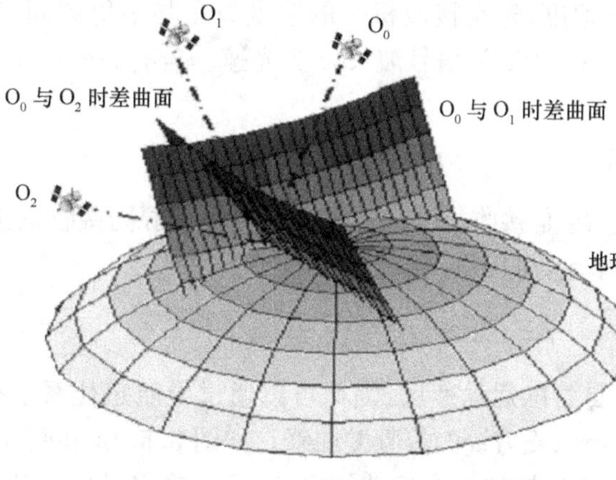

图 3.5.12　三星星座测时差定位原理图

星载时差定位系统的典型代表是美国的"白云"(White Cloud)系列海洋监视卫星系统。系统星座是由 1 颗主卫星和 3 颗子卫星(SSU)组成。其中 SSU 子卫星在空间成直角三角形排列。目前，"白云"海洋监视卫星系统以 4 组(星座)16 颗卫星体制组网工作。标准星座由彼此相隔 120°的 3 个轨道面组成，每个轨道面上都部署一组卫星。"白云"系统每组卫星能接收半径 3500km(地区表面上)的区域内的信号，在一定条件下可在 108 分钟后重访监视同一目标。由 4 组卫星组成的系统能够对地球上 40°～60°纬度的任何地区每天监视 30 次以上。

3.5.4 其他多站定位技术

1. 测向时差组合定位技术

这种定位方法在平面上的工作原理如图 3.5.13 所示。无源定位设备包括一个基站 A 和一个转发站 B,二者间距为 d。转发器有两个天线,一个是全向天线(或弱方向性天线),接收辐射源信号,经过放大后由另一个定向天线转发给基站 A。基站 A 也有两个天线,一个用来测量辐射源的方位角 θ,另一个用来接收转发器的信号,并测量其与到达基站的同一个信号的时间差 Δt。

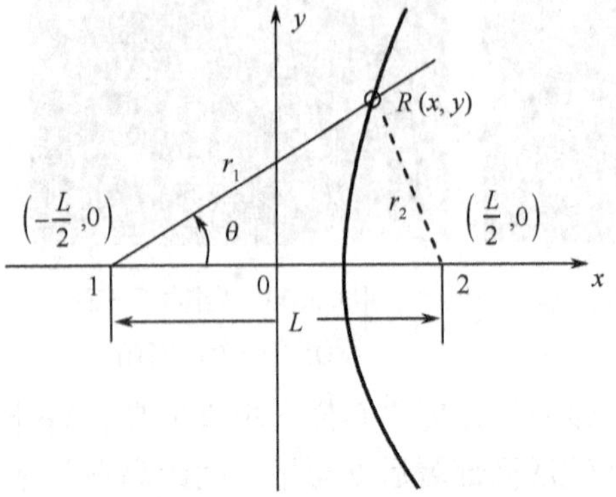

图 3.5.13 平面上测向时差定位法的原理

$$c\Delta t = r_2 + d - r_1 \quad (3.5.29)$$

式中,c 为电波传播速度。根据余弦定理

$$r_2^2 = r_1^2 + d^2 - 2r_1 d\cos\theta \quad (3.5.30)$$

将式(3.5.29)中的 r_2 代入式(3.5.30),可得

$$r_1 = \frac{c\Delta t(d - c\Delta t/2)}{c\Delta t - d(1-\cos\theta)} \quad (3.5.31)$$

得到距离 r_1 以后,结合角度 θ,即可唯一确定目标辐射源的位置。因此通过测量角度和时差,只需要两个站即可实现对辐射源的定位。

2. 频差(Frequency Difference of Arrival, FDOA)定位技术

多普勒频率是由于目标与接收机之间存在相对运动而产生的接收频率与发射频率之间的偏差,对于固定辐射源,运动侦察站可接收到的信号频率为

$$f_1 = f + \frac{V_1}{\lambda}\cos\theta_1 \quad (3.5.32)$$

此处 V_1 是接收机 1 的速度,θ_1 是接收机 1 的速度矢量与辐射源同接收机连线之间的夹角,f 为辐射源的辐射频率,$\lambda = f/c$ 为信号波长,c 为光速。若有另外一个运动侦察站,同样可以接收到信号的频率为

$$f_2 = f + \frac{V_2}{\lambda}\cos\theta_2 \quad (3.5.33)$$

V_2 是接收机 2 的速度,θ_2 是接收机 2 的速度矢量与辐射源同接收机连线之间的夹角。求两个侦察站接收信号的频率差,可以得到频差(FDOA)为

$$\Delta F = f_1 - f_2 = \frac{V_1\cos\theta_1 - V_2\cos\theta_2}{\lambda} \quad (3.5.34)$$

由于 V_1、V_2 是侦察站自身的运动速度,因而可以通过导航定位系统获得,从而一个确定的频差 ΔF,可以确定一条类似磁力线的等频差曲线。如图 3.5.14 和图 3.5.15 所示。

与时差定位系统类似,如果增加一个运动侦察站,可以确定另外一条等频差线,两条等频差线交于两点,则目标必定位于这两点中的一点。也可以和测时差定位系统一样,采用测向或增加侦察站的方法消除模糊。

3. 时差/频差/测向组合定位技术

为了减少侦察站的数目,也可以将两个侦察站测量得到的时差和频差组合起来,这样时差和频差曲线相交于一点,即可实现对目标的定位,如图 3.5.16 和 3.5.17 所示。

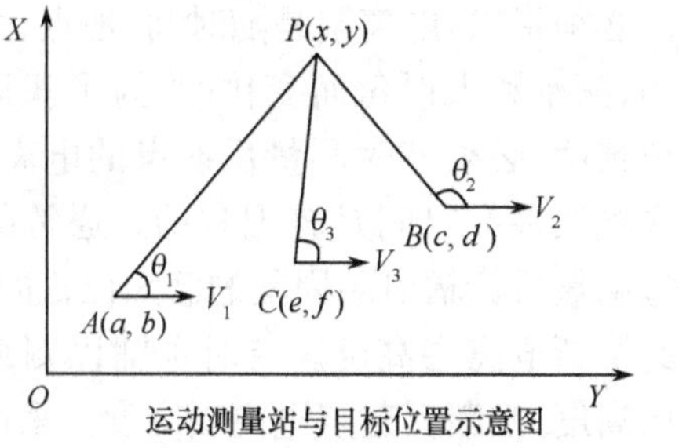

图 3.5.14　两个测量站频差定位示意图

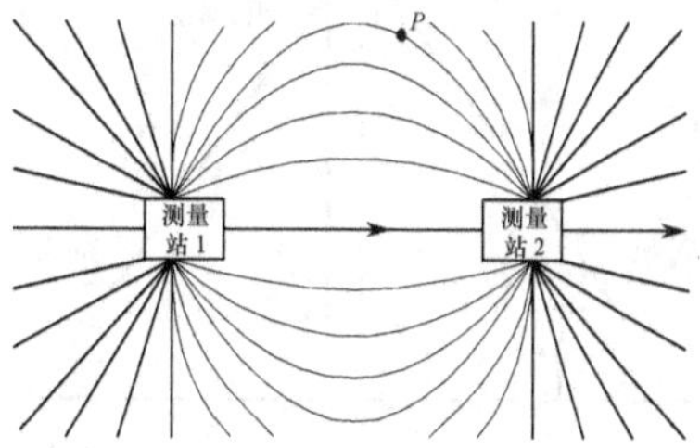

图 3.5.15　等频差曲线簇

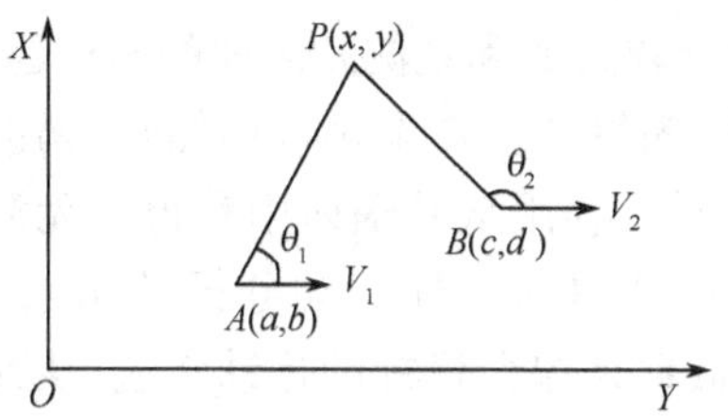

图 3.5.16　测量站与目标位置示意图

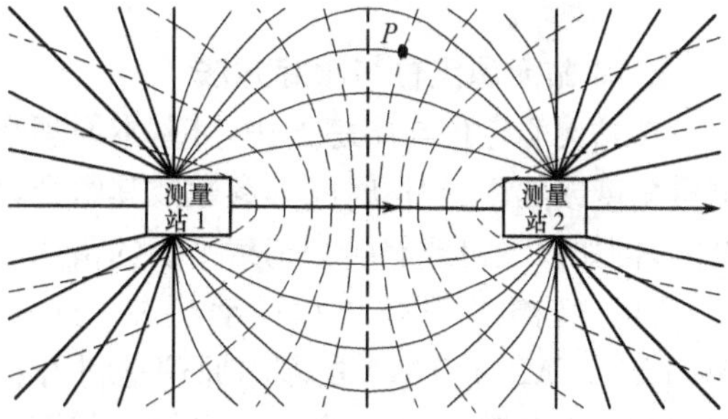

图 3.5.17　时差频差组合定位原理示意图

3.5.5　单站无源定位技术

1. 单站测角定位原理

单站测角定位的基本原理是已知要定位的辐射源在某个平面或曲面上，然后由一个侦察站测量该信号的俯视角和方位角，决定一条测向线。在空间作图时，这一俯视角和方位角对应的测向线和已知的平面或球面将有一个交点，这就是辐射源的位置，如图 3.5.18 所示。

在工程应用中，有几种情况采用单站测角定位。

第一种是卫星上的侦察设备对地面辐射源定位。这时，由于卫星离地面较高，可以认为目标辐射源处在地球表面。这时，只要知道示向线相对于卫星所在平面的俯视角和方位角，就可以根据已知卫星的坐标和地球球面表达式，用解析几何的方法求出线和面的交点，即辐射源的位置。这也适用于较高高度的飞机等飞行器载电子侦察设备对地面辐射源定位。

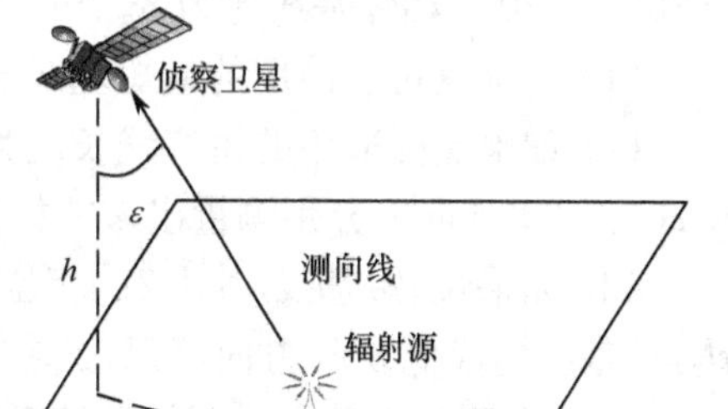

图 3.5.18　方位俯仰角一点定位原理示意图

第二种是针对短波信号而言的。在通信距离较远时，短波通信靠电离层反射进行电波传播，对短波通信的辐射源进行定位，通常也是通过接收电离层反射信号完成的。当然，对辐射源定位取决于通信是否通过电离层反射，只要测向的目标信号是通过电离层反射进入测向机的，就可采用这种方法。这时，只要测向机测出来波的仰角和方位角，根据反射电波的电离层高度，就可求出辐射源位置。如图 3.5.19 所示，由电离层高度、仰角和方位角可以很容易求出辐射源位置。设 h 是电离层高度，仰角为 ε，方位角为 σ。则在方位角 σ，距离为 $L=2hc\tan\varepsilon$ 处，即为辐射源位置。这种方法称为单站定位（Single Station location，或 Single Site location，SSL）。

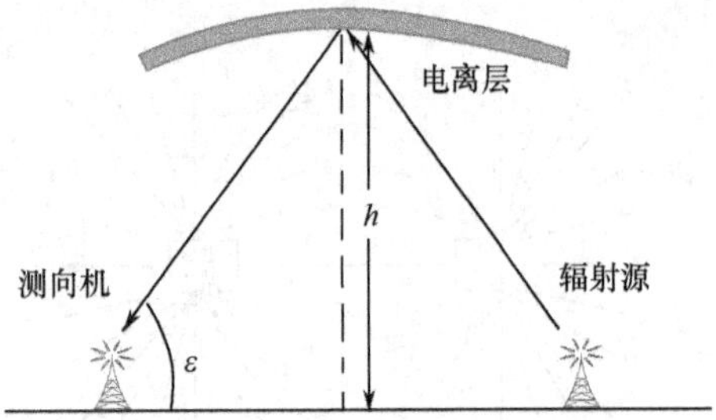

图 3.5.19 短波单站定位示意图

必须指出，电离层是随时间、地点、太阳黑子活动、频率和入射角而变化的，为了获得较高的定位精度，必须实时测量反射点的电离层高度，这在绝大多数时间是较困难的。通常的方法是通过测量目标辐射源周围的已知位置的辐射源，由此推断电离层高度。有时也辅以测量本地电离层高度，推断反射点电离层高度。采用这种方法，当前国际上达到的测量精度约为距离的10%。

2. 单站无源定位与跟踪方法

单站无源定位与跟踪方法，其基本原理是利用目标辐射源和观测站之间的相对运动，多次测量角度或频率、到达时间等参数或其组合，确定目标辐射源。在很多应用场合，辐射源是运动的，例如以飞机或舰船为携载平台的雷达、通信电台等，利用从其辐射中获得的无源测量信息，有可能确定出其位置和运动状态。这一定位过程又称为目标运动分析（Target Motion Analysis，TMA）。TMA 的基本原理是利用多次观测数据来拟合目标的运动轨迹，从而估算出运动的状态参数。主要的方法有单站仅测向方法（Bearings-only，BO）、仅测频（Frequerccy-Only，FO）方法、测角测频（Doppler-Bearing Tracking，DBT）方法等。

习题三

1. 比幅单脉冲测向法是如何实现单脉冲测向的？其特点主要是什么？

2. 干涉仪测向的基线长度、波长与精度有何关系？

3. 某侦察设备工作波长为 10cm，拟采用双基线相位干涉仪测向，其瞬时测量范围为 −30°～+30°，相邻基线比为 8。

(1) 试求其可能使用的最短基线长度；

(2) 如果实际采用的短基线长度为 8cm，试求短、长基线在 −30°、−20°、−10°、0°、+10°、+20°、+30°方向上分别测量出来的相位差；

(3) 如果长、短基线对[0，2π]相位区间的量化位数各为 3bit，其中短基线构成 3bit 方向编码，长基线构成低 3bit 方向编码，试求在上述方向测得的 6bit 方向编码。

4. 采用测向交叉定位在何种情况下会产生虚假定位？

5. 圆概率误差（CEP）是如何定义的？

6. 列表比较和分析测向交叉、时差、时差频差定位体制分别对于二维和三维空间辐射源定位最少站数要求。

7. 阐述时差定位的时差模糊产生原因和条件。

第 4 章　信号处理与电子侦察系统

4.1　概述

测频接收机送往处理器的信号可以是射频脉冲信号、中频脉冲信号或检波后的视频脉冲信号，可以是模拟的或数字的，相应的信号处理器要做各种可能的处理，从信号中尽可能多地提取需要的信息。我们将 2.1.2 节的典型频域宽开雷达侦察系统框图重画如图 4.1.1 所示。信号的到达方向(DOA)、载波频率(RF)分别由测向、测频接收机完成。信号处理器基本上担当三个任务：一是信号波形参数测量，包括对脉冲的到达时间、脉冲包络参数、脉内调制参数、幅度等的测量，形成 PDW；二是对雷达信号进行分选，这是雷达侦察所特有的；三是需要根据先验信息对得到的辐射源信号进行识别，确定辐射源的型号、类型和威胁等级。为达到较好的截获概率，雷达侦察接收机一般在频域和空域是宽开的，因此接收范围内存在的大量雷达信号都有可能在同一时间段内进入接收机，为实现雷达侦察，首先必须将不同雷达的脉冲序列分离开来，这样才能正确提取雷达参数，并继续导出某些脉间变化参数，如载频类型、脉宽类型、参数和脉冲重复频率类型、参数等。

我们可以将第一个任务视为一个测量仪器，除脉内调制分析具有一定的复杂性外，其他参数的测量通常是比较容易完成的；分选的难度较大，主要取决于要处理的信号密度、辐射源脉间调制规律的复杂性，以及信号测量的可靠性等因素，在很多情况下没有处理的通用准则；识别的难度主要取决于知识库的内容是否齐全以及多个型号雷达信号参数的相似性程度，另外也受到辐射源参数测量准确性的影响。

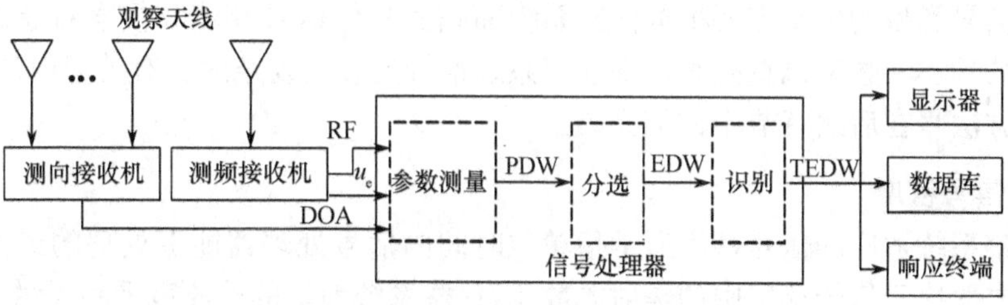

图 4.1.1　典型雷达侦察系统的基本组成

信号处理的主要技术要求有以下几点：

1. 适应的辐射源信号类型

由于现代雷达系统的飞速发展，为提高雷达工作性能，实现低截获和抗干扰等目的，雷达信号已不再是完全使用常规的单一参数，而是采用了大量的复杂信号调制技术，包括脉内调制和脉间调制。雷达系统为实现多种工作需求，还可以在不同工作模式下切换使用不同的信号调制参数。更复杂的是现代多功能雷达技术的发展，使得一部雷达可以实现多个工作模式同时工作，即同时发射多种工作参数的信号，且天线波束可以瞬时切换，使得侦察方无法有效掌握信号参数和规律。

目前常见的辐射源信号类型主要包括多种脉内和脉间调制类型，具体分类列表在表4.1.1中。

表 4.1.1 辐射源信号类型

脉内调制	频率调制	常规
		频率分集
		脉内频率编码
		线性调频
		非线性调频
	相位调制	常规
		二相编码
		四相编码
		多相编码
	频率一相位联合调制	
脉间调制	频率调制	频率恒定
		频率捷变
	脉宽调制	脉宽恒定
		脉宽捷变
	脉冲重频调制	重频恒定
		重频滑变
		重频参差
		重频抖动
		脉组重频变化
	频率脉宽重频组合变化	

辐射源信号类型的确定需要根据侦察系统面临的具体信号环境和侦察对象确定，同时适应信号类型的种类和数量也直接影响到侦察系统信号处理的复杂度。有关辐射源信号类型描述及其分析方法将在后续章节中详细介绍。

2. 适应信号密度

雷达侦察系统适应的信号密度通常指单位时间内信号处理器能够处理的最大脉冲数量。信号密度主要取决于信号环境中的辐射源数量、侦察系统前端的检测范围和灵敏度，各辐射源的脉冲重复频率、天线波束指向和扫描方式，以及接收机响应时间延迟等。图4.1.2给出了战场信号密度与侦察系统海拔高度、灵敏度的变化关系，由图可以看出，随着侦察系统海拔高度的增加和系统灵敏度的提高，战场信号密度明显增加。

通常电子情报侦察系统适应的信号密度在数万脉冲/秒至数十万脉冲/秒，由于接收机响应时间延迟，当面临信号环境中的脉冲密度越高时，电子侦察系统收到的信号丢失率也越高，信号处理的难度也越大。

3. 辐射源参数的估计精度和范围

雷达侦察系统可测量和估计的辐射源参数包括从分选后脉冲描述字中直接统计的测量参数，如载频、脉宽、到达角等，同时还包括分选后导出的辐射源参数，如脉冲重复频率，天线扫描周期等。参数的种类、范围和精度是与雷达侦察系统的任务、用途密切相关的。

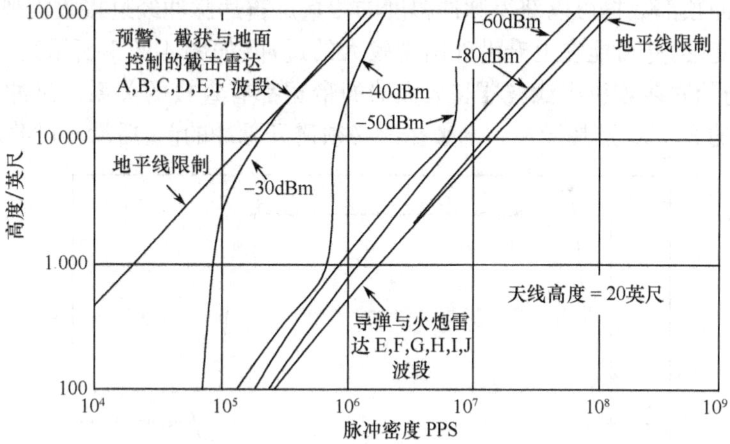

图 4.1.2　战场信号密度与侦察系统海拔高度、灵敏度的变化关系

4. 信号处理时间

在雷达侦察系统中，信号处理时间通常是指对单位时间内的所有脉冲信号，信号处理器从接收到第一个脉冲信号开始到形成辐射源参数为止的时间长度的平均值。对信号处理时间的要求也是与侦察系统的功能和用途密切相关的。在一般情况下，电子情报侦察系统允许有较长的信号处理时间，或者是将实时数据记录下来，进行事后的非实时信号处理；电子支援侦察系统往往需要参与战场指挥或武器系统的战术应用，因此必须完成信号的实时处理，要求处理延迟尽可能短。

信号处理的耗时主要用在了对辐射源信号的分选、识别和参数估计上。在电子情报侦察系统中，系统追求的是高精度的处理，因此可以使用较长的时间，采用多种复杂算法对数据进行反复计算，甚至加入人工辅助分析以提升参数分析质量。而在电子支援侦察系统中，为达到实时性，往往对信号处理进行了多种预先设定，如事先装定重要威胁目标参数进行脉冲过滤提取，或者采用滤波技术以屏蔽某些已知固定频率或重复频率信号的干扰等。这些手段降低了信号处理适应脉冲密度的压力，实现了快速分选和识别。目前，随着计算机技术的高速发展，电子情报侦察系统和电子支援侦察系统的界限已经在逐渐缩小，电子情报侦察系统的信号处理速度也有了极大的提高，甚至在机载、星载的电子情报侦察系统中也逐步实现了快速信号处理，从而缓解了对信息传输、数据存储等方面的要求。

4.2　脉冲时域参数测量

侦察系统截获雷达射频脉冲信号后，通常经下变频和检波将其转换为视频脉冲信号。描述脉冲包络的参数称为时域参数，包括脉冲幅度(PA)、脉冲宽度(PW)和到达时间(TOA)。过去采用模拟方法来测量脉冲的包络参数，存在精度低及性能不稳定的缺点。现在一般使用高速模/数(A/D)转换器来保存脉冲波形，并用数字测量技术提高测量精度和稳定性。

4.2.1　脉冲幅度测量

脉冲幅度指脉冲信号持续时间内的视频电平，它包含了雷达的发射功率、相对距离、天线增益和天线扫描等众多的信息。

通过观察脉冲顶部数据可以获得脉冲幅度的测量。雷达脉冲经过接收机视频滤波后，前、后沿通常会产生变形，并可能在上升沿处出现较大的过冲（如图 4.2.1 所示）。过冲的出现时间、宽度和幅度与侦察接收机内滤波器和放大器的带宽都有直接的关系。过冲较大时甚至可能超过脉冲幅度的 20%。选择脉冲顶部数据时必须避开脉冲的前、后沿及过冲。

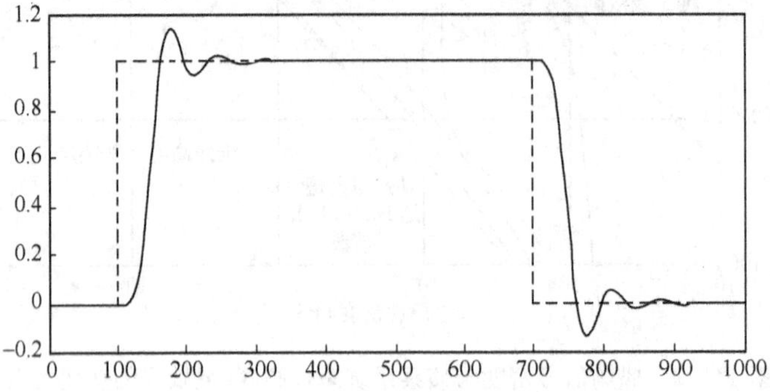

图 4.2.1　脉冲经过窄带接收机后的过冲效应

一种脉冲幅度的测量原理如图 4.2.2 所示，将门限检测信号①的前沿迟延 τ 后用做采样－保持电路和 A/D 变换器的启动信号②，A/D 变换器经过时间 τ_c 变换结束，发出读出允许信号③，其前沿微分脉冲④将 A/D 变换的数据存入 PA 参数锁存器。迟延 τ 的目的是为了使 A/D 变换的采样时刻避开脉冲的前沿和过冲，更接近于被取样的输入信号脉冲的顶部。

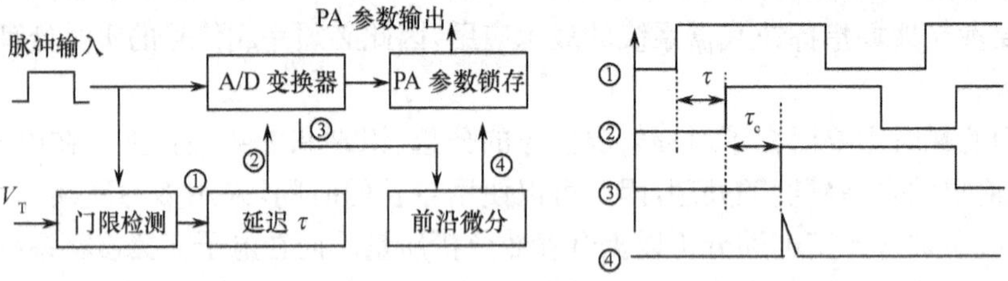

图 4.2.2　PA 的测量原理

为了减小接收机噪声影响，可以在脉冲峰值范围内多次采样并取平均来估计 PA。

4.2.2　脉冲到达时间测量

脉冲到达时间（TOA）通常定义为脉冲前沿的半功率点时间，因此 TOA 的精确测量应该在脉冲幅度测量之后。但对于前沿较陡的脉冲，也可以用脉冲前沿过信号检测门限的时刻作为 TOA 的近似测量。

4.2.2.1　固定门限法

固定门限法对 TOA 的测量原理如图 4.2.3 所示，其中输入信号经包络检波、视频放大后，与某一设定的检测门限电压进行比较，当信号幅度超过门限时，从时间计数器中读取当前的时钟计数时间进入锁存器，产生本次 TOA 的测量值。

信号脉冲前沿的陡峭程度将影响 TOA 测量的准确性，而脉冲前沿既取决于输入信号本身，也取决于侦察接收机的视频带宽 B_v，通常在脉冲时域参数测量电路中，按照侦察系统的最小可检测脉宽 PW_{min} 来设置 B_v，即

$$B_v \approx \frac{1}{PW_{min}} \tag{4.2.1}$$

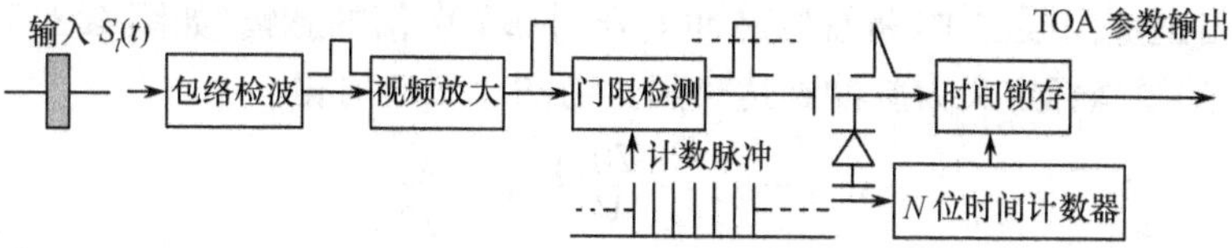

图 4.2.3　TOA 的测量原理

TOA 的检测和测量受到系统中噪声的影响，特别是在脉冲前沿较平缓、信噪比较低时，系统噪声不仅影响侦察系统的检测概率和虚警概率，还将引起门限检测时间的随机抖动 δ_t，δ_t 的均方根值为

$$\sigma_T = \frac{t_r}{\sqrt{2SNR}} \tag{4.2.2}$$

式中，t_r 为脉冲前沿从 10%到 90%的时间，SNR 为接收机输出的信噪比，假设 SNR 远大于 1。

4.2.2.2　自适应门限法

采用固定门限测量 TOA 易受信号幅度起伏的影响，测量精度不高。采用固定门限测量 TOA 易受信号幅度起伏的影响，测量精度不高。

如在图 4.2.4 中，假定线性检波后输出视频脉冲前沿的上升时间为 t_r，则由同一接收通道输出的视频脉冲具有相同的上升时间 t_r。为便于说明问题，在图 4.2.4 中，假定视频脉冲 p_1、p_2是侦察接收机收到的来自某部雷达的两个相邻脉冲（波形用直线分段近似，脉冲重复周期 PRI=T），若用视频脉冲上升沿与固定门限 V_T 相交点的横坐标定义脉冲到达时间，则视频脉冲 p_1、p_2的到达时间分别为 t_1、t_2，且有

$$t_1 - t_0 = \frac{V_T}{V_1} t_r \tag{4.2.3}$$

$$t_2 - (t_0 + T) = \frac{V_T}{V_2} t_r \tag{4.2.4}$$

式中 V_1、V_2为视频脉冲 p_1、p_2 的幅度。显然

$$t_2 - t_1 = T + \left(\frac{1}{V_2} - \frac{1}{V_1}\right) \cdot V_T \cdot t_r \tag{4.2.5}$$

由式(4.2.5)可知，由于相邻两脉冲的幅度不同导致脉冲重复周期的测量产生误差 $\Delta T = (1/V_2 - 1/V_1) \cdot V_T \cdot t_r$，即有 $V_2 \neq V_1$，$t_1 - t_2 \neq T$。实际应用中许多因素都会导致脉冲信号幅度起伏，因此必须用其他方法测量 TOA，以克服用固定门限方法测量 TOA 时由脉冲信号幅度起伏引起的误差

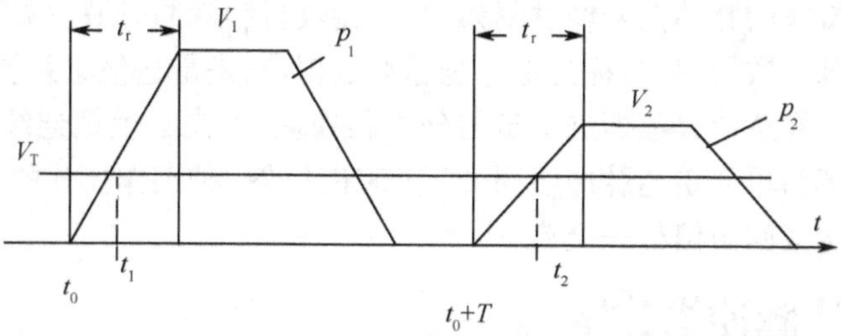

图 4.2.4　固定门限测量 TOA 原理

自适应门限法测量 TOA 可以消除因信号幅度起伏引入的误差，其测量原理参考图 4.2.5 进行说明。在自适应门限法中，将视频脉冲上升到 0.707 倍的脉幅（如图 4.2.5 中视频脉冲 p_1 的 $0.707V_1$）处的横坐标定义为脉冲到达时间。由图 4.2.5 可得

$$t_1 - t_0 = \frac{0.707V_1}{V_1} t_r = \frac{t_r}{\sqrt{2}} \tag{4.2.6}$$

$$t_2 - (t_0 + T) = \frac{0.707V_2}{V_2} t_r = \frac{t_r}{\sqrt{2}} \tag{4.2.7}$$

$$t_2 - t_1 = T \tag{4.2.8}$$

由式(4.2.6)和式(4.2.7)可知，无论信号幅度如何变化，每个脉冲从各自的起始点到 0.707 倍的脉幅对应的时刻之差都等于 $t_r/\sqrt{2}$。比较式(4.2.5)和式(4.2.8)可知，脉冲信号幅度起伏引入的误差完全消除了。

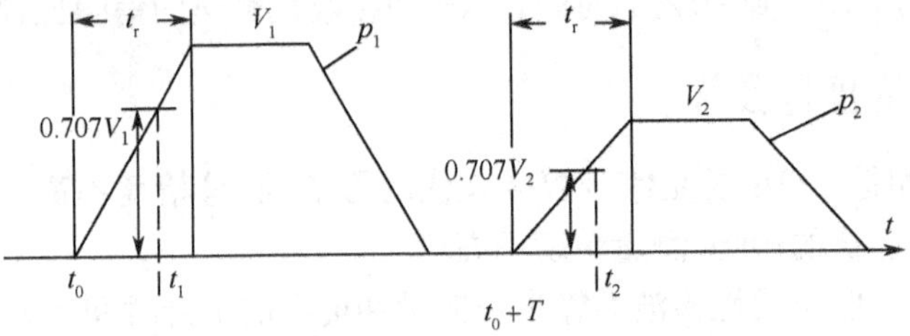

图 4.2.5　自适应门限法测量 TOA 原理

4.2.3　脉冲宽度测量

脉冲宽度(PW)定义为脉冲半功率点之间的时间，也即脉冲后沿时间与 TOA 之差。在雷达侦察系统中，PW 的测量是与 TOA 测量同时进行的。用与测量脉冲到达时间相似的方法，可以测得脉冲的结束时间，从而实现脉冲宽度的测量。

同 TOA 的检测和测量一样，PW 的测量也会受到系统中噪声的影响，其测量误差 σ_{PW} 的均方根值为

$$\sigma_{PW} = \frac{t_r + t_{do}}{\sqrt{2\mathrm{SNR}}} \tag{4.2.9}$$

式中，t_{do} 为脉冲的下降时间。

4.3　雷达信号分选

雷达侦察系统接收的脉冲信号经过测频、测向接收机和脉冲时域参数测量装置后，形成了按时间顺序输出的脉冲数据序列，称为雷达全脉冲数据，它是雷达侦察系统获取的重要的原始侦察数据。为实现对雷达侦察数据进一步的分析和处理，首先必须把连续到达的多雷达脉冲信号交错数据流分解为单部雷达脉冲序列，或单部雷达的一种工作模式的脉冲序列，这一过程叫做全脉冲信号分选或叫做信号去交错。

4.3.1　雷达脉冲描述字

雷达侦察接收机接收到的实际信号是一个交错的脉冲列，如图 4.3.1 所示，图中(1)、(2)分别表示两部不同雷达的脉冲信号序列，这两部雷达的脉冲信号依时间顺序进入雷达侦察接

收机，形成图中(3)所示的混合的交错脉冲序列。为了从脉冲列中获取有用的信息，首先必须将分属于各个不同辐射源的脉冲正确分离开来，然后进行脉间参数分析和脉内参数统计，得到辐射源的特征描述，并进行有效的辐射源识别和跟踪等处理。

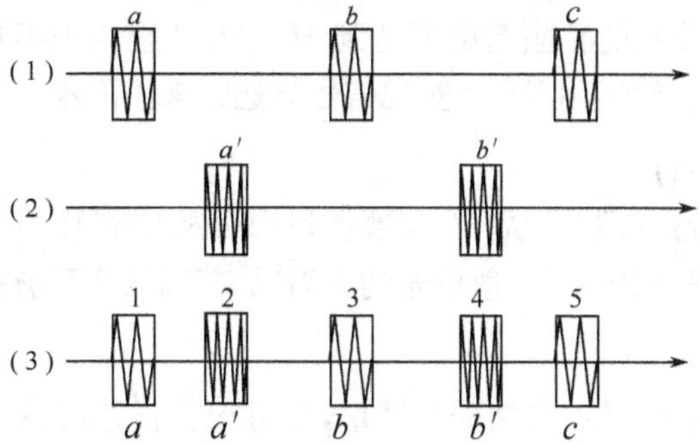

图 4.3.1　雷达侦察接收机接收脉冲列示意图

雷达侦察接收机对各个脉冲进行测量，测得的基本脉冲参数如表 4.3.1 所示。

表 4.3.1　雷达脉冲参数列表

脉冲参数		缩略符号
脉冲描述字(PDW)	脉冲到达时间	TOA
	脉冲载频	RF
	脉冲宽度	PW
	脉冲幅度	PA
	脉冲到达角	DOA
	脉内调制(相位编码或频率调制)	PM
	极化特征	PP

将每一个脉冲的所有脉冲参数组合成一个数字化的描述符，称为雷达脉冲描述字(PDW)

$$PDW=\{TOA,RF,PW,PA,DOA,PM,PP\} \tag{4.3.1}$$

由此，雷达侦察系统接收到的交错脉冲列就可表示为

$$\{PDW\}=\{PDW(1),PDW(2),\cdots,PDW(N)\} \tag{4.3.2}$$

脉冲列按照 PDW 中 TOA 的升序排序，是雷达信号分选的输入数据源。

4.3.2　分选参数的选择

信号分选就是从来自侦察接收机前端的密集、交迭的脉冲流中分离出多个雷达的脉冲列，并选出有用信号的过程。

信号分选的基本方法是利用雷达信号的规律性，判断脉冲流中的每个脉冲来自哪部雷达。用于信号分选的参数必须是脉冲参数中最具规律性的参数，而且是最易于区分不同雷达的参数。

1. 到达角(DOA)

到达角包括方位角和俯仰角。信号到达角是目前最可靠的分选参数。因为在电子战环境中，雷达辐射源可能有目的的改变其他参数，但却无法改变脉冲的到达角信息。雷达辐射源自身运动引起的到达角变化在短时间内几乎感觉不到，因此在短时间内可以用到达角作为不变量来区分位于不同方向的雷达脉冲。

2. 脉冲载频(RF)

根据雷达在频域上的分布特点,利用 RF 来进行分选还是非常有效的。提高测频精度是可靠分选的保证。当今瞬时测频技术(IFM)已经达到了相当高的水平,一般 IFM 的测频精度达到了 2.5MHz,有的接收机的测频精度可达到 1MHz,甚至 0.1MHz。但是,随着越来越多的频率捷变雷达投入使用,给运用 RF 来实现信号分选带来了困难。

3. 脉冲重复间隔(PRI)

这是一个很重要的分选参数。从 TOA 数据可以分析得到脉冲重复间隔 PRI,同时得到其倒数——脉冲重复频率(PRF)。一般信号的 PRF 的范围从几百赫兹到几百千赫兹。

4. 脉冲宽度(PW)

由于在多径效应影响下,脉冲包络失真严重,而且很多雷达的脉宽相同或相近,致使脉冲宽度这一参数被认为是不可靠的分选参数。通常雷达信号的脉宽取值范围为 0.1～200μs。测量精度为 50ns。

5. 脉冲幅度(PA)

脉冲幅度可以用于估计辐射源的远近,但它不是脉冲的固有特征,一般只具辅助作用。

6. 脉内调制参数

脉内调制一般指脉冲内部频率或相位的变化,其调制形式和参数在特定的雷达工作模式中一般不轻易改变,因而具有很好的信号分选特性。随着自动脉内特征分析技术的发展和处理能力的提高,脉内调制参数也可以作为一种较为有效的分选参数加以应用。但是快速识别脉内调制类型、测定调制参数的难度较大,较大的调制参数估计计算量,可能会影响分选的实时性。

综合考虑各种因素,通常在对信号进行分选过程中主要选取 DOA、RF 和 TOA(利用 TOA 进行分选称作重频分选)三个参数作为主要分选参数,将 PW 和脉内调制参数作为辅助分选参数。

4.3.3 多参数联合分选

多参数联合分选方法的基本依据是在分选时间段内,同一雷达的脉冲的若干个参数值(例如 DOA、RF、PW)不变,因此根据各个脉冲的 DOA、RF、PW 等参数的相似度可对交叠脉冲列的脉冲进行聚类,来实现分选。目前,多参数联合分选多采用 DOA、RF 双参数分选模式,通常使用直方图技术进行,即利用脉冲描述字的分布,或者说是射频和到达角二维直方图的分布来进行分选。DOA、RF 二维直方图如图 4.3.2 所示。

通过二维直方图分析,把 DOA、RF 都相同的脉冲归并到同一脉冲组,视它们为同一雷达发射的信号。这种分选模式是数据集(脉冲)到 DOA、RF 二维平面的映射。考虑到参数的测量误差,一般把此二维平面划分成若干小格,每个小格称为一个分选单元。如把 DOA 按 2°为一格划分,RF 按 5MHz 为一格划分,在测量范围为 DOA:0°～360°,RF:2～4GHz 内,共可划分 180×400(=72000)个小格。

根据直方图可以初步断定辐射源的情况。对于固定频率的辐射源,在直方图上将包含单一的到达角和射频峰值。频率捷变雷达信号可能被分到不同的脉冲组。它们具有频率范围宽、集中在特定到达角周围这样一些特征,经进一步处理后可将这些脉冲组归并,并判明它们

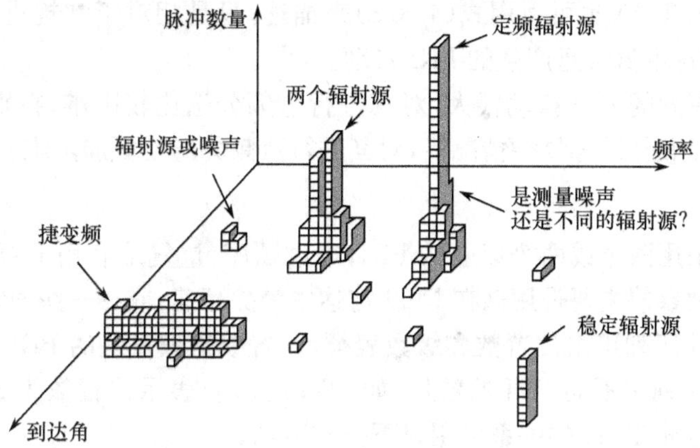

图 4.3.2　辐射源直方图

来自同一频率捷变辐射源。

两参数联合分选的结果是不同的雷达脉冲被分离成不同的脉冲序列。

4.3.4　脉冲重频分选

除了 RF、PW 等参数外，脉冲重复频率(PRF)也是雷达的重要参数，一部雷达的主要用途或工作模式往往决定了其重频特征。因此，利用脉冲重频进行分选也是一种有效的手段，并且，对脉冲序列重频特征的正确识别能够为情报生成提供可靠的依据。

PRF 表现为脉冲重复间隔(PRI)的倒数，二者之间具有确定的对应关系，所以为了叙述的方便，本节将根据需要，混用这两种概念而不再加以区分。

4.3.4.1　脉冲重频类型

不同的雷达，由于其用途或工作模式的差异，一般具有不同的重频类型，归纳起来，常见的雷达重频类型可分为如下几类。

1. 常规重频

这种雷达 PRI 的随机抖动一般不超过平均 PRI 的 1%，且主要是由于器件的稳定性以及测量误差造成的。常规重频类型一般用在搜索和跟踪雷达上，特别是一些采用动目标显示(MTI)技术和脉冲多普勒(PD)技术的雷达。其相邻两个脉冲 TOA 的关系可以用下式表示。

$$\mathrm{TOA}_n = \mathrm{TOA}_{n-1} + T + \varepsilon_n \tag{4.3.3}$$

式中，T 为平均 PRI；ε_n 是非人为因素造成的随机抖动。

常规重频脉冲序列 TOA 模型简单，很多重频分选算法都是以这种脉冲序列为对象和基础进行研究的，由于其参数变化很小且无调制，所以大部分重频分选算法对常规重频脉冲序列的分选效果都较好。

2. 重频抖动

有些雷达人为地逐个改变脉冲间的 PRI，从侦察接收机来看，脉冲间的 PRI 像是在均值附近随机抖动，并且抖动量最大可能达到平均 PRI 的 30%。这种人为造成的 PRI 抖动，其目的主要是为了对付敌方的电子干扰，因为有些电子干扰措施需要根据 PRI 来预测下一个脉冲的 TOA。

重频抖动雷达的 TOA 也可以用式(4.3.3)来描述，只是相对于常规重频雷达，ε_n 要大得多，且其中主要是雷达本身故意产生的 PRI 抖动。

重频抖动脉冲序列的 PRI 抖动很大，对其进行重频分选比较困难，特别是在多脉冲列交错以及有漏脉冲和虚假脉冲等复杂情况下，对其进行重频分选就更加困难。

3. 重频参差

重频参差雷达采用两个或两个以上的 PRI，通过顺序、重复地利用 PRI 集合中的 PRI 值产生脉冲序列。重频参差主要是用来在 MTI 雷达中消除盲速，或在一些搜索雷达中消除测距模糊。重频参差脉冲序列可由位置数和级数表征，位置数指被重复的 PRI 序列的 PRI 个数，而级数指重复 PRI 序列中不同 PRI 的数目，如$\{T_1, T_1, T_2\}$表示位置数为 3，级数为 2。重频参差雷达相邻两个脉冲 TOA 的关系可用以下公式表示。

$$\mathrm{TOA}_n = \mathrm{TOA}_{n-1} + T(n \bmod S) + \varepsilon_n \tag{4.3.4}$$

式中，$T \in \{T(1), T(2), \cdots, T(S)\}$是 PRI 参差数的集合，$S$ 是位置数。当级数小于位置数时，会出现 $T(j) = T(k), j \neq k$ 的情况。若令 $T^* = \sum_{n=1}^{S} T(n)$ 为骨架周期，而 $1/T^*$ 为骨架周期速率，则参差脉冲列可看成 S 个常规重频脉冲列的交错，每个常规重频脉冲列的 PRI 均为 T^*。

由于重频参差脉冲序列可以看成是多个相同 PRI 的常规重频脉冲序列的交错，所以通常可以按照适用于常规重频类型的重频分选方法对其进行分选，分选出多个常规重频脉冲序列后，如果识别为同一辐射源的脉冲序列，再合并得到重频参差脉冲序列。

4. 重频正弦调制

有些雷达采用正弦曲线等对 PRI 变化进行周期性调制。重频正弦调制雷达相邻两个脉冲 TOA 之间的关系可用以下公式表示。

$$\mathrm{TOA}_n = \mathrm{TOA}_{n-1} + T + A\sin(2\pi\nu T n + \varphi) + \varepsilon_n \tag{4.3.5}$$

式中，T 为 PRI 均值，A 为调制幅度，ν 为调制频率，φ 为初始相位。PRI 的变化范围为$[T-A, T+A]$。

PRI 正弦调制序列的模型参数较多，且不同辐射源可能采用不同的参数，一般情况下都是把其按照 PRI 抖动序列的分选方法进行分选，分选成功后再进行重频特征识别。

5. 重频滑变

重频滑变雷达的 PRI 变化形式为单调递增(或递减)到一个最大(或最小)值，然后又快速地切换到最小(或最大)值，PRI 单调地扫描整个 PRI 范围，达到极值后重复扫描过程。重频滑变通常用于消除盲距或作为一种优化俯仰扫描的方式，在后一种应用中，PRI 的最大值通常小于最小值的 6 倍。

和重频参差脉冲序列一样，重频滑变脉冲序列也存在“骨架周期”，所以对重频滑变脉冲序列的分选可按照和重频参差脉冲序列类似的方法进行，要注意的是由于其子 PRI 个数一般比重频参差脉冲序列要多，所以其“骨架周期”一般较大。

6. 脉组参差

脉组参差雷达的 TOA 序列由多个恒定 PRI 的 TOA 序列构成，一般每个 PRI 值持续一定的时间段后切换到下一个 PRI 参数，PRI 的切换是自动进行的，而且速度特别快(如 E-2T 预警机就是采用这种 PRI 变化形式)。高重频雷达和中重频雷达通常采用脉组参差方式来解决距离和速度模糊问题，此外，这种方式还经常用于抗干扰和抗欺骗等技术。

脉组参差脉冲序列由于在每个 PRI 值处都会持续一段时间，因此可以按照常规 PRI 序列的分选方法对其进行分选，分选完成后再判断这些序列是否能够合并成一列脉组参差雷达的脉冲序列。脉组参差雷达相邻两个脉冲 TOA 之间的关系可用以下公式表示。

$$\mathrm{TOA}_n = \mathrm{TOA}_{n-1} + T[n\mathrm{mod}(m * S)] + \varepsilon_n \tag{4.3.6}$$

式中，$T \in \{T(1), T(2), \cdots, T(S)\}$是参差 PRI 参差数的集合，$S$ 为脉组个数，m 为每组中 PRI 的个数。

常见重频类型的特点及其典型应用列于表 4.3.2 中。

表 4.3.2　常见重频类型的特点及其典型应用

重频类型	PRI 变化形式	主要应用
常规重频	固定重复周期	常规雷达，MTI 和 PD 雷达
重频抖动	PRI 变化范围超过 5%	用于对抗预测脉冲到达时间干扰
重频参差	多个 PRI 周期变换	MTI 系统中用于消除盲速
重频正弦调制	PRI 受正弦函数调制	用于圆锥扫描制导
重频滑变	PRI 在某一范围内扫描	用于固定高度覆盖扫描，消除盲距
脉组参差	脉冲列 PRI 组间变化	用于高重频雷达解模糊

图 4.3.3 中图(a)～(d)分别为常规重频、重频抖动、重频参差的 TOA 示意图，其中竖实线表示脉冲，其他重频类型脉冲序列的 TOA 示意图可按相同的方法画出。

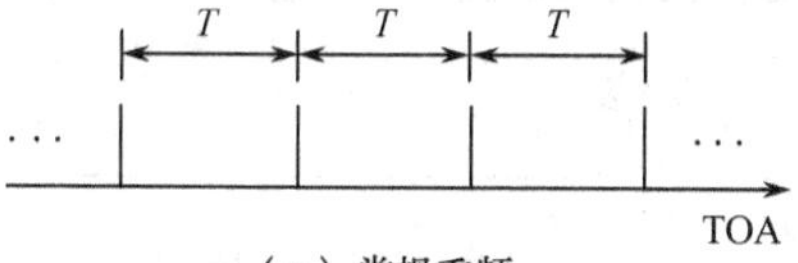

（a）常规重频

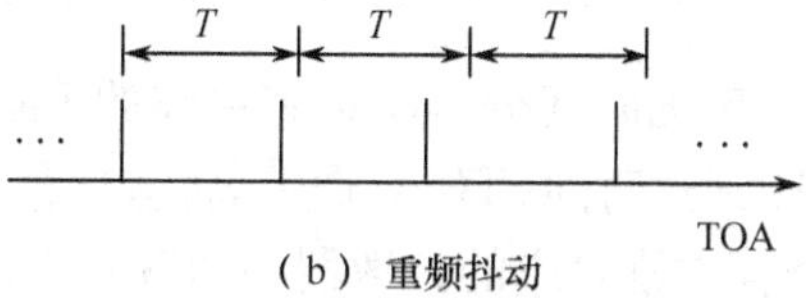

（b）重频抖动

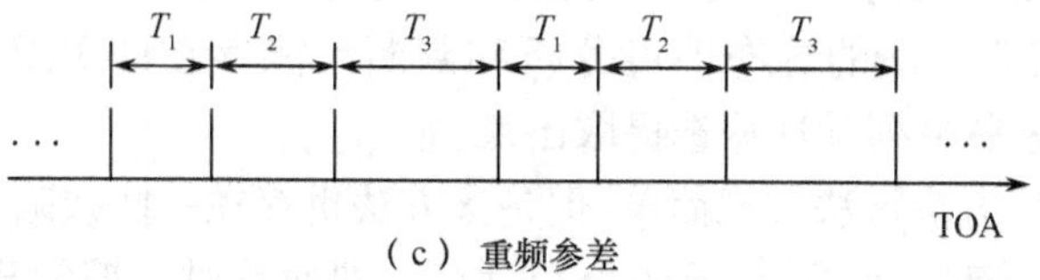

（c）重频参差

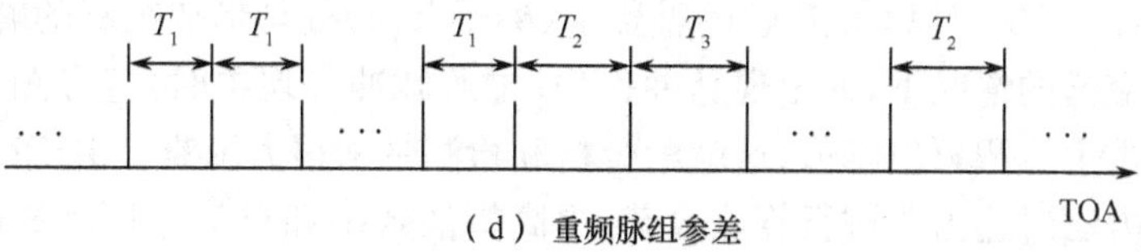

（d）重频脉组参差

图 4.3.3　几种重频类型脉冲序列的 TOA 示意图

4.3.4.2　脉冲重频分选方法

脉冲重频分选是指利用重频特征实现雷达脉冲分选的方法。对雷达侦察接收机而言，如果在一个时间段内同时接收多部雷达的信号，则测量得到的脉冲 TOA 序列表现为这几部雷达 TOA 序列的交错，重频分选就是根据各种雷达的 PRI 特征，通过对脉冲列 PRI 特征的分析，识别辐射源的 PRI 特性，提取属于不同辐射源的脉冲列，达到分选的目的。

PRI 特征分析通常采用的方法是基于脉冲到达时间差（ΔTOA）的直方图分析方法，其基本原理是利用多级 ΔTOA 直方图特性，对每一级直方图进行累加分析，对照各种常规及复杂信号的直方图特性，提取出所有可分选的脉冲串。几种典型信号的 ΔTOA 直方图特性如图 4.3.4所示。

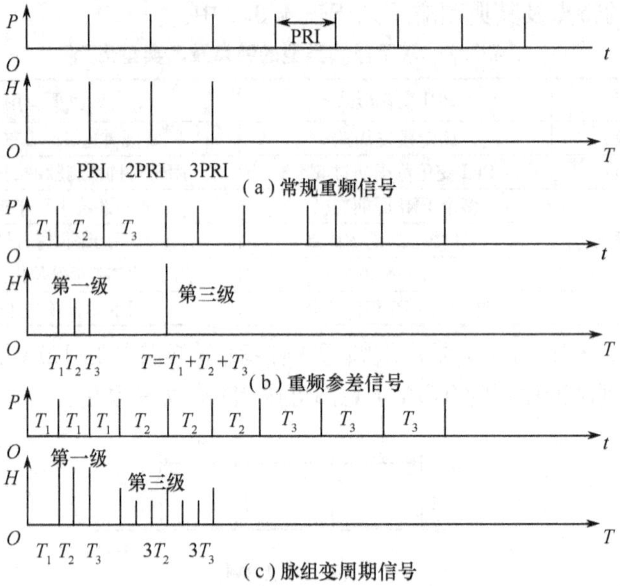

图 4.3.4　几种典型信号的 ΔTOA 直方图特性

重频直方图方法是按照一定的时间分辨率把感兴趣的 PRI 范围分成有限个直方格，将待分选脉冲序列中任意两个脉冲到达时间（TOA）做差，将差值落在各个直方格内的"脉冲对"分别进行累积计数，然后将每个直方格对应的计数器的值以直方图的形式反映出来。显然，如果脉冲序列中具有固定重频为 PRI 的一列脉冲，那么直方图将在 PRI 值处形成较高的累计值（高峰值），从而根据直方图的分布即可分析和判断可能存在的 PRI。然后根据这些可能的 PRI 通过搜索可将该脉冲列脉冲分选提取出来。

重频直方图分选方法算法实现简单，但是该方法也存在一些缺陷。首先，因为重频直方图统计的是所有脉冲相互之间 TOA 差的分布，所以，即使是对一部常规重频雷达的脉冲序列，直方图也会同时在其 PRI 处以及 PRI 的整数倍（称子谐波）处均形成很高的峰值。其次，在多部雷达脉冲序列交错的情况下，或出现脉冲丢失、虚假脉冲等现象时，直方图可能在全部 PRI 的倍数、和数、差数上均积累出峰值，这就给分析和检测带来很大困难。由于存在这些缺点，在使用重频直方图方法时还需要进行算法改善，提高算法效率和对信号环境的适应性。当信号环境复杂或重频特征没有确定规律时，仅仅利用重频分选方法将很难有效实现脉冲序列的分选，此时必须综合利用多种分选手段才有可能达到较好的分选效果。

4.4　雷达信号脉内特征分析

在现代电磁环境中，信号密度高、信号形式趋于多样和隐蔽、低截获概率以及频谱展宽，都给雷达信号的分析识别带来很大难度。为适应日益严峻的电子战信号环境，现代电子情报侦察系统(Electronic Intelligence，ELINT)和电子支援系统(Electronic Support Measure，ESM)必须具备快速分析、实时或准实时处理各种复杂雷达信号的能力。对于雷达信号的分选和雷达的识别，仅仅采用传统的五参数描述字(脉冲幅度、到达时间、到达角、脉宽、载频)的方法已经很难满足要求。要可靠的分选和识别雷达信号，高可信度的判别雷达属性，必须对雷达信号的脉内特征进行分析，提取更多的特征参数来描述雷达信号。

调制类型自动识别和参数估计的本质是根据接收的调制信号样本，借助信号处理技术和计算机的快速处理能力对信号调制类型进行统计判断，并估计信号的幅度、频率和相位特征，为后续的解调、干扰、辐射源识别等奠定基础。

4.4.1　脉内调制类型

脉内调制通常包括频率调制、相位调制及两者的混合调制，为充分利用雷达发射机的功率，一般不采用幅度调制；采用脉内频率和相位调制的主要目的是形成脉冲压缩信号(大时宽带宽信号)，这类信号可以使雷达具有良好的检测性能，在不增大雷达峰值功率的前提下能同时提高雷达的距离范围和距离分辨率，并兼具低截获特性，因此是现代雷达特别是军用雷达广泛采用的信号体制。最为常见的脉内调制信号形式有线性调频(LFM)信号、二相编码(BPSK)信号和四相编码(QPSK)信号等。

脉内频率调制可分为连续和离散调频两大类。连续调频是指频率在脉冲内连续地发生变化，典型信号形式是线性调频(LFM)信号。离散调频是把发射的宽脉冲分成若干时间片段，称为码元，每个码元内的载频可以根据需要有所不同，这类信号称为脉内频率编码信号，该类信号可通过控制时间和频率改变信号的时宽和带宽。

脉内相位编码调制就是在载频不变的前提下，脉内各个码元根据需要采用不同的初始相位。根据初始相位的备选集合不同，脉内相位调制可分为二相编码、四相编码和多相码。脉内相位编码调制产生的技术简单成熟，且抗干扰性强，在现代雷达中可根据处理增益的要求，在单个脉冲内产生几千个码元的调制。相位编码信号通常采用伪随机序列编码，该类编码具有很强的自相干作用，使电子侦察接收机很难进行相干处理。较常用的脉内相位编码形式是巴克码，它是较理想的伪随机序列码，目前已找到的巴克码组如表 4.4.1 所示。

表 4.4.1　常用巴克码组

n	巴克码组
2	+ +
3	+ + −
4	+ + + − ; + + − +
5	+ + + − +
7	+ + + − − + −
11	+ + + − − − + − − + −
13	+ + + + + − − + + − + − +

此外，还有组合巴克码，互补码，M 序列码，L 序列码。双素数序列，霍尔序列、德郎码等。

各类调制信号模型可作如下描述。假设雷达脉冲信号观测方程为

$$x(t)=s(t)+n(t) \tag{4.4.1}$$

式中，$t<T$，T 为脉冲宽度，$n(t)$是均值为零，方差为 σ_n^2 的高斯白噪声，调制信号 $s(t)$的复解析信号可表示为

$$s(t)=A\exp\{\mathrm{j}[2\pi f_c t+\varphi(t)]\} \tag{4.4.2}$$

式中，A 为常数，f_c 为信号载频，$\varphi(t)$为相位调制函数。

对于常规单载频信号

$$\varphi(t)=\varphi_0 \tag{4.4.3}$$

式中，φ_0 为信号的初相，是一个常数。

对于 LFM 信号

$$\varphi(t)=\pi k_f t^2+\varphi_0 \tag{4.4.4}$$

式中，k_f 为频率调制斜率，φ_0 为信号的初相，是一个常数。

对于 BPSK 信号

$$\varphi(t)=\pi C_{\mathrm{BPSK}}(t)+\varphi_0 \tag{4.4.5}$$

式中，$C_{\mathrm{BPSK}}(t)$表示编码波形，码元宽度为 T_{BC}。

对于 QPSK 信号

$$\varphi(t)=\frac{\pi}{2}C_{\mathrm{QPSK}}(t)+\varphi_0 \tag{4.4.6}$$

式中，$C_{\mathrm{QPSK}}(t)$表示编码波形，码元宽度为 T_{QC}。

4.4.2 脉内调制分析方法

雷达信号脉内特征分析技术的研究从 20 世纪 80 年代中期开始，并迅速成为电子战领域的一个重要研究方向。从发展历史来看，已初步形成了一些较为有效的脉内调制分析方法。主要包括时域自相关法、相位差分法和时频分析方法等，各类方法均有一定的适用条件和适应类型，需根据具体应用情况选择算法。

4.4.2.1 时域自相关法

已调信号 $s(t)$的瞬时自相关函数为

$$\begin{aligned} R_{\mathrm{S}}(t,t_1)&=s(t)\cdot s^*(t-t_1)\\ &=A\exp\{\mathrm{j}[2\pi f_c t+\varphi(t)]\}\cdot A\exp\{-\mathrm{j}[2\pi f_c(t-t_1)+\varphi(t-t_1)]\}\\ &=A^2\exp\{\mathrm{j}[2\pi f_c t_1+\varphi(t)-\varphi(t-t_1)]\} \end{aligned} \tag{4.4.7}$$

式中，t_1 是某设定的延迟时间。对于常规单载频信号有

$$R_{\mathrm{S}}(t,t_1)=A^2\exp\{\mathrm{j}[2\pi f_c t_1]\} \tag{4.4.8}$$

自相关运算输出为一定值直流信号，其幅度反映了信号的载波频率 f_c。由于相位模糊的存在，要通过相位恢复的方法对信号载频进行估计则延迟时间须小于载频周期。

对于 LFM 信号有

$$R_{\mathrm{S}}(t,t_1)=A^2\exp\{\mathrm{j}[2\pi f_c t_1+2\pi k_{\mathrm{m}} t_1 t-\pi k_{\mathrm{m}} t_1^2]\} \tag{4.4.9}$$

输出信号载频为 $k_{\mathrm{m}}t_1$，对该信号载频进行估计即可得到频率调制斜率 k_{m} 的估计值。

对于 BPSK 信号有

$$R_{\mathrm{S}}(t,t_1)=A^2\exp\{\mathrm{j}[2\pi f_c t_1+\varphi(t)-\varphi(t-t_1)]\} \tag{4.4.10}$$

延迟时间若小于码元宽度，即 $t_1<T_{\mathrm{BC}}$，那么码元内的相关为一直流信号，码元间的相关产

生 $\varphi(t)-\varphi(t-t_1)$的相位跳变。

时域自相关法很好地利用了调制信号的自相关特性，且信号处理速度快，适合实时处理。对于常见信号类型中的常规信号、LFM 信号、BPSK 信号具有一定的脉内特征分辨和参数提取能力。但由于信号噪声的存在，实际上，在低信噪比信号环境中，时域自相关法的脉内特征提取能力严重下降。

4.4.2.2 相位差分法

雷达信号脉内调制样式主要分为频率调制和相位调制。调频信号的主要特征是其频率随时间变化，而瞬时频率又是相位对时间的一阶微分，在数字信号中就是相位序列的一阶差分；相位调制信号的特征也是用相位变化来反映的，因此相位的变化率完全包含信号的调频和调相规律。

下面给出几种常见信号的一阶相位差分表示。

对于常规单载频信号有

$$p(i)=2\pi f_0 iT_s+\varphi_0 \tag{4.4.11}$$

其一阶差分为

$$\frac{p(i+1)-p(i)}{T_s}=2\pi f_0 \tag{4.4.12}$$

对于线性调频信号有

$$p(i)=2\pi f_0 iT_s+\pi k(iT_s)^2+\varphi_0 \tag{4.4.13}$$

其一阶差分为

$$\frac{p(i+1)-p(i)}{T_s}=2\pi f_0+2\pi kiT_s+\pi k \tag{4.4.14}$$

对于相位编码信号有

$$p(i)=2\pi f_0 iT_s+C_d+\varphi_0 \tag{4.4.15}$$

其一阶差分为

$$\frac{p(i+1)-p(i)}{T_s}=2\pi f_0+2\pi f_{PSK} \tag{4.4.16}$$

其中，对于二相编码 f_{PSK} 可能的取值为 0 和 $f_s/2$；对于四相编码 f_{PSK} 可能的取值为 0、$f_s/2$、f_s 和 $3f_s/2$；f_s 为采样率，八相编码等可以依此类推。

图 4.4.1 给出了几种常见脉内调制信号的相位差分图。可见，每种脉内调制信号的相位差分都有区别于其他信号的明显特征，因此可以根据信号的相位差分序列进行识别。

4.4.2.3 时频分析方法

时频分析方法主要有短时傅里叶变换、Wigner-Ville 分布(WVD)算法、小波分析等，其基本思路是描述信号在时域—频域二维平面上的能量分布，从而判断调制类型。这里主要以短时傅里叶变换为例介绍时频分析方法。

短时傅里叶变换的基本思想是：把信号划分成许多小的时间间隔，并进行傅里叶变换，以确定信号频率成分随时间的变化情况。短时傅里叶变换公式如下所示。

$$\mathrm{STFT_S}(t,f)=\int_{-\infty}^{\infty}s(t)h^*(t'-t)\mathrm{e}^{-\mathrm{j}2\pi ft}\mathrm{d}t \tag{4.4.17}$$

在这个变换中，$s(t)$是待分析的信号，$h(t)$起着时限的作用，$\mathrm{e}^{-\mathrm{j}2\pi ft}$起着频限的作用。随着 t

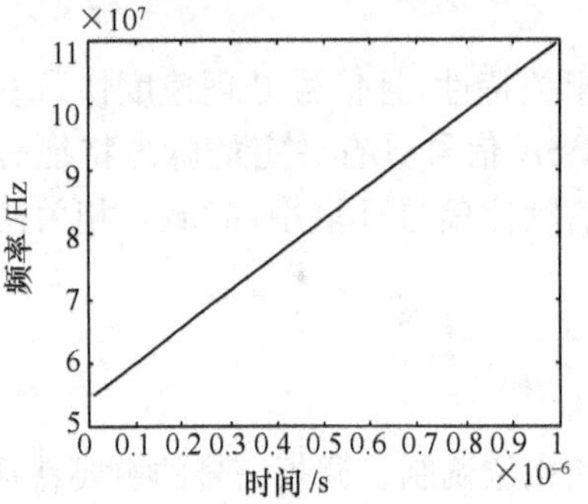

(a) 线性调频信号

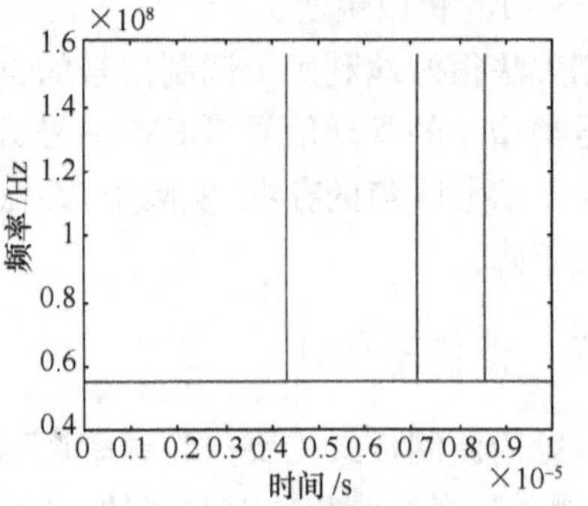

(b) 二相编码信号

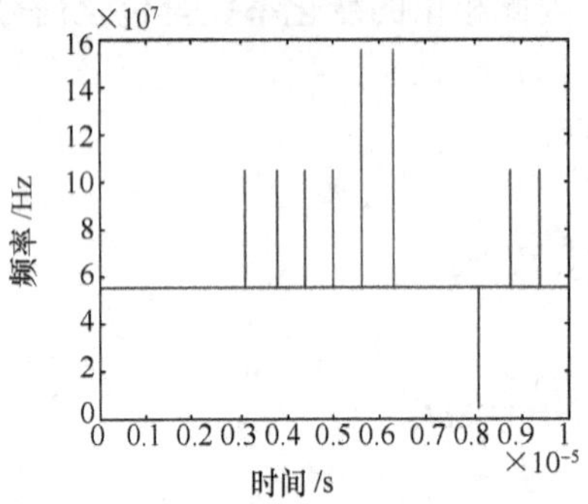

(c) 四相编码信号

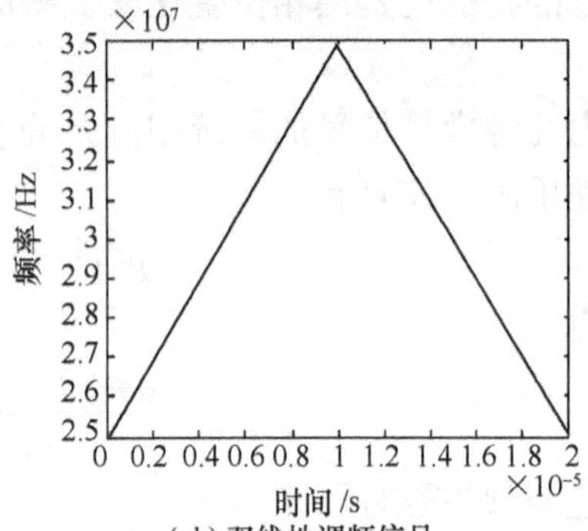

(d) 双线性调频信号

图 4.4.1　常见调制信号相位差分图

的变化，窗口函数 $h(t)$ 所确定的"时间窗"在 t 轴上移动，使 $s(t)$"逐渐"被分析。$\mathrm{STFT_S}(t,f)$ 大致反映 $s(t)$ 在时刻 t 时频率为 f 的信号成分的相对含量。

短时傅里叶变换是线性时频变换，所有的线性时频表示都满足叠加原理。也就是说，如果 $x(t)$ 是几个信号分量的线性组合，那么 $x(t)$ 的时频表示即是每个信号分量的时频表示的线性组合

$$x(t)=c_1x_1(t)+c_2x_2(t)\Rightarrow T_x(t,f)=c_1T_{x_1}(t,f)+c_2T_{x_2}(t,f) \tag{4.4.18}$$

短时傅里叶变换克服了传统傅里叶变换的缺点，它通过对信号加窗后对窗口内的信号作傅里叶变换，移动窗口可得到一组 STFT，它反映了 $X(\mathrm{j}\omega)$ 随时间 t 大致的变化规律。当然由于是傅里叶变换，它有很好的抗干扰性能。该算法是线性的，又相对简单，不会产生多信号交调，比较适合用来分析频率分集信号。但由于所加窗口是固定的，因为根据 Heisenberg 不等式

$$时宽带宽积=\Delta t\cdot\Delta f\geqslant\frac{1}{4\pi} \tag{4.4.19}$$

时域分辨率和频域分辨率相互矛盾，二者无法兼顾。若每段取的时间过长，则时域分辨率差。反之，取的时间过短，则频域分辨率差。

Wigner 分布(WD)算法能克服短时傅里叶变换的缺点，在时域和频域均能获得高精度。但 Wigner 分布是双线性的，使多个信号和频率成分在时频平面上会产生交叉项，在多信号或包含多个频率分量的单信号的分析中产生模糊。

小波分析由于其边缘检测特性，它对相位编码信号非常有效。但其受噪声影响较大，且计算量大，不适合实时处理。

4.5　雷达辐射源识别

4.5.1　辐射源识别概念与方法

雷达辐射源识别是电子对抗侦察系统的重要组成部分，是将侦察获得的雷达辐射源信号特征参数与已知雷达型号、类型和个体的特征参数进行比较，确定侦获辐射源的型号、类型及个体身份，进而掌握其用途、载体、威胁等级的过程。雷达辐射源识别为战略战役指挥决策、预警自卫和战术打击提供了重要的判断依据。

雷达辐射源识别是由辐射源参数向辐射源情报的转换过程，是典型的模式识别问题。雷达辐射源识别的关键要素是：特征参数提取、雷达识别库和分类识别。辐射源识别的基本过程如图 4.5.1 所示。

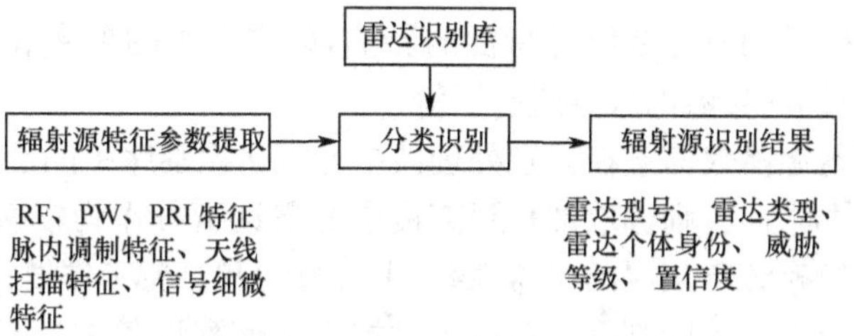

图 4.5.1　辐射源识别基本过程

用于雷达辐射源识别的特征通常包括频率、脉宽、脉冲重复间隔等参数、脉内调制信息、天线扫描特征和信号细微特征等。特征参数提取必须依赖于准确的信号分选以获得被测雷达辐射源的全脉冲数据和中频采样数据，之后通过数字信号处理、统计信号处理等方法，完成对各类特征的类型、典型值、值域分布范围等参数的解算和统计积累。

雷达辐射源识别需要具备一个完善准确的雷达识别数据库系统。任何识别过程必须依赖于先验信息，识别结果的正确性极大程度上取决于雷达识别库中已知雷达特征参数信息的完整性和准确性。识别库的内容需要通过平时多种手段获得的情报和大量雷达侦察的数据，经过综合分析和统计处理后存入库内，并根据对方的部署和配备的变化及其电子装备的改进，不断核实、补充和修改，这是情报和电子侦察工作长期累积的成果。雷达识别库中包含的特征参数项目的多少，视雷达对抗系统的用途而定。对于雷达告警设备，通常只存储雷达的主要战术技术性能，如射频（或频段）、脉冲重复频率、脉冲宽度、雷达类型（或威胁级）等，经识别处理后，只给出雷达类型和威胁等级。而对大型雷达对抗系统，则存储雷达的全部战术技术性能，识别处理后，给出雷达类型、运载平台、威胁等级等战术性能，以及识别可信度和最佳干扰样式等。库存的战术技术性能项目的多少，随着新体制雷达的出现和雷达侦察设备的发展而增加，从而提高识别的质量。

辐射源识别通过选取合适的分类识别方法构造分类器，完成对待测辐射源的分类识别。目前典型的分类识别方法有：最近邻分类法、统计决策方法、模糊识别方法、神经网络方法、证据理论方法和基于推理机制的专家系统等等。涉及分类识别的基础理论知识有：模式识别、模糊集理论、概率与统计理论、信息融合理论、数据库设计、神经网络技术、D－S 证据理论、不确定性理论、似然比决策理论、主观贝叶斯理论等。

以下以载频、脉宽和脉冲重复间隔均值为特征参数，说明辐射源型号识别的基本方法。设雷达辐射源 F_i 的测量参数为

$$F_i = \{PW_i, RF_i, PRI_i\} \tag{4.5.1}$$

雷达识别参数库中第 k 类雷达的参数为

$$R_k = \{PW_{0k}, RF_{0k}, PRI_{0k}, \sigma_{PW_{0k}}, \sigma_{RF_{0k}}, \sigma_{PRI_{0k}}\} \tag{4.5.2}$$

式中 PW_{0k}是第 k 类雷达的脉宽均值，$\sigma_{PW_{0k}}$ 是其脉宽可能的散布方差，其他参数含义相似。

定义 F_i 的参数与 R_k相应参数之间的加权距离计算如下：

$$d_{PW_{ik}} = \frac{|PW_i - PW_{0k}|}{\sigma_{PW_{0k}}} \tag{4.5.3}$$

$$d_{RF_{ik}} = \frac{|RF_i - RF_{0k}|}{\sigma_{RF_{0k}}} \tag{4.5.4}$$

$$d_{PRI_{ik}} = \frac{|PRI_i - PRI_{0k}|}{\sigma_{PRI_{0k}}} \tag{4.5.5}$$

以上加权距离考虑了相应参数统计特性的影响，即方差大的参数在分类时其加权值 $1/\sigma$ 较小，并将具有不同量纲的参数的尺度进行了统一。

将侦测得到的辐射源参数信息在识别处理器中与雷达识别库中的已知雷达型号数据进行比较，若使用最近邻分类方法，则选取加权距离最小的雷达型号作为辐射源的型号识别结果。根据识别结果可判断辐射源所从属的武器系统，平台特性和当前工作模式等。此外，辐射源识别通常还需要专家进行人工辅助判别。在电子对抗支援侦察设备中还要判定威胁等级，进而做出告警、干扰或摧毁等对抗决策。

识别过程存在先验信息的不确定性、参数测量的误差以及参数相同或相近的辐射源型号、类型或个体的数量等模糊因素。为解决模糊判别问题，通常在给出辐射源识别结果的同时，给出该结果的置信度水平。如为防止漏掉最危险的"目标"，必须对每个辐射源识别的置信度和威胁等级进行综合考虑。置信度计算通常依据特征参数的一致性程度和各特征参数所起作用的差异，以不同加权的方法计算得到。在支援侦察中，针对有限重点目标，通常采用硬件快速识别以确保时效性，主要应用于各类雷达告警器、电子干扰飞机、反辐射导弹等平台。

现代军事斗争中，各国都在竞相发展侦察与反侦察的电子手段，这就对雷达辐射源的识别提出了更高的要求，突出体现在：

(1) 提升对辐射源的多工作模式适应能力。目前，复杂体制雷达的比重也越来越高，特别是以美军"爱国者"、"宙斯盾"等多功能相控阵雷达为典型代表，工作模式繁多、参数捷变范围大，给辐射源准确识别带来很大难度；

(2) 提升适应多源、多传感器信息的高效融合识别方法。随着侦察传感器数量和类型的不断增加，辐射源识别也不再仅限于单一途径获得的参数比对，同时新型雷达的大量装备使得雷达识别库内容激增，雷达参数范围的重叠不断加剧，快速高效的识别也成为了重要需求。

(3) 发展特定辐射源识别技术。辐射源识别技术向着精细化识别发展，以获取辐射源信号细微特征以区分同型号不同辐射源个体的特定辐射源识别技术成为电子侦察领域的前沿热点问题，如何选取有效的辐射源"指纹"特征和分类方法成为关键技术问题。

4.5.2 辐射源个体识别

辐射源个体识别是从电磁信号中提取细微特征，以判别辐射源个体身份的辐射源识别过程，又称为特定辐射源识别(Specific Emitter Identification，SEI)、辐射源指纹识别。

辐射源个体识别通过对辐射源信号的高保真接收、采集，基于数字信号处理技术，精确测量信号参数，获取信号在幅度、频率和相位上的细微变化，以及在其他变化域上的细微变化，提取细微特征参数，在辐射源细微特征库的支持下完成辐射源个体识别。提取的细微特征能够反映同类型或同型号发射机的个体差异，主要包括不同发射机器件引起的辐射信号参数的细微差别、信号附带无意调制的细微差别等。细微特征应当具备唯一性、稳定性和可测性。辐射源个体识别技术需要考虑到辐射源器件的老化引起的细微特征缓慢变化，对辐射源细微特征库进行更新。

辐射源指纹特征研究主要包括指纹特征机理、特征提取方法以及特征有效性评价等三方面的内容，分别解决“特征如何产生”、“特征如何提取”以及“特征有效性如何”的问题。指纹特征是辐射源指纹识别技术的基础和核心，其有效性直接关系着识别系统的识别率。也关系到接收采集系统和分类器的需求。

高保真度是辐射源信号接收与采集系统设计的基本要求。主要体现在对接收机带宽、放大器线性度、动态范围、幅/相特性、镜像抑制比、时钟稳定度等指标参数的设计需求。若存在对接收机的非线性干扰或运动，还需要进一步进行接收机校正以求消除通道内的非线性噪声和热噪声干扰。

分类识别算法研究的主要内容包括分类器选择、分类算法有效性评价、特征降维、特征库的建库与动态更新等问题。辐射源指纹特征多维特性，即存在多种不同物理意义和不同形式的指纹特征；不同辐射源的样本可能在特征空间中严重混叠；特征模型和分布往往没有先验模型；同一个体的某一特征可能因时间、环境因素的变化而漂移。此外，辐射源指纹识别还需经常考虑新个体的判别问题。

从 20 世纪 70 年代起，美国海军研究实验室开始探索雷达辐射源个体识别技术。经过长期深入的研究，辐射源个体识别已基本发展成熟，并作为当前电子战系统的基本功能之一被广泛应用到美国各军兵种的预警、侦察以及电子战系统中，并在和平侦察、局部战争、反恐行动中得到了实战检验。国内多家单位也开展了针对雷达、通信电台等辐射源的指纹识别实验研究，在特征选择、分类识别等技术上取得了一定的突破。

4.6　通信信号分析与识别

4.6.1　概述

通信信号分析的任务是，根据侦收到的通信信号完成信号检测、获取辐射源信号参数、识别调制样式，并分析网台属性、完成信号解调和通信协议分析，进而获取通信信息。其目的是实现对通信信号和通信网的准确描述，生成通信侦察情报，为通信干扰提供引导。

对于不同类型的通信信号，因为信号的描述参数不同，信号分析采用的方法及分析结果也存在很大差别。例如，对于模拟调制的语音信号，信号分析要测量的信号参数主要包括载频和带宽，信号解调后需要恢复语音；而对于传输数字信息的直接序列扩频信号，需要测量的参数主要包括扩频周期、伪码速率、伪码序列、信息速率等，信号解调则需要首先完成解扩，解调后需分析通信协议。在实际通信侦察系统中，由于对辐射源信息获取程度不同，信号分析通常还根据实际需求进行设计，在很多以干扰引导为目的通信侦察系统中，信号盲解调和协议分析等就不是必需的。

完整的通信信号分析主要包括：信号检测、体制识别、参数测量、调制识别、网台分析、盲解调、协议分析等，最终实现信号监听或通信信息的恢复，如图 4.6.1 所示。

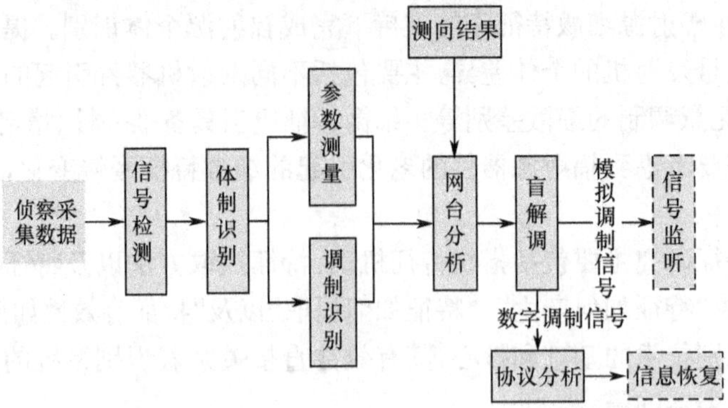

图 4.6.1　通信信号分析与识别流程框图

通信情报侦察系统中的信号检测通常分两部分完成，一是在侦察接收机中实现，二是在侦察信号分析时实现。信号分析时信号检测的主要作用是完成接收机带宽内多信号的检测，以及扩频信号等低截获概率信号的检测，以弥补接收机信号检测能力的不足。

通信信号形式复杂，不仅信号参数多变，采用的信号体制也差别很大。通过分析信号在时域、频域、时频域等的特点可以完成信号体制识别，如通过频域分析可将 FDMA、跳频信号与其他信号区别，通过时域分析可以区分 TDMA 信号，通过时频域分析可以区别跳频信号，通过时域相关分析可以区分直接序列扩频信号等。因为不同体制信号的参数及参数测量方法差别很大，所以信号体制识别是通信信号分析的重要组成部分。

通信信号都有多个技术参数，构成了信号的参数集。这些技术参数主要有：中心频率、带宽、信号相对电平、调制参数、数据速率等。目前，对通信信号技术参数的测量多采用数字信号处理的方法实现，如利用频域分析方法测量信号的中心频率、带宽和相对电平，利用时域分析的方法测量码元宽度、码元速率等。

对通信信号进行调制识别，根据通信信号各种调制样式的特点，提取反映信号调制类型的特征参数，构成识别特征参数集，按照一定的准则进行调制分类识别。信号调制识别可为识别通信辐射源的属性和信号解调提供支持。

在面对若干个电台辐射源组成的通信网时，需要区分不同辐射源对应的信号，以及各网台之间的通联关系等，这就是网台分析要完成的工作。网台分析通常需要在信号参数测量分析结果和测向(或定位)信息的支持下，利用综合分析的方法完成。对于跳频等码分多址通信网，需要专门的网台分析方法。

对通信信号的解调、监听和信息恢复是通信侦察信号分析的重要内容。对于模拟通信信号，其解调和监听的实现相对较容易。数字通信信号调制方式多，对于通信侦察系统的数字调制解调器必须解决两个基本问题，首先是解调器的通用性，它应该能够适用不同的调制方式和调制参数的数字通信信号的解调；此外通信侦察系统的解调器是一种信号先验参数不足(或精度不够)的被动式解调，解调器必须具有一定的盲解调能力。随着计算机水平的快速发展，通信侦察中信号的盲解调越来越多的采用软件实现，称为数字软解调。

协议分析是恢复数字通信系统传输信息的必要前提。通信系统尤其是军用系统，常采用比较复杂的通信协议，如采用加密、信源编码、加扰和纠错编码(也称信道编码)技术；对于通信网信号还有网络协议等。作为非协作的第三方，通信侦察系统一般都不拥有被侦察对象的密码、纠错编码方式等通信协议的先验信息，要恢复信息必须通过协议分析获取上述协议参数。随着近几年侦察处理技术的发展，对信源编码识别、纠错编码识别、密码破译等协议分析方面都有了巨大进步，使得信息恢复逐渐成为可能。

4.6.2 通信信号参数测量

通信信号参数测量是通过信号处理的方法测量信号参数集中的参数，不同的信号体制和不同调制样式其参数集往往也不同，如对调幅信号，有信号载频、电平、信号带宽、调幅度等；而对数字通信信号，除了载频、信号电平外，还有码元速率、符号速率等。表 4.6.1 给出了常见信号体制对应的主要参数。

表 4.6.1 常用通信信号体制及主要参数

信号体制	主要参数	典型应用	常用调制方式
模拟调制常规定频	信号电平、载频、带宽、调制指数	调频、调幅广播电台	AM、FM、PM
数字调制常规定频	信号电平、载频、码速率	卫星数传、数字卫星电视	ASK、FSK、PSK、APK
直接序列扩频	信号电平、载频、伪码速率、伪码周期、伪码、伪码生成多项式、符号速率	卫星、导弹测控，伪码测距、GPS 导航	PSK
跳频	频率集、跳速、跳频间隔、跳频图案、跳时刻、带宽/码速率	跳频电台、卫星通信	FSK、PSK
统一载波	信号电平、载频、副载波个数、副载波频率、副载波带宽/码速率	卫星、航天飞机、空间站测控	FSK/PSK-PM、FSK/PSK-FM
频分多址(FDMA)	用户数、各用户频率、用户电平、带宽/码速率	卫星通信、GSM 手机、通信电台	AM、FM、FSK、PSK
时分多址(TDMA)	信号电平、载频、时隙周期、用户时隙长度、引导时隙长度、引导时隙起始时刻、带宽/码速率	卫星通信、GSM 手机、Link4A、Link11	AM、FM、FSK、ASK、PSK
直接序列扩频码分多址(DS−CDMA)	用户数、伪码周期、伪码速率、用户电平、用户伪码、符号速率、伪码生成多项式	CDMA 手机、扩频测控网、GPS 导航 PSK	
跳频码分多址(FH−CDMA)	信号电平、频率集、跳频速率、跳频范围、各用户跳频图案、用户电平、跳时刻、带宽/码速率	跳频电台、Link16	FSK、PSK
脉冲体制	信号电平、载频、脉宽、脉冲模式、模式交错规律	塔康、敌我识别	CW

对于不同体制、不同调制样式的信号参数其测量方法也存在较大的差异，种类较多，本节将只介绍几种常见信号的常用参数估计原理和方法。

4.6.2.1 通信信号的载频测量分析

不管是宽带数字接收机，还是数字信道化接收机，其输出还需要后续的测频处理，才能得到信号的精确频率。

1. **FFT 法测频**

利用 FFT 可以对信号的频率进行粗测，也可以精测。设 FFT 长度为 N，采样频率为 f_s，则 FFT 的频率分辨率为

$$\delta f=\frac{f_s}{N} \tag{4.6.1}$$

利用 FFT 测频时，为了得到较高的测频精度，需要增加信号采集的长度。因此，精确的测频会延长处理的时间。

对信号的采样序列 $x(n)$进行 FFT，得到它的频谱序列为

$$X(k)=\mathrm{FFT}\{x(n)\} \tag{4.6.2}$$

其中心频率估计为

$$\hat{f}_0=\frac{\sum_{k=1}^{N_s/2} k\,|X(k)|^2}{\sum_{k=1}^{N_s/2} |X(k)|^2} \tag{4.6.3}$$

频域估计方法适合于对称谱的情况，如 AM/DSB、FM、FSK、ASK、PSK 等大多数通信信号。

2. **平方法测频**

对于相位调制类的 MPSK 信号，当信息码元等概率分布时，其发送信号中不包含载波频率分量。因此，对于这类信号，在进行载波频率估计前，需要进行平方(或高次方)变换，恢复信号中的载波分量。

下面以 BPSK 信号为例说明恢复载波的过程。设 BPSK 信号为

$$x(t)=\left[\sum_n a_n g(t-nT_b)\right]\cos(\omega_0 t+\varphi_0)=s(t)\cos(\omega_0 t+\varphi_0) \tag{4.6.4}$$

式中，a_n 是二进制信息码，且满足 $a_n=\begin{cases}+1, 以概率\ P\\ -1, 以概率\ 1-P\end{cases}$；$g(t)$是矩形脉冲。对信号求平方，可得

$$x^2(t)=s^2(t)\frac{1}{2}[\cos(2\omega_0 t+2\varphi_0)+1]=\frac{1}{2}[\cos(2\omega_0 t+2\varphi_0)+1] \tag{4.6.5}$$

对上式进行滤波，去除直流得

$$x_1(t)=\frac{1}{2}[\cos(2\omega_0 t+2\varphi_0)] \tag{4.6.6}$$

可见，平方后得到了一个频率为 $2f_0$的单频信号，频率为 BPSK 信号的载频的 2 倍。类似地，对于 MPSK 信号，可以对信号进行 M 次方，获得频率为 Mf_0的单频信号。对上述单频信号进行 FFT，可以实现载波频率估计。

4.6.2.2　码元速率测量

对于相位数字调制信号，信号带宽与码元速率基本相等，经常用码元速率等价描述信号带宽。延迟相乘法适用于双极性的相位调制类信号的码元速率测量，如 BPSK、QPSK、DSSS-BPSK 等信号。其估计模型如图 4.6.2 所示。图中，$s(t)$为基带信号，幅度为$\pm a$，噪声 $n(t)$为高斯白噪声，功率谱为 $N_0/2$。当输入信号 $s(t)$与其自身的延迟 $s(t-\tau)$相乘后，由此产生一个

波形为 $\omega(t)=1-s(t)s(t-\tau)$ 的输出信号，这个输出信号只会在时间间隔等于 τ 的地方等于 $2a$，而在其他地方都等于零。

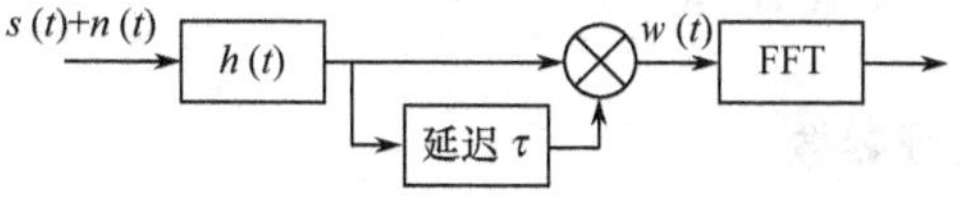

图 4.6.2　延迟相乘法码速率检测原理

图 4.6.3 中，$w(t)$等于 $2a$ 的时间间隔起始点是在该码元速率 $R=f_b$ 的整数倍处；除此之外，只要 $s(t)$在码元速率的整数倍处改变状态，则在该处 $s(t)$的值必等于 $2a$。因此，对 $w(t)$或直接对 $s(t)s(t-\tau)$作 FFT 变换，就可以在频谱中码元速率的整数倍位置产生一根离散的谱线，如图 4.6.4 所示。

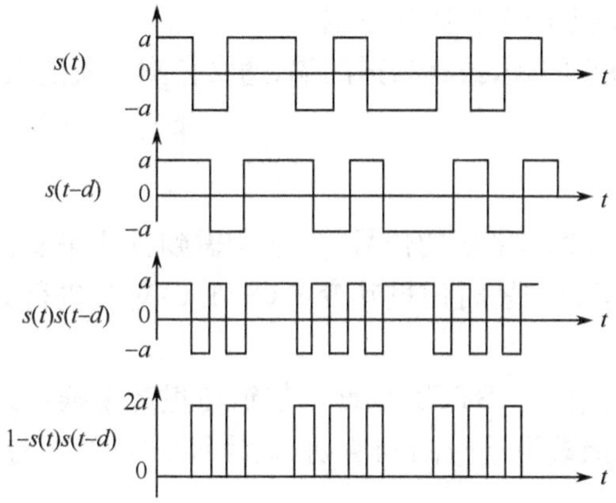

图 4.6.3　延迟相乘的波形

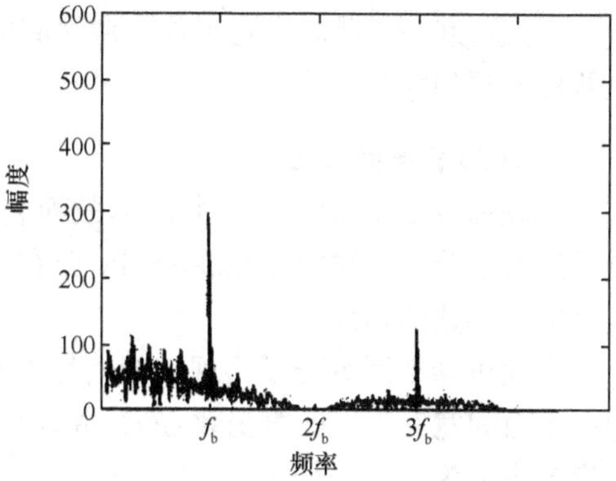

图 4.6.4　延迟相乘后信号的频谱

在进行估计时，如果输出信号在频谱中出现离散谱线，且这根谱线的幅度明显高于其临域的幅度，则认为这根谱线所在的位置对应的数值就是信号的码元速率值。

在码元速率检测时，信号首先通过滤波器 $h(t)$。最佳的滤波器 $h(t)$是匹配滤波器。然而，在码元速率检测中信号的码元速率是未知的，因此无法使用匹配滤波器。一般的做法是是信号通过频率响应为如下所示的一个矩形滤波器：

$$H(f)=U(f+B)-U(f-B) \tag{4.6.7}$$

延迟相乘法的检测性能会受到延迟量 τ 和滤波器带宽 B 的影响，当延迟量 $\tau=1/B$ 时，延迟相乘法对码元速率 R 的估计有很好的稳健性，当码元速率 R 对应的频率 f_b 在[0.6B,1.4B]范围内时都可以得到很好的检测效果。因此这种方法对于 f_b 未知的情况有很好的适应性。

虽然上述分析是在基带信号的基础上进行的，但是直接在带通信号上作延迟相乘变换也可以在码元速率处产生离散谱线。设带通信号为

$$x(t)=s(t)\cos(\omega_0 t) \tag{4.6.8}$$

其中，$s(t)$为基带信号；ω_0为截频角频率。经过滤波和延迟相乘后，得到

$$\begin{aligned} y(t)&=x(t)x(t-\tau)\\ &=\frac{1}{2}s(t)s(t-\tau)\cos(\omega_0\tau)+\frac{1}{2}s(t)s(t-\tau)\cos(2\omega_0 t+\omega_0\tau) \end{aligned} \tag{4.6.9}$$

上式中的第一项包含了因子 $s(t)s(t-\tau)$，它就是前面分析的基带信号的情况。由此可见，相乘输出在基带上和二倍载频处存在离散谱线。这样，对 $y(t)$进行 FFT 分析，就可以实现

码元速率检测。

4.6.2.3 跳频信号参数测量

1. 跳频信号的基本特征参数

每个跳频通信网台特有的基本特征参数包括以下几种。

(1) 跳频速率：跳频信号在单位时间内的跳频次数。

(2) 驻留时间：跳频信号在一个频点停留的时间，其倒数是跳频速率，它和跳频图案直接决定了跳频系统的很多技术特征。

(3) 频率集：跳频电台所使用的所有频率的集合称为频率集，其完整的跳频顺序构成跳频图案。集合的大小称为跳频数目(信道数目)。

(4)跳频范围：又称为跳频带宽，表明跳频电台的工作频率范围。

(5)跳频间隔：跳频电台工作频率之间的最小间隔，或称频道间隔，通常任意两跳的频率差是跳频间隔的整数倍。

2. 跳频信号参数估计

跳频信号由于其频率是时变的，故而它是一个非平稳的信号，由于考虑到其非平稳性，适合采用时频分析方法如 Wigner-Ville 分布(WVD)和短时傅里叶变换(STFT)对其进行分析，实现对其参数的估计。

下面讨论利用 STFT 实现跳频信号参数的估计。STFT 也称为加窗傅里叶变换，如果设定一个时间宽度很短的窗函数 $\omega(t)$，并让该窗函数沿着时间轴滑动，则信号 $x(t)$ 的短时傅里叶变换定义为：

$$\mathrm{STFT}_x(t,f)=\int_{-\infty}^{\infty}[\omega(\tau)x^*(\tau-t)]\exp(-\mathrm{j}2\pi f\tau)\mathrm{d}\tau \tag{4.6.10}$$

从式中可以发现，由于窗函数的时移性能，使短时傅里叶变换具有既是时间函数又是频率函数的局域特性，而对于某一时刻 t，其 STFT 可视为该时刻的"局部频谱"。它通过分析窗得到二维的时频分布，图 4.6.5 给出了一个典型跳频信号通过短时傅里叶变换得到时频分布。

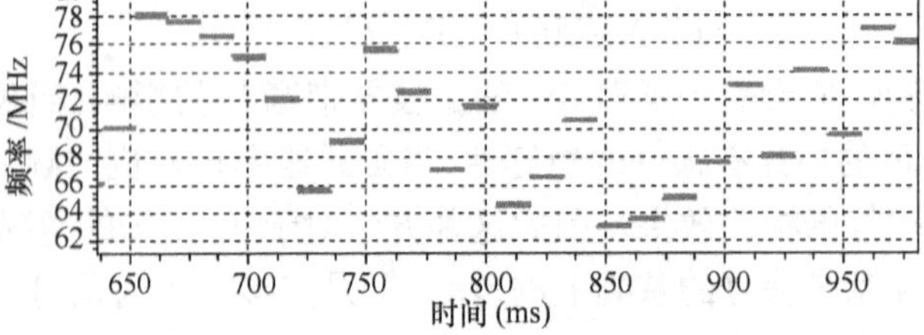

图 4.6.5　跳频信号 STFT 时频分布图

由图 4.6.5 可以看出，通过二维图上的峰值检测可以获得每跳的起始时刻、持续时间和频率值等参数。设每跳起始时刻为 t_i、频率值为 f_i，一共检测到 N 跳，则 $i=1,2,\cdots,N$。主要跳频信号参数可以通过如下方法估计。

(1) 驻留时间为：$T=\dfrac{1}{N-1}\sum\limits_{i=1}^{N-1}(t_{i+1}-t_i)$

(2) 跳频速率为：$F=\frac{1}{T}$

(3) 频率集：集合$\{f_i, i=1,\cdots,N\}$中所有间隔大于最小信道宽度的不同的频率值。

如图 4.6.5 中所示跳频信号，侦察时间段内共有 24 次完整的跳，其中 $t_1=63.81$ms，$t_2=65.20$ms，$t_3=66.59$ms，$t_4=67.97$ms，$t_5=69.36$ms，$t_6=0.7074$ms，…；$f_1=70$MHz，$f_2=78$MHz，$f_3=77.5$MHz，$f_4=76.5$MHz，$f_5=75$MHz，$f_6=72$MHz，…；频率集{70，78，77.5，76.5，75，72，…}MHz。

4.6.3　调制识别

4.6.3.1　调制识别的基本概念

通信信号的调制识别是介于信号检测和解调之间的过程，完成对侦察信号调制样式的自动识别，是通信侦察系统的重要任务之一。通信信号解调、引导干扰和获取情报信息，都需要了解信号的调制样式。目前，调制识别技术在电子对抗、软件无线电和认知无线电等领域已经有了广泛的应用。

通信信号调制识别的基本任务就是在多信号环境和有噪声干扰的条件下确定出接收信号的调制方式，确知该信号的调制参数，如信号带宽、波特率等，从而为进一步分析和处理信号提供依据。在通信对抗领域，一旦知道了调制类型，就可以估计调制参数，从而制定有针对性的侦察和干扰策略。

图 4.6.6 给出了常规通信信号的主要调制方式，这里未考虑扩谱通信信号。

其中，

SSB：单边带调幅，又可分为上边带调幅（USB）和下边带调幅（LSB）；

DSB：抑制载波双边带调幅；

VSB：残留边带调幅；

APK：幅度相位调制，包括 16QAM，64QAM 等。

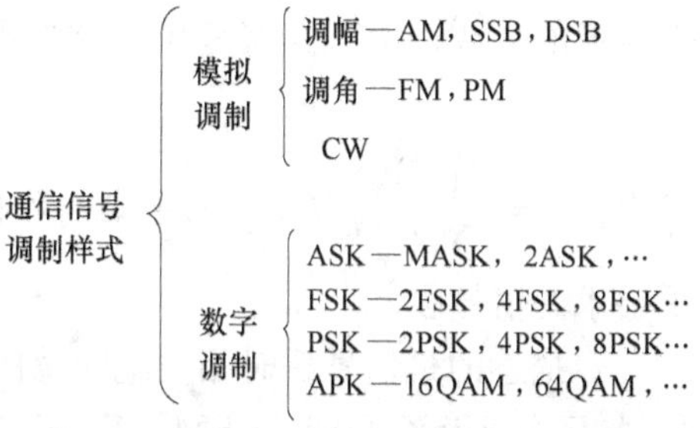

图 4.6.6　通信信号常用调制样式

通信信号调制识别方法虽然多种多样，但调制识别其实是一种典型的模式识别问题，一般过程如图 4.6.7 所示。首先进行信号预处理，通过信号分离和参数估计，得到信号的参数集。然后通过对参数集进行变换，构建最能反映分类差别的特征参数，该过程称为特征提取。最后依据事先建立的判决规则，通过将特征参数与规则设定的阈值相比较，最终分辨出信号调制类别来。在这个过程中，设计和选择可识别度最大的特征参数，建立最优的判决规则，采用优良的识别分类器结构，是成功识别的关键。

图 4.6.7　调制识别的一般流程图

4.6.3.2　特征提取和选择

特征提取是从数据中提取信号的时域特征或变换域特征。时域特征包括信号的瞬时幅度、瞬时相位或瞬时频率的直方图以及其他统计参数。变换域特征则包括功率谱、谱相关函数、时频分布及其他统计参数。对于变换域特征提取，采用 FFT 方法就能很好得获取信号特征，而幅度、相位和频率等时域特征主要由 Hilbert 变换法、同相正交分量法和过零检测法等获得。目前，调制识别常用的信号调制特征参数主要包括以下 8 个。

1. 幅度谱峰值

幅度谱峰值，即 γ_{max}定义为

$$\gamma_{max}=\max\frac{|\mathrm{FFT}[a_{on}(i)]^2|}{N_s}$$

式中，N_s 为取样点数；$a_{on}(i)$为零中心归一化瞬时幅度，由下式计算：

$$a_{on}(i)=a_n(i)-1$$

式中，$a_n(i)=\dfrac{a(i)}{m_a}$，而 $m_a=\dfrac{1}{N_s}\sum\limits_{i=1}^{N_s}a(i)$ 为瞬时幅度 $a(i)$ 的平均值，用平均值来对瞬时幅度进行归一化的目的是为了消除信道增益和信号电平的影响。

γ_{max}描述的是信号幅度变化的周期特性，该值越大说明幅度变化周期性越好，可区分幅度周期性差别大的信号，如用来区分 4PSK 与 FM、MFSK 信号。

2. 绝对相位标准差

绝对相位标准差 σ_{ap}其定义为

$$\sigma_{ap}=\sqrt{\frac{1}{C}\Big(\sum_{a_n(i)>a_t}\phi_{NL}^2(i)\Big)-\frac{1}{C}\Big(\sum_{a_n(i)>a_t}|\phi_{NL}(i)|\Big)^2}$$

式中，a_t 是判断弱信号段的一个幅度判决门限电平；C 是在全部取样数据 N_s 中属于非弱信号值的个数；$\phi_{NL}(i)$是经零中心化处理后瞬时相位的非线性分量，载波完全同步时有

$$\phi_{NL}(i)=\varphi(i)-\varphi_0$$

式中，$\varphi_0=\dfrac{1}{N_s}\sum\limits_{i=1}^{N_s}\varphi(i)$，$\varphi(i)$是瞬时相位。所谓非弱信号段，是指信号幅度满足一定的门限电平要求的信号段。

σ_{ap}描述的是信号瞬时相位绝对值的变化剧烈程度，可区分瞬时相位绝对值变与不变的信号，如区分 2PSK、DSB 与 FM、MFSK、MPSK 等。

3. 直接相位标准差

直接相位标准差 σ_{dp}，即零中心非弱信号段瞬时相位非线性分量的标准偏差定义为

$$\sigma_{dp}=\sqrt{\frac{1}{C}\Big(\sum_{a_n(i)>a_t}\phi_{NL}^2(i)\Big)-\frac{1}{C}\Big(\sum_{a_n(i)>a_t}\phi_{NL}(i)\Big)^2}$$

其中各符号的意义与绝对相位标准差相同。它与绝对相位标准差的差别是计算时不取绝对值。

σ_{dp}描述的是信号瞬时相位的变化剧烈程度，可区分瞬时相位变化不同的信号，如区分 FM、MFSK、MPSK 与 AM、MASK、VSB 等。

4. 谱对称性

谱对称性 P 的定义为

$$P=\frac{P_L-P_U}{P_L+P_U}$$

式中，P_L 是信号下边带的功率；P_U 是信号上边带的功率。

$$P_L=\sum_{i=1}^{f_{on}}|S(i)|^2,P_U=\sum_{i=1}^{f_{on}}|S(i+f_{on}+1)|^2$$

式中，$S(i)=\text{FFT}\{s(n)\}$，即信号 $s(t)$的傅里叶变换，$f_{on}=\dfrac{f_c N_s}{f_s-1}$。

P 描述的是信号功率谱的对称程度，可以用来区分信号功率谱对称性有差别的信号，如区分 LSB、USB 与 FM、MFSK、MPSK 等。

5. 绝对幅度标准差

绝对幅度标准差 σ_{aa} 是归一化零中心瞬时幅度绝对值的标准偏差，其定义与绝对相位标准差类似，即

$$\sigma_{aa}=\sqrt{\frac{1}{C}\Big(\sum_{a_n(i)>a_t}a_{NL}^2(i)\Big)-\frac{1}{C}\Big(\sum_{a_n(i)>a_t}|a_{NL}(i)|\Big)^2}$$

σ_{aa} 描述的是信号绝对幅度变化的剧烈程度，可用来区分幅度变化不同的信号，如区分不同的 ASK 信号。

6. 绝对频率标准差

绝对频率标准差 σ_{af} 是归一化零中心瞬时频率绝对值的标准偏差，其定义与绝对相位标准类似，即

$$\sigma_{af}=\sqrt{\frac{1}{C}\Big(\sum_{a_n(i)>a_t}f_{NL}^2(i)\Big)-\frac{1}{C}\Big(\sum_{a_n(i)>a_t}|f_{NL}(i)|\Big)^2}$$

σ_{af} 描述的是信号瞬时频率绝对值的变化程度，可以用来区分频率变化存在差异的信号，如区分不同的 FSK 调制信号。

7. 幅度峰值

幅度峰值 μ_{a42} 是基于瞬时幅度的统计参数，其定义为

$$\mu_{a42}=\frac{E[a^4(i)]}{(E[a^2(i)])^2}$$

式中 $a(i)$是信号的瞬时幅度；符号 $E\{\cdot\}$是统计平均。

μ_{a42} 描述的是信号瞬时幅度的统计平均，可以用来区分幅度变化连续性不同的信号，如区分 ASK 信号与 AM 信号。

8. 频率峰值

频率峰值 μ_{f42} 是基于瞬时频率的统计参数，其定义为

$$\mu_{f42}=\frac{E[f^4(i)]}{(E[f^2(i)])^2}$$

式中 $f(i)$是信号的瞬时频率；符号 $E\{\cdot\}$是统计平均。

μ_{f42} 描述的是信号瞬时频率的统计平均，可以用来区分频率变化连续性不同的信号，如区分 FSK 与 FM 信号。

4.6.3.3　分类识别

常用的判决分类器是决策树结构的分类器和神经网络结构的分类器。决策树分类器采用多级分类结构，每级结构根据一个或多个特征参数，依次分辨出某类调制类型，最终实现对多

种调制类型的识别。这种分类器结构相对简单，但自适应性差，适合对特征参数区分很好的信号进行识别。神经网络分类器则具有强大的模式识别能力，能够自动适应环境变化，且具有较好的稳健性和潜在的容错性，可获得很高的识别率，但算法实现复杂。分类识别是依据信号特征的观测值将其分到不同类别中去，选择和确定合适的判决规则和分类器结构，也是信号调制识别系统中的重要研究内容。

由 8 个特征参数构造的决策识别树如图 4.6.8 所示。通过逐层判断，最终可以识别目前常用的通信调制类型。

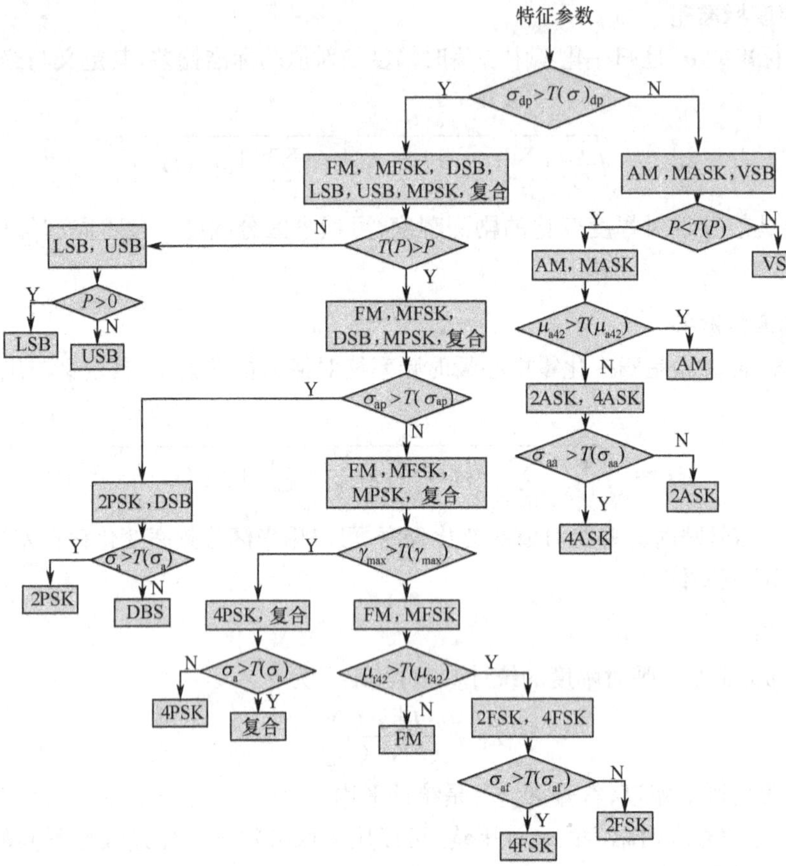

图 4.6.8　常见调制样式的决策识别树

4.6.4　跳频通信信号截获及网台分选

1. 跳频通信信号的截获

跳频通信是现代军事通信中最具代表性，也是应用最广泛的抗干扰通信体制。跳频通信发射机输出信号的载频按照通信双方事先约定的所谓“跳频图案”进行随机跳变，使得并不确知这一跳频图案的第三方很难跟随其载频变化，完成解跳和解调。跳频图案一般采用伪随机序列来产生，使信号在多个载频上随机快速跳变，所以截获跳频信号不像定频信号那么容易。为了解决这个问题，人们研究开发出了前面已介绍过的信道化接收机、数字接收机、压缩接收机、声光接收机等宽带通信侦察接收机。目前，性能较好且应用较多的是信道化 FFT 跳频通信侦察设备，其原理如图 4.6.9 所示。

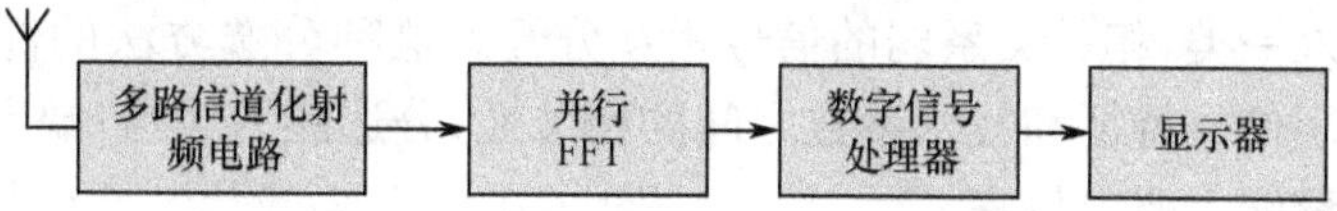

图 4.6.9 信道化 FFT 跳频通信侦察接收设备原理图

该侦察设备的前端是模拟的多路信道化射频部分，中频以后是并行 FFT 和数字信号处理部分，最后是信号输出和显示部分。

2. 对跳频通信网台的分选

在战场环境下，某一时刻同时在工作的跳频网台以及定频网台可能有很多个。如果不能把跳频网台工作的频率集一一分选，也就不能获得真正、全面的信息。因此，跳频网台的分选是对跳频通信信号分析的一项重要工作。

在跳频码未知的情况下，可采用的非正交跳频网台分选方法有到达方向分选法、时间相关法等常规分选方法。时间相关分选是利用同网台信号之间的时间相关性，对截获的信号数据进行分析处理，以获得有用参数，达到分选的目的。有用参数包括：信号到达方向、非正交跳频网数、每网的跳频速率和频率集，在搜索期间出现的所有定频信号的幅度和频率，以及某一特定频率信号在观测期间出现的次数、每次出现的起始时间（起始帧）和持续时间等。

(1) 跳频网台的到达方向分选。跳频网台的到达方向分选法的依据是：同一网台信号来波方位相同，不同方位来波信号不属同一网台。其基本思路是：实时测量出跳频信号的来波方位，把同一来波方位的跳频信号归入同一类。这种分选方法的优点是方法简单，实时性好；缺点是对侦察系统的测向能力要求较高，当不同网台信号的来波方位趋向一致或网台移动时，分选效果较差。

到达方向分选法的分选能力主要取决于跳频测向设备的测向速度和精度。测向速度直接决定该分选方法对中跳速的分辨率；测向精度直接决定该分选方法的空间分辨能力。

(2)跳频网台的到达时间分选。到达时间分选法是到达时间与驻留时间综合分选的简称，是利用同 一跳频网台信号出现时间上的连续性和跳频速率的稳定性对跳频信号进行分类的方法。其依据是：同一跳频网台的跳频信号的跳速恒定不变，且每一跳都具有相同的驻留时间和频率转换时间。

到达时间分选法的基本思路是：检测出信号在每个跳频频率上的出现时刻和消失时刻，得出频率跳变点时刻及其跳变频率的序列，以与雷达脉冲重频分选类似的方法，把跳变点时刻满足恒定增量（等于驻留时间）的信号归入一类。图 4.6.10 给出了这种方法的跳频点序列排序示意图。

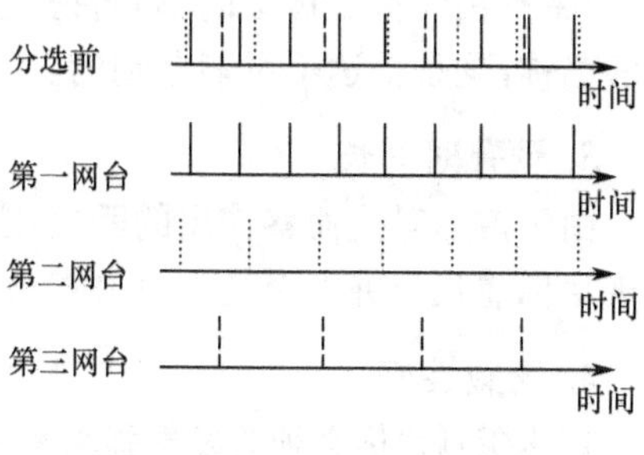

图 4.6.10 到达时间分选法的跳频点序列示意图

这种分选方法的优点是对恒跳速跳频网台分选能力较强；缺点是对侦察系统时间测量精度要求高，不具备对变速跳频网与正交跳频网的分选能力。接收系统的时间分辨率直接决定着分选能力。

(3) 跳频网台的综合分选法。综合分选法是综合利用跳频信号来波方位、到达时间、驻留时间、跳跃相位和信号幅度等信号特征和技术参数之间的关系对跳频信号归类的分选方法。这种分选方法的基本思路是：按照同一跳频网信号之间的相关关系来实现信号分类。即有相关关系的信号归入一类，相关关系弱的信号相互分开。这种分选方法的优点是综合利用了跳频信号的所有可用信号特征和技术参数之间的相关性，分选能力较强；缺点是对侦察系统的信号技术参数的测量能力要求较高。

尽管从理论上讲，综合分选法可以极大提高网台分选的成功率，但因受各种客观条件的制约，目前实际的跳频侦察系统还无法完全解决跳频网台分选问题，尤其是对变跳速和自适应跳频网台的分选。跳频网台分选技术仍是制约跳频通信侦察及干扰的重要技术问题。近年来，人们采用一些先进的信号处理技术，如周期谱、小波变换等，应用于跳频信号的特征提取研究，此外还有采用非线性时频分布来研究跳频信号网台分选的方法，这些算法与理论成为目前跳频网台盲分选处理的研究热点。

4.7　电子对抗侦察系统

4.7.1　电子对抗侦察的特点

1. 作用距离远

雷达接收的是目标回波，回波是极其微弱的。雷达对抗侦察设备是单程接收雷达发射的直射波。用较简单的接收机，可获得较远的侦察距离。例如，直接检波式接收机，就可以得到比雷达远的侦察距离，从而使雷达侦察机远在雷达作用之外就能提前发现带雷达的目标。如果采用射频放大式接收机和超外差式接收机，则侦察距离更远。用高灵敏度的超外差接收机可以实现超远程侦察，用以监视敌远程导弹的发射。

2. 获取目标信息多

一般雷达只能根据目标回波获得目标距离、方位等数据，有经验的操纵员还可以根据回波强弱和波形跳动的规律确定目标的大小和性质。雷达对抗侦察设备则可以测量雷达信号的很多参数，根据这些参数准确地判定目标的性质，例如飞机类型。甚至利用雷达参数的微小区别，对带有相同型号雷达的不同目标进行区分并识别，例如识别同类型的舰艇以至直接指出舰艇的名称，这是雷达不可能办到的。

3. 预警时间长

由于雷达对抗侦察作用的距离比雷达的作用距离远，从而比雷达发现目标早，可以在雷达发现目标前几分钟以至几十分钟发现目标。这样一段时间，用于战斗准备，是十分宝贵的。

4. 隐蔽性好

雷达探测目标必须要发射强功率信号，从而暴露了自己。雷达对抗侦察设备自己不发射电波，而是靠侦收雷达的信号发现带雷达的目标，因而具有高度隐蔽性，这在战争中是非常有利的。

4.7.2　电子对抗侦察系统类型

为了适应不同的作战任务，电子对抗侦察系统具有多种类型。

1. 电子对抗支援侦察系统

这种侦察系统用于要求立即采取行动的战术目的，其功能是实时发现和搜集军用电磁信号，分析战区内重要电磁威胁的类型，并对其定位，连续监视战场电子装备的状态、部署情况，形成战场的完整电磁态势，为实施电子战任务和其他战术任务提供依据。其特点是宽频带、全方位、反应快，具备精确测频、测向及辐射源识别和定位的各种侦察能力，主要装载于电子战飞机、军舰、地面干扰站，常与电子干扰设备组成综合系统。为了快速识别威胁辐射源，在执行任务之前，系统需根据已经掌握的电子情报装载电子作战序列的威胁数据库。

2. 告警接收机

雷达或光电告警接收机是专门用于武器平台自卫的一种电子对抗支援侦察系统，装载于飞机和军舰等武器系统平台上，为这些高价值平台提供自卫告警能力。告警接收机的主要功能是通过截获接收雷达信号或目标光电辐射，及时发现敌方制导雷达、导弹寻的雷达和光电寻的制导武器等对我方武器平台威胁等级高的辐射源，并在威胁时刻向驾驶或操作人员发出警报，以便采取相应的行动，避免造成严重后果。在性能上，告警接收机注重快速反应和对威胁的准确识别能力，在告警方式上除了采用常规的威胁态势显示之外，还考虑到作战人员的方便，采用声音报警、语音语言报警、配合闪光的视觉警报来提高告警的质量。

3. 电子对抗情报侦察系统

情报侦察的主要任务是收集雷达的辐射信号，经过处理产生关于兵力部署和新装备战术性能的分析情报，一般在执行特定任务之前和和平时期在常规条件下完成。侦察的数据可以记录下来，供事后详细分析，侦察的重点是那些还没有被掌握的新雷达信号，并由懂得雷达技术的专家根据信号的参数特点来推测新雷达的功能和性能。因此它需要更精确的信号参数测量，包括一些细小的区别，更关注那些数据库里没有的威胁。情报侦察系统主要装备于地面情报侦察站、电子侦察测量船、电子侦察飞机和电子侦察卫星等装备中。

雷达设备制造上的个体差异体现在它的信号调制特性的微小的差别上，即使是同一种型号的雷达，这种差异也会存在，就像每个人的指纹各不相同，因此对信号的细微特征分析也称为“指纹”分析。通过“指纹”分析，可以识别每部雷达各自的“身份”，从而掌握雷达布置的变动情况，提供有关军事布置的重要情报。

4.7.3　电子对抗侦察装备

目前典型的电子对抗侦察装备系统包括以下几种。

1. 雷达告警器

早期的雷达告警器很简单，基本上由晶体视频接收机和模拟式信号处理器组成，如美军机载 AN/APR-25 雷达告警器，其测向精度低，信号处理能力有限，缺少对雷达辐射源类型和用途的识别能力。之后，随着数字信号处理技术代替模拟技术，雷达告警器的信号分析能力大大增加。目前，典型雷达告警器是美军装在 F-16、F-4、A-4 等作战飞机上的机载雷达告警器 AN/ALR-69(V)。它采用宽带晶体视频接收机、窄带超外差接收机和低频段接收机相结合的体制，提高了装备的测频精度，在 CP-1293 高速威胁处理机控制下工作，可现场重编程，有很高的电磁信号环境适应性。该装备可与有源和无源雷达干扰装备兼容，控制它们施放，具有识别多参数捷变和连续波雷达信号的能力，能同时显示多个雷达辐射源的方向、类型和威胁等级。

2. 电子侦察飞机

由于飞机飞行海拔高，接收信号范围广，电子侦察实施可灵活控制，因此很早成为电子侦察的重要手段。目前，典型的电子侦察飞机包括美空军的 RC-135V/W“铆钉”和美海军的 EP-3E“白羊座”。美国空军 RC-135V/W 电子侦察飞机上装有 AN/ASD-1 电子情报侦察装备，

AN/ASR-5 自动侦察装备，AN/USD-7 电子侦察监视装备和 ES-400 自动雷达辐射源定位系统等。其中 ES-400 定位系统，能快速自动搜索地面雷达，并识别出其类型和测定其位置；能在几秒钟内环视搜索敌方防空导弹、高炮的部署，查清敌方雷达所用的频率、测出目标的坐标，为 AN/AGM-88 高速反辐射导弹指示目标。美国海军 EP-3E 情报侦察飞机上装有 AN/ALR-76、AN/ALR-78 和 AN/ALR-81(V)等情报支援侦察装备。其中 AN/ALR-76 的工作频率是 0.5～18GHz，采用 8 副螺旋天线，两部高灵敏度接收机和比幅单脉冲测向技术，可在密集信号环境中判别、跟踪、分类、定位和报告雷达辐射源的特征；能截获连续波、多频及均匀可调以及可脉间随机重调等新型雷达信号。它除了提供告警外，还可利用告警信号控制无源雷达干扰投放系统投放干扰物。

3. 电子侦察船

舰载电子侦察的历史由来已久，典型案例是 1962 年美海军电子侦察船“玛拉”号在加勒比海截获到古巴不寻常的雷达信号，从而引发“古巴导弹危机”。目前，美国海军拥有电子侦察船 30 余艘，在世界各大洋和海域进行间谍活动，对别国的军事部署以及雷达、通信、武器系统的部署配置、工作性能参数等情报信息进行侦收、记录和分析。典型的舰载电子战支援侦察系统是美海军 AN/SLQ-32(V)2 系统。它由介质透镜馈电的多波束天线阵，瞬时测频和多路晶体视频接收机以及信号处理器构成。天线可形成许多各自独立的、相互邻接的高增益天线波束，用于监视来自不同方向的雷达信号。该系统具有可重编程能力，可适应每秒 100 万脉冲的密集信号环境。能处理重频捷变、重频参差等复杂信号；能识别出威胁雷达的类型、功用及工作状态并立即将有关信息送往终端，向操作手提供告警及启动无源干扰发射系统。该系统的主要功能是对付各种雷达制导反舰导弹以及目标指示和导弹发射等支援雷达，用于监视电磁环境、雷达情报收集、威胁告警和启动无源干扰发射系统，保护舰艇安全。

4. 电子侦察卫星

美国非常重视侦察卫星的发展，卫星电子侦察已成为美国全球战略侦察的重要手段，美国每年都保持一定数量的电子侦察卫星在太空工作，每时每刻都在监视和搜集世界各地的情报信息。在海湾战争中，美国用于军事情报的侦察卫星有 74 颗，其中电子侦察卫星有 32 颗，这些侦察卫星在海湾战争中发挥了重大作用。电子侦察卫星具有很多的优点，卫星的侦察覆盖面积大、侦察范围广、侦察速度快、能迅速完成侦察任务，并可连续和定期监视某一个地区，而且侦察效果好，侦察“合法化”，卫星在外层空间飞行，有超越国界和领空的自由，不存在侵犯别国领空和不受防空武器攻击威胁等问题。

5. 投放式侦察设备

美国和前苏联陆军都很重视发展和使用投掷式侦察设备。其最大优点是能投放到敌后方军事要地进行侦察。并能及时侦收、记录、转发敌方军事电子装备和军事行动等重要情报信息。美国曾在我国新疆地区某重要基地附近投放过这种投掷式侦察设备，侦收我国重要基地的通信、雷达、遥控遥测等电子情报信息。投掷式侦察设备具有良好的伪装，它可伪装成花草、树木、大石头等物体。美国投放到我国新疆某重要基地的投掷或侦察设备，就是伪装成一块大石头，其伪装很难被人发现，因此，这种投掷式侦察设备，也是现代战场上的一种重要侦察手段。

习题四

1. 典型雷达侦察系统由哪些部分组成，各部分输出什么参数？

2. 已知某雷达与侦察机之间的初始距离为 25364m，侦察机的测时脉冲周期为 $0.1\mu s$，若以雷达发射时刻为计时起点，假设雷达的重复周期(PRI)是 $800\mu s$。

(1) 试求侦察机对其第一个发射脉冲的 TOA 计数值；

(2) 如果该雷达与侦察机之间具有 500m/s 的相对运动速度，试求侦察机对其第二、五、十个发射脉冲的 TOA 计数值；

(3) 如果脉冲的上升沿为 50ns，输入信噪比为 14dB，试求 TOA 测量的均方根误差。

3. 雷达脉冲描述字主要由哪些参数组成？雷达脉冲描述字中那些不是雷达本身固有的参数？

4. 在雷达侦察信号处理的哪个阶段导出脉冲重复周期 PRI？

5. 信号分选的目的是什么？常用的分选参数有那些？

6. 信号识别和辐射源识别有何差异？两者之间有何关系？

第5章　电子干扰原理与技术

5.1　电子干扰概述

5.1.1　电子干扰的分类

电子进攻可以分为软杀伤和硬杀伤两大类技术手段。软杀伤即通常所说的电子干扰。电子干扰是指利用辐射、散射、吸收电磁波(或)声波能量,来削弱或阻碍敌方电子设备使用效能的战术技术措施。

电子干扰一般不会对干扰对象造成永久的损伤,仅在干扰行动持续时间内,使得干扰对象的作战能力部分或全部丧失,一旦干扰结束,干扰对象的作战能力可以恢复。

电子干扰的基本技术是制造电磁干扰信号,使其与有用信号同时进入敌电子设备的接收机。当干扰信号足够强时,敌接收机无法从接收到的信号中提取所需要的信息,电子干扰就奏效了。

电子干扰技术是干扰敌方接收机而非发射机。为了使干扰奏效,干扰信号必须能够进入敌接收机——进入天线、滤波器、处理门限等。也就是说,在确定干扰方案时,必须考虑干扰信号发射机和敌方接收机之间的距离、方向,以及干扰信号样式对敌电子设备可能产生的效应等,才能保证干扰的有效性。

电子干扰的分类方法有多种,按照被干扰的信号类型,可以分为雷达干扰、通信干扰、光电干扰和导航干扰等;按照干扰的作用机理,可以分为压制干扰和欺骗干扰;按照干扰的战术使用目的和空间几何位置可以分为自卫干扰和支援干扰;按照干扰能量的来源,可以分为有源干扰和无源干扰;诱饵是一种独特的自卫电子干扰。

1. 雷达干扰与通信干扰

雷达干扰(Radar Jamming)是利用雷达干扰设备或器材辐射、散射(反射)或吸收电磁能,破获或削弱敌方雷达对目标的探测和跟踪能力的电子干扰措施。常规雷达有发射机和接收机,以及收发共用的天线,接收机采用匹配滤波等处理手段接收并检测目标回波,判断目标的位置和速度,并跟踪目标。而雷达干扰机发射压制干扰或欺骗干扰信号,阻止敌方雷达对己方目标的探测和跟踪。雷达干扰示意图如图5.1.1所示。

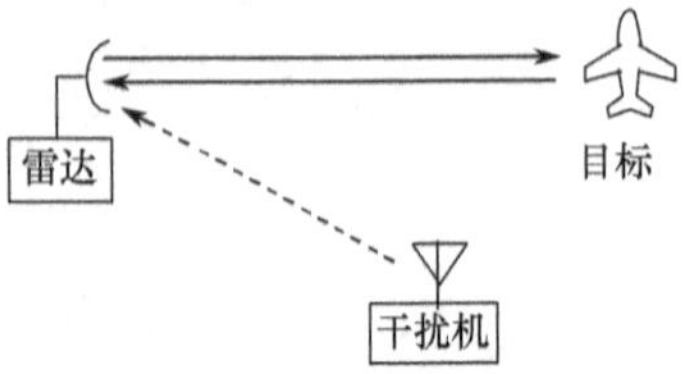

图5.1.1　雷达干扰示意图

通信干扰(Communication Jamming)是指利用通信干扰设备发射专门的干扰信号,破坏或扰乱敌方无线电通信设备正常工作能力的电子干扰措施。通信干扰通常采用噪声调制压制干扰方式干扰战术通信的HF、VHF和UHF信号,以及点对点的微波通信或远距离数据链路。如图5.1.2所示,敌通信接收机在接收通信发射机发射的通信信号的同时,也接收干扰机发射的干扰信号,并且,干扰信号的功率足够强大,不仅能够进入敌方的方向性天线,而且进入接收处理系统,有效抑制期望信号,使传输的信息产生不同程度的损失或得到虚假的信息。

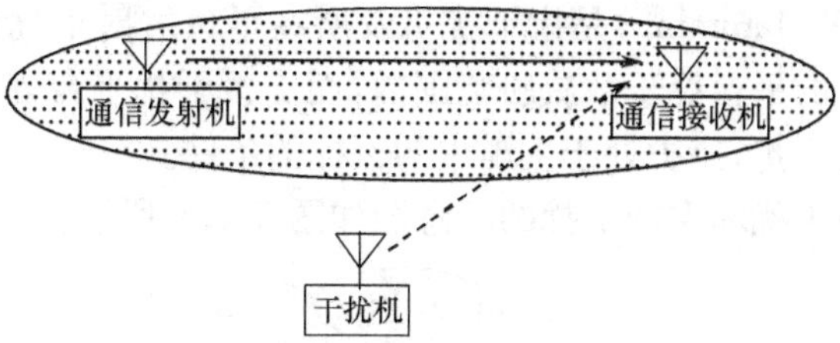

图 5.1.2　通信干扰示意图

2. 压制干扰与欺骗干扰

压制干扰(Cover Jamming)就是用噪声或近似于噪声的干扰信号淹没期望信号,以阻止接收机从期望信号中获取信息。压制干扰又被称为遮蔽干扰。压制干扰在雷达显示器产生的效果如图 5.1.3 所示。

图 5.1.3　压制干扰在雷达显示器产生的效果示意图

欺骗干扰(Deceptive Jamming)是用干扰信号混淆期望信号,使雷达对目标的距离、方位和速度等做出错误的判断。欺骗干扰效果示意图如图 5.1.4 所示。

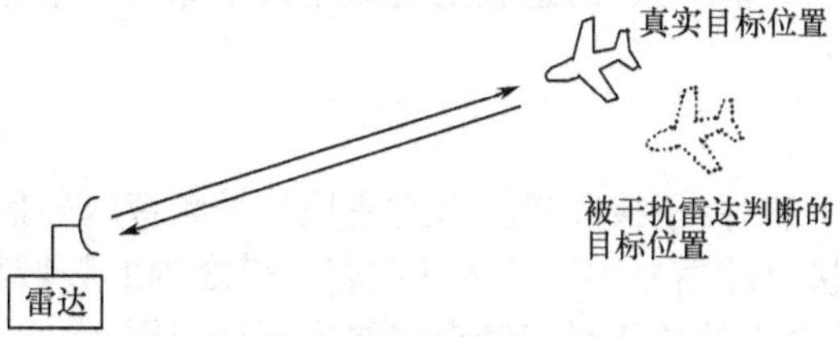

图 5.1.4　欺骗干扰效果示意图

3. 自卫干扰与支援干扰

自卫干扰(Self-protection Jamming)是指发射干扰信号的干扰机所在的平台正处于敌雷达的探测和跟踪中,因此主要考虑干扰机处于雷达主瓣的情况。干扰的目的是摆脱敌方的跟踪以及后续的攻击。

支援干扰(Stand-Off Jamming)是指干扰机及所在平台发射干扰信号是为了保护其他的作战平台,通常,被保护的平台处于敌威胁范围内,而支援干扰平台处于安全区。因此通常需要满足在雷达旁瓣实施干扰,掩护处于主瓣中的目标的条件。

在雷达对抗中自卫干扰和支援干扰的示意图如图 5.1.5 所示。

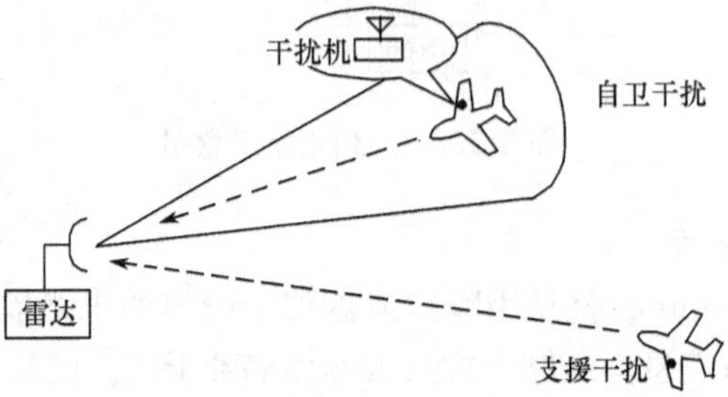

图 5.1.5 自卫干扰与支援干扰示意图

4. 有源干扰与无源干扰

有源干扰(Active Jamming)是指有意发射或转发电磁波,对敌方接收机进行干扰。

无源干扰(Passive Jamming)是指利用物体对电磁波的散射、反射、折射或吸收等现象产生的干扰。

5. 诱饵

诱饵(Decoys)是一种特殊的雷达干扰技术,对雷达接收机而言,诱饵比真实目标“更像”目标。区别其他干扰技术,诱饵并不直接干扰雷达探测和跟踪过程,它只是将雷达的“注意力”从真实目标上“吸引”到自身上,使雷达截获、攻击诱饵或转移其跟踪焦点。

5.1.2 电子干扰的有效性

由于无线电信号传播具有开放性,雷达、通信等接收机在接收有用信号的同时也接收到其他信号,于是对欲接收信号产生了干扰。作为有意而为的电子干扰,为了达到预想的效果,也即有效地实现干扰,干扰信号必须能够很好地被接收机接收并产生影响。但通常所有接收机都是针对自己要接收的信号设计的,也就是说,接收机对于它要接收的信号具有最好的接收性能。因此,要想使干扰信号有效地影响接收机,就应该使传播到达接收机的干扰信号具备对被干扰的接收系统产生影响的基本条件,这就是有效干扰的条件。有效干扰的基本条件包括如下几个。

1. 频域覆盖

从信号接收的过程可知,由于接收机具有对有用信号频带以外信号很强的抑制能力,一个干扰信号只有具有与欲接收的信号同时落入接收机通带之内的频域特性,才能被接收机接收。一般情况下,如果进入接收机的总能量或者合成幅度不是特别大,它们就会在接收机的线性部分被进行相同的处理,如放大、滤波和变换等,进入接收机接收频带内的干扰信号就将对信号接收产生扰乱作用。因此,干扰信号的频率域特性首先应该是其频率成分能够落入接收机通带。通常情况下,为顾及频率瞄准误差的影响,干扰信号的带宽大于接收机通带,这时就需要把干扰的带外损失考虑到干扰机的总输出功率中。

2. 时域覆盖

信号的时域覆盖,是指干扰信号的存在时间必须与对象信号相关,或者说是相重合,只有它们同时作用于接收机，才能对接收信号产生干扰作用。因此干扰时间要选择恰当，干扰引导响应时间要短。具有距离跟踪能力的雷达只允许目标距离波门内的信号进入接收机的后续处理，因此在对其实施脉冲干扰时，干扰信号的时间控制需要精确到距离波门宽度的量级。

3. 空域覆盖

空域覆盖反映的是电磁场强度相对被干扰对象的空间分布条件，指干扰的电磁辐射能量集中覆盖于被干扰接收天线所在的空间位置。通常有两种途径实现这一条件，一是将干扰发射天线的主波束覆盖被干扰接收天线所在的空间位置，这样才有足够的干扰电磁能量集中到预计的被干扰方向；二是将干扰发射机置于被干扰天线的附近，降低远距离传播带来的损失，使其处于强干扰中心区，此时可以采用非定向天线。

当对传统收发天线共用的单基地雷达干扰时，雷达所在的方向可以通过对其发射信号测向获知，因而能够较准确地将干扰主波束指向该雷达，从而避免在其他空域方向无谓损失能量。但对许多战术通信系统干扰时，通常无法或不能准确获知收信机所在的方位，因此干扰发射天线通常采用宽波束，这样带来的空域能量损失必须在功率设计时考虑到。对于需要干扰不同方向的多个目标的任务，最初也是采用宽干扰波束，随着发射天线技术的发展，多波束技术的采用使得干扰机可以将能量集中于几个确定的方向，大大提高了发射功率的空域利用率。

4. 能量域覆盖

一个干扰信号对于某一接收方式的某种信号接收能否构成干扰，最根本的条件是进入接收机的干扰是否具有足够的能量。前述的频域、时域和空域条件最后都体现到干扰信号在进入接收机的能量。当这个能量足够大时，较差的干扰样式也会破坏信号的正常接收。干扰能否奏效在大多数情况下并不取决于干扰能量的绝对值，而取决于干扰和信号能量的相对值。

除了这些域之外，还有其他如极化域、干扰样式等也要满足要求，才能实现有效干扰。对于干扰信号特性的要求是多维的，各维之间是相互联系的，并非完全独立。

在干扰的实际应用中，评估干扰有效的准则有：

(1) 信息损失准则

信息损失准则是评估干扰效果的基本原则之一，可用来描述干扰现象、干扰效果和干扰有效性。信息损失表现为有用信号被覆盖、模拟和产生误差，甚至中断信息输入等。

信息损失准则采用香农信息论原理定量描述干扰前后的信息量变化。用于雷达干扰可确定描述干扰效果的参数，如最小干扰距离、压制扇面、参数测量误差等。用于通信干扰可与误码率等建立定量的关系。

(2) 功率准则

由于雷达、通信系统的性能，如检测概率、误码率等与其接收机输入端的信干比（信号与干扰功率比）有确定的关系，因此根据信号与干扰的功率量值可以定量评估干扰的效果。

(3) 战术运用准则

可以根据战术运用效果下降的程度来评估干扰的有效性。战术运用准则是评价武器优劣和作战行动策略有效性的准则。战术运用准则是极其通用的准则，既可以用于干扰，也可以用于雷达、通信系统，还可以用于其他军事领域。

评估干扰效果的基本方法是考察被干扰设备分别在施加干扰前后其性能指标的变化，因此具体的评测指标既与被干扰对象的类型有关，也与干扰机理和希望达到的效果有关。评估可以针对单项指标，也可以针对综合性指标，这取决于评估的目的。对于压制性干扰，可以采用功率准则来衡量其效能，而对于欺骗性干扰，除了需满足必要的功率要求之外，更重要的是衡量对携带虚假信息的信号的误判概率、对引起测量误差的偏差量大小等。

5.2 干扰方程

5.2.1 雷达干扰方程与有效干扰区

只有与受干扰的敌雷达接收机关联起来，才能知道干扰机的干扰效果，即必须考虑干扰机和敌接收机之间的距离、方向关系以及敌雷达接收机有用信号样式等，才能保证干扰的有效性。

干扰方程就是通过干扰有效条件，建立干扰机、雷达和目标三者之间的空间能量关系。它是设计干扰机时进行初始计算以及选取整机参数的基础，同时也是确定干扰效果和有效干扰空间的依据。

干扰效果通常用有效干扰功率(即进入敌接收机的干扰信号功率)与有用信号功率(即敌接收机期望接收的信号功率)的比值来表述，称为干扰一信号比，或干信比(J/S)。

5.2.1.1 接收机接收的有用信号功率

对一般雷达而言，发射机和接收机在同一位置，如图 5.2.1 所示，雷达在主瓣方向接收到目标回波。由雷达方程可得，雷达接收的目标回波信号功率 P_{rs} 为

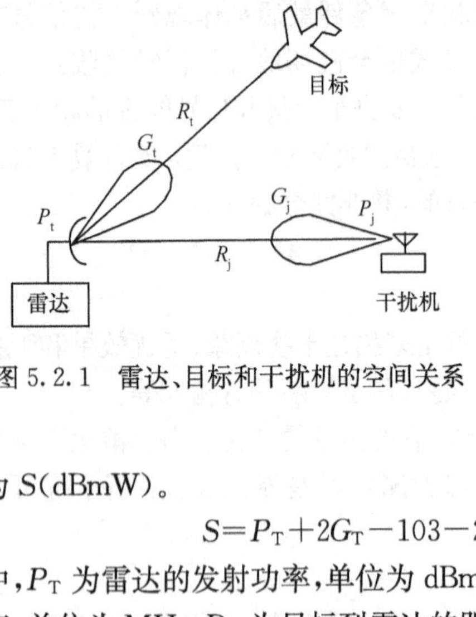

图 5.2.1 雷达、目标和干扰机的空间关系

$$P_{rs}=\frac{P_t G_t \sigma A}{(4\pi R_t^2)^2}=\frac{P_t G_t^2 \sigma \lambda^2}{(4\pi)^3 R_t^4} \tag{5.2.1}$$

式中，P_t 为雷达的发射功率，G_t 为雷达天线主瓣增益，A 为雷达天线的有效面积，σ 为目标的雷达截面积，R_t 为目标与雷达之间的距离，λ 为信号波长。

进入接收机的目标回波信号功率 P_{rs} 也可以采用分贝的形式写出如下(各项均采用 dB 值)，且记为 S(dBmW)。

$$S=P_T+2G_T-103-20\log(F)-40\log(D_T)+10\log(\sigma) \tag{5.2.2}$$

式中，P_T 为雷达的发射功率，单位为 dBm；G_T 为雷达天线主瓣增益，单位为 dB；F 为雷达工作频率，单位为 MHz；D_T 为目标到雷达的距离(为了不引起混淆，在 dB 计算方式中，距离采用大写字母 D，后同)，单位为 km；σ 为目标的雷达截面积，单位为 m^2。

5.2.1.2 接收机接收的干扰功率

不同于雷达有用信号，干扰信号到达雷达接收机是单程传输的。除非接收机采用全向天线，否则信号从天线获得的增益将随干扰信号到达方向的变化而变化。

如图 5.2.1，雷达接收的干扰功率 P_{rj} 为

$$P_{rj}=\frac{P_j G_j}{4\pi R_j^2}A'\gamma_j=\frac{P_j G_j G'_t \lambda^2 \gamma_j}{(4\pi)^2 R_j^2} \tag{5.2.3}$$

式中，P_j 为干扰机的发射功率；G_j 为干扰机天线增益；R_j 为干扰机与雷达之间的距离；γ_j 为干扰信号相对雷达天线的极化损失；G'_t 为雷达天线在干扰机方向上的增益，$A'=\frac{\lambda^2}{4\pi}G'_t$。

进入接收机的干扰功率也可以采用下式来近似计算(各项均采用 dB 值)：

$$J=P_J+G_J-32-20\log(F)-40\log(D_J)+G_{RJ} \tag{5.2.4}$$

式中，P_J 为干扰机发射功率，单位为 dBm；G_J 为干扰机天线增益，单位为 dB；F 为雷达工作频率，单位为 MHz；D_J 为干扰机到雷达的距离，单位为 km；G_{RJ} 为干扰机方向的雷达天线增益，单位为 dB。

5.2.1.3 雷达干扰方程

由式(5.2.1)和式(5.2.3)可以得到雷达接收机输入端的干扰信号功率和目标回波信号功率比值，即

$$\frac{P_{rj}}{P_{rs}}=\frac{P_jG_j}{P_tG_t}\cdot\frac{4\pi\gamma_j}{\sigma}\cdot\frac{G'_t}{G_t}\cdot\frac{R_t^4}{R_j^2} \tag{5.2.5}$$

这个比值被称为干信比(J/S)。当然，接收机还有内部热噪声 $N(N=kT_0B_rF)$，当噪声干扰信号的功率密度远远大于热噪声的功率密度，接收机的信噪比就可认为是 S/J。

仅仅知道雷达接收机的输入干信比，还不能说明干扰是否有效，干信比仅指出了干扰信号到达接收机处的相对强度，不同体制、性能雷达的接收机在相同输入干信比条件下其输出会产生不同的干扰效果，因此还必须用一个与雷达性能相关的指标与干信比关联起来，从而来衡量一定干信比条件对这部雷达干扰的效果。

衡量雷达的目标检测性能的一个重要指标是检测概率 P_d，对于一部特定的雷达，它与接收机信噪比有着确定的数值关系，用 P_d 作为干扰效果衡量标准，就能建立起与输入干信比的关系。根据作战实际，普遍将 $P_d\leqslant 0.1$ 作为干扰有效的标准，并将此时在雷达接收机输入端的干信比定义为压制系数 K_j，即

$$K_j=\left.\frac{P_j}{P_s}\right|_{P_d=0.1} \tag{5.2.6}$$

为了有效干扰，雷达接收机的干信比必须大于压制系数 K_j，即

$$\frac{P_{rj}}{P_{rs}}=\frac{P_jG_j}{P_tG_t}\cdot\frac{4\pi\gamma_j}{\sigma}\cdot\frac{G'_t}{G_t}\cdot\frac{R_t^4}{R_j^2}\geqslant K_j \tag{5.2.7}$$

式(5.2.7)就是基本干扰方程。显然，基本干扰方程是保证实施干扰有效的条件。干扰方程(5.2.7)可应用于远距离支援干扰、旁瓣干扰，以及干扰机对固定目标的掩护等各种情况，从而评测干扰机所需的功率式压制区的范围。

压制系数 K_j 的大小，受干扰信号样式、雷达体制和信号接收处理方式等因素影响，从 0～40dB(甚至更高)变化。干扰信号样式与雷达信号处理方式越不匹配，所需的压制系数越高，即认为干扰效果越不理想。在多数较匹配的情况下，压制系数的典型值取为 $K_j=10$dB。

在自卫干扰情况下，$G'_t=G_t$，$R_j=R_t=R$，则得自卫干扰方程

$$\frac{P_jG_j\gamma_j}{P_tG_t\sigma}\cdot 4\pi R^2\geqslant K_j \tag{5.2.8}$$

5.2.1.4 烧穿距离

烧穿距离(Burn-through Range)是电子干扰中很重要的一个概念，用它从距离上衡量干

扰的能力。烧穿发生在干信比降低到压制系数,被干扰的接收机恰好可以正常工作的时刻。在雷达干扰中,烧穿距离是指雷达刚刚具备目标检测能力时,从雷达到目标的距离。

先分析一下自卫干扰情况下的烧穿距离,根据自卫干扰方程式(5.2.8)可得

$$R \geqslant \left(\frac{K_j}{\gamma_j} \cdot \frac{P_t G_t \sigma}{4\pi P_j G_j}\right)^{1/2} \triangleq R_0 \tag{5.2.9}$$

R_0 即是烧穿距离。由式(5.2.9)知,当干扰机用做点目标(飞机、军舰等)自卫时,在目标离雷达的距离 $R>R_0$ 的空间都满足干扰方程,这些区域都是有效干扰区,称为压制区。$R=R_0$,是压制区的边界。$R<R_0$ 的区域,干扰功率不满足干扰方程,即不能有效地遮盖目标回波信号,称为暴露区。

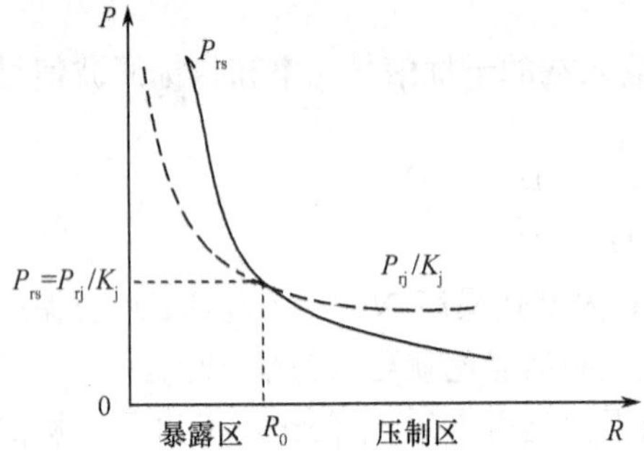

图 5.2.2　自卫干扰时的功率关系

图 5.2.2 示出了目标信号功率和干扰功率的曲线。其中目标信号功率与距离呈 4 次方增加的,而干扰功率则由于只有单程传播,是二次方的关系。它们曲线的交点就是最小干扰距离 R_0。当小于这个距离,目标就能够从干扰中被雷达发现,因此这个距离就是雷达的烧穿距离。

烧穿距离 R_0 同样适用于支援干扰,表示雷达信号开始压倒干扰信号的距离。如图 5.2.3 所示,雷达探测目标的过程中,受到了一部支援干扰机的干扰,可探测范围压缩为图中的“心”形。“心”形探测区的边界,就是雷达的烧穿距离 R_0。对干扰机而言,烧穿距离以内,为暴露区;反之,为压制区。

在通信干扰中,有时也用烧穿距离的概念。在这种情况下,烧穿距离是指存在特定干扰时通信链路的有效距离(发射机到接收机的距离),在此距离上,接收机刚好有足够的信噪比从有用信号中解调并恢复需要的信息。

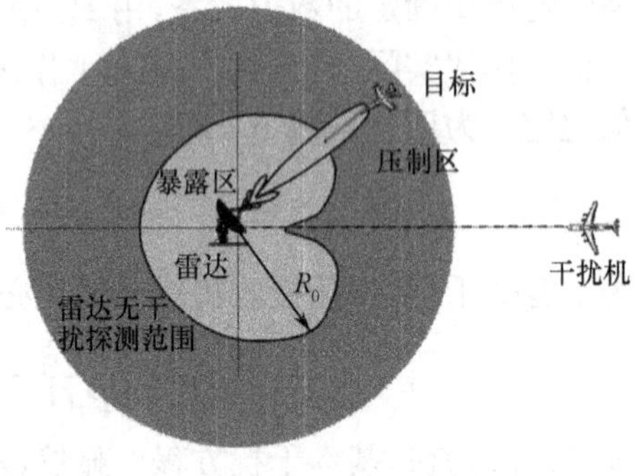

图 5.2.3　支援干扰情况下的烧穿距离

【例 5.1】 干扰机功率为 1kW,其天线增益为 20dB,干扰机距离雷达 40km 且位于雷达天线的 0dB 副瓣方向(见图 5.2.3)。雷达发射功率为 1kW,天线增益为 30dB,其压制系数 $K_j=10$dB;目标的 RCS 为 $10m^2$。忽略干扰信号相对雷达天线的极化损失,计算雷达的烧穿距离。

解法一: 根据干扰方程(5.2.7),在雷达烧穿距离 R_0 处满足

$$\frac{R_j G_j}{P_t G_t} \cdot \frac{4\pi}{\sigma} \cdot \frac{G'_t}{G_t} \cdot \frac{R_0^4}{R_j^2} = K_j$$

其中,

$$G_j = 10^{20(\text{dB})/10} = 100$$

$$G_t = 10^{30(\text{dB})/10} = 1000$$

$$G'_t = 10^{0(\text{dB})/10} = 1$$

$$K_j = 10^{10(\text{dB})/10} = 10$$

则
$$R_0=\left[K_j\cdot\frac{P_tG_t}{P_jG_j}\cdot\frac{G_t}{G'_t}\cdot\frac{\sigma}{4\pi}\cdot R_j^2\right]^{\frac{1}{4}}$$
$$=\left[10\cdot\frac{1000\cdot1000}{1000\cdot100}\cdot\frac{1000}{1}\cdot\frac{10}{4\pi}\cdot40000^2\right]^{\frac{1}{4}}\approx3.36\text{km}$$

解法二：采用 dB 计算，在支援干扰条件下，根据式(5.2.2)和式(5.2.4)，可得
$$J/S=71+P_J-P_T+G_J-2G_T+G_{RJ}-20\log(D_J)+40\log(D_T)-10\log(\sigma)$$
当 J/S 下降至 K_J，雷达探测目标的距离 D_T 达到烧穿距离 D_0，分别将 K_J、D_0 代入上式，整理后，可得
$$40\log(D_0)=K_J-71-P_J+P_T-G_J+2G_T-G_{RJ}+20\log(D_J)+10\log(\sigma)\tag{5.2.10}$$
烧穿距离为
$$D_0=10^{\left(\frac{40\log(D_0)}{40}\right)}\tag{5.2.11}$$
在本例中，
$$P_t=10\log\left(\frac{1\text{kW}}{1\text{mW}}\right)=60\text{dBm}$$
$$P_J=P_T=60\text{dBm}$$
$$40\log(D_0)=10-71-60+60-20+2\cdot30-0+20\log(40)+10\log(10)\approx21\text{dB}$$
故烧穿距离为
$$D_0=10^{\left(\frac{21}{40}\right)}\approx3.35\text{km}$$

5.2.1.5　关于雷达干扰方程的几点讨论

1. 干扰带宽损失

前面的讨论一直假定干扰功率的所有频率分量都进入了雷达接收机带宽内。然而，在大多数情况下，干扰发射机的干扰功率带宽要比雷达接收机带宽来得宽，而在雷达接收带宽之外的干扰功率不会对雷达的工作产生影响，因此，干扰方程应加上带宽比的因子。干扰方程式(5.2.7)成为
$$\frac{P_{rj}}{P_{rs}}=\frac{P_jG_j}{P_tG_t}\cdot\frac{4\pi\gamma_j}{\sigma}\cdot\frac{G'_t}{G_t}\cdot\frac{R_t^4}{R_j^2}\cdot\frac{\Delta f_r}{\Delta f_j}\geqslant K_j\tag{5.2.12}$$
同样，对于自卫干扰，其烧穿距离为
$$R_0=\left(\frac{P_tG_tK_j}{4\pi\gamma_j}\cdot\frac{\sigma}{P_jG_j}\cdot\frac{\Delta f_j}{\Delta f_r}\right)^{\frac{1}{2}}\tag{5.2.13}$$
式(5.2.13)揭示了几个干扰原理：

(1) 比值 σ/P_jG_j 可以看做评判雷达干扰机的一个品质因素。为达到同样的干扰效果，目标自身的雷达散射截面积 RCS(σ)越小，所需要的干扰机有效干扰功率越小。最终，如果雷达散射截面积足够小，自卫干扰机将不再需要。

(2) 带宽比 $\Delta f_j/\Delta f_r$ 表示的是干扰信号和雷达的带宽比。这个比值，将压制干扰分为以下几类：

- 宽带阻塞式干扰(Barrage Jamming)

阻塞式干扰即干扰的频谱宽度 Δf_j 远大于雷达接收机的带宽 Δf_r，一般满足
$$\Delta f_j>5\Delta f_r\tag{5.2.14}$$

由于宽带阻塞式干扰的 Δf_j 相对较宽,故对频率引导精度的要求低,设备简单。宽带阻塞式干扰能同时干扰波段内的几部不同工作频率的雷达,也能干扰频率分集和频率捷变雷达。阻塞式干扰的主要缺点是干扰功率分散,干扰效率较低。

● 窄带瞄准式干扰(Spot Jamming)

瞄准式干扰带宽和接收机带宽同一数量级,一般满足

$$\Delta f_j=(2\sim5)\Delta f_r \tag{5.2.15}$$

瞄准式干扰必须有接收机的引导,将干扰频率对准雷达接收频率。瞄准式干扰的优点是能量集中,能产生很高的功率密度。其缺点与它的干扰带宽较窄有关,每一时刻只能干扰一部固定频率的雷达,并且由于频率引导产生的时间迟延,它不能干扰频率捷变雷达和频率分集雷达。

● 扫频式干扰(Sweep Jamming)

扫频式干扰具有窄的瞬时干扰带宽,但其干扰频带能在宽的频率范围内快速而连续地调谐。扫频式干扰具有阻塞式干扰和瞄准式干扰的优点,功率集中,能在宽带内干扰几部频率不同的雷达。

图 5.2.4 给出了几种压制干扰的示意图。

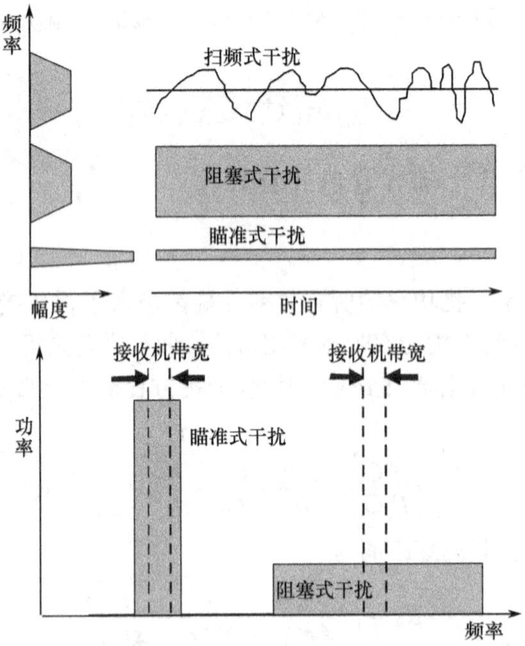

图 5.2.4 宽带阻塞式干扰窄带、瞄准式干扰和窄带扫频式干扰示意图

(3) 上述原理同样适用于支援干扰,如果雷达采用超低旁瓣技术,使得 G_t'/G_t 的值大大降低,将增加烧穿距离,"冲淡"干扰效果。

2. 雷达信号处理增益

雷达干信比式(5.2.5)的推导是在雷达通过匹配滤波器对一个脉冲信号进行检测的条件下得到的。实际雷达采用了多种信号处理技术来达到提高分辨率、抑制噪声和杂波的目的,在输入干信比相同的条件下,改变了输出的干信比。干信比变化的程度受到采用的信号处理体制以及干扰样式选择的影响,需要在确定有效干扰功率时加以考虑。也就是说,同样的干扰功

率对采用不同信号处理技术的雷达，或一部雷达采用不同信号处理模式和参数时，其干扰效果可能大有不同，这种差异在干扰方程(5.2.7)中体现在压制系数 K_j 中。

影响干信比的雷达信号处理技术包括脉冲压缩、脉冲积累、动目标显示、脉冲多普勒、合成孔径成像、相干旁瓣对消等，从影响效果上大致分为脉冲压缩、相干积累处理、非相干脉冲积累几类。雷达信号处理给信号输出功率带来增益，意味对不相匹配的噪声干扰带来了功率损失。

(1) 脉冲压缩损失

脉冲压缩的基本概念是发射一个带宽为 B、持续时间为 T 的宽脉冲，并在接收时让回波信号通过一个匹配滤波器，把此宽脉冲压缩成一个持续时间为 $\tau_c=1/B$ 的窄脉冲。脉冲压缩常用的波形是线性调频和相位编码。设信号为 $s(t)$，其匹配滤波器的冲击响应函数是信号的共轭 $s^*(-t)$。压缩前后的脉冲宽度之比称为压缩比，等于 $T/\tau_c=TB$。如果匹配滤波是无耗的，输出端的脉冲能量就等于输入端的，那么输出脉宽的压缩就意味脉冲功率电平的增长，比值就等于压缩比。也即脉冲压缩对信号有一个功率增益 g_{pc}，就等于压缩比，即等于时宽带宽积 BT，

$$g_{pc}=\frac{T}{\tau_c}=BT \tag{5.2.16}$$

对于噪声，由于不具备匹配的关系，因而得不到处理增益。因而脉冲压缩输出端的干信比将比输入干信比低一个等于处理增益大小的因子。

$$\mathrm{JSR_{out}}=\frac{1}{g_{pc}}\mathrm{JSR_{in}} \tag{5.2.17}$$

这说明要达到预定的干扰效果，对具有脉冲压缩处理的雷达，噪声压制干扰的功率要提高 BT 倍。如果把雷达处理增益的作用反映在压制系数中，记 K_{j0} 为无脉压处理时(常规脉冲)的压制系数，可以得出

$$K_j=g_{pc}\cdot K_{j0} \tag{5.2.18}$$

(2) 相干脉冲积累损失

脉冲压缩可以说是脉内的相干积累，而在脉冲多普勒、合成孔径成像等处理过程中，需要多个相参的脉冲积累处理实现检测，设参与积累的脉冲个数为 n，那么脉间不相关的噪声的累积功率增加 n 倍，而信号累积功率增长为 n^2 倍，因此 n 个脉冲相参积累获得的处理增益为

$$g_{coi}=n \tag{5.2.19}$$

类似地，其压制系数为

$$K_j=g_{coi}\cdot K_{j0} \tag{5.2.20}$$

合成孔径成像由于在距离和方位二维上进行了相干处理，因此在推算处理增益时需要考虑这二维处理增益的乘积。

(3) 非相干脉冲积累损失

在一般的警戒等雷达中，也采用非相干积累检测，所积累的脉冲是包络检波后的视频，也称视频积累。它的回波脉冲间不必建立固定的相位关系。对于一个机械扫描的警戒雷达，如果波束宽度为 θ，扫描速率为 Ω，对目标的波束驻留时间为 θ/Ω。对于脉冲重复频率为 f_R 的扫描，一次驻留期所能得到的脉冲数为

$$n_\theta=f_R\cdot\theta/\Omega \tag{5.2.21}$$

非相参积累的效率要比相参积累低，其增益不再等于 n 的一次幂，可以表示为 n^γ，对于许

多情况，γ 可近似取 0.8，于是

$$g_{nci}=n_{\theta}^{0.8} \tag{5.2.22}$$

(4) 举例

如果雷达兼有两项以上的信号处理技术，在不矛盾的情况下处理增益为多个处理增益的乘积。例如，相参积累与线性调频脉压同时采用的情况，有

$$K_j=g_{pc}\cdot g_{coi}\cdot K_{j0} \tag{5.2.23}$$

下面以机载脉冲多普勒雷达为例，分析雷达信号处理对干扰的影响。高重频模式的相干处理脉冲数 n 的典型值为 512～2048；在中重频模式中，对应的值为 16～ 64。对于相干处理，高重频模式的处理增益按式(5.2.19)计算，为 $27\text{dB}\leqslant g_{coi}\leqslant 33\text{dB}$；对于中重频模式，为 $12\text{dB}\leqslant g_{coi}\leqslant 18\text{dB}$ 。

在中重频模式中，脉冲压缩比 BT 可能取下列范围内的值 $10\leqslant BT\leqslant 100$，产生的处理增益为 $10\text{dB}\leqslant g_{pc}\leqslant 20\text{dB}$。如果在中重频情况下均按下限来计算：

$$g_p=g_{pc}(\text{dB})+g_{coi}(\text{dB})=10+12=22\text{dB}$$

实际中，在多个相干处理之间，还可再进行 3～4 个时段的非相干积累，获得 3～5dB 的增益。由这个简单的例子可见，脉冲多普勒雷达中重频模式可获得 25dB 以上的增益，高重频虽然不采用脉压，但相干积累也可达到这个量级以上。由此看来，如果采用常规噪声干扰压制，就需要高于常规 25dB 的干扰功率，可见其干扰效率很低。因此，对于采用先进信号处理体制的雷达，需要研究相干干扰等样式避免或降低处理损失，实现有效干扰。

至于特定干扰样式作用于某种雷达信号处理体制，其可能达到的压制系数，需要通过具体分析或仿真得到。

5.2.2 通信干扰方程与有效干扰区

通信干扰的最终目的是阻止、破坏或延误敌方信息的可靠传输。那怎么样才算达到了通信干扰的目的呢？或者说以什么来衡量干扰的有效性呢？本节主要讨论这一问题。

5.2.2.1 干信比、干扰压制系数与干通比

如前所述，无线电通信主要有两种形式：模拟通信和数字通信。模拟通信质量以接收端解调语音的可懂度或清晰度来衡量，一般以解调输出信噪比指标来进行考核；而数字通信质量则以解调误码率来度量。显然，评价通信干扰的有效性也应采用解调输出信噪比或解调误码率为其度量指标。所以，衡量通信干扰有效性的评判准则是：对于模拟语音通信，当通信接收机的解调输出信噪比降低到规定的门限值(干扰有效阈值)以下时，认为干扰有效；对于数字通信，则当通信接收机的解调输出误码率大到规定的门限值以上时，认为干扰有效。

不难理解，通信干扰是否有效，不仅取决于干扰信号本身的大小，还与通信信号的大小有关。也就是说，无论是解调输出信噪比，还是解调误码率都与到达通信接收机输入端的干扰信号与通信信号的功率比值有关，该比值通常简称为"干信比"。为提高干扰的有效性，应尽可能地提高干信比。提高干信比不仅可以通过增大有效干扰辐射功率来实现，还可以通过改善干扰信号传播途径(比如通过提升干扰平台高度)，降低传播损耗来实现。

干信比能否满足有效干扰的要求，还与通信体制、纠错能力、抗干扰措施、采用的干扰信号样式、干扰方式等有关。我们把针对某一具体通信信号的接收方式达到有效干扰所必须的干信比称为"干扰压制系数"。干扰压制系数在很大程度上取决于通信体制，即通信信号的接收

方式，也与干扰样式有关。不同的通信体制所需要的干扰压制系数是不一样的。比如，对于调频(FM)信号，所需的干信比只要 0dB 左右，而对于单边带(SSB)信号，有时就需要高达 10dB。干扰压制系数是干扰机设计所依据的重要参数，它虽然可以通过理论分析和计算机仿真模拟来获得，但通过试验可以获得更加可靠的实际值，这对干扰机的设计是非常重要的。

干信比能否满足有效干扰的要求，还与干扰机与通信接收机之间的距离(干扰距离)及通信发射机与通信接收机之间的距离(通信距离)有关。干扰距离越远，由于传播损耗大，到达接收机的干扰信号就越弱，干信比就越小；与此相反，通信距离越远，由于传播损耗大，到达接收机的通信信号就越弱，干信比就越大。通常把干扰机能够获得有效干扰时的干扰距离与通信距离之比的最大值简称为"干通比"。干通比是衡量干扰机干扰能力的重要指标。某一干扰机所能达到的干通比越大，说明该干扰机的干扰能力越强。引入"干通比"的概念想说明的只是，在评价一部干扰机的干扰能力时，不能只说它的干扰距离，还需要说明在该干扰距离上，被干扰目标的通信距离是多少。总之，任何一部干扰机，它所能达到的干扰距离是有条件。"干通比"的概念只在给定目标对象之后才有意义。正确理解"干通比"的概念，对于通信干扰机的战术使用也是有帮助的。比如，考虑对 50W 的通信电台进行干扰时，如果该电台的通信距离为 60km，要求最大干扰距离 300km 时，则干扰机应该达到的干通比为 5。在同样的电台、干扰机和传播条件下，如果通信距离减小为 20km，那么对这样的通信实施干扰的最大距离也要降低到 100km，保持干通比不变。

以上对通信干扰中的三个重要概念：干信比、干扰压制系数和干通比进行了介绍。正确理解这三个概念对于掌握通信干扰基本原理，建立通信干扰基本概念都是会有帮助的。

5.2.2.2　干信比方程

通信接收机输入端的干信比大小基本上能够决定干扰的有效性，所以通信接收机输入端干信比的计算是非常重要的。下面分自由空间传播和平地传播两种情况来讨论干信比方程。

1. 自由空间传播方式

根据电磁波自由空间传播公式[即简化的侦察方程(2.7.3)]可得，在通信接收机输入端的通信信号功率为

$$P_{sr1}=\frac{P_t G_{tr} G_{rt} \lambda^2}{(4\pi d_c)^2} \tag{5.2.16}$$

式中，P_t 为通信发射机输出功率；G_{tr} 为通信发射天线在通信接收天线方向上的天线增益；G_{rt} 为通信接收天线在通信发射天线方向上的天线增益；d_c 为通信距离；λ 为通信信号工作波长。同样，在通信接收机输入端的干扰信号功率为

$$P_{jr1}=\frac{P_j G_{jr} G_{rj} \lambda^2}{(4\pi d_j)^2} \tag{5.2.17}$$

式中，P_j 为干扰发射机输出功率；G_{jr} 为干扰天线在通信接收天线方向上的天线增益；G_{rj} 为通信接收天线在干扰天线方向上的天线增益；d_j 为干扰距离。所以，在通信接收机输入端的干信比为

$$jsr_1=\frac{P_{jr1}}{P_{sr1}}=\frac{P_j G_{jr} G_{rj}}{P_t G_{tr} G_{rt}} \cdot \left[\frac{d_c}{d_j}\right]^2 \tag{5.2.18}$$

由此可见，自由空间传播条件下的干信比与干通比($r=d_j/d_c$)的平方成反比。

2. 平地传播方式

对于较低频率的短波和超短波等通信设备，由于电磁波传播包括了反射成分，因此形成了直达波与反射波的合成作用，其传播公式与自由空间下的不同，称为平地传播模式，或称地面反射传播模式。若信号载频 30MHz$<f<$1GHz，平地传播模式的通信信号接收功率为

$$P_{sr2} \approx P_t G_{tr} G_{rt} \frac{(h_r h_t)^2}{d_c^4} \tag{5.2.19}$$

式中 h_r 和 h_t 分别为通信接收和发射天线的高度。通信接收机接收的干扰信号功率为

$$P_{jr2} \approx P_j G_{jr} G_{rj} \frac{(h_r h_j)^2}{d_j^4} \tag{5.2.20}$$

式中 h_j 为干扰天线的高度。所以，结合式(5.2.19)和式(5.2.20)，可得平地传播条件下的干信比为

$$jsr_2 = \frac{P_{jr2}}{P_{sr2}} = \frac{P_j G_{jr} G_{rj}}{P_t G_{tr} G_{rt}} \cdot \left[\frac{d_c}{d_j}\right]^4 \left[\frac{h_j}{h_t}\right]^2 \tag{5.2.21}$$

由此可见，平地传播条件下的干信比不仅与干通比($r=d_j/d_c$)的四次方成反比，而且还与干扰天线与通信发射天线的高度比的平方成正比。这样，干扰天线高度每升高 1 倍，干信比就增加 6dB。所以，对于基于平地传播模式的干扰系统，升高干扰天线高度可以较大幅度提高干信比，有利于提高干扰效率。

在上面的讨论中，实际都隐含地假设干扰信号与通信接收机是相匹配的，即干扰信号的所有能量都能进入接收机。但实际情况并非如此，也就是说通信接收机在接收干扰信号时是有匹配损耗的。这些匹配损耗主要由两方面引起：一是干扰天线与通信接收天线由于极化不同所引起的极化损耗；二是由于干扰信号带宽与通信接收机带宽不匹配（一般大于接收机带宽）引起的带宽失配损耗。所以，在实际干信比计算时，还需要把天线极化损耗 L_a 和带宽失配损耗 L_b 考虑在内。如果接收机（中频）带宽为 B_r，而干扰信号带宽为 B_j，则带宽失配损耗为

$$L_a = B_r / B_j \tag{5.2.22}$$

它是一个小于 1 的数。在通信频率范围的低端，极化损耗表现得并不突出，所以在实际中可以不考虑极化损耗（即设 $L_a=1$），但在频率高端（UHF 以上），极化损耗的影响就不能随意忽略不计了。

考虑匹配损耗时的干信比公式只需要在以上各式的基础上再乘以($L_a L_b$)就行了，比如考虑匹配损耗时的自由空间传播干信比公式为

$$jsr_1 = \frac{P_{jr1}}{P_{sr1}} = \frac{P_j G_{jr} G_{rj}}{P_t G_{tr} G_{rt}} \cdot \left[\frac{d_c}{d_j}\right]^2 \cdot L_a \cdot L_b \tag{5.2.23}$$

其他传播模式下，考虑匹配损耗时的干信比公式就不再一一列出。如果假设通信接收天线是水平全向的（一般的战术电台都是如此），则有 $G_{rj}=G_{rt}$，这时上式可简化为

$$jsr_1 = \frac{P_j G_{jr}}{P_t G_{tr}} \cdot \left[\frac{d_c}{d_j}\right]^2 \cdot L_a \cdot L_b \tag{5.2.24}$$

通常把发射机输出功率 P 与发射天线增益 G 的乘积 PG 称为发射机有效辐射功率，并用 ERP 来表示，则上式也可表示为

$$jsr_1 = \frac{(\mathrm{ERP})_j}{(\mathrm{ERP})_t} \cdot \left[\frac{d_c}{d_j}\right]^2 \cdot L_a \cdot L_b \tag{5.2.25}$$

式中 $(\mathrm{ERP})_j = P_j G_{jr}$ 表示干扰机的有效辐射功率，$(\mathrm{ERP})_t = P_t G_{tr}$ 表示通信发射机的有效辐射

功率。用有效辐射功率来表示的其他干信比公式可以以此类推。

上面讨论的各种传播模式下的干信比计算公式就是通常所说的通信干扰方程。当以上计算的干信比超过前面提到的干扰压制系数时，对应的干扰就可有效。通信干扰方程是一个很重要的方程式，无论是对所需干扰功率的计算，还是对干扰压制区的计算都将以通信干扰方程为基础。

观察 式(5.2.18)和式(5.2.21)等方程发现，干信比是以干扰距离与通信距离之比，即以干通比的形式给出的。不仅该式这样，在其他很多情况下也都会如此。在干扰机与通信系统已定，干扰与信号电波采用相同传播模式的条件下，干通比为一常数，所以可以用干通比来衡量干扰机的性能。

3. 干扰压制区分析

根据前面的讨论知道，在自由空间传播方式下，一旦干扰功率确定，则该干扰机所能达到的干通比为

$$\left(\frac{d_{\mathrm{j}}}{d_{\mathrm{c}}}\right)^2=r^2=\frac{(\mathrm{ERP}_1)_{\mathrm{j}}}{(\mathrm{ERP})_{\mathrm{t}}}\cdot\frac{1}{K_{\mathrm{j}}}\cdot\frac{1}{L_{\mathrm{a}}L_{\mathrm{b}}} \tag{5.2.26a}$$

同样在平地传播模式下，干扰机所能达到的干通比为

$$\left(\frac{d_{\mathrm{j}}}{d_{\mathrm{c}}}\right)^4=r^4=\frac{(\mathrm{ERP})_{\mathrm{j}}}{(\mathrm{ERP})_{\mathrm{t}}}\cdot\frac{1}{K_{\mathrm{j}}}\cdot\frac{1}{L_{\mathrm{a}}L_{\mathrm{b}}}\left(\frac{h_{\mathrm{j}}}{h_{\mathrm{t}}}\right)^2 \tag{5.2.26b}$$

一旦干扰对象确定[即$(\mathrm{ERP})_{\mathrm{t}}$、$h_{\mathrm{t}}$一定]、干扰机性能也确定[即$(\mathrm{ERP})_{\mathrm{j}}$、$h_{\mathrm{j}}$、$K_{\mathrm{j}}$一定]下来后，以上两式的右边实际上为一常数，如果将该常数分别设为c_1和c_2，则上述两式可表示为

$$\left(\frac{d_{\mathrm{j}}}{d_{\mathrm{c}}}\right)^2=c_1 \qquad 或 \qquad \left(\frac{d_{\mathrm{j}}}{d_{\mathrm{c}}}\right)^4=c_2$$

不失一般性，把c_1和c_2统一用c来表示，则有：

$$\left(\frac{d_{\mathrm{j}}}{d_{\mathrm{c}}}\right)^2=c \tag{5.2.27}$$

注意常数c只取决于干扰机和干扰对象（通信电台）及其传播路径。显然，该干扰机所能达到的干通比为$\sqrt{c}$，当干扰距离与通信距离之比小于$\sqrt{c}$时干扰有效，当干扰距离与通信距离之比大于$\sqrt{c}$时干扰无效。

下面把干扰机、通信发射机和通信接收机的对抗态势（布局）用图5.2.5来表示，即以干扰机为坐标原点(O)，干扰机与通信发射机(B)的连线为x轴，通信接收机(A)为动点，其坐标为(x,y)。设干扰机与通信发射机之间的距离d_{jt}为d，则由图5.2.5可得：

$$d_{\mathrm{j}}=\sqrt{x^2+y^2},\quad d_{\mathrm{c}}=\sqrt{(x-d)^2+y^2}$$

由于$(d_{\mathrm{j}}/d_{\mathrm{c}})^2=c$，即

$$x^2+y^2=c[(x-d)^2+y^2] \tag{5.2.28}$$

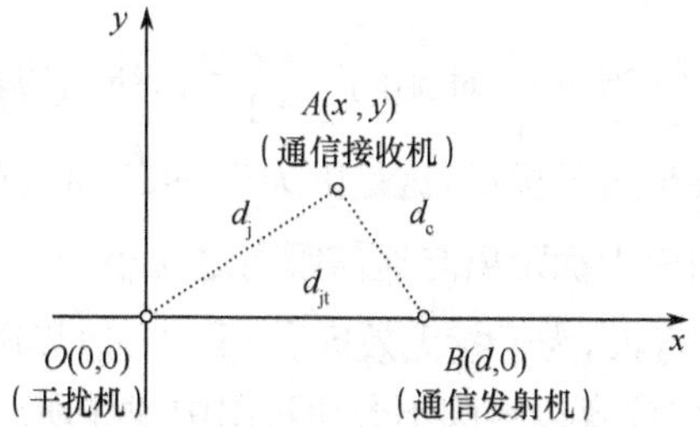

图5.2.5　干扰机与通信电台布局

当$c=1$时，则有：

$$x=\frac{1}{2}d$$

即当$c=1$时，干扰有效区的边界为一直线，该直线位于干扰机与通信发射机连线的中线位置上，如图5.2.6所示。这样若通信接收机位于该直线的左侧（干扰机一侧），干扰距离与通信距

离之比均小于 1，通信可被有效干扰，该区域称为干扰有效区，在图中用阴影表示。

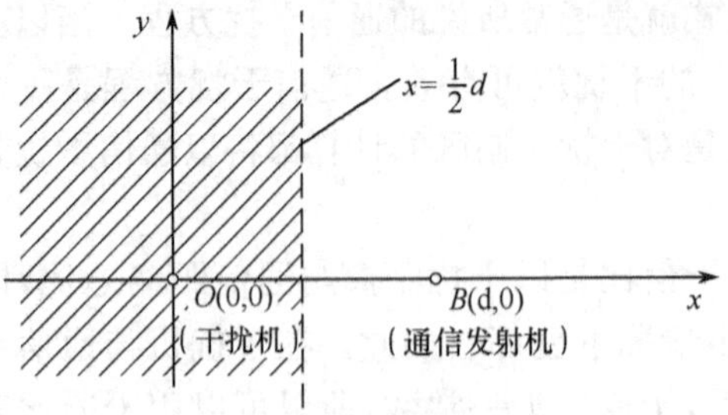

图 5.2.6　$c=1$ 时的干扰压制区
（阴影部分为干扰有效区）

当 $c\neq1$ 时，经简单的数学运算后可得：

$$\left(x-\frac{c\cdot d}{c-1}\right)^2+y^2=\left(d\cdot\frac{\sqrt{c}}{c-1}\right)^2 \tag{5.2.29}$$

即干扰有效区边界为一圆，该圆的圆心位于 x 轴上，离坐标原点的距离为 $\frac{c\cdot d}{c-1}$，圆的半径为 $d\cdot\frac{\sqrt{c}}{c-1}$。下面从 $c>1$ 和 $c<1$ 两种情况来讨论。

当 $c>1$ 时，边界圆的圆心位于正 x 轴上，而且当 $c>1$ 时，$\frac{c\cdot d}{c-1}$ 大于 d，所以该圆的圆心位于通信发射机的右侧，如图 5.2.7 所示（注意该边界圆式中覆盖通信发射机，这是因为圆心离原点的距离与圆半径的差始终小于 d，即小于通信发射机离原点的距离，但边界圆始终不可能超过图中虚线所示的中线）。由于在圆内干扰距离与通信距离之比大于 $\sqrt{c}$，所以为干扰无效区，而在圆外干扰距离与通信距离之比小于 $\sqrt{c}$，为干扰有效区。c 越大，边界圆的圆心越靠近通信发射机，而且圆的半径也逐渐减小。当 $c\to\infty$ 时，圆心与通信发射机重合，圆心半径 $\to0$，这时整个区域均为干扰有效区。

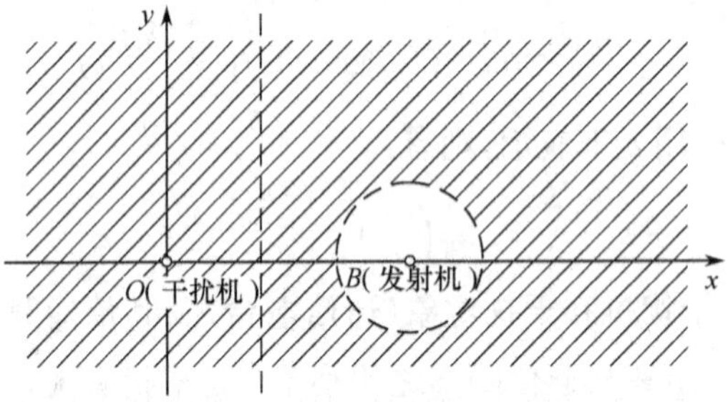

图 5.2.7　$c>1$ 时的干扰压制区（阴影部分为干扰有效区）

当 $c<1$ 时，由于 $\frac{c\cdot d}{c-1}<0$，所以边界圆的圆心位于负 x 轴上，如图 5.2.8 所示（该边界圆始终覆盖干扰机，这是因为当 $c<1$ 时，圆的半径与圆心离原点的距离的差始终大于 0）。由于在圆内干扰距离与通信距离之比小于 $\sqrt{c}$，所以为干扰有效区，而在圆外干扰距离与通信距离之比大于 $\sqrt{c}$，为干扰无效区。c 越小，边界圆的圆心越靠近干扰机（原点），而且圆的半径也逐渐减小（注意边界圆不会超过图中虚线所示的中线）。当 $c\to0$ 时，圆心与干扰机重合，圆心半径 $\to0$，这时整个区域均为干扰无效区（$c\to0$ 便是干扰功率趋近于 0，或者干扰对象采用了很强的抗干扰措施，使得所需的压制系数 $k_j\to\infty$，再大的功率也难以对其进行有效干扰）。

从以上对干扰有效压制区的分析可以看出，不同的 c 值所对应的压制区的形状是完全不一样的。$c=1$ 时的干扰压制区为一半平面，$c>1$ 时的干扰压制区为扣除边界圆后的整个区域，而当 $c<1$ 时的干扰压制区则为边界圆的内部区域。显然，$c>1$ 时的干扰压制区最大，$c<1$ 时的干扰压制区最小。所以，在干扰机设计时，应尽可能地提高干通比，以获得尽可能大的干

扰压制区。

另外，从图5.2.8也清楚地可以看出，干扰机的干扰能力不能用干扰距离来衡量，也就是说，笼统地讲干扰机的干扰距离为多少是没有任何意义的。比如图5.2.7中边界圆的右侧区域虽然干扰距离相对较远，但仍能对该区域进行有效干扰，因为该区域的通信距离也相对较远，在该区域的干扰距离与通信距离之比仍小于干通比的设计值$\sqrt{c}$。而且干扰无效区也并不是通常想象的是以通信发射机为圆心的一个圆，实际上它是一个其圆心偏离通信发射机位置并偏向右侧的偏心圆。只有当c值很大时，其圆心才会接近于通信发射机所在位置。

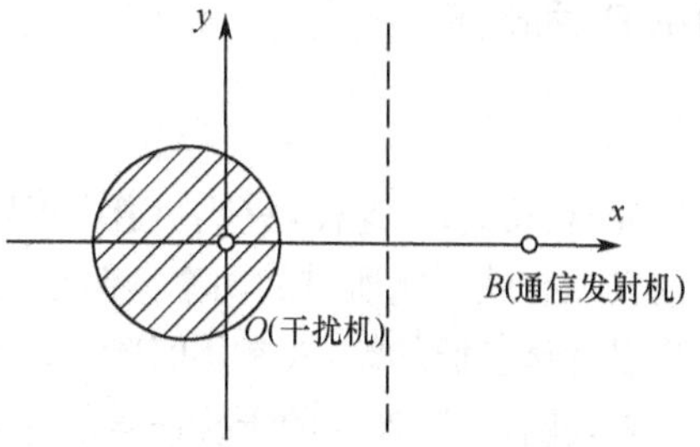

图5.2.8　$c<1$时的干扰压制区
（阴影部分为干扰有效区）

以上对干扰信号传播模式与通信信号传播模式完全相同时的干扰压制区进行了详细讨论。如果两种传播模式不一样（如干扰为自由空间传播，通信为平地传播），则干扰压制区的分析就会复杂得多，有兴趣的读者可以自行分析研究，这里不再进行讨论。

5.3　压制干扰

压制干扰，又称为遮蔽式干扰，是指发射强干扰信号，使敌方电子信息系统、电子设备的接收端信噪比严重降低，有用信号模糊不清或完全淹没在干扰信号之中而难以或无法判别的电子干扰措施。

雷达对目标的检测是基于一定的概率准则在噪声中进行的。一般说来，雷达根据系统虚警概率和检测概率要求，在一定信噪比（SNR）条件下确定检测门限，若信号强度超过检测门限，就认为发现目标。压制干扰使强干扰功率进入雷达接收机，降低了接收机信噪比，破坏雷达对目标的发现能力。

5.3.1　最佳压制干扰波形

由于雷达对目标的检测是在随机噪声中进行的，所以对于接收信号做出有、无目标信号的两种假设检验具有不确定性。从信息论的角度，衡量随机变量不确定性的量是熵（Entropy）。所以，最佳干扰波形应该是熵值最大，也即不确定性最大的波形。在平均功率一定的情况下，高斯噪声在任意随机波形中具有最大熵值，即具有最大不确定性。因此，理想中的最佳干扰波形是高斯噪声。

理论上，高斯分布随机变量的幅值要覆盖到无穷大，而这在实际设备中是无法实现的。大多数微波功率放大器（如行波管）可放大的功率是有限的，因此从最大可能地利用放大器发射功率的角度出发，希望微波功率放大器最好工作在接近饱和的工作状态。而此时被放大的高斯随机信号将会被限幅，使其幅度概率分布大大偏离高斯分布，影响到实际的干扰效果，因此需要根据干扰信号的实际产生条件设计性能相对较佳而又能最大发挥放大器效能的干扰信号样式。

设计实际可能的最佳干扰信号样式需要建立可比较各种干扰信号优劣的标准。如果能计算或测量出它们相对于最佳干扰信号在压制性能上的损失，便可以评判各种实际的干扰信号在压制性能上的优劣。为此设立噪声质量因素η_n，用于衡量实际干扰信号的质量。噪声质量因素表示在相同压制效果的条件下，理想干扰信号所需的功率P_{j0}与实际干扰信号所需的干扰

功率 P_j 之比，即

$$\eta_n = \left.\frac{P_{j0}}{P_j}\right|_{H_j = H_{j0}} \tag{5.3.1}$$

通常，$\eta_n \leqslant 1$。这样，只要知道高斯噪声干扰时所需的干扰功率再乘以一个修正因子，就可以得到实际有效干扰所需的功率。但是，实际干扰信号的概率密度通常难以用数学公式解析表示，或难以计算它们的熵，故常用实验方法来确定噪声质量因素。对正在服役或研制的干扰机测试的结果表明，实际产生的干扰信号的噪声质量因素与理想高斯噪声相比，可以有 17dB 的损失。

所以，当考虑干扰机产生干扰信号的实际技术可行性，并最大限度地利用功率器件的效率时，通常采用噪声调幅和噪声调频的基本干扰信号形式。但高斯噪声可以作为对各种干扰形式干扰效果的一个比较标准，因而讨论高斯噪声干扰也是有意义的。

下面分析几种压制干扰的信号样式及对雷达产生的干扰效果。

5.3.2 直接射频噪声干扰

1. 信号形式及特征

把一个频带有限的高斯噪声（如接收机噪声即热噪声）加到射频功率放大器上去放大，产生的信号称为直接射频噪声，这种干扰信号产生方法称作直接噪声放大法（DINA）。为了提高放大效率，噪声无需在射频产生，它可在基频带产生，然后变频到射频上去。波形如图 5.3.1所示。

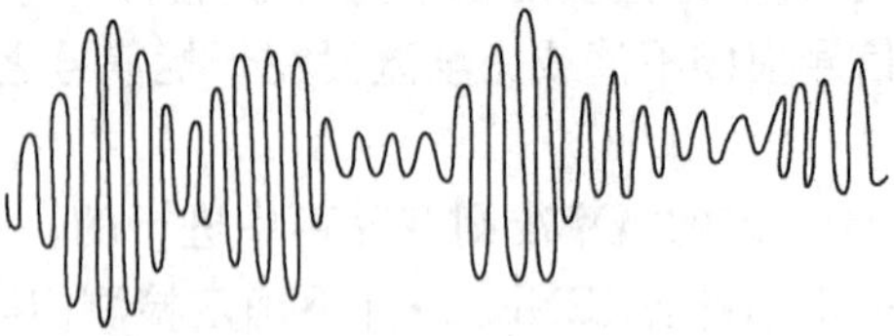

图 5.3.1 直接噪声放大法产生干扰信号

直接射频噪声干扰信号形式如下：

$$J(t) = U_j(t)\cos[\omega_j t + \varphi(t)] \tag{5.3.2}$$

式中，包络 $U_j(t)$ 服从瑞利分布，相位 $\varphi(t)$ 服从 $[0, 2\pi]$ 均匀分布，且与 $U_j(t)$ 相互独立，载频 ω_j 为常数，且远大于 $J(t)$ 的谱宽。

当射频放大器对于高斯噪声输入保持线性放大，那么产生的直接射频噪声也服从高斯特性。但是实际上出于最大利用发射功率考虑，多数大功率微波放大器（如行波管放大器）工作在接近饱和状态。而在功率放大器饱和状态下生成的干扰信号会被限幅，造成噪声干扰信号的概率分布大大偏离高斯分布。

2. 对雷达接收机的影响

直接射频高斯噪声对雷达目标检测产生的影响与机内噪声的相似，在一般研究雷达目标检测性能的教科书中都有叙述。在常规的雷达中，当仅有高斯噪声时，雷达包络检波器输出服从瑞利分布，而高斯噪声伴随信号同时进入接收机时，包络检波器的输出则服从广义瑞利分布。根据聂曼－皮尔逊检测准则，可以得出雷达检测概率、虚警概率与输入信噪比的关系，并由此得到雷达检测特性曲线。图 5.3.2 给出了线性检波下的检测特性。

从图可以看出，对于线性检波雷达，虚警概率 $P_{fa}=10^{-6}$，在 $P_d=0.1$ 处查得信噪比约为 9dB，即射频噪声干扰对单脉冲检测的压制系数 K_a 为 9dB。

在干扰机射频噪声干扰信号带宽远远大于雷达接收机带宽的情况下，即使由于噪声峰值的限幅，干扰噪声分布已偏离高斯型，但在雷达接收机中频放大器的输出端信号的概率分布仍趋于高斯分布。这是因为干扰机噪声信号带宽很大，其相关时间极短，导致在中频放大器脉冲响应的持续时间内产生大量噪声样本，根据中心极限定律，许多独立同分布噪声样本叠加在一起，其结果接近于高斯分布。可以看出，采用功率放大器对射频噪声进行饱和放大作为干扰信号，可达到高斯噪声的干扰效果，且噪声干扰机的平均输出功率可以达到最大，在已知待干扰雷达信号工作频率的情况下，不失为一种可行的方案。

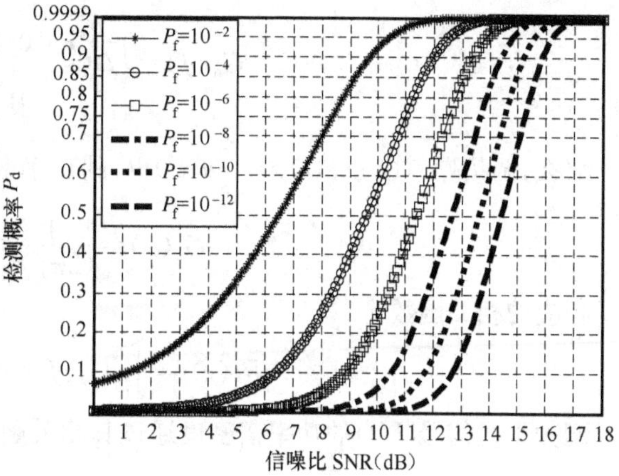

图 5.3.2　雷达检测曲线

5.3.3　噪声调频干扰

5.3.3.1　信号形式及特征

噪声调频干扰信号指用随机基带信号波形对载波信号进行频率调制而形成的一种干扰信号样式。

设调制噪声 $u(t)$ 为零均值、广义平稳的随机过程，对幅度为 U_j，中心频率为 ω_j 的信号进行频率调制，生成噪声调频干扰信号 $J(t)$，且

$$J(t)=U_j\cos[\omega_j t+2\pi K_{FM}\int_0^t u(t')\mathrm{d}t'+\varphi] \tag{5.3.3}$$

式中，φ 为[0,2π]均匀分布，且与 $\mu(t)$ 相互独立的随机变量；K_{FM} 为调频斜率。噪声调频干扰中的调制噪声 $u(t)$ 和噪声调频干扰信号的波形 $J(t)$ 如图 5.3.3 所示。

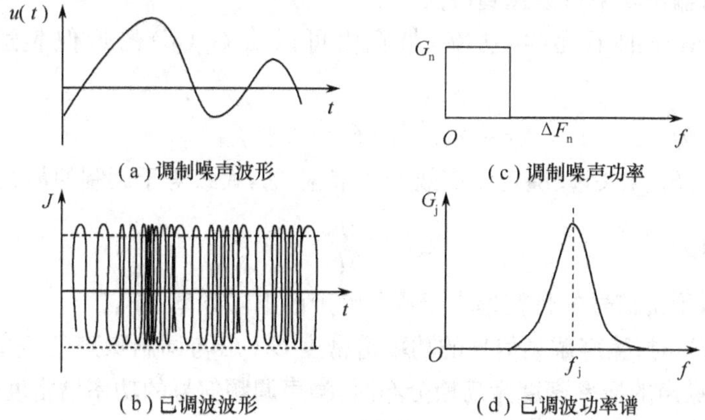

图 5.3.3　噪声调频干扰信号示意图

假设调制噪声 $u(t)$ 的功率谱 $G_n(f)$ 具有带限均匀谱[见图 5.3.3(c)]，即

$$G_n(f)=\begin{cases}\dfrac{\sigma_n^2}{\Delta F_n} & 0\leqslant f\leqslant \Delta F_n\\ 0 & 其他\ f\end{cases} \tag{5.3.4}$$

那么,调频噪声成分 $e(t)=\int_0^t u(t')\mathrm{d}t'$ 的功率谱密度为

$$G_e(\omega)=\frac{1}{(2\pi f)^2}G_u(f) \tag{5.3.5}$$

相应的相关函数

$$R_e(\tau)=\int_0^\infty G_e(f)\cos(2\pi f\tau)\mathrm{d}f \tag{5.3.6}$$

调频干扰信号 $J(t)$ 的功率谱密度通过其相关函数表示,

$$G_J(f)=4\int_0^\infty R_J(\tau)\cos(2\pi f\tau)\mathrm{d}\tau \tag{5.3.7}$$

利用式(5.3.6)和式(5.3.4)的关系可以进一步得到由 $R_e(\tau)$ 表达的 $G_J(f)$ 表达式。该积分表达式无法得出准确的解。定义有效频率带宽 $f_{de}=K_{FM}\sigma_n$,在以下两种情况下可解得 $G_J(f)$ 的近似解。

(1) $f_{de}\gg\Delta F_n$ 时:

$$G_J(f)=\frac{U_j^2}{2}\frac{1}{\sqrt{2\pi}f_{de}}\mathrm{e}^{-\frac{(f-f_j)^2}{2f_{de}^2}} \tag{5.3.8}$$

(2) $f_{de}\ll\Delta F_n$ 时:

$$G_J(f)=\frac{U_j^2}{2}\frac{f_{de}^2/(2\Delta F_n)}{\left(\dfrac{\pi f_{de}^2}{2\Delta F_n}\right)^2+(f-f_j)^2} \tag{5.3.9}$$

至此得到了噪声调频信号的功率谱密度函数,由此可以得到如下关于噪声调频信号特征的重要结论。

(1) 噪声调频信号的功率等于载波功率,这可以从图 5.3.3(b)直观看出。这一特征表明,调制噪声功率不对已调波的功率发生影响。在实际应用中,功率饱和放大对调频信号的影响很小,使得干扰机输出功率可以达到最大。

(2) 噪声调频信号的干扰(半功率)带宽由可以从 $G_J(f)$ 的近似表达式(5.3.8)和式(5.3.9)得到,即

当 $f_{de}\gg\Delta F_n$ 时为

$$\Delta f_j=2\sqrt{2\ln 2}f_{de}\approx 2.35f_{de} \tag{5.3.10}$$

它与调制噪声带宽 ΔF_n 无关,仅决定于有效调频带宽 f_{de},大致等于调制的最大频偏 $2f_{de}$。

当 $f_{de}\ll\Delta F_n$ 时为

$$\Delta f_j=\frac{\pi f_{de}^2}{\Delta F_n} \tag{5.3.11}$$

在这种情况下,干扰信号的带宽远小于调制噪声的上限频率 ΔF_n。

(3) 当 $f_{de}\gg\Delta F_n$ 时,噪声调频信号的功率谱密度 $G_j(f)$ 与调制噪声的概率密度 $p_n(u)$ 有线性关系。当调制噪声的概率密度为高斯分布时,噪声调频信号的功率谱密度也为高斯分布,这种近似关系还可以推广到非高斯噪声调频情况。

以上这些特点为实际中应用噪声调频干扰带来了方便:干扰信号的功率基本上由载波决定,等幅的调频波可以实现最大的输出功率;干扰信号的功率谱可以根据需要设计,以达到最佳干扰效果。

5.3.3.2 对雷达接收机的影响

根据干扰信号带宽 Δf_j 大于还是小于雷达接收机中频带宽 Δf_r，可以把噪声调频干扰分为宽带干扰和窄带干扰两种情况。

1. 窄带干扰情况

由于此时干扰信号的调频范围小于接收机中频带宽，干扰引起中频放大器输出在一定的幅度内起伏，但起伏的幅度不大，对雷达的干扰效果不好，因此一般不在这种情况下实施干扰。

2. 宽带干扰情况

噪声调频信号的带宽远大于中放带宽时，每当干扰信号的瞬时频率扫过接收机通带，接收机中放就会产生一个冲击脉冲响应，将以两种情况影响雷达。

(1) $\Delta F_n < \Delta f_r$，干扰信号扫过中频通带的平均时间间隔小于中频放大器的脉冲响应时间，于是输出近似为幅度固定，宽度随机的脉冲序列。当信号出现在这种"平顶"的噪声之上就容易被发现，因而遮蔽的效果并不好。

(2) $\Delta F_n > \Delta f_r$，在中频通带的脉冲响应持续时间内，会产生较多具有随机间隔的独立脉冲，它们在中频放大器的输出相叠加，如图 5.3.4 所示。当 $\Delta F_n > (5\sim10)\Delta f_r$ 时，根据中心极限定理，这个输出波形具有近似于高斯分布的概率密度，因此是一种较为理想的压制干扰信号样式。这种噪声调频干扰对雷达检测概率的影响类似于直接射频噪声干扰，但由于这种干扰的形成方式毕竟有别于直接射频噪声，因此存在这干扰效率损失。在工程中一般取质量因子为 0.5，因此其压制系数 K_{aFM} 与射频噪声干扰 K_a 的关系为

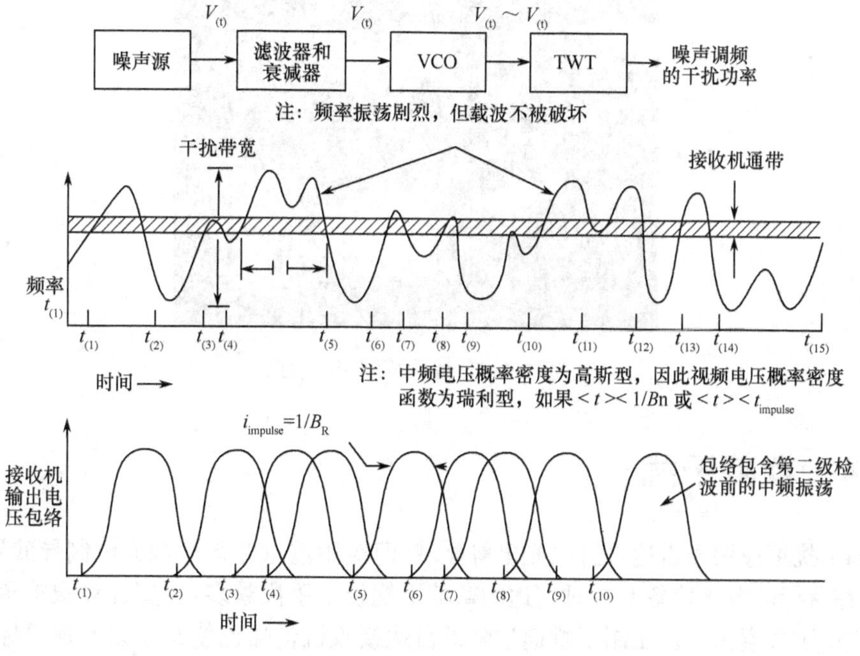

图 5.3.4 宽带噪声调频信号波的干扰原理

$$K_{aFM} = \frac{1}{0.5}K_a = 2K_a \tag{5.3.12}$$

5.3.4 噪声调相干扰

用调制噪声 $u(t)$调制幅度为 U_j，中心频率为 ω_j 的载波信号的相位，生成干扰信号 $J(t)$为

$$J(t)=U_j\cos[\omega_j t+K_{PM}u(t)+\varphi] \tag{5.3.13}$$

式(5.3.13)称为噪声调相干扰。$D=K_{PM}\sigma_n$ 称为噪声调相信号的有效相移。噪声调相信号的带宽为

$$\Delta f_j=2\sqrt{2\ln 2}\sqrt{\frac{D^2\Delta F_n^2}{3}}=1.36D\Delta F_n \tag{5.3.14}$$

与噪声调频信号不同的是，噪声调相信号的带宽与调制噪声的带宽成正比，当有效相移 D 很小时，干扰信号的功率谱近似于在中心频率处的冲击函数，不适宜作为噪声干扰信号；当 $D\cdot 1$、调制噪声为高斯噪声时，其功率谱形状近似为高斯型。这样，噪声调相信号通过窄带多普勒滤波器的情形与噪声调频信号通过中放时的情形类似。

需要指出的是，多普勒滤波器的带宽通常都很窄，这就给干扰信号的形成带来诸多困难。这些困难，特别是频率对准问题，在传统的干扰技术条件下是难以实现的。随着锁相技术和数字技术的发展，采用脉冲锁相和射频存储可以大大减少瞄频误差。采用噪声调相方式进行瞄频干扰是有重要意义的。

5.3.5 噪声干扰的效果

在雷达 PPI 显示器、A 型显示器、B 型显示器上，噪声压制干扰效果如图 5.3.5 所示。

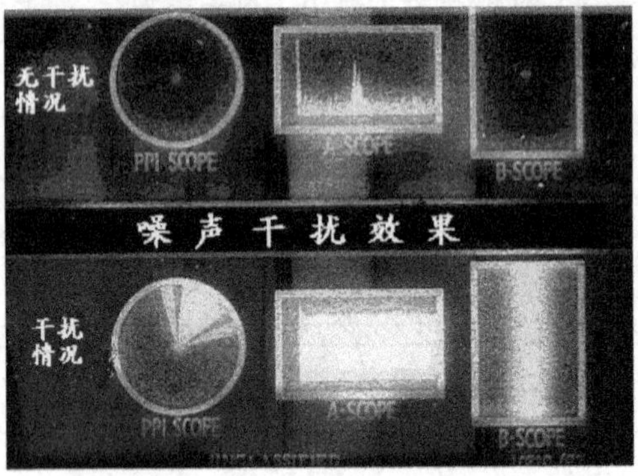

图 5.3.5 噪声压制干扰效果

5.4 欺骗干扰

欺骗干扰可应用于雷达、通信、光电等领域，但应用重点在雷达和光电制导武器这类用于指示、跟踪目标的电子装备上。对雷达的欺骗干扰技术手段繁多，主要针对跟踪雷达，也有一些方法应用于搜索雷达。压制干扰通过降低雷达接收机信噪比使其难以发现目标，欺骗干扰则是着眼于接收机的处理过程，使其失去测量和跟踪真实目标的能力，即欺骗干扰要达到的目的是掩蔽真正的目标，通过模仿真实信号，并加上合适的调制的方式“制造”出假信号，注入到要干扰的系统中，使敌系统不能正确检测真正的目标，或不能正确地测量真目标的参数信息，从而迷惑和扰乱敌系统对真目标的检测和跟踪。

欺骗干扰的主要优点是干扰能量可以更有效地被雷达吸收，雷达的处理增益也可被部分甚至全部抵消。

由于目标的距离、角度和速度信息表现在雷达接收到的各种回波信号与发射信号在振幅、频率和相位的相关性中，不同的雷达获取目标距离、角度、速度信息的原理不尽相同，而其发射信号的调制样式又是与其采用的技术密切相关的，因此，实现欺骗干扰必须准确地掌握雷达获取目标参数信息的原理和雷达发射信号的调制参数，才能制造出“逼真”的假目标信号，达到预期的干扰效果。

根据干扰所针对的雷达参数，欺骗干扰主要分为距离欺骗、速度欺骗和角度欺骗等。下面，将分别介绍对付雷达的几种主要欺骗干扰技术。

5.4.1　距离欺骗

5.4.1.1　雷达对目标距离信息的测量和跟踪

雷达通过测量其发射信号与接收信号之间的时延 t_r，获取目标的距离 R，$R=ct_r/2$，c 为光速。脉冲测距是最常用的雷达测距方法。在自动距离跟踪雷达中，典型脉冲雷达测距跟踪的原理如图 5.4.1 所示。接收机预测目标回波的位置，以该位置为中心，产生前后跟踪波门；分别将前、后跟踪波门与目标回波信号相与、积分、求差，得到回波与跟踪波门的位置差；该位置差作为误差信号来调整跟踪波门的位置，使其中心与回波中心重合，读出跟踪波门的中心位置即获得了目标的距离。跟踪波门以此方法来实现对目标回波的连续观测和距离测量。

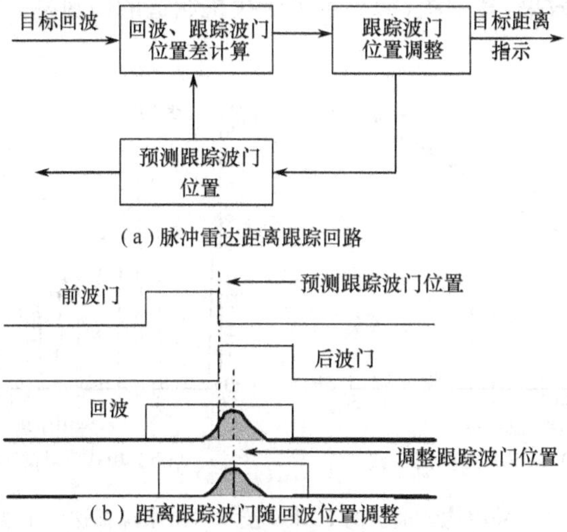

图 5.4.1　典型脉冲雷达测距跟踪的原理

前后跟踪波门的宽度一般来说在跟踪方式下约为一个脉宽，但在截获或重新截获工作方式下也可以增至几个脉宽宽度。除了落入跟踪波门中的回波外，其他所有回波均被跟踪电路拒之门外，这就防止了虚假信号对距离跟踪造成干扰。但正是这一点为欺骗干扰机提供了距离波门拖引干扰的可能性。

5.4.1.2　对雷达的距离欺骗

对雷达的距离跟踪欺骗主要通过对收到的雷达照射信号进行时延调制和放大转发来实

现，距离波门拖引是其中最常用到的一种技术。

1. 距离波门拖引

干扰机先发回一个雷达回波的放大的复制信号，使干扰信号捕获了雷达跟踪回路，然后干扰信号以连续递增的速度增大时间延迟，雷达的跟踪波门逐渐远离真正的目标。在合适的时间，停止干扰信号，造成雷达丢失目标，最后测得的目标位置产生很大的误差，如图 5.4.2 所示。这种欺骗干扰方式称作距离波门拖引（Range Gate Pull-Off，RGPO）。为了捕获到波门，距离波门拖引一般需要 0～6dB 的干信比。

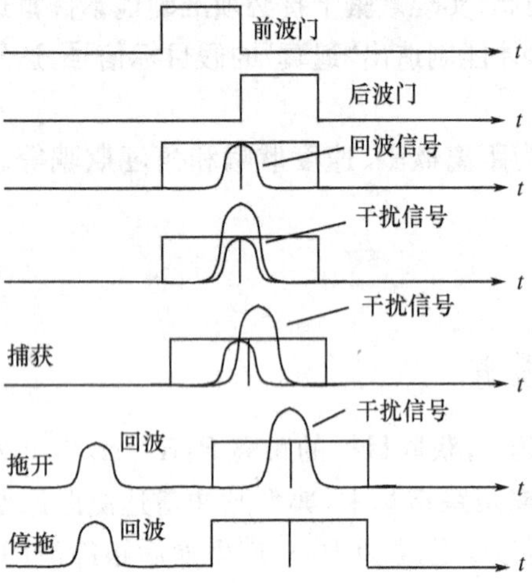

图 5.4.2 距离波门拖引原理

2. 距离波门拖引的干扰效果

距离波门拖引主要用于自卫干扰，在自卫干扰条件下实施距离波门拖引干扰，必须考虑干扰机拖引跟踪波门的速度。显然，拖引速度越快，自卫效果越好。但是，如果拖引速度超过了雷达的最大跟踪速度，干扰就失效了。因此，必须事先了解或判断被干扰雷达的可能的最大跟踪速度，确定合适的拖引速度。

图 5.4.3 给出了采用匀速拖引的 RGPO 技术对某跟踪雷达的干扰效果，其中图(b)显示了干扰机制造的假目标。

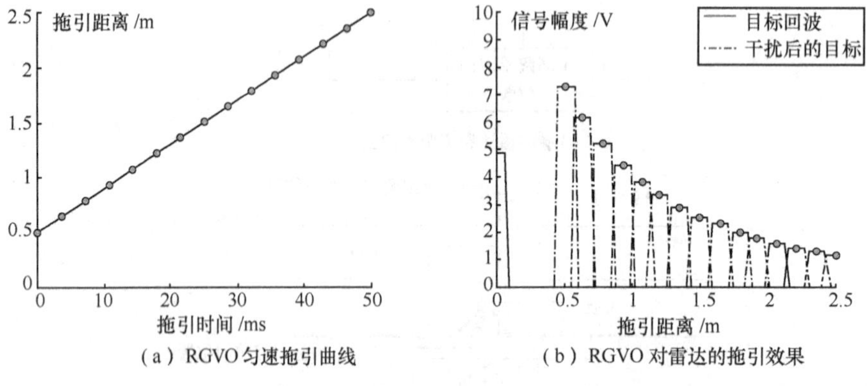

图 5.4.3 采用均匀拖引的 RGPO 技术对某跟踪雷达的干扰效果

距离波门拖引的实际效果与干信比、拖引速度以及相参干扰信号与目标回波信号的相位关系等因素有关系。低的干信比需要以较小的拖引速度，才能有效拖引雷达的跟踪波门。图 5.4.4中，目标脉冲、干扰脉冲和雷达跟踪波门的时间位置都用雷达脉冲宽度 τ 归一化。拖引速度为 1.33τ/s，干信比为 0dB 时，RGPO 的拖引是失败的。在图 5.4.4(a)中，跟踪波门被稍微移开大约半个脉宽，然后就重新回到目标的位置上。当干信比提高到 10dB，在图 5.4.4(b)中，当脉冲开始被拖离距离门时，雷达距离跟踪回路的 AGC 显著提高，干扰机成功地拖动了跟踪波门。此时，若拖引速度提高至 2.67τ/s，干扰可以成功地把跟踪波门拖偏目标，但是无法把它拖出去，跟踪波门会停在 2.7τ 处，如图 5.4.4(c)所示。当干信比提高到

15dB 时，RGPO 成功了，如图 5.4.4(d)所示。

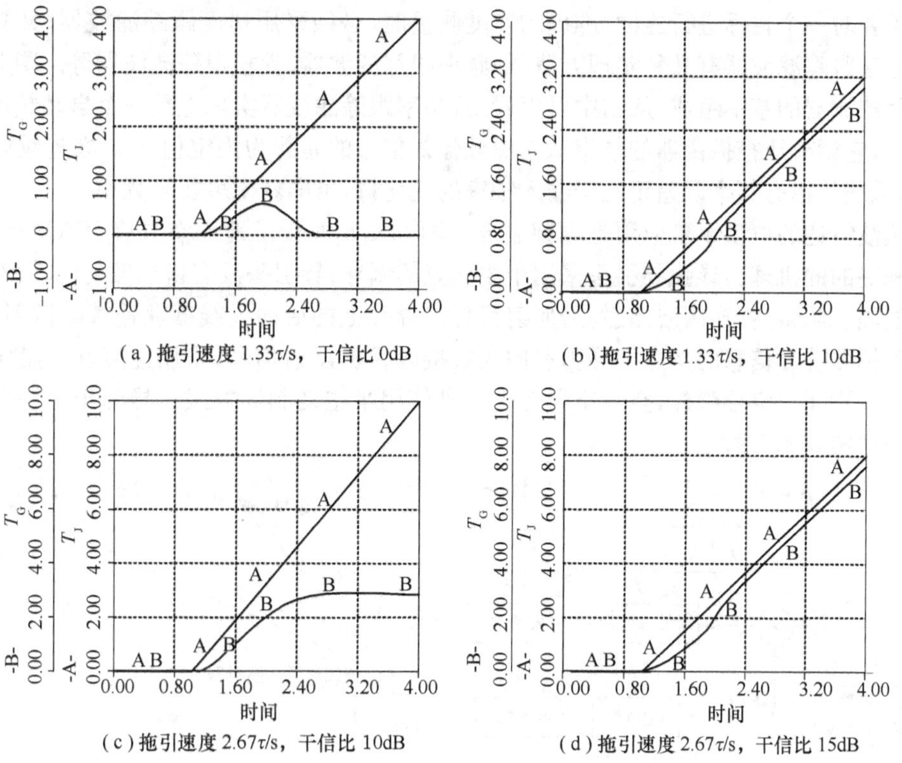

图 5.4.4　距离波门拖引效果与拖引速度和干信比关系

5.4.2　速度欺骗

5.4.2.1　雷达对目标速度信息的测量和跟踪

雷达对目标速度信息的测量和跟踪主要依据雷达接收到的目标回波信号与发射信号之间的多普勒频差 f_d。根据雷达体制不同，常用的方法包括连续波测速跟踪和脉冲多普勒测速跟踪。

1. 连续波速度跟踪

雷达发射信号可表示为

$$s(t)=A\cos(\omega_0 t+\varphi_0) \tag{5.4.1}$$

式中，ω_0 为发射信号载波角频率，φ_0 为初相，A 为振幅。目标回波信号 $s_r(t)$ 为

$$s_r(t)=ks(t-t_r)=kA\cos[\omega_0(t-t_r)+\varphi_0] \tag{5.4.2}$$

式中，t_r 为回波延时，k 为回波衰减。若目标相对雷达的径向速度为 v_r，且 $v_r \ll c$，c 为光速，则回波延时 t_r 可表示为

$$t_r=\frac{2}{c}(R_0-v_r t) \tag{5.4.3}$$

故回波信号多普勒频率 f_d 为

$$f_d=\frac{1}{2\pi}\cdot\frac{d\varphi}{dt}=\frac{1}{2\pi}\cdot\left[-\omega_0\cdot\frac{2}{c}(R_0-v_r t)\right]\cdot\frac{1}{dt}=2v_r\frac{f_0}{c} \tag{5.4.4}$$

式中，f_0 为雷达工作频率。

当需要对一个目标进行连续、准确的速度测量时，必须采用速度跟踪滤波器，又被称为速度门。速度跟踪滤波器有几种实现方法，如频率跟踪滤波器、锁相跟踪滤波器等。图 5.4.5 是频率跟踪滤波器的基本组成，从图中可以看出，频率跟踪滤波器实际上是一个自动频率控制系统(AFC)，它调节压控振荡器的频率从而保证输入信号的差频为固定值 f_z。在连续闭环跟踪状态下，系统的稳态频率误差正比于输入频率的变化量，也即获得多普勒频率。

连续波雷达的典型军事应用是导弹制导。图 5.4.6 解释了地－空导弹(SAM)利用飞机的回波来寻的的机理。导弹导引头采用半主动寻的制导，导引头没有雷达发射源，它需要依靠发射点的辐射源雷达(连续波照射器)照射目标。导弹上的后向天线截获连续波照射信号，用做解调目标多普勒信息的参考。导弹前向天线接收目标反射信号，采用速度和角度跟踪方式跟踪目标。除面－空导弹外，空－空导弹也大量使用半主动制导方式。导弹半主动导引头的原理框图如图 5.4.7 所示。

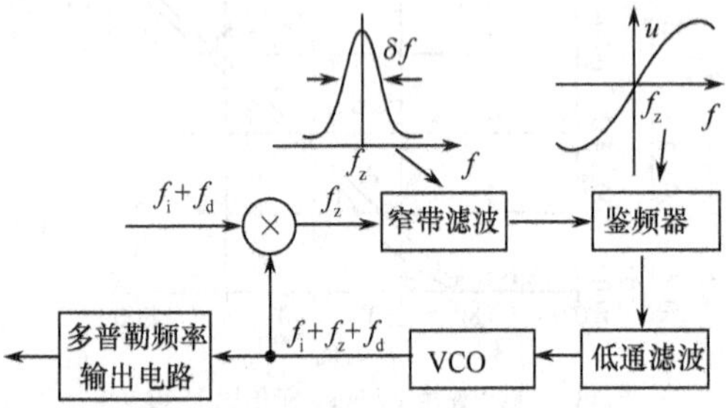

图 5.4.5　连续波多普勒雷达的频率跟踪电图

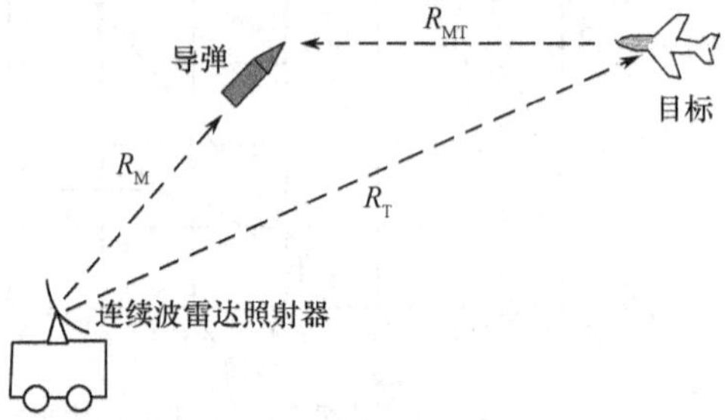

图 5.4.6　导弹半主动雷达导引几何关系

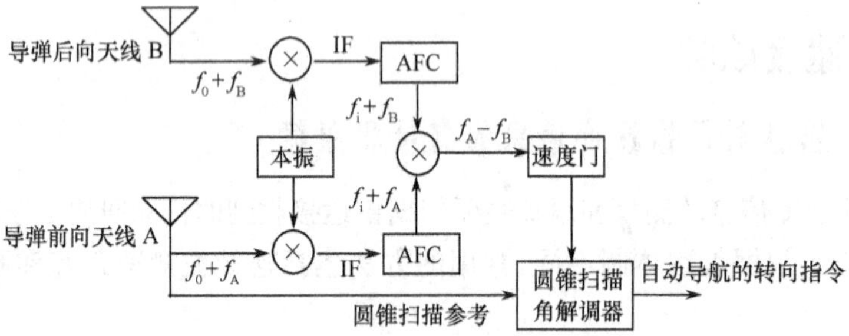

图 5.4.7　导弹半主动导引头的原理框图

设雷达的工作频率为 f_0，导弹导引头前向天线 A 收到的信号频率为 f_0+f_A，其中 f_A 为

$$f_A=\frac{2f_0}{c}\left(\frac{\mathrm{d}R_{MT}}{\mathrm{d}t}+\frac{\mathrm{d}R_T}{\mathrm{d}t}\right) \tag{5.4.5}$$

导弹导引头后向天线 B 收到的信号频率为 f_0+f_B，其中 f_B 为

$$f_B=\frac{2f_0}{c}\frac{\mathrm{d}R_M}{\mathrm{d}t} \tag{5.4.6}$$

两个接收通道是使用公共本振的超外差接收机，将接收信号变到中心频率为 f_i 的中频。每一个通道上的自动频率控制回路(AFC)锁定在频率分别为 f_i+f_A、f_i+f_B 的连续波上。同步解调器以后向通道 B 的频率 f_i+f_B 为参考，给出频率为 f_A-f_B 的差分多普勒输出。这可能是几百赫兹到几千赫兹，其中还可能包括前向天线圆锥扫描引入的 20～60Hz 的寄生调幅。解调后，产生导弹自动驾驶的转向指令。图 5.4.7 中的速度门是一个多普勒跟踪的滤波器，可

以用 AFC 或锁相回路来实现。

2. 脉冲多普勒速度跟踪

脉冲多普勒是现代机载雷达采用的一种重要雷达体制。由于雷达采用脉冲信号形式，运动目标回波信号的多普勒频率分量仅在脉冲宽度时间内按重复周期出现，因此需要采用相参检测技术才能取出目标的速度信息。

脉冲雷达牺牲了对目标回波的连续观测，代之的是以脉冲重复频率 $f_r=1/T_r$ 的速率进行采样。因此，脉冲雷达的频谱是对连续波频谱的周期延拓，重复周期就是 f_r。若脉冲雷达可测的目标多普勒频率上限为 f_{dmax}，则雷达频谱带宽为 $2f_{dmax}$，为了避免频谱重叠或模糊，原则上应满足如下条件

$$2f_{dmax}\leqslant f_r \tag{5.4.7}$$

在搜索雷达中，为了能同时测量多个目标的速度，快速捕获多普勒频率并提高测速精度，一般在相位检波器后串接并联的多个窄带滤波器，滤波器的带宽范围和回波信号谱线宽度相匹配，滤波器组相互交叠排列并覆盖全部多普勒频率范围。

在跟踪雷达中，当要求对单个目标连续测速时，需要采用速度跟踪系统。一种脉冲多普勒雷达的速度跟踪系统如图 5.4.8 所示，与连续波多普勒雷达类似，采用频率跟踪滤波器来实现。

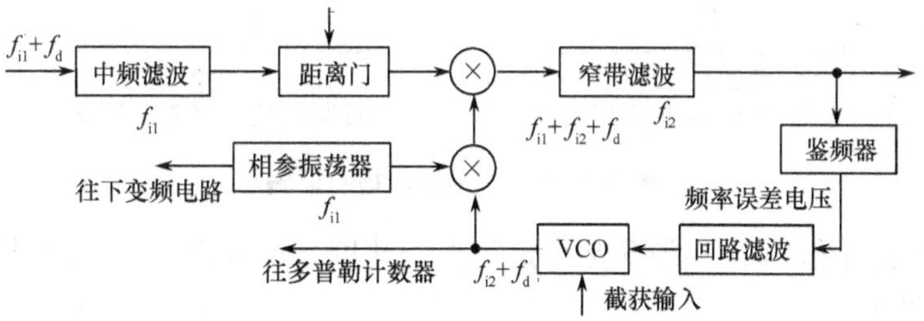

图 5.4.8　脉冲多普勒雷达的速度跟踪系统

如图 5.4.8，中频信号以 f_{i1} 为中心，带宽与脉冲信号的带宽匹配。在目标所在的距离门这个中频通路上选择目标。然后距离门内的回波被转换成更低的频率 f_{i2}，再通过一个窄带滤波器（速度门）。这个门的宽度只够通过目标回波的脉冲多普勒频谱的中心谱线。鉴频器输出的误差电压以正确的方向拉动 VCO 的频率，将目标频谱重新设置在中心 f_{i2} 处。这样，这个回路就成为自动频率控制（AFC）回路。多普勒滤波器带宽很窄，信号必须首先采用多普勒搜索的办法截获。

5.4.2.2　对雷达的速度欺骗干扰

1. 速度波门拖引干扰

各种不同物体的回波会产生不同的频移，频移的大小正比于物体和雷达之间的相对速度，所以接收到的信号频谱比较复杂。一种机载雷达与空中目标迎面飞行情况下的雷达回波信号频谱如图 5.4.9 所示。雷达速度跟踪波门仅跟踪在目标回波的主频谱线上，就能抑制强烈的地杂波对目标跟踪的影响。

如果干扰机在转发的目标信号上调制一个伪多普勒频移，用于模拟真实目标的多普勒特征，使干扰信号进入雷达速度跟踪波门，由于干扰信号的功率大于真实目标回波的功率，雷达自动增益电路调整到干扰信号上；然后干扰信号的多普勒频率逐渐远离真实目标的多普勒频

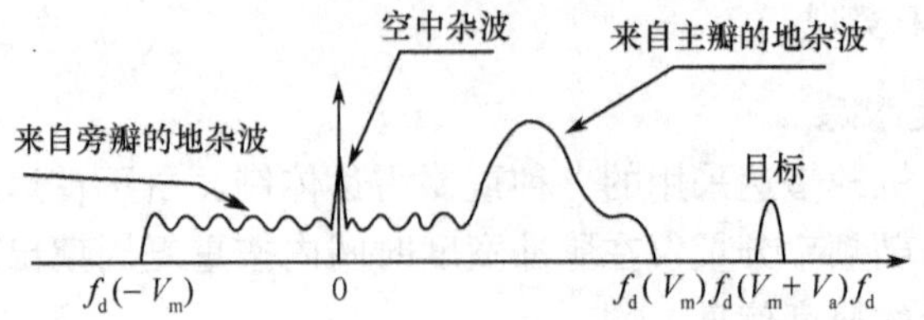

图 5.4.9　雷达回波信号频谱

率，雷达速度跟踪波门将逐渐远离真实目标。合适的时间停止干扰信号，造成雷达丢失目标，雷达将重新进入搜索状态，这就是速度波门拖引（Velocity Gate Pull-Off，VGPO），如图 5.4.10所示。对半主动寻的制导雷达实施速度波门拖引干扰，如果将速度波门拖入强地杂波频率上，可使导引头跟踪到地杂波上，起到很好的躲避攻击的效果。

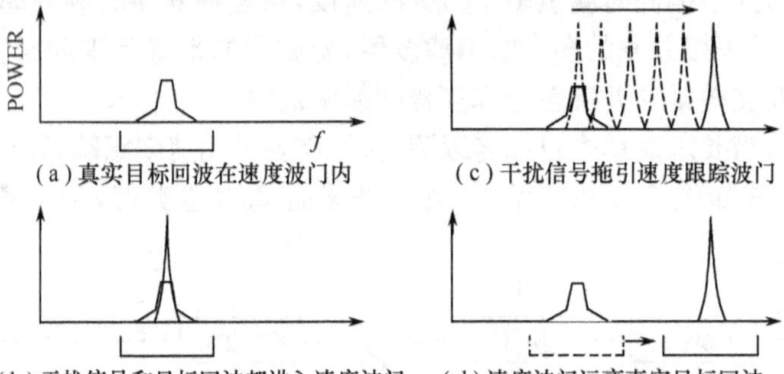

(a)真实目标回波在速度波门内　(c)干扰信号拖引速度跟踪波门

(b)干扰信号和目标回波都进入速度波门　(d)速度波门远离真实目标回波

图 5.4.10　速度波门拖引欺骗

在实施速度波门拖引时，必须确定合适的拖引速度。一般来说，干扰信号的多普勒频率 $f_{dj}(t)$ 变化过程如下

$$f_{dj}(t)=\begin{cases} f_d & 0\leqslant t<t_1\text{，停拖期} \\ f_d+v_f(t-t_2) & t_1\leqslant t<t_2\text{，拖引区} \\ \text{干扰关闭} & t_2\leqslant t<T_j\text{，关闭区} \end{cases} \tag{5.4.8}$$

最大的拖引速度取决于雷达速度跟踪电路的设计。相对安全的方法是判断雷达所跟踪目标的主要类型，目标相对于雷达的最大加速度，一般不是出现在直线加速方向，而往往出现在转弯过程。因此，目标最大的转弯速率一般是设计雷达跟踪电路的依据，也是实施速度波门拖引欺骗的依据。

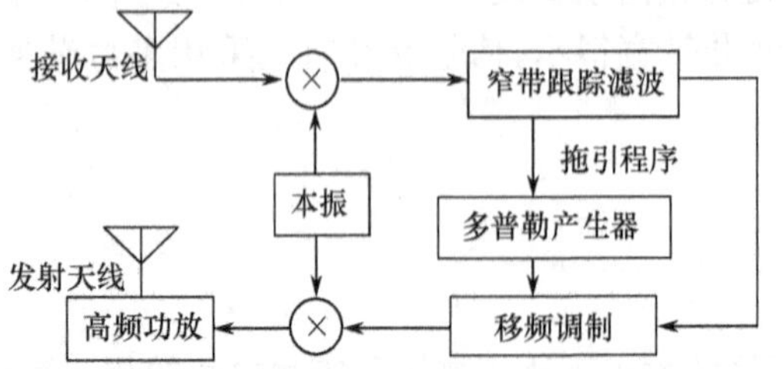

图 5.4.11　VGPO 干扰机的基本组成

图 5.4.11 给出了 VGPO 干扰机的基本组成。接收天线收到雷达信号，通过下变频和窄带跟踪滤波，得到包含多普勒频移的雷达信号。根据速度欺骗的原则，制定相应的速度拖引程序，通过多普勒产生器生成多普勒频率调制信号，控制移频调制，产生相应的干扰信号，并上变频到载频。干扰机发射天线将大功率的干扰信号照射到雷达接收天线上，实现速度欺骗干扰。

2. 距离—速度同步欺骗

对只有距离跟踪或只有速度跟踪能力的雷达，单独采用距离欺骗或速度欺骗即可奏效。

但是，对于具有距离—速度两维信息同时测量跟踪能力的雷达，只对其进行一维信息欺骗，或二维信息欺骗参数矛盾时，就可能被雷达识破，从而使干扰失效，因此对于具有距离—速度两维信息同时测量跟踪能力的雷达，如脉冲多普勒雷达，就需要距离—速度同步欺骗。在进行距离拖引干扰的同时，进行速度欺骗。

在匀速拖引和加速度拖引时的距离时延 $\Delta t_{\mathrm{rj}}(t)$ 和多普勒频移 $f_{\mathrm{dj}}(t)$ 的调制函数分别如下

$$\Delta t_{\mathrm{rj}}(t)=\begin{cases}0 & 0\leqslant t<t_1\\ v(t-t_1) & t_1\leqslant t<t_2\\ \text{干扰关闭} & t_2\leqslant t<T_{\mathrm{j}}\end{cases}\qquad f_{\mathrm{dj}}(t)=\begin{cases}0 & 0\leqslant t<t_1\\ -2vf_0/c & t_1\leqslant t<t_2\\ \text{干扰关闭} & t_2\leqslant t<T_{\mathrm{j}}\end{cases}\tag{5.4.9}$$

$$\Delta t_{\mathrm{rj}}(t)=\begin{cases}0 & 0\leqslant t<t_1\\ a(t-t_1)^2/2 & t_1\leqslant t<t_2\\ \text{干扰关闭} & t_2\leqslant t<T_{\mathrm{j}}\end{cases}\qquad f_{\mathrm{dj}}(t)=\begin{cases}0 & 0\leqslant t<t_1\\ -2a(t-t_1)f_0/c & t_1\leqslant t<t_2\\ \text{干扰关闭} & t_2\leqslant t<T_{\mathrm{j}}\end{cases}\tag{5.4.10}$$

在欺骗的任意时刻，拖引的时延和多普勒频移具有同一运动特征的对应关系。

图 5.4.12 给出了对某跟踪雷达的速度拖引欺骗的干扰信号实例。

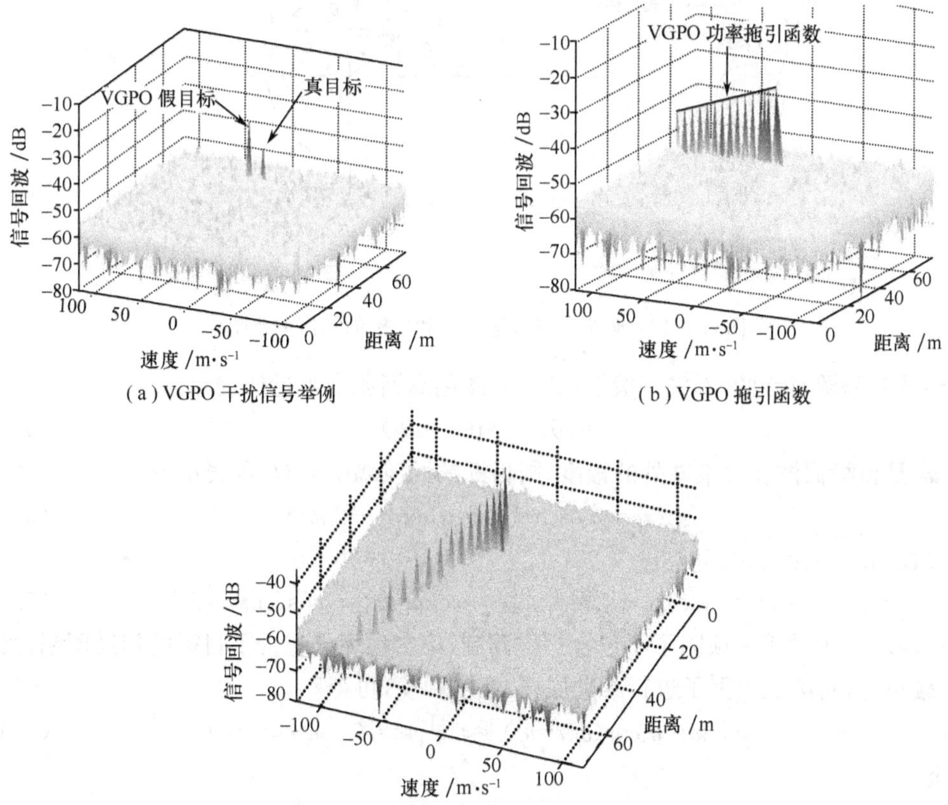

(a) VGPO 干扰信号举例 (b) VGPO 拖引函数

(c) 距离—速度同步欺骗

图 5.4.12 某跟踪雷达的速度拖引欺骗的干扰信号实例

5.4.3 角度欺骗

与距离欺骗技术不同，角度欺骗技术和它所要干扰的雷达体制关系十分密切，必须针对不同的雷达采取不同的技术。常用的雷达角度跟踪体制有:圆锥扫描雷达、边扫边跟雷达和单脉冲雷达等。

5.4.3.1　对圆锥扫描雷达的角度欺骗干扰

1. 圆锥扫描雷达对目标角度的测量和跟踪

圆锥扫描跟踪雷达波束的最大辐射方向(波束轴)偏离天线扫描轴一定的夹角,当波束以一定的角速度绕扫描轴旋转时,波束轴就在空间画出一个圆锥,故称为圆锥扫描雷达。

图 5.4.13 给出了圆锥扫描雷达波束和目标的几何关系图,波束轴偏离天线扫描轴 θ_s,以恒定的角速度 ω_s 绕扫描轴旋转,划出半角为 θ_s 的圆锥。在垂直于扫描轴,包含目标 T 的平面上[如图 5.4.13(b)所示],O 是扫描轴穿透平面的点,T 是目标位置,A 是波束轴穿透平面位置,θ_T 是目标偏离扫描轴的张角,θ 是目标相对波束轴的张角,φ 是目标偏离方向,波束扫描角为 $\omega_s t$,则

$$\theta^2=\theta_T^2+\theta_s^2-2\theta_T\theta_s\cos(\varphi-\omega_s t) \tag{5.4.11}$$

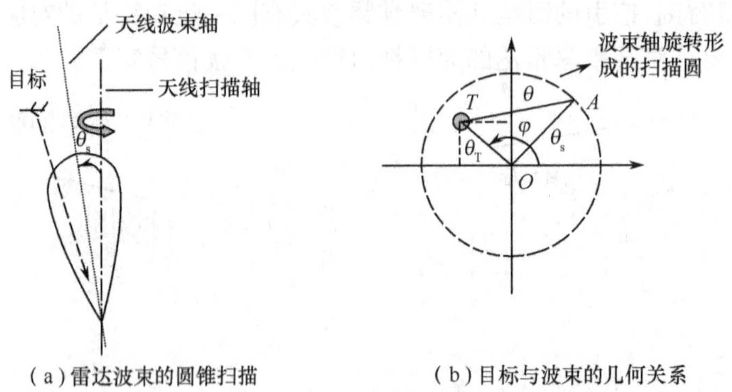

图 5.4.13　圆锥扫描雷达波束和目标的几何关系图

天线波束是圆对称的,不失一般性,其方向图用高斯函数可近似表示为

$$F(\theta)=\exp(-a\theta^2) \tag{5.4.12}$$

设 u_0 是目标回波在波束轴处的幅度,则目标的回波幅度 $u_r(t)$ 可表示为

$$u_r(t)=u_0\cdot F^2(\theta)=u_0\exp(-2a\theta^2) \tag{5.4.13}$$

将式(5.4.13)代入式,可得

$$u_r(t)=u_0\exp[-2a(\theta_T^2+\theta_s^2]\cdot\exp[4a\theta_T\theta_s\cos(\omega_s t-\varphi)] \tag{5.4.14}$$

式(5.4.14)中的第一项因子不包含扫描调制,第二项因子包含了目标的扫描调制,当跟踪误差 θ_T 较小时,将第二项因子进行泰勒展开,取前两项,可得

$$\exp[4a\theta_T\theta_s\cos(\omega_s t-\varphi)]\approx 1+4a\theta_T\theta_s\cos(\omega_s t-\varphi) \tag{5.4.15}$$

因此

$$u_r(t)\approx u_0[1+4a\theta_T\theta_s\cos(\omega_s t-\varphi)] \tag{5.4.16}$$

从式(5.4.16)中可以看出,随着波束的旋转扫描,雷达接收到的目标回波信号幅度被正弦调制,如图 5.4.14 所示。调制的幅度 $4a\theta_T\theta_s$ 正比于目标偏离扫描轴的大小 θ_T,调制的相位 φ 就是目标的方向。目标越接近天线旋转轴,回波信号正弦调制幅度越小。当天线扫描轴对准目标时,$\theta_T=0$,接收机输出的回波信号就成为一串等幅脉冲。根据回波的正弦调制幅度和相位,雷达调整天线旋转轴方向,使其靠近目标。

图 5.4.14　圆锥扫描雷达的正弦调制回波信号

为了解出跟踪误差信号，用正交的扫描频率参考信号 $\sin\omega_s t$ 和 $\cos\omega_s t$ 对回波信号进行同步检测，为角跟踪伺服系统提取方位误差和俯仰误差信号，如图 5.4.15 所示。

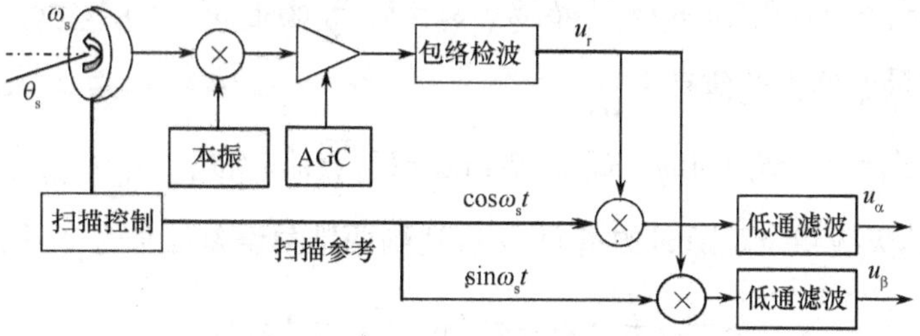

图 5.4.15　圆锥扫描雷达的误差解调

对 $u_r(t)$ 信号乘以 $\cos\omega_s t$，有

$$\begin{aligned} u_r(t)\cos\omega_s t &= u_0[\cos\omega_s t + 4a\theta_T\theta_s\cos(\omega_s t-\varphi)\cos\omega_s t] \\ &= u_0[\cos\omega_s t + 2a\theta_T\theta_s\cos(2\omega_s t-\varphi) + 2a\theta_T\theta_s\cos\varphi] \end{aligned} \tag{5.4.17}$$

用低通滤波器只提出式(5.4.17)中的直流项，可得方位角 α 的跟踪误差信号

$$u_\alpha = 2u_0 a\theta_T\theta_s\cos\varphi \tag{5.4.18}$$

同理，对 $u_r(t)$ 信号乘以 $\sin\omega_s t$，并通过低通，可得俯仰角 β 的跟踪误差信号

$$u_\beta = 2u_0 a\theta_T\theta_s\sin\varphi \tag{5.4.19}$$

方位角 α，俯仰角 β 定义如下

$$\alpha = \theta_T\cos\varphi,\ \beta = \theta_T\sin\varphi \tag{5.4.20}$$

因此，

$$u_\alpha = u_0\cdot 2a\theta_s\cdot\alpha = \frac{u_0}{2}k_s\frac{\alpha}{\theta_{0.5}} \tag{5.4.21}$$

式中，k_s 为圆锥扫描误差斜率。当 $\theta_s=0.5\theta_{0.5}$，$k_s=2.77$ 时，误差信号重写如下

$$u_\alpha = \frac{u_0}{2}k_s\left(\frac{\alpha}{\theta_{0.5}}\right),\ u_\beta = \frac{u_0}{2}k_s\left(\frac{\beta}{\theta_{0.5}}\right) \tag{5.4.22}$$

误差信号与目标的方位角和俯仰角成正比，将它馈送给角度跟踪控制回路，驱动天线向误差减小的方向运动，直到误差为 0。

2. 逆增益角度欺骗

如果干扰机产生的干扰信号使圆锥扫描正弦调制信息消失或扰乱，则能够有效破坏角跟踪。一种有效的方法就是将一个倒相的幅度调制到合成的目标回波信号上，迫使雷达角跟踪电路中的角度跟踪偏离目标真实的角位置。实现这一效果的干扰技术称为逆增益干扰。

对圆锥扫描雷达，理想的逆增益干扰方式是转发雷达信号，但在幅度上进行调制，使它的增益与接收的雷达信号的幅度成反比。

设干扰信号的包络 $u_j(t)$ 为

$$u_j(t) = U_j[1+m_j\cos(\omega'_s t-\varphi_j)] \tag{5.4.23}$$

式中，$U_j \gg u_0$，$\omega'_s \approx \omega_s$。雷达接收到的干扰信号幅度 $u_{rj}(t)$ 为

$$u_{rj}(t)=u_j(t)\cdot g(\theta)$$
$$=U_j[1+m_j\cos(\omega'_s t-\varphi_j)][1+2a\theta_T\theta_s\cos(\omega_s t-\varphi)] \tag{5.4.24}$$

将式(5.4.24)乘以 $\cos\omega_s t$，再用低通滤波器只提出其中的直流项，有

$$u_{aj}=U_j a\theta_T\theta_s\cos\varphi+U_j\frac{m_j}{2}\cos[(\omega'_s-\omega_s)t-\varphi_j)] \tag{5.4.25}$$

干扰后的方位误差信号为

$$u'_\alpha=2u_0a\theta_T\theta_s\cos\varphi+U_ja\theta_T\theta_s\cos\varphi+U_j\frac{m_j}{2}\cos[(\omega'_s-\omega_s)t-\varphi_j] \tag{5.4.26}$$

同理，干扰后的俯仰误差信号为

$$u'_\beta=2u_0a\theta_T\theta_s\sin\varphi+U_ja\theta_T\theta_s\sin\varphi+U_j\frac{m_j}{2}\sin[(\omega'_s-\omega_s)t-\varphi_j] \tag{5.4.27}$$

圆锥扫描雷达天线稳定跟踪时的指向 θ_T 应达到两维角误差信号为 0，由此解得

$$\theta_T=\frac{-\sqrt{\frac{J}{S}}\cdot m_j\cos[(\omega'_s-\omega_s)t-\varphi_j]}{\left(\sqrt{\frac{J}{S}}+2\right)\frac{k_s}{2}\cos\varphi}\cdot\theta_{0.5}$$
$$=\frac{-\sqrt{\frac{J}{S}}\cdot m_j\sin[(\omega'_s-\omega_s)t-\varphi_j]}{\left(\sqrt{\frac{J}{S}}+2\right)\frac{k_s}{2}\sin\varphi}\cdot\theta_{0.5} \tag{5.4.28}$$

式中，$\sqrt{\frac{J}{S}}=\frac{U_j}{u_0}$。若 $\omega'_s=\omega_s$，$\varphi_j=\varphi+\pi$，即干扰信号为雷达信号的倒相信号，则逆增益干扰引起的角度偏差为

$$\theta_T=\frac{\sqrt{\frac{J}{S}}\cdot m_j}{1.4\left(\sqrt{\frac{J}{S}}+2\right)}\cdot\theta_{0.5} \tag{5.4.29}$$

实际的干扰机常常被设计成在固定输出(饱和)电平的状态上，不能对干扰输出施加任意的幅度调制。另外，也无需发射正弦调制的逆增益干扰信号，因为圆锥扫描雷达的误差解调器(见图 5.4.15)只用了调制基波 ω_s 分量。基于这些原因，可以用恒定幅度的倒相方波代替倒相正弦波，称为倒相方波干扰。

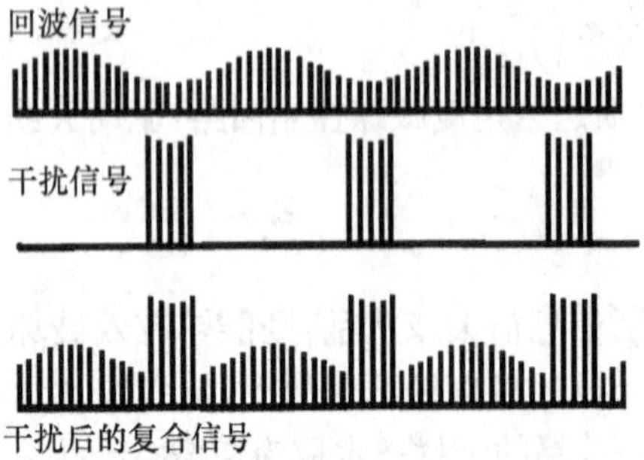

图 5.4.16 对锥扫雷达的逆增益干扰——倒相方波干扰

如图 5.4.16 所示，干扰机的干扰脉冲与雷达脉冲同步，干扰发射倒相方波信号的周期与雷达天线圆锥扫描周期同步，且倒相方波信号就在回波信号最弱的时间发射。大功率的干扰信号与真实的目标回波信号合成后的信号，与真实回波信号相比，信号中的强弱关系颠倒了，产生 180°的相移，迫使雷达天线离开目标而不是朝向目标偏移。如果雷达天线离开目标足够远，雷达角度跟踪回路就被破坏，雷达将重新进入搜索捕获过程。

3. 对隐蔽锥扫雷达的欺骗干扰

圆锥扫描雷达存在扫描的发射波束，使干扰机能够将它的调制同步到干扰信号中。逆增益技术对付圆锥扫描雷达的有效性，导致了隐蔽锥扫（LORO）雷达的出现。如图 5.4.17 所示，LORO 雷达发射信号照射目标时，天线保持不动，此时目标上的干扰机接收到的信号是一串等幅脉冲，干扰机无法判断雷达的扫描周期；雷达接收回波时，天线进行圆锥扫描，接收到的信号经过正弦调制，获取到目标的角度偏离信息。

对隐蔽锥扫雷达，由于无法获取雷达锥扫周期，干扰机倒相方波信号的周期需要在一定范围内"滑动"（见图 5.4.18），合成的回波信号一般不会保持 180°的相位误差。干扰方波信号按照其周期（或者说角频率）滑动方式有以下几种：

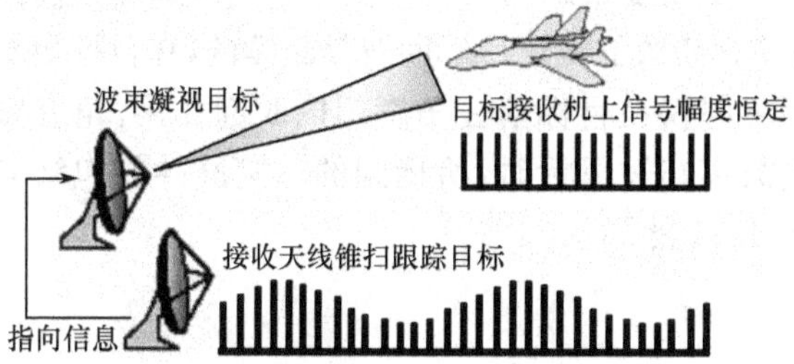

图 5.4.17　隐蔽锥扫雷达的回波信号

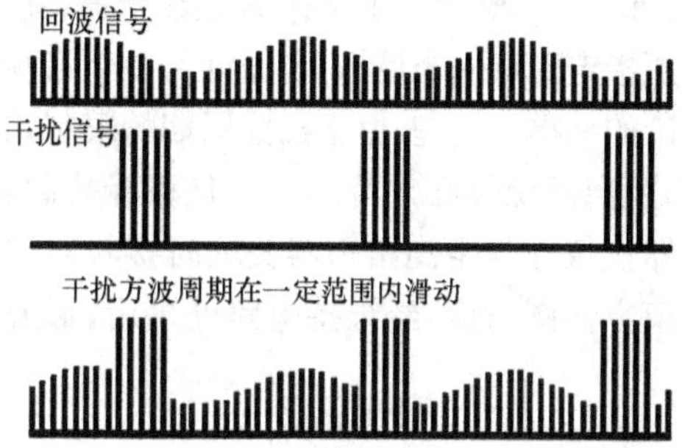

图 5.4.18　对隐蔽锥扫雷达的倒相方波干扰

（1）随机方波干扰

干扰方波信号的角频率在被干扰雷达可能使用的锥扫角频率范围内随机变化，称为随机方波干扰。

根据圆锥扫描雷达角度跟踪的原理，其锥扫调制信号的选频放大器通带 B 一般只有几弧度。只有当方波基频与锥扫频率 ω_s 非常接近时，干扰信号才能通过选频放大器。因此，当干扰方波信号的角基频在$[\omega_{smin},\omega_{smax}]$内均匀分布时，随机方波干扰相当于是对锥扫角频率范围的阻塞干扰，落入雷达角度跟踪系统带内的有效干扰功率和干信比 J/S 将下降到 $1/K$，其中

$$K=\frac{B}{\omega_{smax}-\omega_{smin}} \tag{5.4.30}$$

并且将使天线波束指向受频差调制而不稳定。

（2）扫频方波干扰

使干扰方波的角基频以速度 a 周期性地从 ω_{smin} 到 ω_{smax} 逐渐变化，称为扫频方波干扰。

扫频周期 T 为

$$T=\frac{\omega_{smax}-\omega_{smin}}{a} \tag{5.4.31}$$

由于每个周期 T 内都有一次能近似满足倒相方波干扰的条件，从而使雷达的角度跟踪出现周期性不稳定。

（3）扫频锁定干扰

扫频锁定干扰是扫频干扰的改进，其初始时刻的干扰形式与扫频干扰相同，但在实施扫频干扰的同时，还需通过侦察接收机监测被干扰雷达发射信号的功率变化。当扫频方波基频接近隐蔽圆锥扫描频率时，雷达接收天线的指向将出现严重的不稳，与接收天线同步运动的发射天线信号功率也将出现相应的不稳定变化。所以，侦察接收机监测到这种变化时，应立即停止

调制方波的基频变化，并且继续采用该基频方波锁定对干扰机的末级功放实施固定频率的通断干扰。

5.4.3.2　对边扫描边跟雷达的角度欺骗

1. 边扫描边跟雷达的角度检测与跟踪

边扫描边跟踪(Tracking While Scanning，TWS)雷达是在天线等速旋转状态下，对指定空域中的多目标进行离散跟踪的雷达系统。这种雷达兼备搜索和跟踪功能，可用单个笔形波束以光栅方式覆盖一个矩形区域进行扫描，也可以用两个正交的扇形波束进行扫描，一个扫描方位，另一个扫描俯仰(如图 5.4.19 所示)。

图 5.4.20 表示了雷达 B 型显示器，其中有三个目标。如果三个目标都被跟踪，距离跟踪器必须指定到每一个目标上，而且每一个目标还有一个角度跟踪器与其对应。距离跟踪器与前面讨论的一样。但是，由于扫描周期的限制，TWS 雷达接收的特定目标回波是断续的，在目标更新前，距离跟踪器必须滑动。一旦目标被截获，距离门仅在目标落在角度门内时起作用，角度跟踪器仅仅在与距离跟踪器关联时接收回波。当波束扫过目标时，所接到的一簇脉冲的包络与波束方向图对应，经维持电路处理后，形成图 5.4.21 的形状。

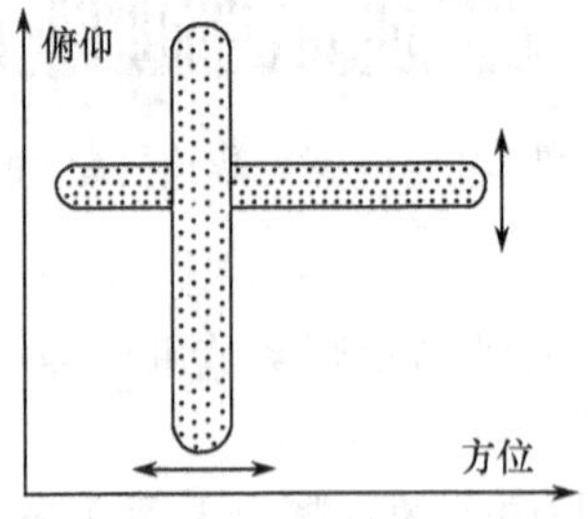

图 5.4.19　边扫描边跟踪雷达的扫描波束

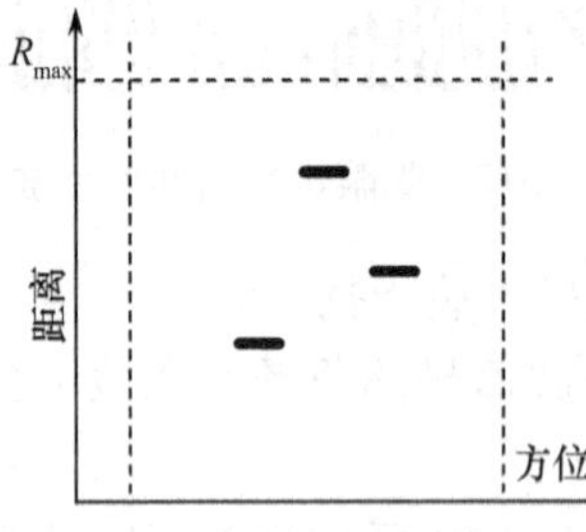

图 5.4.20　多目标跟踪

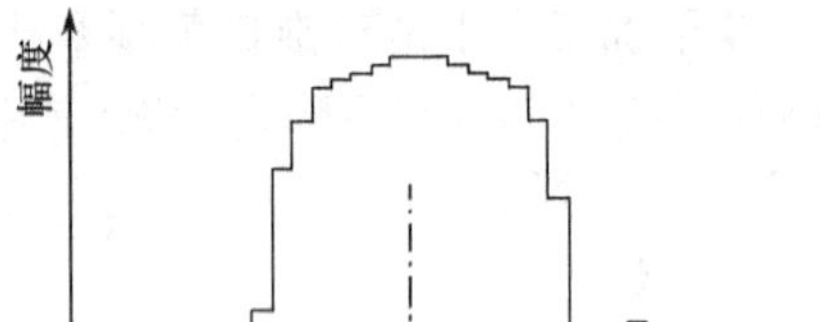

图 5.4.21　中心在目标上的 TWS 角度门

典型的角跟踪器与距离跟踪器原理接近，采用双角度波门，角度跟踪器的两个波门分别叫左波门和右波门，代表角度扫描时间。每个波门对门内的目标回波包络积分，左右波门的积分差，就是角跟踪误差信号，通过伺服修正双波门位置，使得误差输出为 0，保持对目标的跟踪。

2. 角度波门拖引

当电子侦察设备能够测量出雷达波束的扫描参数时，用侦察得到的扫描周期去调制干扰信号，这样干扰机发射的干扰方波信号周期与雷达扫描周期同步，套住雷达角度波门；然后以一定的速率改变干扰方波周期，雷达的角度波门将被拖引离开真实目标。适当时候，停止干扰，雷达将丢失目标。对边扫边跟雷达的这种方波干扰技术又称为角度波门拖引干扰(AGPO)，如图 5.4.22 所示。

对边扫描边跟踪雷达的 AGPO 一般与 RGPO 结合使用，AGPO 在边扫描边跟踪的扫描周期中，用干扰脉冲簇慢慢地将距离门从目标回波上拖引开，得到足够高的干信比，再将角度门拖引开。

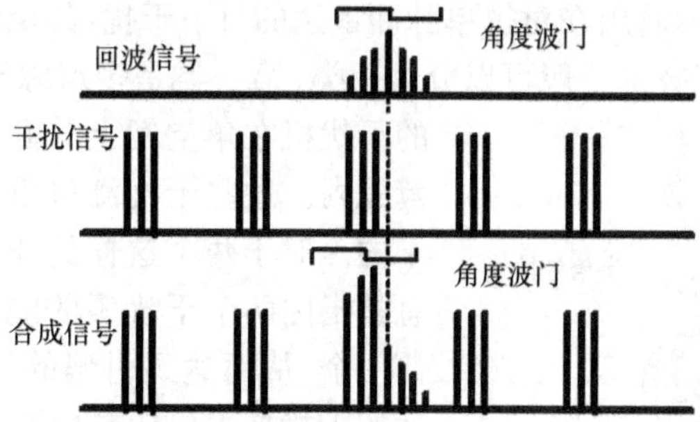

图 5.4.22　方波干扰使得雷达角度波门偏离真实目标角度

3. 对隐蔽边扫描边跟踪雷达的角度欺骗

对边扫描边跟踪雷达的角度欺骗的非常有效的抗干扰方式是，除去干扰机同步雷达扫描周期的能力。可以用一个不扫描的发射波束照射整个视场，用独立的接收天线扫描视场的方式来实现，这就是隐蔽边扫边跟雷达。

目标飞机上的自卫干扰机将无法发现隐蔽 TWS 雷达的扫描周期，因而不能用扫描周期调制其干扰信号。对隐蔽 TWS 雷达实施 AGPO，目的是让假目标横穿无论出现在哪里的角跟踪门，将其拖离目标。即使 AGPO 未能拖动角跟踪门，也可以引起角度跟踪器的某些角度扰动。如果扰动足够大、足够多，火控系统将无法发射导弹，或者中断对已发射导弹的引导。

干扰机通过预估隐蔽 TWS 的扫描周期，使发射干扰信号的调制周期在估计的雷达扫描周期附近变化，可以使得雷达的每个扫描周期内都被干扰。最简单的方式就是线性扫频方波干扰，如图 5.4.23 所示。在干扰程序的一个周期中，干扰方波的间隔周期从 T_{B1} 到 T_{B2} 线性扫描[如图 5.4.23(a)所示]。在雷达的每个扫描周期中，都会有一个干扰方波进入角跟踪门，典型的干扰方波跨度与角跟踪门的宽度大致相同，在一个干扰方波离开角跟踪门时，下一个干扰方波就准备进入[如图 5.4.23(b)所示]。

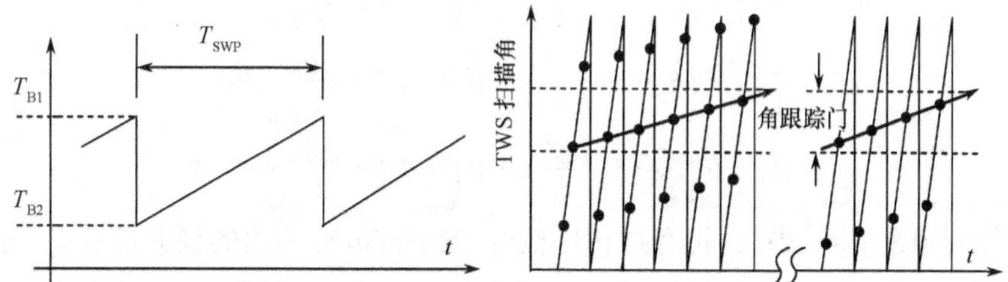

（a）干扰方波周期的线性扫描　　（b）干扰方波通过 TWS 雷达角度门

图 5.4.23　对隐蔽 TWS 的线性扫频方波干扰

要使干扰对隐蔽 TWS 有效，干扰机必须满足：① 扰动频率足够高，使得雷达的每次扫描都有一次干扰，一般来说，要求 $T_{SWP} \leqslant 3s$；② 干扰脉冲间隔 T_r 足够长，使得雷达角伺服能够响应，即 $T_r \geqslant \frac{1}{B}$，$B$ 为伺服带宽。

5.4.3.3　对单脉冲雷达的干扰

单脉冲跟踪雷达只在一个脉冲内就能完成角误差测量，因而它不受逆增益干扰这类振幅随时间变化的幅度调制干扰的影响。所以干扰单脉冲雷达的角跟踪系统就更加困难。前面所介绍的一些欺骗干扰方法，若用在对抗单脉冲雷达的自卫干扰，甚至会增强雷达的跟踪效果。

对单脉冲雷达的干扰技术一般可以分为两类，第一类是多点源干扰。它要求将两部以上的干扰机在角空间上分开布置，同处于一个角分辨范围内。这些干扰源可以是相干的，也可以是非相干的。对于两个这样的非相干干扰源，单脉冲测角总是指向两个干扰源的能量中心，而不指向其中任何一个，从而达到引偏的目的。这些对付单脉冲雷达的干扰技术包括非相干干扰和相干干扰。第二类是利用单脉冲雷达设计缺陷，如交叉极化干扰等。

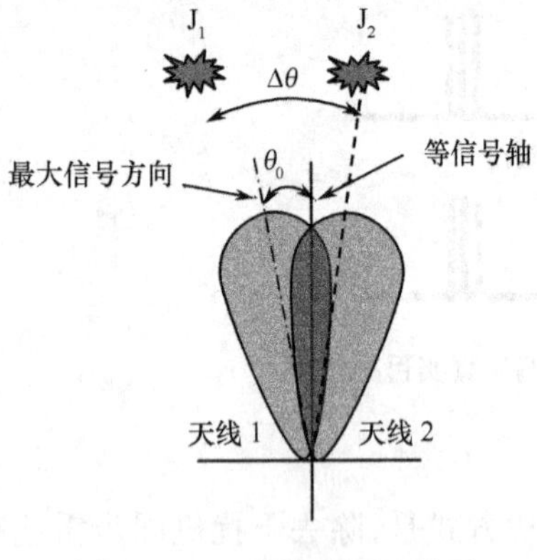

图 5.4.24　单脉冲雷达单平面相干干扰原理

1. 非相干干扰

非相干干扰是在单脉冲的一个角分辨单元内设置两个或者两个以上的干扰源，它们到达雷达接收天线口面的信号没有稳定的相对关系（非相干）。在单平面内非相干干扰的原理如图 5.4.24所示。

单脉冲雷达接收到两个非相干干扰源 J_1、J_2 的信号为

$$E_1=A_{J_1}F\left(\theta_0-\theta-\frac{\Delta\theta}{2}\right)e^{j\omega_1 t+\varphi_1}+A_{J_2}F\left(\theta_0-\theta+\frac{\Delta\theta}{2}\right)e^{j\omega_2 t+\varphi_2}$$

$$E_2=A_{J_1}F\left(\theta_0+\theta+\frac{\Delta\theta}{2}\right)e^{j\omega_1 t+\varphi_1}+A_{J_2}F\left(\theta_0+\theta-\frac{\Delta\theta}{2}\right)e^{j\omega_2 t+\varphi_2} \tag{5.4.32}$$

式中，两个干扰源对雷达形成的张角为 $\Delta\theta$，雷达波束最大信号方向与等信号轴方向的夹角为 θ_0，则它们的和、差信号分别为

$$\begin{aligned}E_\Sigma=&A_{J_1}\left[F\left(\theta_0-\theta-\frac{\Delta\theta}{2}\right)+F\left(\theta_0+\theta+\frac{\Delta\theta}{2}\right)\right]e^{j\omega_1 t+\varphi_1}+\\&A_{J_2}\left[F\left(\theta_0-\theta+\frac{\Delta\theta}{2}\right)+F\left(\theta_0+\theta-\frac{\Delta\theta}{2}\right)\right]e^{j\omega_2 t+\varphi_2}\\E_\Delta=&A_{J_1}\left[F\left(\theta_0-\theta-\frac{\Delta\theta}{2}\right)-F\left(\theta_0+\theta+\frac{\Delta\theta}{2}\right)\right]e^{j\omega_1 t+\varphi_1}+\\&A_{J_2}\left[F\left(\theta_0-\theta+\frac{\Delta\theta}{2}\right)-F\left(\theta_0+\theta-\frac{\Delta\theta}{2}\right)\right]e^{j\omega_2 t+\varphi_2}\end{aligned} \tag{5.4.33}$$

和、差信号分别经过混频、中放，再经过相位检波、低通滤波后输出的误差信号 S_e 为

$$\begin{aligned}S_e=&KA_{J_1}^2\left[F\left(\theta_0-\theta-\frac{\Delta\theta}{2}\right)+F^2\left(\theta_0+\theta+\frac{\Delta\theta}{2}\right)\right]+\\&KA_{J_2}^2\left[F^2\left(\theta_0-\theta+\frac{\Delta\theta}{2}\right)+F^2\left(\theta_0+\theta-\frac{\Delta\theta}{2}\right)\right]\end{aligned} \tag{5.4.34}$$

设雷达天线方向图为高斯函数，如式(5.4.10)，则

$$S_e\approx 4K\left[A_{J_1}^2\left(\theta_0+\frac{\Delta\theta}{2}\right)+A_{J_2}^2\left(\theta-\frac{\Delta\theta}{2}\right)\right] \tag{5.4.35}$$

设 J_1、J_2 的功率比为 $b^2=A_{J_1}^2/A_{J_2}^2$，当误差信号 $S_e=0$ 时，跟踪天线稳定，此时天线的指向角 θ 为

$$\theta=\frac{\Delta\theta}{2}\cdot\frac{b^2-1}{b^2+1} \tag{5.4.36}$$

式(5.4.36)表明：在非相干干扰条件下，单脉冲跟踪雷达的天线指向位于干扰源之间的能

量质心处，即肯定在两干扰源之间的某一位置。如果干扰源功率相同，雷达天线将指向两干扰源的中点，如果一强一弱，则雷达天线更接近于较强干扰源方向。

根据以上非相干干扰原理，可以有以下几种作战使用方式。

(1) 编队干扰

应用这种干扰时，两架或更多架飞机(或其他干扰平台)位于单脉冲跟踪雷达同一个角分辨单元内。当这些干扰机的方位角和干扰信号强度变化时，合成信号的视在到达方向将在各干扰机之间来回摆动，如果合成干扰信号与真实目标同处一个角分辨单元，且比目标回波强很多，跟踪雷达上的真实目标就会被遮蔽。

一旦干扰源之间的距离超过了雷达的波束宽度，雷达就能跟踪到干扰机，干扰机所在平台就成了信标。因此，要成功进行编队干扰，必须在多部干扰机之间精心协调。

(2) 闪烁干扰

这种方法是以角跟踪伺服系统通带内的某个速率(0.1～10Hz)一次接通一部干扰机。当跟踪雷达从一个干扰源转向另一个干扰源时，就激励起了角跟踪伺服系统的同步响应。如果角跟踪系统被设计得具有良好的阻尼特性，则雷达天线将平滑地在各个干扰源之间移动。但如果角跟踪伺服系统具有欠阻尼设计，将引起伺服系统越来越大的扰动，最终导致雷达失锁。

如果干扰机闪烁速率过快，远大于伺服系统带宽，则角度伺服系统将对各干扰源信号进行平均，使雷达天线停在各干扰源功率质心的位置上。

闪烁干扰机的关键参数是干扰源转换的速率。速率太高会使天线对数据进行平均，使跟踪误差趋于最小。速率太低又会使跟踪系统精确确定每部干扰机的角位置。最好的情况是该速率大致等于跟踪伺服系统带宽。但是干扰机得到最佳闪烁速率不是一个简单的问题。一种可行的办法是在可能的数值范围内不断改变其闪烁速率，直到干扰机上观察到最大的跟踪误差为止。

2. 相干干扰

在单脉冲的一个角分辨单元内设置两个或者两个以上的干扰源，如果这些干扰源到雷达天线口面的信号具有稳定的相位关系(相位相干)，则称为相干干扰。

干扰源 J_1 和 J_2 相距一定距离，平均功率分别为 $A_{J_1}^2$、$A_{J_2}^2$，它们对单脉冲跟踪雷达形成的张角为 $\Delta\theta$，设 φ 为 J_1 和 J_2 在雷达天线处信号的相位差，雷达接收天线接收到 J_1、J_2 的信号分别为

$$\begin{aligned} E_1 &= A_{J_1} F\left(\theta_0-\theta-\frac{\Delta\theta}{2}\right)e^{j\omega t}+A_{J_2} F\left(\theta_0-\theta+\frac{\Delta\theta}{2}\right)e^{j\omega t+\varphi} \\ E_2 &= A_{J_1} F\left(\theta_0+\theta+\frac{\Delta\theta}{2}\right)e^{j\omega t}+A_{J_2} F\left(\theta_0+\theta-\frac{\Delta\theta}{2}\right)e^{j\omega t+\varphi} \end{aligned} \tag{5.4.37}$$

则它们的和、差信号分别为

$$\begin{aligned} E_\Sigma &= A_{J_1}\left[F\left(\theta_0-\theta-\frac{\Delta\theta}{2}\right)+F\left(\theta_0+\theta+\frac{\Delta\theta}{2}\right)\right]e^{j\omega t}+ \\ &\quad A_{J_2}\left[F\left(\theta_0-\theta+\frac{\Delta\theta}{2}\right)+F\left(\theta_0+\theta-\frac{\Delta\theta}{2}\right)\right]e^{j\omega t+\varphi} \\ E_\Delta &= A_{J_1}\left[F\left(\theta_0-\theta-\frac{\Delta\theta}{2}\right)-F\left(\theta_0+\theta+\frac{\Delta\theta}{2}\right)\right]e^{j\omega t}+ \\ &\quad A_{J_2}\left[F\left(\theta_0-\theta+\frac{\Delta\theta}{2}\right)-F\left(\theta_0+\theta-\frac{\Delta\theta}{2}\right)\right]e^{j\omega t+\varphi} \end{aligned} \tag{5.4.38}$$

和、差信号分别经过混频、中放，再经过相位检波、低通滤波后输出的误差信号 S_e 为

$$
\begin{aligned}
S_e = & KA_{J_1}^2\left[F\left(\theta_0-\theta-\frac{\Delta\theta}{2}\right)+F^2\left(\theta_0+\theta+\frac{\Delta\theta}{2}\right)\right]+ \\
& KA_{J_2}^2\left[F^2\left(\theta_0-\theta+\frac{\Delta\theta}{2}\right)+F^2\left(\theta_0+\theta-\frac{\Delta\theta}{2}\right)\right]+ \\
& 2KA_{J_1}A_{J_2}\cos\varphi\left[F\left(\theta_0-\theta-\frac{\Delta\theta}{2}\right)F\left(\theta_0-\theta+\frac{\Delta\theta}{2}\right)-F\left(\theta_0+\theta+\frac{\Delta\theta}{2}\right)F\left(\theta_0+\theta-\frac{\Delta\theta}{2}\right)\right]
\end{aligned}
\tag{5.4.39}
$$

设雷达天线方向图为高斯函数，如式(5.4.10)，则

$$
S_e \approx 4K\left[A_{J_1}^2\left(\theta_0+\frac{\Delta\theta}{2}\right)+A_{J_2}^2\left(\theta-\frac{\Delta\theta}{2}\right)+2A_{J_1}A_{J_2}\theta\cos\varphi\right] \tag{5.4.40}
$$

当误差信号 $S_e=0$ 时，跟踪天线的指向角 θ 为

$$
\theta=\frac{\Delta\theta}{2}\cdot\frac{b^2-1}{b^2+1+2b\cos\varphi} \tag{5.4.41}
$$

式中，$b^2=A_{J_1}^2/A_{J_2}^2$。

由式(5.4.41)可以看出，当 $\varphi=\pi$，$b=1$ 时，$\theta\to\infty$。这说明，由于相位差 φ 的作用，理论上可使雷达测角的视在方向指向两干扰源夹角之外，特别当 $\varphi=180°$时，可能产生很大的测角误差，这称为倒相相干干扰。实际上，方程式(5.4.40)只适用于单脉冲雷达角鉴别器的线性范围内，一般只延伸到雷达的 3dB 波束宽度内。超过此范围，角误差鉴别器便饱和。故这种技术产生的角度误差只限于雷达的 3dB 波束宽度内。

实现倒相相干干扰的主要技术难点是保证 J_1 和 J_2 信号在雷达天线口面处于稳定的反相，一般需要采用图 5.4.25 所示的收发互补性天线，其中接收天线 R_1 与发射天线 J_2 处于同一位置，接收天线 R_2 与发射天线 J_1 处于同一位置，并在其中一路插入了相移 π，J_1、J_2 两天线之间距离尽可能拉开(如两侧机翼两端)，并要严格保证工作时两路射频通道相位一致性，这被称为交叉眼干扰(Cross Eye Jamming)。交叉眼技术的优点是它能够保证两个相干辐射源的信号可以幅度匹配、相位相差 180°地到达要干扰的雷达，而与雷达信号到达干扰机的角度无关。

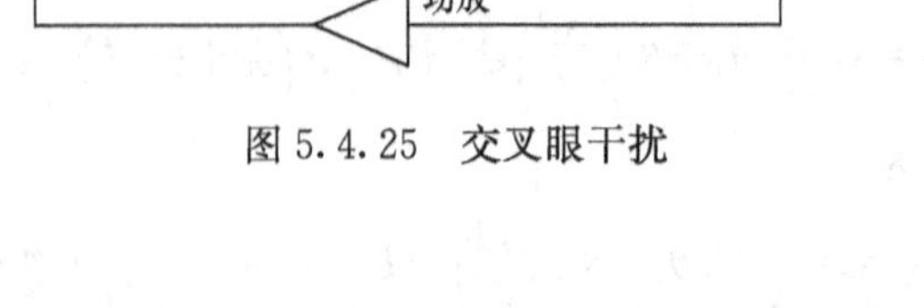

图 5.4.25　交叉眼干扰

3. 交叉极化干扰

设 γ 为雷达天线的主极化方向，图 5.4.26(a)表示单平面主极化天线的方向图，其等信号方向与雷达跟踪方向一致。$\gamma+\pi/2$ 为天线的交叉极化方向，如图 5.4.26(b)所示，其等信号方向与雷达跟踪方向之间存在着误差 $\delta\theta$。在相同入射场时，天线对主极化电场的输出功率为 P_M，对交叉极化电场的输出功率为 P_C，二者之比称为天线的极化抑制比 A，即 $A=P_M/P_C$，交叉极化干扰正是利用雷达天线对交叉极化信号固有的跟踪偏差 $\delta\theta$，发射交叉极化的干扰信号

到雷达天线，造成雷达天线的跟踪误差。设 A_t、A_j 分别为雷达天线处的目标回波信号振幅和干扰信号振幅，β 为干扰极化与主极化方向的夹角，且干扰源与目标位于相同的方向，则雷达在主极化与交叉极化方向收到的信号功率 P_M、P_C 分别为

$$P_M = A_t^2 + (A_j\cos\beta)^2, \quad P_C = (A_j\sin\beta)^2/A \tag{5.4.42}$$

雷达天线跟踪的方向 θ 近似为主极化与交叉极化两个信号方向能量质心，且

$$\theta = \delta\theta\left(\frac{P_C}{P_C + P_M}\right) = \frac{\delta\theta}{A}\left(\frac{b^2\sin^2\beta}{1 + b^2\cos^2\beta}\right), \quad b^2 = \frac{A_j^2}{A_t^2} \tag{5.4.43}$$

由于雷达天线的极化抑制比 A 通常都在 1000 以上，因此，在进行交叉极化干扰时，不仅要求 β 尽可能严格地保持正交($\pi/2$)，而且干扰功率必须很强。

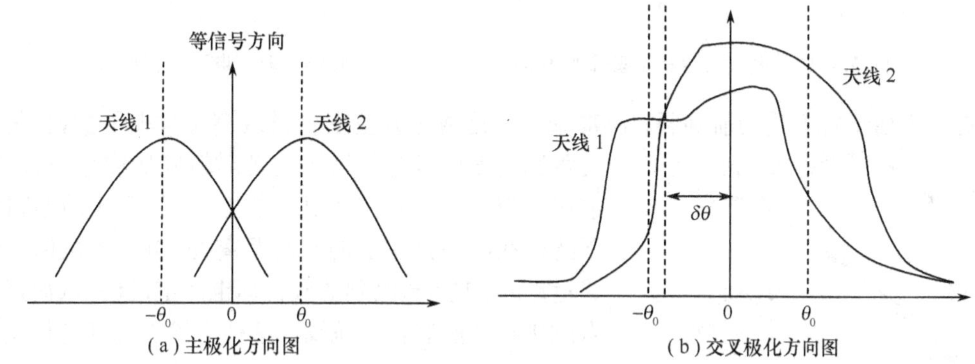

图 5.4.26 交叉极化干扰原理

尽管单脉冲雷达在角度上具有较高的抗单点源干扰的能力，但是在一般情况下，其角度跟踪往往需要在距离、速度上首先完成对目标的检测和跟踪，还需要接收机提供一个稳定的信号电平。由于其距离、检测速度、跟踪和 AGC 的控制等电路与普通脉冲雷达是一样的，所以，一旦这些电路遭到破坏，也会不同程度的影响角度跟踪的效果。因此，对单脉冲雷达系统的干扰途径也不妨避免对角度跟踪系统进行单点源干扰，转而对抗干扰能力较薄弱的距离、速度检测、跟踪电路和 AGC 控制等电路进行干扰，以达到事半功倍的效果。

5.4.4 对搜索雷达的航迹欺骗

欺骗干扰既可以用来对抗跟踪雷达，也可以用于对抗搜索、警戒雷达。对抗搜索雷达时，应用较多的是密集假目标欺骗干扰和随机假目标欺骗干扰。

密集假目标欺骗干扰是将真实目标混杂在大量的假目标之中，使得雷达无法分辨出真目标。图 5.4.27 显示了密集假目标欺骗干扰画面，密集假目标欺骗干扰和随机假目标欺骗干扰所形成的假目标，由于出现位置杂乱，所以一般不会在雷达上形成具有一定运动轨迹的假目标轨迹。

有源航迹假目标欺骗干扰是通过控制假目标在雷达显示器上出现的方位和距离，使得假目标能够被雷达编批，并在雷达上形成航迹的欺骗干扰技术。图 5.4.28 显示了假目标航迹欺骗干扰画面。由于航迹假目标欺骗干扰能够模拟真实目标运动轨迹，因此可以用来制造虚假空情。

通过雷达航迹假目标欺骗干扰技术形成虚假空情的实现途径主要有两种：一种是利用升空平台搭载有源干扰设备对雷达天线主瓣进行欺骗干扰，为主瓣干扰体制；另一种是利用有源

雷达干扰设备对雷达天线副瓣进行干扰，为副瓣干扰体制。

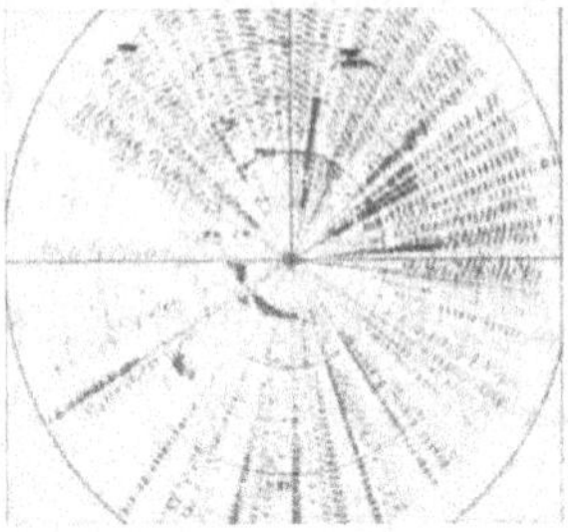

图 5.4.27　密集假目标欺骗干扰画面

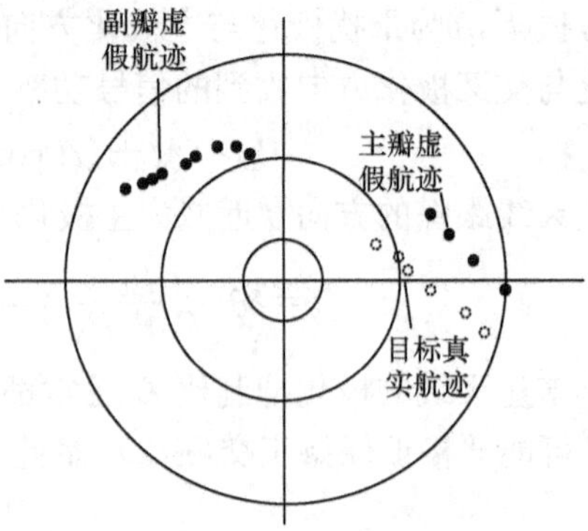

图 5.4.28　航迹欺骗干扰画面

有源主瓣干扰方式的航迹假目标欺骗干扰是通过升空平台搭载有源欺骗干扰机，将截获的雷达主瓣信号进行适当的延时转发形成假目标，实现航迹欺骗干扰。从雷达显示器上看，所形成的假目标与干扰机在同一方位上的不同距离处，当干扰机以一定方式运动时，雷达探测到的假目标也产生运动，从而形成具有航迹特征的假目标航线。这种干扰方式具有作用距离远的优点。

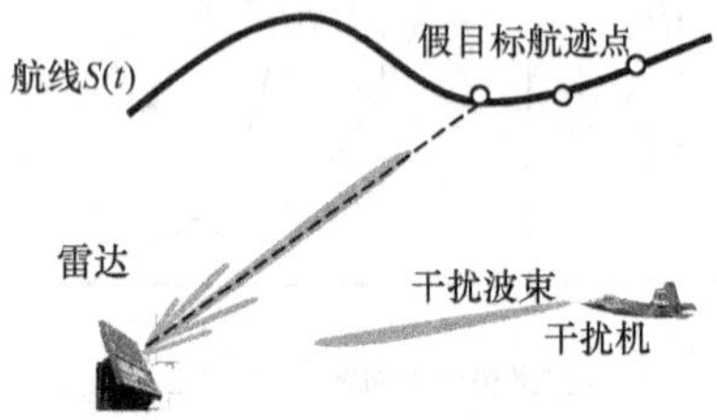

图 5.4.29　假目标点迹产生示意图

对搜索雷达的副瓣干扰体制如图 5.4.29 所示，在雷达作用距离范围内的任意方位，预先假定一条假目标运动的航迹 $S(t)$，当雷达的主瓣在 t_{AN}时刻与航线 $S(t)$相交时，干扰机发射干扰信号，从雷达副瓣进入雷达接收机，在相交点形成假目标航迹点。时间 t_{AN}的预测是航线欺骗干扰的关键。

5.5　投掷式干扰物和诱饵系统

投掷式干扰物是指在被保护的平台外部署使用一段时间的一次性投放的干扰器材。箔条和曳光弹通常是最便宜最有效的投掷式干扰物。诱饵用于使来袭导弹偏离其预定目标。

5.5.1　箔条

箔条是最早、但同时也仍是应用最广的雷达对抗措施。箔条通常是由金属箔切成的条，或镀铝、锌、银的玻璃丝或尼龙丝等镀金属的介质，或直接由金属丝等制成。若将箔条投放在空间，这些大量随机分布的金属反射体被雷达电磁波照射后，产生二次辐射对雷达造成干扰，它在雷达荧光屏上产生和噪声类似的杂乱回波。大量箔条形成很大的雷达有效散射面积，产生强于目标的回波，从而遮盖目标。

箔条的使用有两种方式：一是在一定空域中大量投掷，形成宽数千米长约数十千米的干扰走廊，以掩护战斗机群的通过。这时，雷达分辨单元中，箔条产生的回波功率远大于目标的回波功率，雷达无法发现和跟踪目标。另一种是飞机或舰船自卫时投放箔条，这种箔条快速散开，形成比目标大得多的回波，而目标自身做机动运动，这样雷达不再跟踪目标而跟踪箔条。

箔条干扰的技术指标包括：箔条的有效反射面积，频率特性、极化特性、频谱特性、衰减特性、遮挡特性以及散开时间、下降速度、投放速度、粘连系数、体积和重量等。这些指标受各种因素影响较大，一般根据实验来确定。

5.5.1.1　箔条的有效反射截面积

箔条对于电磁波照射相当于调谐偶极子天线，箔条偶极子一般被切割到第一谐振点（长度=λ/2），这样，它能以较少的原材料提供较大的 RCS，同时使它们容易投撒。箔条偶极子一般封装在箔条包里。箔条包被飞机发射后打开形成箔条云，整个箔条云的 RCS 由单个箔条偶极子的 RCS 的平均值和随机的空间位置决定。

先分析单根箔条偶极子的 RCS。目标的有效反射截面积 σ 定义为目标散射总功率 P_2 和照射波功率密度 S_1 的比值，即 $\sigma=P_2/S_1$。如果 E_2 为反射波在雷达处的电场强度，E_1 为照射波在目标处的电场强度，目标斜距为 R，则

$$\sigma=4\pi R^2\frac{E_2^2}{E_1^2} \tag{5.5.1}$$

如图 5.5.1 所示，半波长箔条偶极子照射波的场强为 E_1，与箔条的夹角为 θ，则由 E_1 产生的感应电流的最大值为

$$I_0=\frac{\lambda E_1}{\pi R_\Sigma}\cos\theta \tag{5.5.2}$$

式中，$R_\Sigma=73\Omega$，为半波长箔条偶极子的辐射阻抗。

该感应电流在雷达处产生的电场强度 E_2 为

$$E_2=\frac{60I_0}{\pi R_\Sigma}\cos\theta \tag{5.5.3}$$

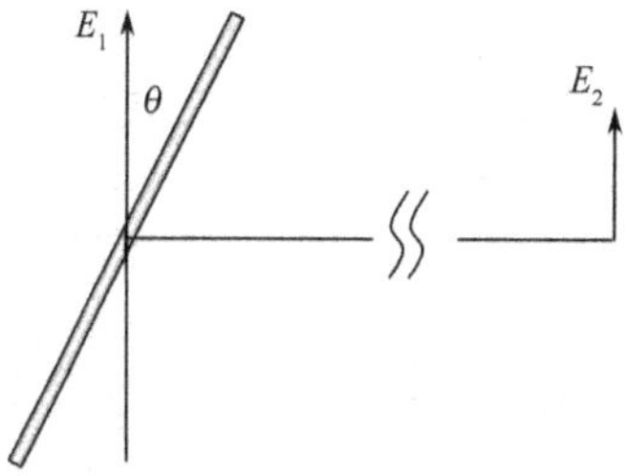

图 5.5.1　箔条偶极子的有效反射面积

将式(5.5.3)和式(5.5.2)代入式(5.5.1)，可得到单根箔条偶极子的有效反射截面积 σ_1，即

$$\sigma_1=0.86\lambda^2\cos^4\theta \tag{5.5.4}$$

在箔条云中，偶极子相对于照射雷达是随机取向的，随机取向的半波长偶极子在谐振时的平均 RCS 为 σ_1 在空间立体角中的平均值，即

$$\bar{\sigma}_1=\int_0^{2\pi}\frac{1}{4\pi}\mathrm{d}\varphi\int_0^{\pi}\sigma_1\sin\theta\,\mathrm{d}\theta=0.17\lambda^2 \tag{5.5.5}$$

如果大量的箔条偶极子组成箔条云，箔条云中各个基本箔条单元之间的间隔为两个波长或更长，箔条云的平均 RCS 为

$$\bar{\sigma}=N\bar{\sigma}_1=0.17N\lambda^2 \tag{5.5.6}$$

式中，N 是有效箔条偶极子的数量。

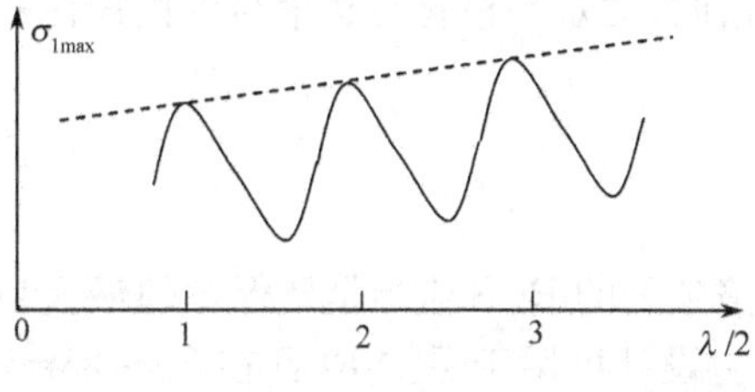

图 5.5.2　箔条偶极子的长度与其 RCS 的关系

箔条偶极子在长度上超过半波长后会导致 RCS 减小，但如果箔条偶极子的长度是半波长整数倍时，它的 RCS 又会增加，并能够略微超过半波偶极子。箔条 RCS 与其相对长度的定性关系如图 5.5.2 所示。

当箔条偶极子的长度 l 显著小于波长时，其 RCS 仅是半波长箔条偶极子 RCS 的几十分之一。

5.5.1.2 箔条的频率响应

箔条偶极子的带宽对于圆形截面偶极子而言是长度与直径比(l/d)的函数，对于矩形截面积的偶极子而言是长度与宽度比($4l/w$)的函数。l/d 比值从 100～10000，箔条带宽的范围从谐振频率的 10%到 25%。比值越高，带宽越窄。$l/d=1000$ 时的典型设计值可提供大约中心频率 15%的带宽。图 5.5.3 给出了典型的覆盖 2～12GHz 频率范围的宽带箔条包的 RCS 与频率的关系曲线，其中各种长度的箔条参差调谐以覆盖整个感兴趣的波段。

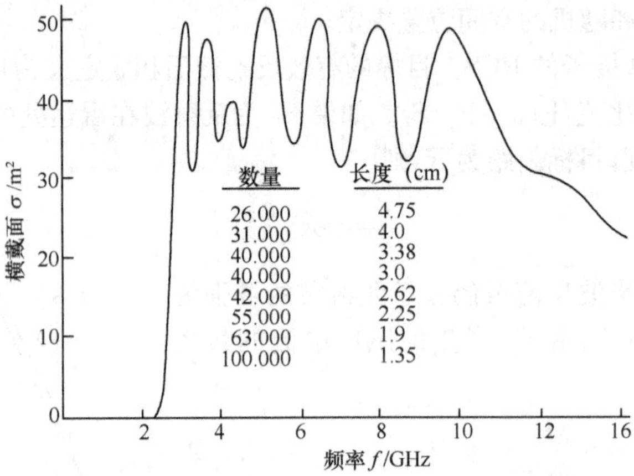

图 5.5.3 多波段箔条包的 RCS

5.5.1.3 箔条干扰的极化现象

短箔条在空间投放后，由于本身所受重力和天气的影响，在空间将趋向于水平取向且旋转下降，这时箔条对水平极化雷达信号的反射强，而对垂直极化雷达信号的反射弱。为了使箔条能够干扰垂直极化的雷达，可以在箔条的一端配重。但箔条在空中投放以后，会出现一个明显的现象，尤其是玻璃丝箔条，即会逐渐分离成两团箔条云，一团主要是水平极化，另一团主要是垂直极化的。这是因为垂直取向的箔条比水平取向的箔条下降得快，造成水平极化层的箔条云位于垂直极化箔条云之上。时间越长，两层分得越开。但在飞机自卫的情况下，刚投放的箔条受到飞机湍流的影响，取向完全可以做到随机，能够干扰各种极化的雷达。

长箔条(长度大于 10cm)在空间的运动规律可以认为是完全随机的。能够对各种极化雷达实施干扰。

箔条云的极化特性还与雷达波束的仰角有关。在 90°仰角时，水平取向的箔条对水平极化和垂直极化雷达信号的回波强弱差不多；而在低仰角时，对水平极化雷达信号的回波比对垂直极化雷达信号的回波要强得多。

5.5.1.4 箔条的投放

投放箔条时首先要考虑投放的数量。一般来说，箔条云的 RCS 应当是要保护的最大目标 RCS 的两倍。例如，在图 5.5.3 中示出的多波段箔条包设计可用于保护 RCS 在 20～25m^2 量级的目标。每个雷达分辨单元至少要投放一个箔条包。

其次，要考虑箔条云形成和维持的时间。箔条初始发射时较为密集，其 RCS 由垂直于雷达波束方向的几何投影面积给出，通常比最大值小得多。随着箔条的展开，RCS 将增大，直至达到最大值。设计用于掩护走廊的敷铝玻璃丝箔条可能要用约100s的时间才能达到最大值，而对于一般铝箔箔条其相应值是40s。

只要箔条云所在的雷达立体分辨单元的密度足够，走廊的保护作用就是有效的。随着箔条云继续扩展，每个箔条单元要分散到几个雷达立体分辨单元中，箔条总的有效RCS就降低了，在典型情况下，在一个雷达立体分辨单元中水平极化敷铝玻璃丝箔条的RCS将在250s内下降到其最大值的50%；一般的铝箔箔条RCS降到同样比例大约需要80s。对于垂直极化箔条，敷铝玻璃丝箔条的RCS从最大值降到50%要花去280s，而铝箔箔条RCS从最大值降到90%需要80s。

海上舰船使用箔条进行自卫以对付雷达制导的反舰导弹。由于舰船RCS很大，海上实施与时机把握非常重要。海上箔条系统通常设计得应在3～10s内获得所需的RCS，因此投放器必须是快速反应设备，通常采用可编程控制引爆的弹筒实现。自卫箔条弹一般30发一组，至少要带两组。另外也可以采用机械投放器，每个箔条包从一个长的管状弹仓中快速地一个接一个弹射出去。

5.5.2　诱饵

5.5.2.1　诱饵类型

诱饵可以根据其使用方式、与威胁的相互作用方式或所保护的平台来分类。在表5.5.1中，按照诱饵部署方式定义诱饵的类型；按照诱饵保护目标的方式定义诱饵的任务；按照诱饵保护的军事设施来定义其平台。

表5.5.1　各种典型诱饵的任务和平台

诱饵类型	任务	保护的平台
投掷式	诱骗	飞机、舰船
	饱和	飞机、舰船
拖曳式	诱骗	飞机
自主式	探测	飞机、舰船

诱饵分为投掷式、拖曳式和自主式三种类型。

投掷式诱饵可以由飞机的吊舱或导弹投射，也可由舰船上的发射管或火箭发射器来投射。这些诱饵的工作时间通常较短(空中数秒钟，水上数分钟)。

拖曳式诱饵通过一根缆线与飞机连接，因而可以由飞机控制和/或回收。拖曳式诱饵可以长时间工作。采用大型角反射器的舰用拖船可以被认为是拖曳式诱饵。

自主式诱饵通常部署在机载平台或舰载平台上，如无人机诱饵载荷等。当自主式诱饵保护某一平台时，它可以十分灵活地相对运动。

5.5.2.2　反射器

反射器是专门研制的反射特性十分好的器材，它能在范围较大的电磁波入射方向形成大的有效散射面积，常被用做无源诱饵来形成假目标，作为反雷达伪装。

反射器包括角反射器、龙伯透镜反射器、介质干扰杆、雷达反射气球等，其中角反射器最简单。多数反射器不易移动，作战时要预先放置。

角反射器是利用三个互相垂直的金属(或敷金属)拼板制成。根据它各个反射面的形状不同可分为:三角形、圆形和方形角反射器,如图 5.5.4 所示。

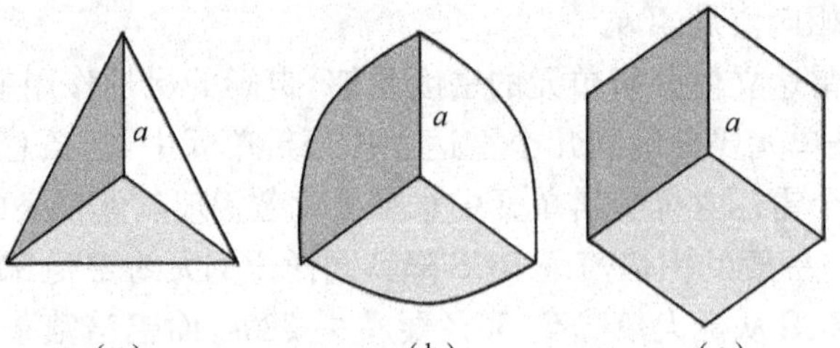

图 5.5.4　角反射器的类型

角反射器的最大反射方向称为角反射器的中心轴,它与三个垂直周的夹角相等,均为 54°45′,在中心轴方向的有效反射面积最大,三角形、圆形和方形角反射器的有效反射面积分别为:

$$
\begin{aligned}
&\text{三角形} \quad \sigma_{\triangle\max}=4.19\frac{a^4}{\lambda^2}\\
&\text{圆形} \quad \sigma_{\bigcirc\max}=15.6\frac{a^4}{\lambda^2}\\
&\text{方形} \quad \sigma_{\square\max}=37.3\frac{a^4}{\lambda^2}
\end{aligned}
\tag{5.5.7}
$$

通常为了增宽角反射器的方向性,可把几个空间不同指向的角反射器组合起来,构成近全空域的方向图。一个边长 1m 的角反射器,其 RCS 和一艘中型军舰的 RCS 接近。

龙伯透镜反射器是在龙伯透镜的局部表面加上金属反射面制成,当龙伯透镜的半径 $a \geqslant \lambda$ 时,其有效反射截面积为

$$\sigma=124\frac{a^4}{\lambda^2} \tag{5.5.8}$$

龙伯透镜在较宽的角度范围内,具有比角反射器大得多的均匀的 RCS。例如一个 60cm 的龙伯透镜反射器,对波长 3cm 的雷达来说,其 RCS 超过 1000m^2,可模拟一艘中型军舰。

反射器在电子对抗中主要用作假目标和雷达诱饵。空投的反射器可以模拟飞机和导弹,漂浮在海上的角反射器可以模拟军舰,配置在陆地上的角反射器可以模拟机场、火炮阵地、坦克群和交通枢纽等。如以色列装备的"德里拉赫"(Delilah)战术诱饵系统中的有效载荷就采用了龙伯透镜反射器,在英国和北约海军服役的"瑞普里卡"(Replica)海上诱饵就是一种水上漂浮的角反射器。

5.5.2.3　拖曳式诱饵

拖曳式诱饵通过一根长长的电缆与被保护目标相连接,一般由被保护目标提供电源,并且控制诱饵的工作,完成任务后,可割断电缆,也可回收诱饵,准备再次利用。

由于拖曳式诱饵受控于被保护目标,因而诱饵上的干扰机和目标上的干扰机可以协同工作,完成较复杂的干扰任务,且造价低廉,具有很好的应用前景,被认为是对付较难干扰的单脉冲跟踪雷达和导弹的效费比最高的方案之一。

拖曳式诱饵的电缆长度主要取决于目标所面临的威胁武器的杀伤半径以及诱饵对目标运动性能的影响,通常电缆长度为 90～150m。

一种机载拖曳式雷达诱饵的配置方式如图 5.5.5 所示。主要由机内的信号接收处理部

分、干扰信号产生部分和机外的诱饵发射部分等组成，机内设备和机外的诱饵之间由加固的光纤电缆连接。

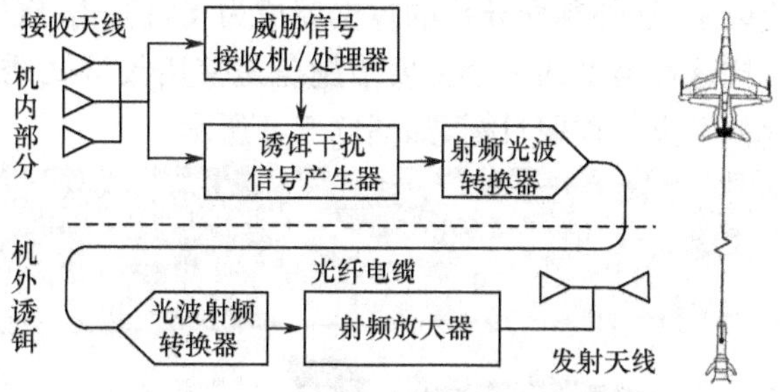

（a）系统组成

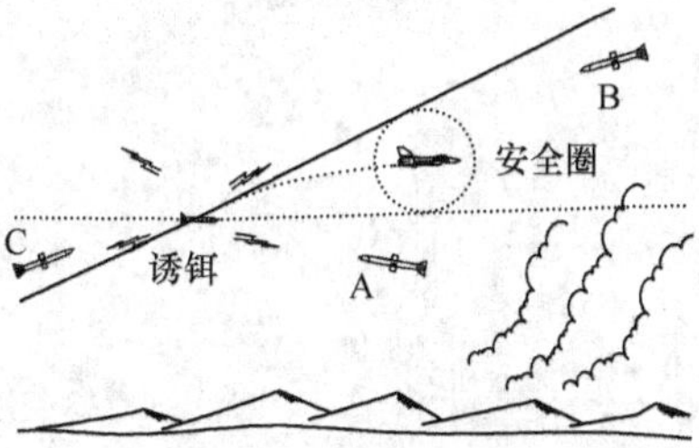

（b）干扰有效区和盲区

图 5.5.5　拖曳式雷达诱饵

机内的雷达告警接收天线对截获的信号进行威胁识别，根据威胁类别产生特定的射频干扰波形，经过光调制器将射频信号变换成光信号，经由光纤传输到诱饵体中，在这里转换回射频信号，通过行波管等放大器放大后发射出去。诱饵的干扰信号在被保护平台之外发射，以吸引实施攻击的导弹雷达导引头，或在诱饵干扰和机体散射信号的共同作用下引偏导弹。

由于干扰信号产生器在平台内部，因此可以使用比较复杂的设备，例如数字射频存储器等，以产生对先进导引头干扰更有效的信号形式。并且由于诱饵与载机保持几乎相同的运动速度，因此采用转发式干扰的方式就能有效应对连续被半主动雷达导引头。

拖曳式诱饵使用中存在角度盲区，如图 5.5.5(b)中导弹 B 和导弹 C 所在的由过诱饵和载机安全圈相切线所形成的圆锥形区域。如果导弹在飞机前方 B 位置攻击，诱饵和机体目标信号共同的作用总会使导弹引向安全圈内，从而触发导弹引信，损毁飞机。如果导弹在后方 C 位置，可能会发生这样的情况：尽管脱靶距离很小，但由于拖曳式诱饵体积小，故导弹将继续向飞机飞去。

在拖曳式诱饵对抗防空导弹的过程中，为了避免危险的前后锥角，一旦探测到导弹的锁定，飞机就要采取机动飞行，以保证导弹不进入这个危险的锥角。由于诱饵在释放后对载机的机动性有一定的影响，因此要掌握好诱饵释放时机，在必须使用诱饵时及时释放诱饵，并采取较好的机动方向，形成“三角态势”，使导弹落入图中 A 的位置，从而保护载机。

在科索沃战争期间，成千次任务中都成功地应用了拖曳式诱饵。据报道，在一个多月的战争期间，总共使用了数千枚诱饵弹。但这也引起了对拖曳式诱饵技术的作战寿命成本的批评。

5.5.2.4 曳光弹

从 20 世纪 50 年代以来，红外制导导弹的攻击就成为飞机被击落的主要原因，同时也是对付舰船的有效手段。对抗这种类型的一个主要措施就是使用投掷式诱饵曳光弹，在目标外生成一个大热源来吸引导弹偏离其预警目标，如图 5.5.6 所示。

图 5.5.6　F/A-18 战斗机上使用的红外曳光弹

红外制导导弹是无源的，它用目标辐射的红外频谱热能作跟踪源。任何一个物体，只要温度超过绝对 0°(－273K)，就会向外辐射红外能量，普朗克辐射定律给出了黑体红外光谱辐射强度 $W(\lambda)$ 与温度 T(K) 的关系

$$W(\lambda)=\frac{C_1\lambda^{-5}}{e^{C_2/\lambda T}-1} \tag{5.5.9}$$

式中，$C_1=3.7418\times10^{-16}$ (W · m²) 称为第一辐射常数，$C_2=1.4388\times10^{-2}$ (m · K) 称为第二辐射常数。$W(\lambda)$ 是单峰值曲线，它的峰值波长 λ_{max} 为

$$\lambda_{max}=\frac{2898}{T} \tag{5.5.10}$$

物体的温度越高，辐射的红外能量越多，其峰值波长越短。常用的红外谱段的划分如图 5.5.7所示。

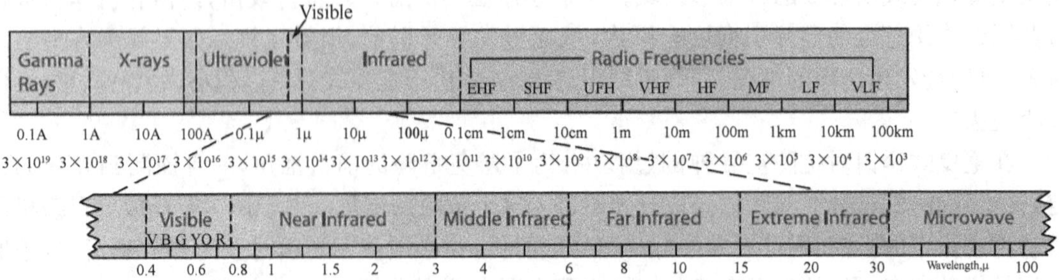

图 5.5.7　感兴趣的红外谱段

军事上感兴趣的红外光谱一般分为如下几个谱段：

短波红外　0.75～3mm

中波红外　3～6mm

长波红外　6～15mm

曳光弹的温度约为 2000K，根据式(5.5.10)，其红外辐射的峰值波长 $\lambda_{max}=1.5\mu m$。飞机排出去的羽烟温度大约为 1000K，其红外辐射的峰值波长 $\lambda_{max}=2.9\mu m$。图 5.5.8 给出了飞机和曳光弹的红外光谱辐射强度。

早期的红外制导导弹的红外导引头都是跟踪目标上最亮的点，即点源跟踪器，峰值波长多设定在 1～3μm。典型的曳光弹的频谱范围在 1.8～5.4μm，燃烧持续时间大约 22s，其辐射的能量比目标飞机大得多。当曳光弹和目标都位于导弹视场中时，只要曳光弹具有更大的红外辐射能力，导弹导引头就会锁定曳光弹，如图 5.5.9 所示。

但曳光弹必须要在合适的时间及合适的方向上投掷才有效。对于飞机自卫，这点尤其重要。因为空气动力会使曳光弹很快就脱离投放飞机，且很快烧完，而被保护平台上只能装载有限数量的曳光弹，一旦投光，平台就失去了保护。因此平台必须配备导弹逼近告警器(MAW)，在曳光弹发射之前确定导弹进攻的方向的弹着点的爆炸时间。

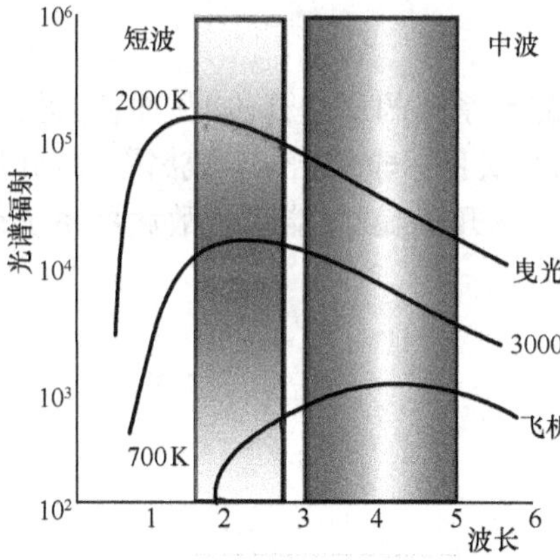

图 5.5.8　军用飞机和曳光弹的红外光谱辐射

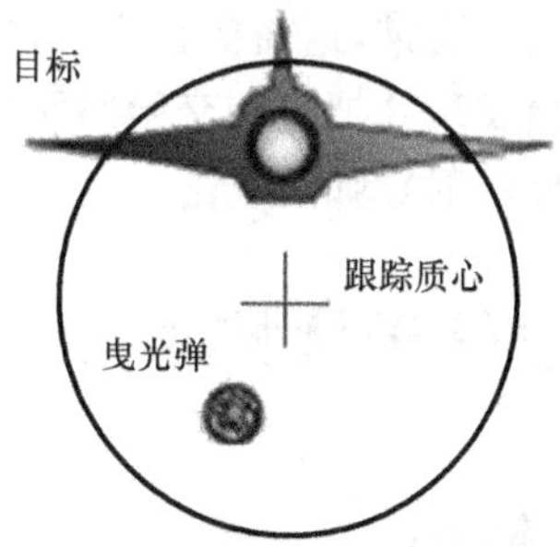

图 5.5.9　导弹朝着其跟踪器中的红外能量中心进行调整，从而被曳光弹诱偏

随着电子战技术的不断发展，红外导引头探测跟踪目标的技术也越来越多样化：点源制导技术逐渐被焦平面凝视成像制导技术所代替。目标和诱饵的光学和运动特征在图像平面上更加清晰，比较容易鉴别出来；双色融合制导，利用飞机和曳光弹在不同波段的特征差异来区分目标和诱饵(如图 5.5.8 所示)，为先进的导引头所采用。这些先进技术的采用，对新材料曳光弹的研制和使用提出了更高的要求。

5.5.3　诱饵的战术应用

1. 饱和干扰

用来进行饱和干扰的诱饵既可以是有源诱饵，也可以是无源诱饵，但它们提供的 RCS 必须与被保护目标大致相同，其他一些雷达检测特征，如运动特征、引擎调制特征、信号调制特征，等等，也要尽可能地逼近目标，使得雷达难以判断真伪。数量较大的诱饵群伴随在目标周围，使得雷达的处理能力饱和，无法逐一区分目标和诱饵。从而达到保护目标的作用。

2. 诱骗干扰

进行诱骗干扰的诱饵在雷达捕获目标后开始工作，它们的功能与欺骗干扰机类似，将雷达

图 5.5.10 无源诱饵饱和干扰

从跟踪的目标引开,阻断雷达对目标的跟踪回路。但是,诱饵的干扰效果更有效——它不仅能引开雷达,还使雷达能连续跟踪它。而欺骗干扰机仅在信号层次上欺骗雷达,雷达将会重新捕获目标。由于诱饵可以从空间另一个位置发射干扰信号,因而可以更有效地对抗能够锁定自卫干扰机的单脉冲雷达。曳光弹、拖曳式诱饵等都可用来进行诱骗干扰。

3. 探测干扰

雷达诱饵的一个新的特别有价值的应用是迫使对方防御系统的雷达开机,从而使其更容易被探测和攻击。通常,这需要自主式诱饵。如果诱饵与真实目标非常相似,截获雷达或其他捕获传感器就会发现并把它们交给跟踪雷达。一旦跟踪雷达开机,就可能受到敌武器系统杀伤半径之外的反辐射导弹的攻击。

5.6 通信干扰技术

5.6.1 概述

通信干扰是利用通信干扰设备发射专门的干扰信号,破坏或扰乱敌方无线电通信设备正常工作能力的一种电子干扰。通信干扰是通信电子进攻目前主要的表现形式,也是最常用的、行之有效的电子对抗措施和软杀伤力量,主要是通过有意识地发射、转发或反射特定性能的电磁波,达到扰乱、欺骗和压制敌方军事通信使其不能正常工作的目的。作为破坏通信网络进而抑制指挥控制能力的杀手锏武器,通信对抗在现代战争中的作用愈发重要,地位也得到了不断的提高。

雷达是以接收目标回波而进行工作的,回波很微弱,干扰起来相对比较容易;而通信是以直接波方式工作的,信号较强。所以对通信信号的干扰和压制比雷达干扰需要更强大的功率。雷达系统的输出终端是显示器;而通信系统在多数情况下其终端判听者是智能的人,所以达到有效干扰更难。同时,通信是窄带的,通信干扰所需频率瞄准精确度为几十赫到几百赫,即频率瞄准精确度要求更高。总之,在通信对抗领域干扰方所遇到的问题更为困难。

图 5.6.1 是通信干扰系统一般原理图。通信干扰系统一般由以下几部分组成:侦察分析系统、监视检验系统、控制系统、干扰调制系统、干扰发射机、天线设备和电源设备等。侦察分析系统的作用是监听敌方无线电通信信号,分析并确定出敌台频率、调制方式、频谱宽度和其他有关参数,并将各项参数指标传送给干扰调制系统;监视检验系统的作用是监视干扰的效果,根据实际情况进行调整;控制系统的作用是控制其他分系统的协调工作;干扰调制系统的作用是利用侦察分析系统确定敌方通信的各项参数,选择出最佳干扰方式,去调制干扰发射机

的高频振荡信号；干扰发射机根据干扰调制系统确定的最佳干扰方式，产生相应的高频振荡信号，通过发射天线将干扰能量辐射出去。

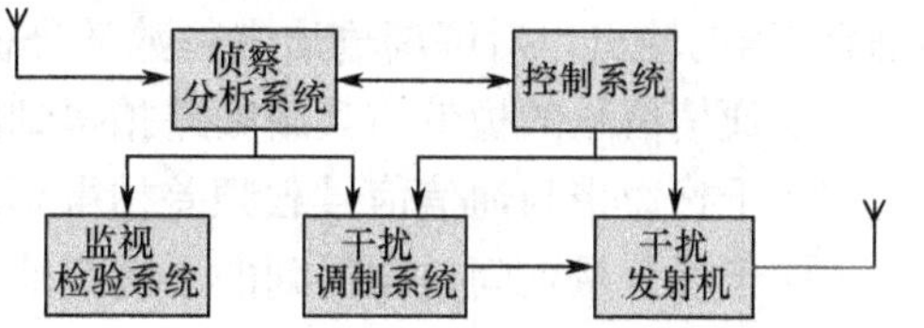

图 5.6.1　通信干扰系统一般原理图

通信干扰的主要目的是阻断通信或扰乱通信节点之间的有效交流。试验表明，接近 30% 的阻断就会造成模拟语音通信性能的明显降低。这也表明，不必对一对通信实施连续的干扰，只要断续地造成超过 30% 的通信时间被干扰，就可使敌方无法理解信息内容，达到阻断或扰乱的目的。这也表明，一部通信干扰机可通过迅速切换干扰信号来同时干扰大约三部模拟通信目标。此外干扰效果还与阻断的速率，即在一个信息传递时间内反复阻断的频度有关。对每次通信保持适当的阻断速率，可起到更好的效果。这个原则对于数字通信也是适用的，除非它采用超强的纠错编码保护。

在研究不同干扰信号样式对某种通信的干扰效果时，通常通过理论分析和实验验证来比较各种干扰样式达到同样的有效干扰时所需的压制系数，压制系数最小的则称为最佳干扰样式。压制系数的概念参考 5.2.3 节，是在确保通信受到完全压制的情况下，通信接收系统输入端所必需的干信比。这里"完全压制"可以用误码率或通信可懂度等与通信质量直接有关的指标来衡量；在一定条件下，也可以用通信接收机输出端的干信比来进行相对比较。

5.6.2　对模拟通信的干扰

模拟通信指信息调制采用模拟方式的一种通信体制，主要用来直接传输模拟基带信号，如语音、图像等。模拟调制主要有调幅（AM）、调频（FM）、调相（PM）、单边带（SSB）等。由于人耳对各种干扰有很强的抑制力，通常干扰压制模拟通信比大多数数字通信需要更多的干扰功率。干扰机阻断通信所需的干扰功率取决于所采用的调制类型，也取决于干扰所采用的信号样式和参数。在衡量和比较干扰的有效性时，通常根据被干扰通信系统输入和输出端的干信比的相对大小来判断。下面以对 AM 和 FM 通信系统的干扰为例，简要分析其对各种干扰的干信比关系。

5.6.2.1　对调幅通信的干扰

语音调幅信号的频谱

一个语音调幅信号设为

$$s_{AM}(t)=(A+m(t))\cos(\omega_c t+\varphi_0) \tag{5.6.1}$$

其频谱包含着一个载频和两个边带，其载频并不携带信息，所有信息都存在于边带之中。一个总功率为 P_s 的调幅信号，如果其调制深度为 $m_s(m\leqslant 1)$，则其载频与边带之间的功率分配是：边带功率/载频功率 $=m_s^2/2$。可见至少有一半功率被无用载波所占有。

设干扰信号为

$$j(t)=J(t)\cos[\omega_j t+\varphi_j(t)] \tag{5.6.2}$$

则到达通信接收机输入端的合成信号为

$$\begin{aligned} x(t)&=s_{AM}(t)+j(t)\\ &=(A+m(t))\cos\omega_c t+J(t)\cos[\omega_j t+\varphi_j(t)] \end{aligned} \tag{5.6.3}$$

调幅接收机通过具有非线性特性的检波器实现解调获得语音，为了滤除直流成分，检波器后还要接隔直流滤波器。如果检波器包括直到二阶的成分，并假定干扰的频谱只有两个与信号频谱相重叠的边带，没有载波，这样干扰与有用的通信信号合成信号 $x(t)$ 的一、二阶成分便是解调器的输出。对解调输出进行数学分析十分繁琐，概括起来，该输出包括以下 4 种信号。

① 通信信号的边带与其载频差拍得到的语音信号(有用信号)；

② 干扰边带与通信信号载频差拍得到的干扰声响(干扰信号)；

③ 干扰分量之间差拍得到的干扰声响(干扰信号)；

④ 干扰边带频谱各分量与通信信号边带频谱各分量相互作用得到的低频干扰声响(干扰信号)。

由此可见，在通信接收系统解调输出端所得到的干扰功率为后三部分之和。干扰分量与信号分量的乘积项以及干扰分量的平方项形成差拍，它们的频谱是各自频谱的卷积，因而使输出频谱宽度超出信号的频谱宽度。这个超出部分将会被滤除掉，不产生干扰作用。从这点上看，干扰信号不必完全覆盖整个通信信号带宽。从施放干扰的角度讲，为了对通信造成有效的干扰，并不需要压制其无用的载频，而只需覆盖并压制其携带信息的边带，因此没有必要发射不携带干扰信息的干扰载波。

详细的分析还可以得到如下结论：

① 输出端上干信比是通信信号调制度的函数。调制度越大，需要的干扰功率越大。此外对于调幅干扰来说，干扰信号的调制度越大，其干扰能力越强。

② 在相同输出干信比条件下，双边带干扰与调频干扰的压制系数相当。但是，由于双边带干扰信号不是等幅波，其峰值功率将在很大程度上受限于干扰发射机。所以，在实际中对 AM 干扰最有效的还是噪声调频干扰样式。

③ 由于完整的理论推导非常复杂，在近似过程中引入的模型误差常常使导出的压制系数值差别较大，因此早期在参考理论推导的基础上，主要采用实验的方法来确定压制系数和选择干扰信号参数。在对调幅语音收听差错率统计的实验中，以差错率 0.5 为有效干扰，在参数选择合适的前提下，噪声调幅干扰的接收机输入峰值干信电压比为 1.3 时可达有效干扰，而噪声调频的接收机输入峰值干信电压比的临界值为 0.7。

5.6.2.2　对调频通信的干扰

调频通信为了抑制寄生调幅的影响，在接收机线性部分增加了一个限幅器，于是产生了人们熟知的门限效应。也就是说当通信信号强于干扰信号时，干扰受到抑制，通信几乎不受影响。但随着干扰强度的增大，当干扰超过“门限”时，通信接收设备便被“俘获”，这时强的干扰信号抑制了弱的通信信号。当干扰足够强时，通信接收设备便只响应于干扰信号而不响应于通信信号，在这种情况下，通信完全被压制了。因此，在调频通信中，“搅扰”并不多见，“压制”倒是经常发生的。对付调频语音通信，最佳的干扰样式是噪声调频干扰，干扰信号的频偏取为等于信号的频偏，或两者之比为 1.2 为宜。采用噪声调频干扰的压制系数为 1 。

结合对调幅通信的干扰样式分析，在不确定模拟通信的调制样式时，采用瞄准噪声调频干扰总是比较好的选择。

5.6.3　对数字通信的干扰

数字调制以信号的幅度、频率或相位的若干离散状态传送离散化的数字信息，主要有幅度键控(ASK)、频率键控(FSK)、相位键控(PSK)以及正交幅度调制(QAM)等。数字通信系统传送的数据信息实际上是一个编码的脉冲序列，在这个序列中，通常包括前、后保护间隔（保护段）及同步段和信息段，如图 5.6.2 所示。

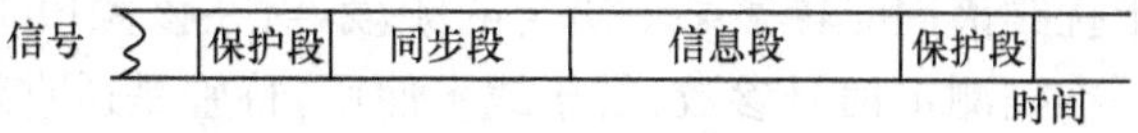

图 5.6.2 数字通信的一般字段结构

干扰数字通信的可行途径有两个：其一是扰乱其接收的信息，使传输误码率增加到不能容忍的程度；其二是破坏数字通信系统中接收设备与发信设备之间的同步。传输误码率的增加意味着正确传输的信息量减少和通信线路的效能降低，当误码率降低到某一程度时，就认为通信已被破坏，干扰有效。破坏同步则会使数字通信中断，虽然多数系统在失步之后，可以在短时间内恢复，但有效干扰造成的持续或反复失步仍可使数字通信系统瘫痪。要产生高的误码率，不需要连续不断地干扰。对一连续传播的数字信号，要达到 50％的误码率，只需干扰 50％的时间。

下面以对 BPSK 信号的干扰为例，给出误码率分析的过程和结果，类似的方法可用于对其他干扰和调制形式情况的分析。一种简单假设是干扰信号为独立的加性高斯窄带噪声，那么分别发送“1”和“0”而错误接收的概率分析方法与通信系统误码率分析相同，只是将干扰信号功率与接收机内部噪声功率相加，作为噪声考虑，其类似结果可以在数字通信的教科书中找到，为

$$P_{\mathrm{e}}=Q\left(\sqrt{\frac{A_{\mathrm{s}}^{2}}{2(N_{\mathrm{t}}+N_{\mathrm{j}})}}\right) \tag{5.6.4}$$

其中 Q 函数定义如下

$$Q(x)=\frac{1}{\sqrt{2\pi}}\int_{x}^{\infty}\exp\left(\frac{u^{2}}{2}\right)\mathrm{d}u=\frac{1}{2}erfc\left(\frac{x}{\sqrt{2}}\right) \tag{5.6.5}$$

如果统一用信噪比 r_{s}、干信比 r_{j} 来表示，即定义 $r_{\mathrm{s}}=\dfrac{A_{\mathrm{s}}^{2}}{2N_{\mathrm{t}}}$，$r_{\mathrm{j}}=\dfrac{2N_{\mathrm{j}}}{A_{\mathrm{s}}^{2}}$ ，那么式(5.6.5)可以写成

$$P_{\mathrm{e}}=Q\left(\sqrt{\frac{1}{1/r_{\mathrm{s}}+r_{\mathrm{j}}}}\right) \tag{5.6.6}$$

根据上式，对于产生通信阻断所需达到的误码率，常常认为达到 0.1 或 0.5，就可以确定干扰所需的干信比。对于数字通信的误码率分析，实验与理论公式吻合较好，不计接收机噪声时，达到误码率 0.1 时的输入干信比为 1。

5.6.4 通信干扰方式

面对不同的信号环境和干扰对象，通信干扰不仅需要选取最佳的干扰样式，还应选择合适的干扰方式才能进行有效干扰。总的来说，通信压制干扰方式主要分为窄带瞄准式干扰和宽带拦阻式干扰，拦阻式干扰又可分为噪声拦阻干扰、扫频拦阻干扰、离散梳状谱拦阻干扰等。窄带瞄准干扰对于大多数通信体制，适宜采用噪声调频体制，其干扰效应和产生方法在本书 5.3 节和 6.1 节及本章中多有涉及，在这里不再详述。本节主要介绍宽带扫频拦阻干扰和离散梳状谱拦阻干扰的实现方法和基本特性。

5.6.4.1 宽带扫频拦阻干扰

拦阻干扰就是使干扰频谱同时覆盖某一给定的频段，对在该频段上的所有信道进行全面压制。拦阻干扰不需要准确测定信号参数，易于战术使用，特别是适宜对以模拟语音通信为主的战术调频通信网的干扰。宽带扫频拦阻干扰是为解决高效的宽带大功率信号难以产生的技术问题而提出的，它的基本原理是由锯齿波控制压控振荡器，使输出频率在拦阻带宽范围内扫描，产生一个较为均匀的宽带干扰频谱，同时在压控振荡器上附加窄带噪声调制，产生宽带拦阻干扰信号。锯齿波扫频信号表达式为

$$j_0(t)=A_j\cos\left(\omega_1 t+\frac{\omega_2-\omega_1}{T}t^2\right),(0\leqslant t\leqslant T) \tag{5.6.7}$$

其扫频波形和频谱如图 5.6.3 所示。扫描周期之倒数 $1/T$ 即为扫频信号的谱线间隔。扫频范围 $\omega_2-\omega_1$ 决定了频谱的大致宽度。

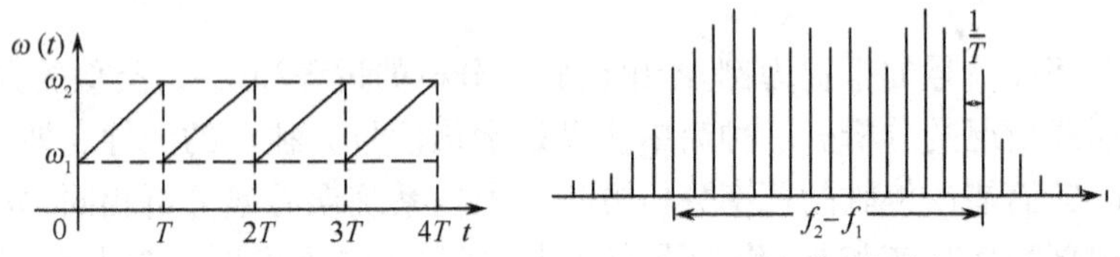

（a）锯齿波扫频波形　　（b）信号频谱

图 5.6.3　锯齿波扫频信号的时域波形和频谱

在锯齿波宽带扫频信号上加窄带噪声调频后，即在原各扫频谱线上添加调制噪声频谱，加宽了原谱线，加入单音调制的信号频谱如图 5.6.4 所示。如果扫频频率小于被干扰目标信号的信道间隔，而噪声调频频偏大于扫频频率的一半，就在扫频频率覆盖范围内对目标形成连续的干扰频谱。最佳的干扰参数是扫频频率约为接收机通带的 1/2(通带不大于信道间隔)；噪声调频频偏等于扫频频率。

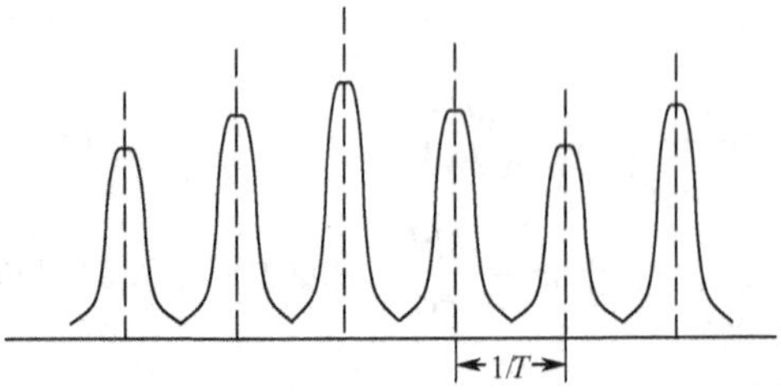

图 5.6.4　加入干扰调制的扫频信号频谱示意图

当噪声干扰的谱宽小于扫频谱线间隔，就在谱线之间产生频谱空隙，形同梳齿状，形成所谓的梳状拦阻干扰。如果扫频频率等于信道间隔，就如每个信道都有一个窄带调频噪声干扰，能够在获得有效干扰的同时适当降低功率损耗。

5.6.4.2 离散梳状谱拦阻干扰

由锯齿波扫频形成的拦阻信号周期性地穿越被干扰通带，对于某个接收通带在时域上是不连续的，干扰的时间效应需要通过接收机通带的滤波作用来延展，因此扫频周期为 T 的扫频拦阻干扰信号只能对带宽小于 $1/T$ 的接收机有较好的干扰效果。此外这种干扰还具有以下不足：难于对高速跳频信号产生有效干扰；只能进行等间隔拦阻干扰，灵活性较差；功率利用率比较低等。

离散梳状谱拦阻干扰采用数字技术，通过高速运算和大容量存储器来存储产生多载频合成信号的数字化波形，大容量存储器的输出经数模变换器将其变换为模拟信号。它在频域同

时产生需要的离散信道拦阻干扰信号，干扰信号可以是等间隔的，也可以是不等间隔的；可以调制同一种干扰样式，也可以调制不同的干扰样式。另外，这种干扰是一种时域连续的干扰。由于同时产生的多个信号合成的过程中，在某些特定的时刻，多个信号相位相近造成合成信号出现很高的峰值，即高的峰平比（峰值功率与平均功率的比）问题，严重影响功率放大器的技术实现。因此该方法的关键是采用相位控制等技术实现峰平比的合理优化。

5.6.5 对跳频通信的干扰

5.6.5.1 跳频通信的主要特点

为了提高通信系统的抗干扰能力，跳频是最常用的通信抗干扰方式之一，其工作原理是收发双方传输信号的载波频率按照预定规律进行离散变化的通信方式。也就是说，通信收发双方同步地按照事先约好的跳频图案进行频率跳变。跳频通信的使用，使定频通信瞄准式干扰的干扰效能大大降低。如图5.6.5所示，如某跳频通信系统在某频段内N个频道上进行跳频通信，一部固定调谐在某频道的定频通信瞄准式干扰机只能干扰N个频道的其中一个，其干扰效果不足以影响此跳频通信的正常通信。

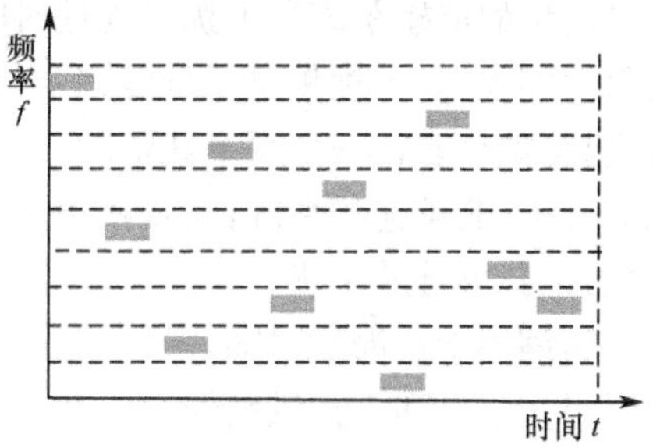

图5.6.5 跳频通信的一种跳频图案

与定频通信相比，跳频通信信号更难以被截获，同时也具有良好的抗干扰能力。即使有部分频点被干扰，仍能在其他未被干扰的频点上进行正常通信。跳频速率一般分为低速、中速和高速三类：100跳/s以下为低速跳频；100～1000跳/s为中速跳频；1000跳/s以上为高速跳频。随着跳频技术的不断发展，跳频通信在军事上的应用越来越广泛，跳频速率和数据速率也越来越高。现在美国Sanders公司的CHESS高速短波跳频电台已经实现了5000跳/s的跳频速率，最高数据速率可达到19200 bit/s。

如果针对整个跳频范围采用宽带阻塞方式对其实施干扰，这时付出的功率会很大，效率很低。例如，信号在10MHz范围内跳变，信号带宽12.5kHz，信道带宽25kHz，全频率范围共有400个信道，采用全拦阻式干扰的功率为对非跳频25kHz单信道干扰功率的400倍，这体现了跳频通信扩频增益获得的抗干扰好处。阻塞干扰不但对干扰设备的功率提出过高要求，而且这样大功率的发射，不仅干扰了一个跳频通信网，也可能对其他用户在这一频段的使用造成干扰。除非特殊需要外，这在频率管理中是绝对不允许的。由此可见跳频的使用给通信干扰技术设置了极大的障碍。

对跳频通信的干扰，一般需要先对跳频信号进行侦察截获，掌握其跳频参数，在此基础上，根据掌握网台跳频参数的程度和跳频特征，选择相应的干扰方法，才能达到有效干扰的目的。

5.6.5.2 跟踪瞄准式干扰

从一个长于一个伪码周期的时间来观察，跳频信号是一个宽带信号。但是以一个驻留时间来观察，它就是一个在时间域上不断变化的窄带信号。如果用一个与其相同带宽的窄带干扰信号，在时间域跟踪其变化实施干扰，这就是通常说的跟踪式干扰。这时跳频通信的扩频增益就不存在，需要的干扰功率就与一般的窄带瞄准式干扰一样。此时跟踪干扰只干扰敌方发射机每一跳所使用的的频率，因而它干扰效益高，对友方通信的干扰也最小。

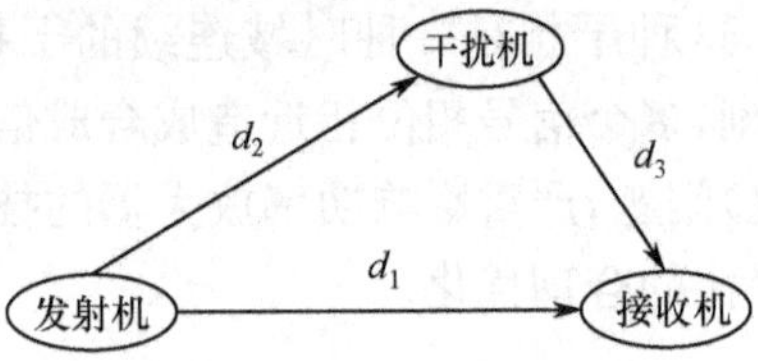

图 5.6.6　跟踪式干扰机与通信设备的几何配置

跳频信号用伪随机的方法选择每一跳的频率，因此跟踪干扰的难点在于无法预测下一个频率。但是对于中、低调速的通信，可以在每跳的一小部分时间内测量频率，在其余时间把干扰机设置为该频率实施干扰。在图 5.6.6 的场景下，假设通信发射机发出通信信号，该信号经距离为 d_2 的传播到达干扰机，所需时间为 t_2，假定干扰机的侦察设备截获处理信号的时间可以忽略，干扰机即时发出干扰，干扰信号经距离为 d_3 的传播到接收机，所需时间为 t_3。此时通信信号经距离为 d_1 的传播早已到达接收机，所需时间为 t_1。由于 $d_2+d_3>d_1$，即 $t_2+t_3>t_1$，通信信号总是早于干扰信号到达接收机。如果考虑干扰的侦察设备处理时间和频率转换时间 t_p，干扰的滞后时间 t_j 更长，为 $t_2+t_3+t_p-t_1$。也就是说，由于不可避免的传播距离和干扰机处理时间延迟，干扰信号总比通信信号延迟到达接收机。所以在通信接收端，干扰频率不可能完全与通信同步，不可能在一个频点的驻留时间内保证全时干扰，但是如果能在一个频率驻留的二分之一以上时间保持干扰，也能得到较好的干扰效果。因此对于中、低跳速的系统，需要减小干扰机的处理时间 t_p，使干扰频率迅速跟踪上跳频频率的变化，以获得有效干扰。

为缩短干扰滞后时间，一种方法是首先通过侦察获得跳频频率集，将欲干扰的频率集预置在引导接收机和干扰激励器中。在干扰实施阶段，由引导接收机在欲干扰的频率集中截获跳频信号的频率，并控制干扰激励器按引导频率产生已调制的干扰信号。当达到预定的干扰持续时间后，停止发射干扰信号，进入间断观察阶段，引导接收机再次检测被干扰的跳频信号的频率，在检测到跳变到下一个频率时，则重复上述的干扰过程。

为了保证高比率地干扰每个驻留时间，采用双频冗余跟踪干扰策略也是一种可行的办法。这时要求干扰设备有两个激励源或用两部干扰机，同时发射两个不同信道干扰信号，干扰时按照已知的跳频图案对频率集中的两个相邻的跳频点实施干扰。图 5.6.7 是双频冗余跟踪干扰方式示意图。图中横轴是时间轴，纵轴是频率轴。图中一个方块表示一个信道，粗线表示跳频信号，细线表示干扰信号。图中跳频通信信号按频率集跳变，干扰机同时交替发射两个信号，干扰时间完全覆盖信号发射时间，既有提前量又有滞后量，保证了跳频信号每个频点都能被干扰。

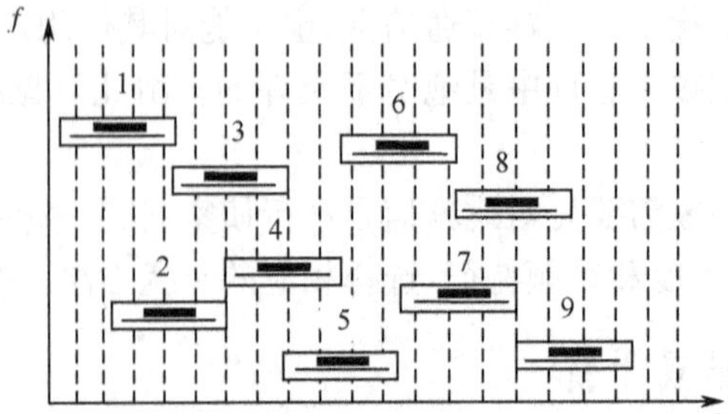

图 5.6.7　双频冗余跟踪干扰方式示意图

如图 5.6.7 所示，第一个激励源发出的干扰信号干扰第一个跳频点，干扰时间有一定的提前量（如提前半个驻留时间），还有一定的滞后量（如滞后半个驻留时间），干扰时间为两个信号驻留时间。第二个激励源产生的干扰信号干扰第二个跳频点，干扰信号发出时间滞后前一个干扰信号一个驻留时间，干扰时间为两个驻留时间。接着第一个激励源由第一个频点跳到第三个频点发射干扰信号，时间长是两个信号驻留时间，对第三个频点实施干扰。接着第二个激励源由第二个频点跳到第四个频点发射干扰信号，持续时长是两个信号驻留时间，对第四个频点实施干扰。以此类推，循环往复。干扰一段时间(如 1s)，停止干扰，通过引导接收机观察通信是否在进行，并确认其是否按原来的频率集工作。如果通信仍在进行，并且频率集未变，则继续实施干扰，从而达到破坏通信的目的。

虽然我们不能 100%地对通信的每个频点的驻留时间都实施干扰，研究和实验都表明，干扰通信的每个频点的部分驻留时间也能使干扰有效。表 5.6.1 给出了干扰奏效需要干扰的信道数和每个驻留时间受干扰的时间。从表中不难看出，干扰奏效不需要对 100%信道和 100%的驻留时间进行干扰。能干扰的信道多，要求干扰每个驻留时间的百分比就低；反之，能干扰的信道少，要求干扰每个驻留时间的百分比就高。

表 5.6.1　干扰奏效的条件

干扰信道数所占百分比	干扰时间占每个信道驻留时间的百分比
50%	90%
75%	50%
100%	30%

5.6.5.3　部分频带拦阻干扰

在干扰滞后时间相对于跳频周期过大时，将不能再采用时分的跟踪瞄准方法。譬如对 200 跳/s 的中速跳频信号，其跳频周期为 5 ms，当与被干扰的目标距离 300km 时，信号的来回传输时间就要 2 ms，再加上信号截获、处理、网台分选和引导干扰至少 1 ms，这样，跟踪干扰的有效时间就只有 2 ms，不足跳频周期的一半，效果肯定不会好。对于中高速跳频系统，传输路径的延迟已接近或超过一个跳频周期，当跟踪瞄准的干扰信号到达通信接收机时，通信系统即将或已经转换到下一个新的频率上去了，因此跟踪瞄准干扰将失效，不得不回到拦阻式干扰上来。

一般拦阻式干扰由宽带锯齿波扫频干扰来实现。当已知信号的信道频率集时，可以采用梳状谱干扰，在无法确定被干扰目标系统的信道和信道间隔时，只能采用连续谱宽带拦阻干扰的方法。

研究发现，只干扰部分信道就可以破坏跳频通信。实验表明，当 50%的信道受到拦阻式干扰时，通信就会遭到完全破坏。就是说只要有 50%的时间是干扰压制了信号，干扰就有效，即干扰谱带不必对准或覆盖每一个信道，如图 5.6.8 所示。

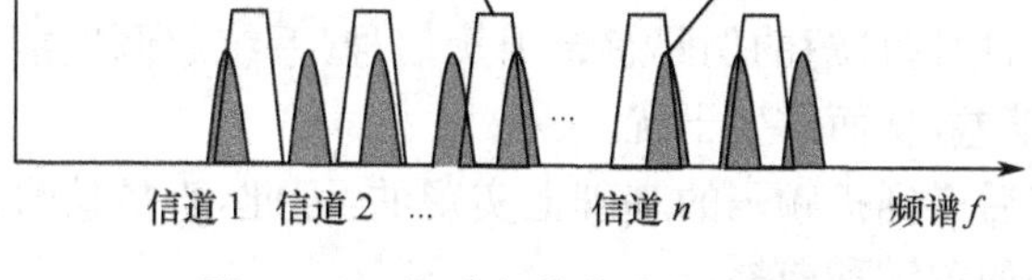

图 5.6.8　部分频带梳状阻塞干扰

离散梳状谱干扰实际上是时域和频域上同时存在并相互独立的多个干扰信号的干扰方

式，干扰谱线功率大小和调制样式还可根据目标信号的技术特征设置，是对高速跳频通信或自适应跳频通信的较有效的干扰方法。

除了在干扰信号样式上进行改进设计以外，还可以在几何配置方法上采取措施。分布式干扰方法将多部小型干扰机分散布置在通信阵地附近，利用距离优势减小对每部干扰机的功率需求。分布式配置在跟踪瞄准式干扰中大大减小了往返干扰机的传播时间，提高了对较高跳速通信的适应能力。在实施拦阻干扰时，如果合理分配干扰频段，使每部干扰机各自负责对一定数量的信道实施干扰，可以实现以较小功率对宽带高速跳频通信进行有效干扰。

5.6.6　对直扩通信的干扰

5.6.6.1　直扩通信的主要特点

直接序列扩谱通信，简称直扩通信，直扩通信在发送端，用高速率伪噪声码（有时也称为PN码、伪随机码、伪码，或伪随机序列、伪码序列）对要发送的信息码流进行频谱扩展，扩展后的信号频谱密度大大降低，其频谱宽度与伪噪声码相同。由于伪噪声序列频谱宽度远大于信号带宽，其功率谱密度大大降低。在接收端，根据扩谱码位置的不同，接收机在发端相应的时间位置进行解扩，即与一个相同的伪噪声码相乘，将扩谱后的宽带信号还原为窄带信号，再经滤波、解调、再生单元回复信息数据。而其他信号经过解扩，即与这个伪噪声码相乘，频谱被扩展。对一个有限带宽的信号，扩展后谱密度就会下降，经窄带滤波，其能量就会大大减少，这就是直接扩频通信的抗干扰原理。直扩信号频谱展宽的倍数等于伪码速率和信息比特速率的比值。

直扩通信系统由于具有低功率谱密度，一般在负信噪比条件下通信，因而不易被侦察系统所截获，自然难以对其实施干扰。此外直扩系统本身还具有良好的抗噪声干扰性能。如果一个窄带噪声干扰信号被输入直扩接收机，它将按扩展比值被抑制，因为通信信号是匹配滤波，而干扰信号并没有处理增益，有效的干信比被处理增益降低。有关直扩系统抗干扰性能的数学分析可参看8.5.1节的介绍。

5.6.6.2　对直扩通信的干扰样式

1. 相关伪码扩频干扰

相关伪码扩频干扰是指进入通信接收机的干扰信号和有用信号具有完全相同的扩频码型，两者精确同步，且载波相同。因此，干扰信号将与有用信号一样被解扩和被恢复。就是说，干扰与信号一样经相关器和滤波器后，不被衰减。可见，此种干扰无疑是一种最佳干扰样式。然而，采用此种干扰方式需要完全掌握通信系统所使用的扩频码，同时使进入接收机的干扰和有用信号的扩频码同步。这显然是十分困难的，很多情况下甚至是不可能的。这时，可采用一种与其有一定相关性的伪码序列，在同步较好时也能达到令人满意的干扰效果。在通信系统使用的伪码序列不长时，用这种短的伪码解调干扰信号，系统解调性能就会变坏，引起假的同步，或在解调器中引起偏差，从而产生干扰。

相关干扰是在解扩后得到扩频码的基础上实现的，因此，直扩信号的检测、参数估计和解扩是有效干扰直扩通信的关键和前提。

2. 转发式干扰

在得不到扩频码结构的情况下，只要知道扩频周期，把截获的直扩信号进行适当的延迟，再以高斯白噪声调制经功率放大后发射出去，就产生了接近直扩通信所使用的扩频码结构的干扰信号，这一过程可以通过转发式干扰机来实现。转发式干扰的效果低于完全相关干扰，但比一般噪声干扰效率要高。

3. 脉冲干扰

脉冲的峰值功率可能比连续波发射机的恒定功率大得多，由于只需要1/3的时间内干扰直扩信号即可有效干扰，因此拥有33%的脉冲占空比因子就足以进行有效干扰。

4. 其他干扰

只要知道直扩信号分布的频段，采用高斯白噪声调制的大功率拦阻干扰，特别是梳状谱干扰，直扩接收设备对这种干扰就无法全部抑制，也能取得一定的效果。此外可以取得一定效果的还有单频窄带干扰和均匀频谱宽带干扰等。

5.7 卫星导航干扰技术

卫星导航具有精度高、空域大、全天时等特点，已经成为作战平台导航和精确武器制导的主要手段。卫星导航系统通常包括发射信号的空间卫星星座、地面操作控制站网以及用户的接收机三个部分，因而实施干扰可以从导航系统组成的诸方面入手。由于用户接收机一般工作信号电平低（GPS的L_1信号为－160dBw），并且系统，特别是商用系统，抗干扰裕度不大（1W的调频噪声干扰机就能使GPS接收机在22 km范围内不能工作），加之从实施的可行性和便利性考虑，当前对卫星导航的干扰主要面向用户接收机。限于篇幅，本章将重点讨论针对全球定位系统（GPS）用户接收机的对抗技术。

5.7.1 卫星导航定位原理

以全球定位系统（GPS）为例，卫星导航定位的基本原理如图5.7.1(a)所示。假设卫星1、卫星2、卫星3分别代表导航接收机接收到信号的3颗导航星的位置。在伪距测量定位法中，GPS接收机根据接收到的卫星测距码信号和接收机自身的复制码之间的时间差，可以计算出接收机到导航卫星的距离r_1、r_2和r_3，则接收机必定处于以导航卫星为中心，以接收机到导航卫星为半径的球面上。根据几何学原理，其中卫星1和卫星2得到球面相交得到一个圆弧1，圆弧1与卫星3球面相交于两点，其中一点位于太空为虚假点，另一位于地球上的点则是导航接收机（自身）位置。

据此，从理论上说，GPS用户只需要测量3颗卫星信号的传播时延，就可以得到自身位置。但实际上，测量到的时间差τ值还包含着卫星时钟和用户时钟的时间差等误差Δt。因此，时间差τ并非真实地反映卫星到用户接收机的几何距离，而是含有误差，这种带有误差的GPS观测距离称为伪距。伪距r与真实距离r'之间有一个误差$c\cdot\Delta t$，需要再测第4颗卫星的伪距离以消除它，从而实现定位。为了达到这个目的，美国构造了几十颗卫星构成的GPS卫星星座，保证在地球上任意一点上空都有4～6颗卫星以上可用，如图5.7.1(b)所示。

5.7.2 对导航卫星的欺骗式干扰

从导航卫星定位的工作原理知道，用户接收机以卫星位置为球心（该位置由卫星发送的导航电文给出），以卫星到用户接收点的距离为球半径，测量多颗卫星信号的传播时间得到的多

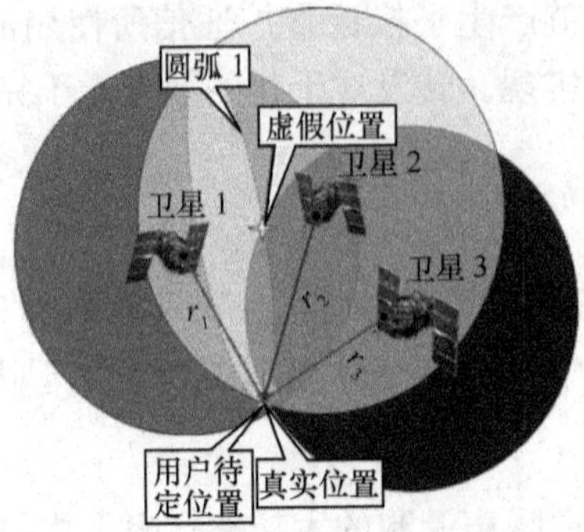

(a) 三站测距原理

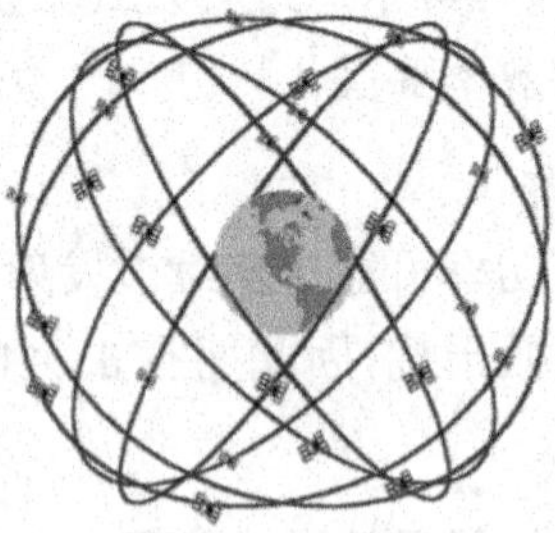
(b) GPS 卫星星座

图 5.7.1 GPS 定位原理

个"伪距",再通过计算,就可确定用户接收机所处的坐标位置。如果能够形成另外的伪距信号,被导航接收机接收,那么接收机就会依据新的伪距信号计算定位点,控制生成的伪距信号的时延即可产生期望的错误定位结果,达到欺骗的目的。根据信号产生方式,对导航卫星的欺骗式干扰可以有"产生式"和"转发式"等。

1. 产生式欺骗干扰

"产生式"(或称作"生成式")是指由干扰机产生能被 GPS 接收的高逼真的欺骗信号,也就是给出假的"球心位置"。但"产生式"需要知道 GPS 码型以及当时的卫星导航电文数据,这对干扰加密的军用 GPS 有非常大的困难。

2. 转发式欺骗干扰

利用信号的自然延时改变用户接收机测得的"伪距"的"转发式"干扰是最简单的欺骗式干扰方法,通过给出假的"球半径"可巧妙地实施欺骗,技术上也相对容易实现。

从 GPS 的定位原理可以看出,卫星信号经过干扰机转发后,增加了传播时延,使 GPS 接收机测得的伪距离发生变化,因而达到了欺骗目的。若分别设置各个卫星信号的额外时延量,则可使被干扰的 GPS 接收机测得的位置发生多种变化。转发式干扰信号是真实卫星信号在另一个时刻的重现,因而只是时间相位不同,其信号幅度需要足够大,以取代真实的直达信号。

"转发式"干扰示意图如图 5.7.2 所示,经干扰后,GPS 接收机测量得到的伪距 r_1、r_2、…、r_n就变成了 d_1、d_2、…、d_n,使被干扰的 GPS 接收机测得的位置发生了变化。

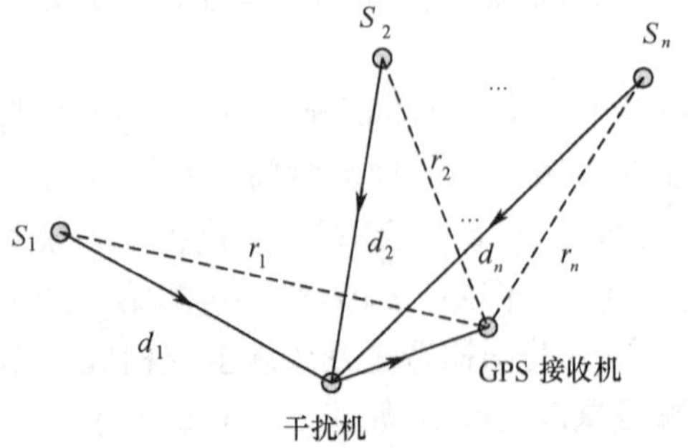

图 5.7.2 "转发式"干扰示意图

3. 欺骗干扰对导航接收机的影响

由于导航接收机具有载频、码跟踪环和增益控制等电路,定位计算结果还与导航电文有关,因此欺骗干扰产生虚假定位结果的过程十分复杂,产生的效果也与诸多因素有关。在最简单的情况下,欺骗式干扰信号的到达改变了码跟踪环的工作特性(误差函数)。随着干扰功率的增大,其跟踪状态越来越不稳定,并会出现多个跟踪点。同时载波环也会受到随机时延带来的随机频偏的干扰,影响接收机对信号的跟踪。因此,简单的欺骗式干扰可使环路的平均失锁时间(MTLL)显著增加,而一旦跟踪环路失锁,GPS 接收机将马上启动搜索电路,重新捕获所需信号。这时，功率相对较大的欺骗信号被优先锁定，从而达到干扰目的。

考虑更复杂的情况，由于干扰机与 GPS 接收机之间距离的变化、各自时钟的漂移、相对运动造成的多普勒效应以及人为地加入随机时延等，使干扰机产生的信号时延不断地随机或受控变化，从而使得干扰信号与本振序列的相对时延也不断变化。这样，干扰信号的主能量不断有机会落入接收机的环路带宽之内，扰乱跟踪环的工作特性（误差函数）。当干扰信号大于直达的卫星信号后，跟踪环会选择幅度较大的干扰信号进行锁定跟踪。

若欺骗干扰信号在 GPS 接收机开机之前或进入跟踪状态之前就已经存在，接收机的同步系统就无法判别真伪，将首先截获功率更大的干扰信号并转入同步跟踪状态，同时将直达的卫星信号抑制掉。

5.7.3　对卫星导航接收机的压制式干扰

GPS 接收机的低抗干扰裕度特性为压制干扰提供了条件，对其干扰的信号样式主要包括噪声调频干扰、伪噪声序列干扰和相关干扰等。GPS 接收机采用直接序列扩频体制接收，因此对干扰样式及其干扰效果的分析可以参考对直扩通信的干扰。

1. 噪声调频干扰

由于 GPS 的信号频率和频谱结构已知，简单的噪声调频信号可以覆盖 GPS 的部分频谱范围，虽然无法获得扩频码所能得到的处理增益，但因为与导航卫星传播距离相比存在巨大差异，使得战场范围内的干扰机信号仍能在接收机中保持足够强的功率，实现对信号的压制。另外，调频噪声的频谱较宽，干扰不容易被接收机消除掉。

2. 锯齿波扫频干扰

单载频干扰虽然通过解扩后，其频率成分扩散到扩频信号的带宽范围，但因宽带干扰信号的频谱展宽更为严重，因此仍比宽带非相关干扰更为有效，其干扰功率相对宽带干扰可以节省近 1/2（可参见第 8.5 节对直扩通信处理增益的分析）。但是，一方面在实施干扰时由于很难对变化的多普勒频率进行准确的跟踪瞄准，另一方面单音干扰容易被用户接收机通过滤波器抑制掉，这使干扰效果受到不同程度的影响。可以采用锯齿波扫频，合理选择扫频周期以产生宽带多音干扰，且加入适当的频率调制还可扰动接收机环路的工作状态，起到较好效果。

3. 相关干扰

当干扰机有一定的检测手段，能够提供直扩信号（如 GPS 信号）的载频、伪码速率等参数时，就能对直扩信号实施“互相关干扰”（简称“相关干扰”或“相干干扰”）。相关干扰就是采用这样一种干扰序列进行干扰，该序列同通信伪码序列有较大的平均互相关特性，同时要求干扰载频接近信号载频。

知道通信序列的参数越多，越容易寻找相关干扰序列；干扰序列与信号伪码序列的相关性越大，干扰谱被展宽的越少，通过接收机窄带滤波器的干扰能量就越多，扩频损失越小，达到的输出干信比也越高。实际上，干扰序列与信号伪码序列的码速率不可能一致，故两序列之间的相对时延在不断变化，则互相关值也根据互相关函数作周期变化，此时接收机窄带滤波器中的干扰平均功率为该周期内所有互相关绝对值的统计平均。在干扰序列与扩频序列完全相同的时候，干扰效果最好。

5.7.4　GPS 干扰技术的发展

许多国家发展了对卫星导航的干扰设备。俄罗斯已研制出数代压制式和欺骗式 GPS 干扰机。据称其中一种便携式干扰机的干扰功率为 8W，重量为 3 kg，体积为 120 mm×190 mm ×70 mm，每部标价 4 万美元。据俄方称，在无遮蔽情况下，使用高增益全向天线，GPS 干扰机对敌方导航接收机的干扰距离可达数百千米，其中包括干扰美国“战斧”巡航导弹的导航系统。

有消息报道，GPS 干扰机在伊拉克战场已有使用，可使 GPS 制导武器偏离预定的攻击目标。而伊朗于 2011 年宣布俘获了一架美国先进的 RQ-170“哨兵”无人机，宣称利用 GPS 信号“微弱及易于操纵”弱点，切断其与美国基地的通信线路，然后重构它的 GPS 坐标，引导其降落在伊朗境内。

应该看到，对卫星导航的成功干扰主要还是针对 GPS 民用的 C/A 码。事实上 GPS 本身具有多方面的抗干扰措施，并且针对当前存在的弱点和未来威胁，正实施多项现代化计划，从系统的各个方面来增强性能和抗干扰能力。例如在用户机采用的自适应调零天线技术、$P(Y)$ 码直接捕获技术、抗干扰滤波的信号处理技术等；在系统上采用的新的军用 M 码、伪卫星、新一代卫星 GPS-Ⅲ等。要对抗具有这些强抗干扰能力的系统，仍然需要发展新的干扰技术和相适应的使用战术。

5.8　光电干扰技术

目前，飞机、舰船、坦克、装甲车乃至单兵等现代军事作战平台，普遍装备了诸如红外前视、红外热像、激光测距、微光夜视及红外夜视等光电侦测设备。另外，激光制导、电视制导、红外制导等光电精确制导武器，以其精确的制导精度和极高的命中概率，成为当前和今后战场的重要打击手段。光电干扰是削弱、降低、甚至彻底破坏敌方光电武器作战效能的重要手段，光电干扰技术得到了极大发展，光电对抗装备在现代战争中得到普遍运用。

本节以典型的装备技术为重点，主要介绍红外干扰机、激光干扰机等有源干扰和烟幕无源干扰的基本原理和方法，曳光弹干扰已在 5.5 节作为投掷式诱饵进行了讨论。由于光电侦察告警是实施光电干扰的前提，而其基本方法与无线电射频领域存在较大区别，因此有关光电侦察告警的基本知识一并在本节介绍。

5.8.1　光电对抗波段

光电威胁主要包括各类光电制导武器的导引头光电系统，以及夜视仪、激光测距仪各类光电侦察和观瞄设备等。这些光电装备工作在电磁波的特定波段，主要为红外、可见光和紫外波段，其在电磁波谱上的分布如图 5.8.1 所示。因此光电对抗按光波段或光类别分类包括激光对抗、红外对抗和可见光对抗等。在紫外波段主要使用的是侦察告警技术，目前还很少该波段干扰的技术和需求。

5.8.2　红外干扰机

红外干扰机是一种能够发射红外干扰信号的光电干扰装备，主要用于破坏或扰乱敌方红外制导系统的正常工作，主要干扰对象是红外制导导弹。红外干扰机安装在被保护的作战平台上，保护作战平台免受红外制导导弹的攻击，既可单独使用，又可与告警装备和其他装备一起构成光电自卫系统。红外干扰机主要分为广角（或全向）型红外干扰机和定向型红外干扰机两大类。

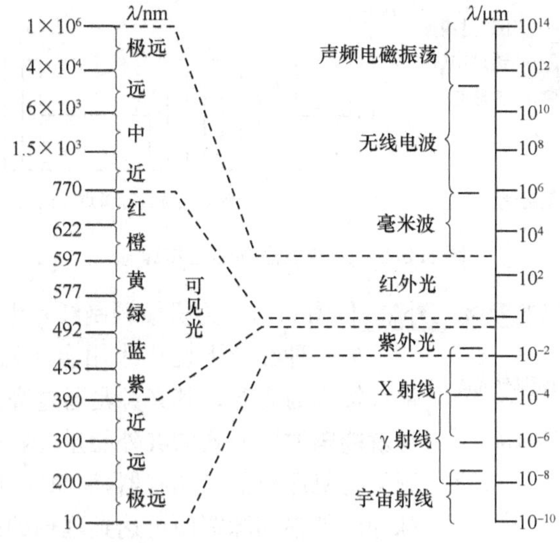

图 5.8.1　光电波段分布示意图

5.8.2.1　红外全向干扰机

1. 红外点源寻的制导的工作原理

1.3 节介绍了有关精确制导武器的一般知识，这里进一步了解作为干扰对象的红外点源寻的制导的基本工作原理。红外点源寻的制导是一种典型的被动寻的制导，应用十分广泛，它利用弹上设备接收目标辐射的红外能量，实现对目标的跟踪和对导弹的控制。红外寻的头主要探测飞机等武器平台发动机排出的高热废气等高温物质的辐射红外能量，在光电探测器上形成响应。

为使光电探测器对目标偏离导弹轴线的方位和大小形成相应的输出，传统红外点源寻的制导在光学系统中使用具有某种通、透分布的调制盘，以及光学系统的扫描，来产生目标角偏差信号，其方式包括旋转扫描导引头、圆锥扫描导引头、玫瑰线扫描导引头和十字形探测器导引头等。下面以旋转扫描导引头为例说明其基本工作原理。经典的旋转扫描调制盘如图 5.8.2(a)所示。这种调制盘的一半刻有半圆环，其透射比为 50%，以提供指示目标方位的相位调制。目标像点经过光学系统在调制盘上形成一个弥散圆，它的大小大致与某一半径处的调制盘辐条宽度相匹配，这样既能有效地调制，又能滤除大面积的背景干扰。图 5.8.2(b)为一个点源目标像点经调制后的波形。当调制盘旋转，探测器输出为调幅信号，调制度表示目标的偏离轴线的偏差大小，相位表示目标的方位。该输出经信号处理得出目标与寻的器光轴线的夹角偏差或该偏差的角速度变化量，作为制导修正依据，使导弹跟踪目标，即使目标像点接近调制盘中心。

2. 干扰原理与系统

红外全向干扰机主要由红外光源和调制器组成。红外光源一般采用非相干高功率红外辐射源，以连续方式工作的主要有燃油加热陶瓷和电加热陶瓷光源，适于干扰 1～3μm 和 3～5μm 波段的红外制导导弹。要想起到干扰作用，必须将这些连续的红外辐射变成闪烁、调制的红外辐射，调制器即起到这种作用。调制器有多种形式，较为典型的机械调制器由开了纵向缝隙的圆柱体等组成，称为斩波圆筒，它绕轴旋转，处于圆筒中心的光源发出的红外辐射通过

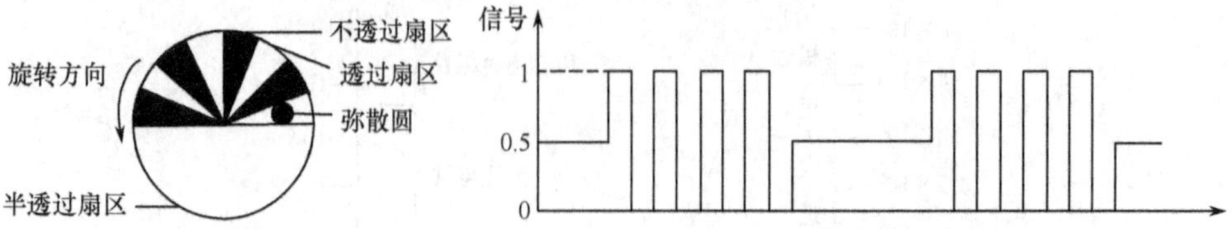

(a) 旭日升型调制盘　　(b) 点源目标像点经调制后的波形

图 5.8.2　旋转扫描寻的工作原理

缝隙形成有特定调制规律的断续红外辐射，图 5.8.3 为机械调制红外干扰机示意图。

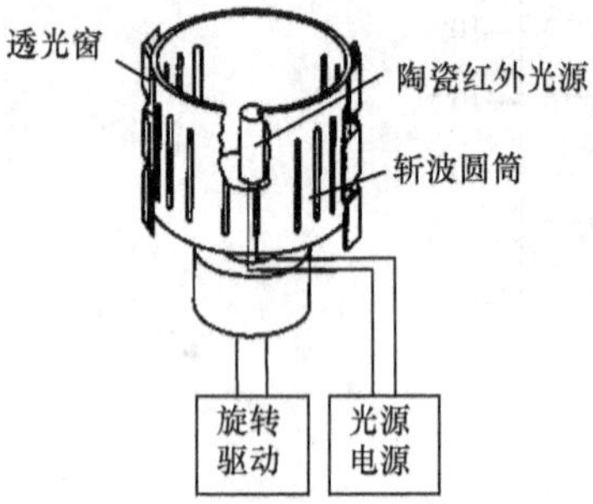

图 5.8.3　热光源机械调制红外干扰机示意图

另一种红外干扰机采用金属蒸气放电光源，如氙灯、铯灯等作为光源。其光源是通过高压脉冲来驱动的，它本身就能辐射脉冲式的红外能量，因此不必像热光源机械调制干扰机那样需加调制器，而只需通过控制驱动电源改变脉冲的频率和脉宽便可达到理想的调制目的。

当干扰机信号介入后，其干扰信号也聚集在目标“热点”附近，并随“热点”一起被调制，同时被探测器接收。干扰机的能量是按特定规律变化的，当这种规律与调制盘对“热点”的调制规律相近或影响了调制盘对“热点”的调制规律时，偏差信号将产生错误，致使舵机修正发生错乱，从而达到干扰的目的。

红外干扰机是当今各国广泛装备于海陆空三军的干扰设备。据报道，在海湾战争中，多国部队装备了近 3000 部 AN /ALQ-144、AN/ALQ-146 和 AN/ ALQ-157 干扰机。其中，AN/ALQ-144 干扰机由微处理器控制，可按预编的程序进行干扰，当遇到新的威胁时，可针对该威胁的修改程序，以实现有效的干扰。但这种干扰机主要针对红外点源寻的制导，对具有较高抗干扰能力的红外成像制导则需其他干扰方法。

5.8.2.2　红外定向干扰机

定向红外干扰技术是将干扰机的红外（或激光）光束指向探测到的红外制导导弹，以干扰导弹的导引头，使其偏离目标方向的一种新型的红外对抗技术。

目前有非相干光（红外光）和相干光（激光）两种定向红外干扰系统，主要对付远红外和中红外两个波段的红外制导导弹。定向红外干扰机将红外干扰光源的能量集中在导弹到达角的小立体角内，瞄准导弹的红外导引头定向发射，使干扰能量聚焦在红外导引头上，从而干扰红外导引头上的探测器和电路，使导弹丢失目标。其中激光定向红外干扰系统利用激光光源的高亮度、高定向性和高相干性优势，节省了能量，增加了隐蔽性。它基本不受导弹探测器工作体制的限制，是对抗各种红外制导导弹的一种很有效的新型红外压制干扰对抗系统。但由于定向性高，它必须增加导弹告警和跟踪系统，以使干扰光束准确指向导引头。

美国和英国共同开发研制的“复仇女神”AN / AAQ-24(V)定向红外干扰系统，用来防护战术空运飞机、特种作战飞机、直升飞机及其他大型飞机，对抗地—空和空—空红外制导导弹对飞机的威胁。该系统是第一个可供作战部署的定向红外干扰系统。

5.8.3　激光有源干扰

激光有源干扰主要用于干扰不同波段的军用光电观瞄设备、激光测距/跟踪设备、激光/红外/电视制导武器、卫星光电侦察/预警光电探测器，以及致眩作战人员眼睛。激光有源干扰包括激光欺骗干扰和激光致盲等，激光欺骗干扰又分为距离欺骗干扰和角度欺骗干扰两种类型。

5.8.3.1　激光角度欺骗干扰

激光角度干扰机的主要作战对象是半主动激光制导武器与激光跟踪设备。图5.8.4为激光角度欺骗干扰系统组成框图。图5.8.5为激光角度欺骗干扰机的干扰示意图。它依据所侦察到的敌方激光照射信息，复制或转发一个与之具有相同波长和码型的激光干扰信号，将其投射到预先设置在被攻击目标附近的一些假目标上，经过假目标漫反射产生代表假目标角方位的激光信号，把敌方导弹导向假目标。

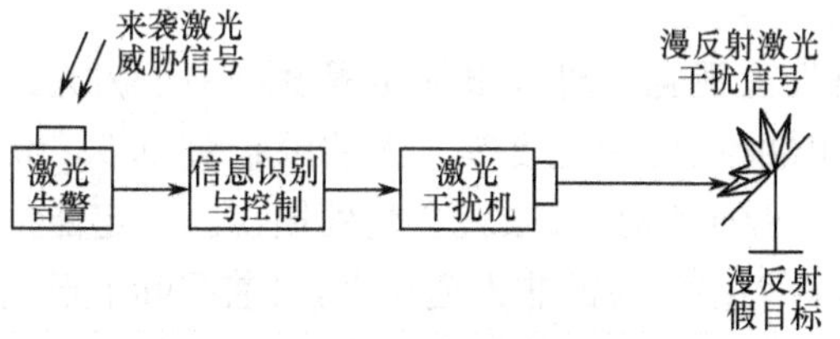

图5.8.4　激光角度欺骗干扰系统的组成

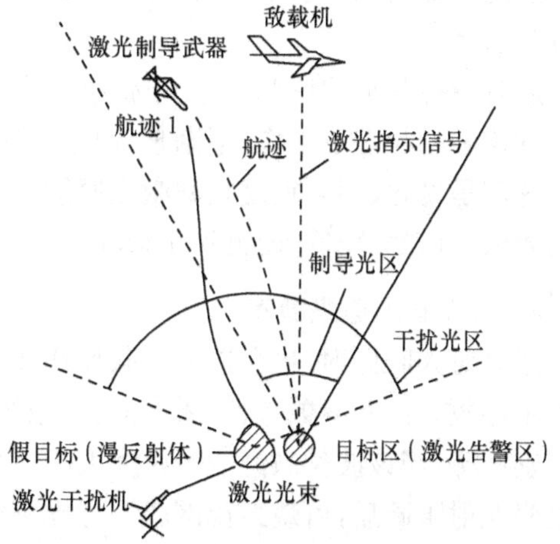

图5.8.5　激光角度欺骗干扰过程示意图

以干扰半主动激光制导武器为例，激光告警接收机接收半主动激光制导武器的指示激光信号，经过处理后获得来袭激光信号的角度、重频、码型等信息，激光器干扰机发射出与来袭激光波长相同、编码一致、具有一定光强的激光，该激光通过设置的漫反射假目标射向敌方导引头，并被导引头接收。此时导引头收到两个相同的编码信号：一个是激光指示器发出的被目标反射回来的信号，另一个是干扰激光经过漫反射体反射过来的信号。两个信号的特征除光强上有差异之外，其他参数基本一致。一般半主动激光制导武器采用比例导引体制，因此它受干扰后的弹轴指向目标和漫反射体之间的比例点。当从漫反射体来的激光强于从目标反射来的激光时，导引头偏向漫反射体一侧，偏离正确的攻击方向。

5.8.3.2　激光距离欺骗干扰

距离欺骗干扰多用于干扰激光测距系统。对激光测距机实施欺骗干扰，通常采用重高频脉冲激光器作为欺骗干扰机，发出一个与激光测距信号具有相同波长、脉宽和更高重复频率的激光信号，确保在其距离选通波门的限定时间内至少有一个激光脉冲信号被接收。如果干扰脉冲重频足够高，激光干扰脉冲就能在测距波门内先于回波信号进入激光测距机的激光接收器，从而使测距机的测距结果小于实际目标距离。激光测距欺骗干扰的难点在于激光测距的方向性很强，对其发现和告警具有难度；激光测距机的光学接收系统的视场也被限制在 mrad 量级，干扰激光信号难于进入其接收视场。

5.8.3.3 激光致盲

激光致盲武器以战场作战人员的眼睛或可见光观瞄设备为主要作战对象，以致眩、致盲或压制其正常观察为主要作战目的。激光致盲武器可分为两大类：对人眼损伤和对传感器损伤。

1. 对光电传感器的激光致盲

用达到一定功率的激光照射光学系统或传感器时，因为光电探测器材料的光吸收能力一般来说都比较强，入射其上的光能量大部分被吸收，结果引起温度上升，造成破裂、碳化、热分解、溶化、汽化等不可逆的破坏。有时，强激光也可造成光电探测器后端放大电路的过流饱和或烧断，从而使观测器材致盲，跟踪与制导装置失灵，引信过早引爆或失效等。可产生致盲效果所需的光辐射功率水平视攻击的探测器种类有很大差异，一般要求激光器辐射功率为几瓦至万瓦水平。

还有一种常见的情况，当光电传感器受到一定强度激光脉冲照射后，光电器件持续处于接近深度饱和的状态下工作，逐渐使光电器件向深度饱和方向移动，最后达到深度饱和直至损坏。这就是说，采用高重复频率激光照射光电传感器，会使光电传感器的各个阈值(饱和阈值、损伤阈值)有较大降低，变得易于损坏。

2. 对人眼的激光致盲

激光对人眼照射，也会造成人眼损伤或一时失去视觉。对人眼损伤程度取决于激光武器的多项参数。这些参数包括：激光波长、激光输出功率、脉冲宽度等。人的眼睛对 0.53μm 绿光特别敏感，当该波长激光能量密度大于 5×10^{-5} J/cm^2 时，人眼就会受到损伤。一定能量密度激光照射眼睛后，可烧毁视网膜。考虑到激光对人眼致盲的非人道伤害，目前国际上已经有禁止使用专使人眼致盲的激光武器的公约，但并不禁止使用其他的激光武器系统，如导致短时视觉功能障碍的闪光盲。

目前，国外已经装备的激光攻击系统主要如下。

(1) 激光致眩器

这是美国陆军研制的一种轻型步兵用的激光干扰设备，它是一种便携式装置，全机重量约 9 kg，能攻击摄像机、夜视仪等各种光学传感器，并可破坏坦克和装甲车上的传感器，达到软杀伤的目的。

(2)“魟鱼”激光干扰系统

美国“魟鱼”激光干扰系统装载在“布雷德利”装甲车辆上，采用单脉冲输出能量约 100mJ，据称可破坏 8 km 远的光电传感器，如潜望镜、望远镜、夜视装备和瞄准装备等。海湾战争时，美国将“魟鱼”运到了沙特阿拉伯，但地面战争仅 100 小时就结束了，使“魟鱼”失去了实战应用的机会。

5.8.4 烟幕干扰

烟幕干扰是一种典型的光电无源干扰。烟幕是由在空气中悬浮的大量细小物质微粒组成的，是以空气为分散介质的一些化合物、聚合物或单质微粒为分散相的分散体系，通常称作气溶胶。气溶胶微粒有固体、液体和混合体之分。烟幕干扰技术就是人工产生并在被保卫目标周围施放大量气溶胶微粒，来改变电磁波的介质传输特性，从而使对方的光电观瞄、制导或侦察系统难于察觉物体的存在，或降低对其探测或识别的能力。

烟幕从发烟剂的形态上分为固态和液态两种。烟幕施放主要采取升华、蒸发、爆炸、喷洒等型方式。发烟剂配制和烟幕释放方法需控制烟幕颗粒的大小、浓度和分布区域达到一定的设计要求，以提高遮蔽效果。烟幕的干扰机理有三种：吸收、散射以及扰乱跟踪。通过烟幕微粒的吸收和散射作用，使经由烟幕的光辐射能量衰减，使进入光电探测器的辐射能低于系统的探测门限，从而保护目标不被发现。烟幕粒子的直径等于或略大于入射波长时，其衰减作用最强。扰乱跟踪的机理则来自于烟幕的反射，增强了烟幕自身的亮度，而且亮度的分布在随烟幕的运动而变化，进而影响导引头跟踪的稳定性。

遮蔽可见光、微光和 1.06μm 激光的烟幕弹等产品已经广泛采用，也有专用于遮蔽 8～14μm 红外热像仪的烟云，而且也研制了复合型烟幕。例如德国采用在铝箔片上涂覆发烟剂的方法，制成了可见光、红外、微波复合烟幕。

5.8.5 光电侦察告警技术

5.8.5.1 光电侦察告警原理

光电干扰的释放需要明确光电制导导弹等威胁的存在，并且需要知道威胁所在的方位、使用的制导方式等信息，对于激光制导，还需要波长、调制参数等信息，这些信息的取得均需要光电侦察告警装备来实现。

光电侦察告警是对来袭的光电制导武器进行威胁告警的一种军事行为。它利用光电技术手段对来袭的光电制导武器、武器平台或弹药所辐射或散射的光波信号进行截获和识别，获取威胁源情报和参数信息。根据来袭武器威胁所具有的光电辐射特征，从波段或光源类别来看，主要包括激光侦察告警、红外侦察告警、紫外侦察告警等几种形式。同时具有两种以上波段告警能力的告警装备称为光电综合告警。

由于光电制导以被动方式为主，除激光制导等少数威胁外，大多数威胁没有有意的光电辐射，因此侦察告警的信号来源主要从威胁武器平台本身寻找。导弹、飞机等威胁的光电辐射主要有发动机喷出的高热尾焰以及滞留在空中的高温废气（也称为羽烟），弹体、机体本身的热辐射，在半主动制导系统中目标指示器辐射的激光等。针对这些有意和无意的辐射，发展了多种侦察告警技术，表 5.8.1 列出了可能采用的侦察告警手段。

表 5.8.1 光电威胁侦察告警的典型波段

装备技术	辐射源	主要波段	应用
红外告警	尾焰、喷管	近、中红外 1～5μm	各种告警、侦察
	机体	远红外 8～12μm	
紫外告警	羽烟	0.2～0.29μm	地面、机载对空告警
激光告警	目标指示器、测距机的照射激光	0.4～12μm 的若干波段典型的 0.9μm，1.06μm，1.54μm，10.6μm	面对空、面对面告警、侦察

光电侦察告警系统一般由光学接收单元、光电探测器、信号处理器和示警单元等部分组成，如图 5.8.6 所示。光学接收单元收集来自远方威胁源的信号，并将其会聚到光电探测器上。探测器对所接收的信号进行光电转换，在信号处理器中进行检测，并对辐射源参数进行测算，示警单元根据检测参数判断威胁，发出告警，提供图像显示，输出必要的威胁参数。为了满

足空域覆盖性，一个监视 360°方位的系统常常需要采用多个光学接收和探测器通道来实现。

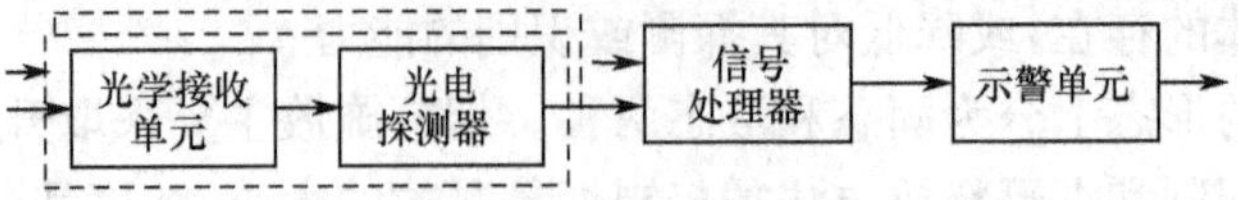

图 5.8.6　光电侦察告警系统组成示意图

5.8.5.2　红外侦察告警

红外侦察告警器的主要检测对象是导弹、飞机等重要威胁。导弹发动机工作时产生的尾焰，其红外辐射强度在光谱上具有一种特殊分布，能量主要集中在 2.7 μm 和 4.2μm 波段附近，并在 4～5μm 红外波段产生特征性明显的"红"与"蓝"尖峰。如图 5.8.7 所示，在此波段范围通过红外探测和特征鉴别可以实现导弹告警。考虑到大气对特定谱段的吸收作用，导弹来袭红外侦察告警主要采用 1～3μm，3～5μm 的红外波段，来探测导弹的尾焰红外辐射。

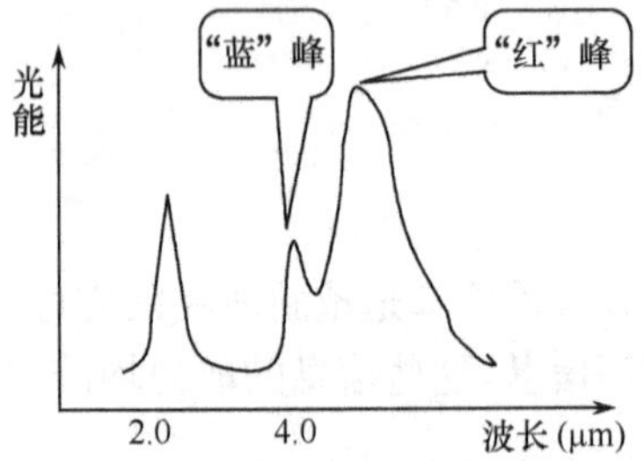

图 5.8.7　导弹尾焰的红外辐射特征

红外告警按工作方式可分为扫描型和凝视型两类。扫描型的红外探测器采用单元器件、线列器件或面阵器件，依靠光机扫描装置对特定空间进行扫描，以发现目标。凝视型采用红外焦平面阵列器件，通过光学系统直接搜索特定空间。

1. 扫描型红外侦察告警系统

扫描型侦察告警系统按探测器类型（线列和面阵器件）分为线扫描型和步进扫描型两种类型。

① 线扫描型红外侦察告警系统。线扫描型红外侦察告警系统采用线阵红外探测器件，水平扫描反射镜按扫描方式工作，垂直扫描平面镜按步进或固定方式工作。当水平扫描反射镜完成一行扫描后，垂直扫描平面镜步进一步，水平扫描反射镜进行下一行扫描。在线阵探测器元数满足垂直视场要求的情况下，可不进行垂直扫描，此时，垂直扫描平面镜是固定的。线扫描型红外侦察告警系统的另一种工作方式是不采用扫描镜，而是将光学系统和探测器一起旋转，从而完成固定垂直视场、水平 360°范围内的扫描侦察。

② 步进扫描型红外侦察告警系统。步进扫描型红外侦察告警系统采用面阵红外探测器件，器件安装在图 5.8.5 中探测器件处，此时面阵器件的每一个像元对应物空间的一个瞬时视场，所有探测像元的瞬时视场联合构成一个较大空间范围的侦察视场。两个扫描镜交替步进扫描工作，其步进角度与面阵器件的侦察视场角相对应。

2. 凝视型红外侦察告警系统

凝视型红外探测系统采用红外焦平面器件，不需进行机械扫描，探测器光敏面直接对应一个较大的空间视场。其构成相当于在图 5.8.8 中省去扫描旋转机构。平面阵探测器一般采用离散采样，分时将探测器响应信号合成输出，完成一幅全部采样称为一帧。一般帧时在 30ms 至几百毫秒。

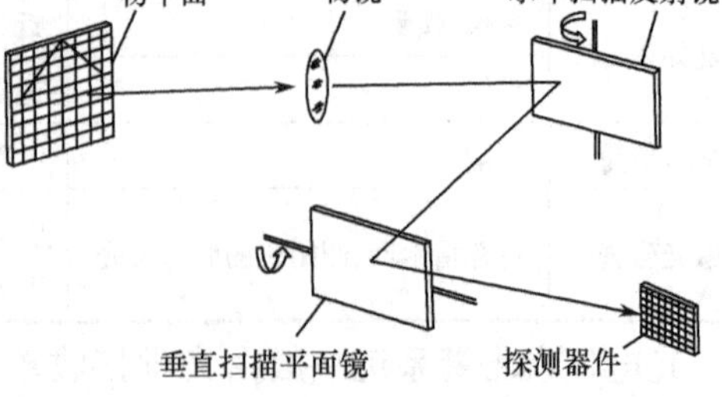

图 5.8.8　扫描型红外侦察告警系统组成及工作原理

红外侦察告警装备可以安装在固定翼飞

机、直升机、舰船、战车和地面侦察台站等军事平台，与其他干扰装备连接可构成平台自卫系统。美国AN/AAR-44机载导弹告警系统在半球空域内连续扫描搜索，以发现和跟踪敌导弹，并指示导弹方位和控制对抗型装备实施干扰，目标角指示精度优于1°，告警距离十几千米，装备于C-130等飞机。研制新型探测器，采用多波段复合告警、先进图像处理技术，是实现增大探测距离、提高威胁识别能力和降低虚警的主要技术途径。

5.8.5.3 激光侦察告警

激光侦察告警的威胁源主要有激光测距机、激光目标指示器、强激光武器、激光雷达等。激光侦察告警设备可获取的激光威胁源的主要参数有：激光波长、激光来袭方位、激光能量等级、激光制导信号脉冲编码形式等。

1. 被动激光侦察告警技术

激光侦察告警通常采用被动工作方式，通过接收激光威胁源直接照射、或大气分子散射的激光信号，进行威胁告警。根据激光侦察告警的不同用途，可分为光谱探测型、成像探测型和相干探测型等体制。光谱探测型激光侦察告警是比较成熟的体制，国外在20世纪70年代就进行了型号研制，80年代已大批装备部队。它采用与被接收激光波长匹配的光电探测器，配以窄带滤光片构成接收组件，以多元组合阵列的形式覆盖告警视场。多个基本探测单元的光轴指向不同方向，使每个探测单元负责监视一定的空间视场，相邻单元视场间形成交叠，构成大空域监视。在每个探测单元并联两个相同的探测器，由于入射激光脉冲信号在两探测器中具有相同的振幅和相位，故对二者做相关处理可确保目标信号被顺利提取，而探测器自身的噪声被有效地去除，从而在兼顾探测灵敏度的条件下使虚警率明显下降。光谱探测型激光告警设备技术体制结构简单、灵敏度高、视场大、响应速度快，适合于定向精度要求不高的应用场合。成像型激光告警设备通过检测激光通过光学成像系统形成的光斑位置，确定激光入射的精确方向。

在需要进行激光波长识别的情况下，通常采用相干探测的方法。相干检测型激光告警是利用激光相干性能好的特点，采用典型干涉仪原理，对来袭激光信号进行检测。这种设备的优点是可测定激光波长、虚警率低、角分辨率高，缺点是视场小、系统复杂。美军装备于各类直升机的AN/AVR-2激光告警接收机即采用相干探测体制，能探知低空防御系统的激光测距机、激光目标指示器和激光驾束制导武器的激光威胁，并提供告警。

多数激光告警接收机装置于武器平台上，是在激光光束直接照射下工作，此时接收激光能量的损失不大。但如果应用于保卫大面积的机场等环境，由于激光束的聚束性好，例如10km远激光威胁源，发散角为0.5mrad光束，垂直于光轴方向光斑直径只有5m，告警接收机就可能处在光束之外。为阵地防护类的应用，应提高接收机的灵敏度，使其能够接收激光在大气传输过程中，经大气中悬浮粒子和空气分子散射后的弥散光，这称为离轴探测。例如接收机灵敏度为$10^{-5}W/cm^2$时，离轴半径可达120m。

2. 主动激光侦察技术

主动激光侦察的对象是敌方的光学观测系统，它通过向所要侦察的战场区域发射高重频脉冲激光束，照射目标区并逐点扫描，当扫描到对方带有望远镜系统的光学设备时，照射激光进入对方的光学接收系统，到达位于焦平面附近的分划板或探测器上，一部分入射激光将由其表面反射并沿原路返回，由此造成光学系统比周围地物强几个数量级的反射回波，这就是通常所说的光学系统存在的“猫眼”效应。通过对强回波信号的处理与识别，就可以从复杂背景中将光学设备检测出来，同时对其所在位置进行精确定位。

美国的“魟鱼”车载激光致盲武器系统就带有激光主动侦察功能。工作时，首先利用波长 1.06μm 的高重频低能量激光对关注区域进行扫描侦察，一旦发现目标，立即启动大功率激光对目标实施致盲干扰。

激光侦察告警主要用于固定翼飞机、直升机、车辆、舰船等军事平台以及地面重点目标的自卫告警，防护采用激光制导的导弹攻击。激光告警甚至可用于单兵作战。随着强激光武器迅速发展，激光对光学侦察卫星的威胁日益严重，星载激光告警也已成为迫切需求。

5.8.5.4 紫外导弹告警

紫外导弹告警技术是 20 世纪 80 年代发展起来的，其突出特点是虚警率低、隐蔽性好、实时性强，不需扫描和致冷，适于飞机装载，能有效探测低空、超低空高速来袭目标。导弹火箭发动机的羽烟可产生一定的紫外辐射，紫外告警时通过探测导弹羽烟的紫外辐射，确定导弹来袭方向并实时发出警报。

1. 紫外导弹告警原理

导弹紫外辐射的主要贡献来自发动机羽烟粒子的热发射和化学荧光，其中尾气流中的高温粒子在紫外发射中扮演着关键角色，它们产生的光谱呈连续特征。另外，高速飞行中的导弹在其头部的冲击波中也产生一定的紫外辐射。例如，飞行速度为超高音速的战略导弹，当处于 40km 高度时，其头部冲击波的气体温度可达到 6000K，其辐射就包含着相当多的紫外成分。

导弹在飞行过程中，其背景就是空中大气。大气中的光谱成分大部分来自太阳辐射。太阳辐射在通过大气传输过程中，受到大气衰减造成了辐射光谱的改变。其中波长短于 0.3μm 的中紫外辐射被同温层中的臭氧吸收，基本上到达不了近地球表面，从而太阳光中紫外辐射在近地表面形成盲区，习惯上把 0.2～0.3μm 这段太阳辐射到达不了地球的中波紫外光谱区称作“日盲区”。因此，在天空背景中采用紫外波段探测来袭导弹，具有背景干净、虚警率低的突出优点。

虽然天空中存在紫外“日盲区”，但导弹羽烟在这一波段的紫外辐射也比较弱。因此，紫外告警技术需采用具有能够探测极微弱信号的光电倍增管或像增强管，它们通常被称作光子检测器件，可探测到光子数为个数量级的紫外辐射。

2. 告警系统

(1)概略型紫外告警。通常由若干探测单元和信号处理器组成。每个探测单元具有一定的探测视场，相邻两个探测头之间存在一定的视场重叠，几个探测单元共同形成 360°全方位、大空域监视，具有体积小、重量轻、低虚警、低功耗等优点，缺点是角分辨能力差、灵敏度较低。它被广泛应用于机载自卫对抗系统。

(2)成像型紫外告警。采用类似摄像机的原理，光学系统以大视场、大孔径对空间紫外信息进行接收，探测器采用(256×256)像素或(512×512)像素的阵列器件，对所警戒的空域进行成像探测，并分选识别威胁源。优点是角分辨率高、识别能力强，具有引导红外定向干扰机的能力，是紫外告警的主导潮流。

典型的紫外告警系统如美国 AN/AAR-47 导弹逼近告警系统，它属于概略型告警装备。全系统包括 4 个传感器，每个传感器的视场角均为 92°，覆盖角空域为 360°×92°，系统角分辨率为 90°;能在敌导弹到达前 2～4 s 发出声光警报;采用非制冷光电倍增管。该系统还复合了激光告警功能,主要安装在直升机和运输机上,提供全方位的导弹逼近告警,其照片如图 5.8.9 所示。法、德联合研制的 MILDS-2 紫外告警器采用成像型体制,对导弹告警的响应时间约为 0.5s,指向精度优于 1°,告警距离约为 5 km。

图 5.8.9　美国 AN / AAR-47 导弹逼近告警系统

习题五

1. 按照干扰的作用机理,电子进攻的主要技术手段有哪些?

2. 自卫干扰和支援干扰时,干扰机和搭载平台有何关系?

3. 压制干扰时,理想的最佳干扰波形是什么? 为什么?

4. 宽带阻塞式干扰为何可以干扰捷变频雷达?

5. 某机载干扰机的干扰发射功率为 500W,干扰发射天线增益 20dB,圆极化,在距敌雷达 100km 处的作战飞机后方以噪声调频干扰敌雷达。每架作战飞机的雷达截面积为 $5m^2$。雷达的发射脉冲功率为 500kW,收发天线增益 35 dB,波长 10cm,

(1) 如果敌雷达为固定频率,有效干扰所需的 $K_J=5$,试求该干扰机可以有效掩护作战飞机的烧穿距离;

(2) 如果敌雷达为频率捷变,有效干扰所需的 $K_J=200$,试求该干扰机可以有效掩护作战飞机的烧穿距离;

(3) 如果该干扰飞机可与作战飞机一起编队飞行,并盘旋于距敌雷达 20km 处,有效干扰所需的 $K_J=500$,试求该干扰机可以有效掩护作战飞机的烧穿距离;

(4) 如果该干扰位于作战飞机上,有效干扰所需的 $K_J=500$,试求该干扰机可以有效掩护作战飞机的烧穿距离;

(5) 如果为发射功率 10W、发射天线增益 3dB 的投掷式干扰机,距敌雷达 5km,位于作战飞机前方,有效干扰所需的 $K_J=5$,试求该干扰机可以有效掩护作战飞机的烧穿距离。

6. 在欺骗干扰时,典型的距离波门拖引(RGPO)分为那几个步骤?

7. 对于单脉冲测角雷达,有哪些角度干扰方式?

8. 对通信干扰而言,干通比不同的干扰机对压制区域分布有何影响?

9. 箔条干扰的效果受到哪些因素的影响?

第6章 电子干扰系统

现代干扰机总是采用电子技术的最新成果，不断提高自动化和自适应能力，使得用一部干扰机就可以同时干扰几部，甚至几十部雷达。因此，现代干扰机通常是一个复杂、昂贵的系统。

6.1 有源电子干扰系统的结构

6.1.1 干扰机的组成和工作原理

1. 干扰机的组成

有源电子干扰系统一般包括侦察接收部分、干扰部分和系统管理三大功能块。侦察接收部分包括测向、测频天线，测向、测频接收机和信号处理器等；干扰部分包括干扰发射天线及波束控制装置、干扰发射机、干扰引导控制装置、干扰样式产生器和功率管理单元等；系统管理部分包括主控计算机和显示控制装置等，如图 6.1.1 所示。

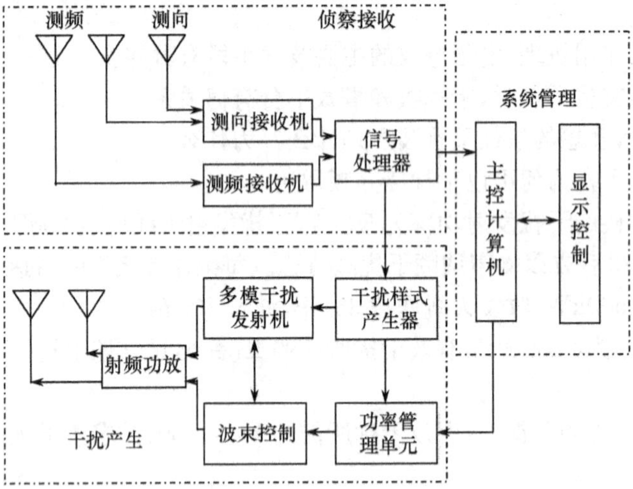

图 6.1.1 干扰机的基本组成

2. 干扰机的工作原理

测频、测向天线和接收机组成的侦察接收设备，在全频段、全方位上截获各种体制的雷达信号，并瞬时测量各雷达射频脉冲的主要参数，经信号处理器处理后，将密集的混合脉冲串分选成与某雷达辐射源相关联的特征数据，送往主控计算机。主控计算机根据辐射源特征数据与雷达威胁库内预存的已知雷达数据进行比较，识别出雷达类型以及相关武器属性，确定威胁等级。根据威胁等级对威胁辐射源排序，确定需要进行干扰的雷达和干扰的优先级，向干扰部分中的功率管理单元发出各项干扰指令，传送有关被干扰雷达的参数。

功率管理单元接收到指令和相应的参数后，控制干扰发射机的干扰时间窗、干扰频率、功率、最佳干扰样式以及相应的极化，并控制干扰天线波束，在各个干扰时间窗瞬时对准干扰目标释放干扰。

干扰样式产生器生成所需的压制或欺骗干扰信号，在功率管理单元的控制下由干扰发射机完成功率放大，通过天线发射出去。

先进的干扰机在干扰多个目标的过程中，随着干扰目标的转换，干扰信号的参数和干扰天线波束的指向都要产生瞬时变化。这些瞬时变化信息的获取和控制指令的形成，都要通过主控计算机完成。同时，在整个干扰过程中，主控计算机还能根据截获的雷达信号的变化情况，不断调整干扰目标，形成最佳干扰决策。上述这些过程都是实时进行的，但也可以通过显示控制台人工干预。

6.1.2 干扰发射机关键器件

6.1.2.1 行波管放大器

行波管放大器是一种射频功率放大器件，具有频带宽和可快速调幅、调频，以及时域上的快速调制性能，因此，作为发射机的功率源器件广泛应用于现代自卫干扰系统和远距离支援干扰系统中。

用于电子干扰的行波管主要有螺旋线行波管和耦合腔行波管两类。螺旋线行波管因能宽带工作(如1～2个倍频程)而被广泛应用于自卫干扰。螺旋线行波管的热损耗性通常限制了这种行波管的大功率应用能力，特别当频率高于10GHz时更是如此。耦合腔行波管带宽较窄(约40%的数量级)，并且质量大，但是大功率工作能力却比螺旋线行波管高得多(约高1个数量级)。因此，耦合腔行波管最适合在远距干扰机中使用，因为这种应用对最大功率的要求比带宽更关键。

大部分现代化干扰系统都以噪声和欺骗干扰两种模式工作。噪声干扰一般采用连续波方式工作，而欺骗干扰则采用脉冲方式工作。通常，螺旋线行波管设计成连续波或是脉冲工作方式，因为这两种工作方式所要求的射束条件是不兼容的。一种解决办法是各波段采用独立的连续波型和脉冲型行波管，这种工作方式获得的功率电平，在整个3倍频程范围内连续波功率为200W，脉冲功率为2kW。因此，在先进的自卫干扰机中就采用了这种方案。

用于自卫干扰的理想行波管应具有连续波和脉冲放大双模能力，从而避免使用两只管子。采用双射束方式的双模行波管可在大于倍频程带宽内提供10dB的脉冲放大能力。这种双射束/双模行波管能以三种不同方式工作:连续波方式，脉冲方式以及连续波和脉冲射频信号同时存在的合成方式。

6.1.2.2 快速调谐压控振荡器

快速调谐压控振荡器是干扰波形产生的重要微波组件。压控振荡器(VCO)能使干扰机在高密集信号环境中对各种复杂威胁做出快速反应。压控振荡器由数字指令控制，使射频振荡器调谐到该指令规定的频率上，产生干扰所需频率的信号。为有效起见，压控振荡器应能在50～100ns内完成调谐，调谐频率引导精度约为±1MHz。

压控振荡器的频率转换时间短，因此常用于无需同敌方雷达信号相关的应答式干扰系统。但由于其设置频率精度不是特别高，也不能保证同一指令下产生频率的重复性，因此，无法应用于具有对脉冲多普勒和脉冲压缩等相参雷达干扰能力的系统中。

直接数字合成器(DDS)可以产生频率准确的信号，特别是可以产生任意的波形，因此在需要对脉内调制的脉压雷达进行干扰时，DDS 具有更好的适应性。

6.1.2.3 数字射频存储器

数字射频存储器是采用数字技术采集和存储宽带射频或中频信号，并在需要时将存储的信号样本精确复现的电子组件。数字射频存储器可以采集雷达脉冲信号样本，并以这个样本为基础产生出具有相干特性的若干复制脉冲，将信号频率误差限制在多普勒带宽范围内，从而对脉冲多普勒这类相参雷达起到有效的干扰作用。它也可以采集存储具有复制脉内调制的脉冲压缩雷达信号并复制出来，因此，发射这个复制的信号就能使干扰进入雷达匹配接收机，获得与回波信号同样的雷达处理增益，使干扰不会因与信号不匹配而使输出干信比受到成倍下降。

在理论上，数字射频存储器存储被截获雷达波形的同相和正交取样。如果取样并对其存储的速率至少 2 倍于雷达信号的信息带宽，则根据奈奎斯特取样原理，信号能以一定延时再现，而无信息损失。应当指出，相参干扰机使用数字射频存储器不受什么限制，因为它们用于对付常规脉冲雷达同样有效，因此，在这一应用中可满意地代替压控振荡器。

图 6.1.2 示出覆盖 8～16GHz 波段的数字射频存储器的原理框图。首先选择适当的本机振荡器，将输入信号下变频到中心频率约为 1GHz 的 500MHz 频带内。得到的变频信号是正交信号，与 1GHz 本机振荡器混频后，提供 250MHz 基带同相(I)和正交(Q)信号。同相和正交基带信号经量化，以 500MHz 时钟脉冲(2ns 取样间隔)取样，然后将取样存入数字随机存取存储器，以备后用。复制信号则是完成相反的过程，被存储的数字取样以 500MHz 的速率取出，并用在下变频存储过程中使用的同一个振荡器进行上变频。

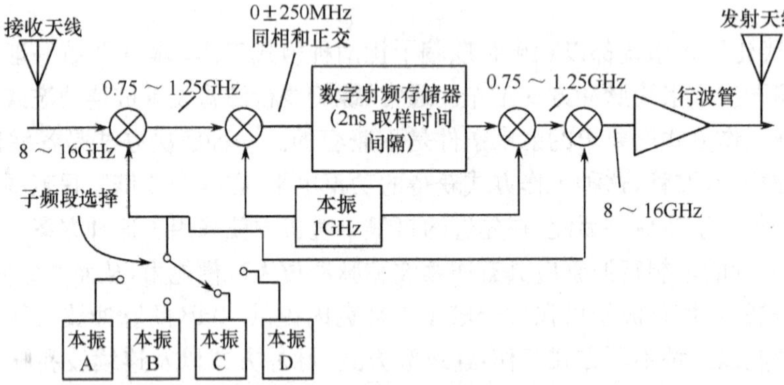

图 6.1.2　数字射频存储器的原理框图

在实际系统中，射频脉冲前沿用于启动存储器加载周期。脉冲后沿用于确定脉宽和停止存储写入。存储启动和停止地址，以便控制读出。存储器的容量决定可存储辐射源的最大数量。例如，如果用一个时钟频率大于 500MHz 的 256×64(16384)位射极耦合逻辑随机存取存储器，便能存储具有 500MHz 瞬时带宽的 1 位采样 16.384μs 信号脉宽。由于存储器是非破坏性的，所以数字射频存储器在 10～20ns 内便能读出一个存储信号，这一时间决定了数字射频存储器的最小延迟时间。另外，存储信号可以不定时间周期的存储，并可随意多次读出，直到威胁信号从存储器中消除为止。

有限的存储器容量通常不存储长持续信号。连续信号可通过存储短持续信号(如 2μs)进行处理，再以首尾相接的方式将存储的信号读出。同一方法以相关方式展宽单个存储脉冲的宽度。还可用于产生综合杂乱干扰回波。通过在整个周期内均匀选通并存储短持续信号的方法，或存储全波形的方法，可将脉冲压缩波形存入数字射频存储器。然后在选通时，对相关存储取样信号进行展宽，以填充存储波形的空隙，由此在读出端逐次近似于脉冲压缩波形。

因此，数字射频存储器对威胁波形是一个精确的存储器件，能用做干扰发射机主控振荡器，对相参雷达和常规雷达干扰均能使用。它的频率精度取决于将信号下变频为数字基带信号，并随后上变频为转发信号的本机振荡器的稳定度。转发本机振荡器的微小偏移可以用来模拟多普勒频移，或用于对干扰信号的调频。1 位模式的数字存储在输出端会产生低于载波 10～20ns 的短延迟进行转发，这对距离波门拖引干扰是一个重要因素。相关展宽特性可用于导前干扰、模拟雷达杂波，并且在存储长持续雷达波形时，使数字存储器的数量最小。

成熟的数字射频存储器的瞬时数字带宽约为 500～800MHz，这一带宽对威胁的存储能力为 50～75μs，而采用砷化镓数字电路的先进数字射频存储器带宽达到 1～3GHz 范围。

6.1.3　干扰机系统的结构

6.1.3.1　基本结构与工作方式

典型的干扰机由天线、接收机、信号产生器、大功率发射机，以及管理控制计算机等组成，如图 6.1.3 所示。管理控制计算机未直接画在图中，而以它对各个部分的"控制"来表示。

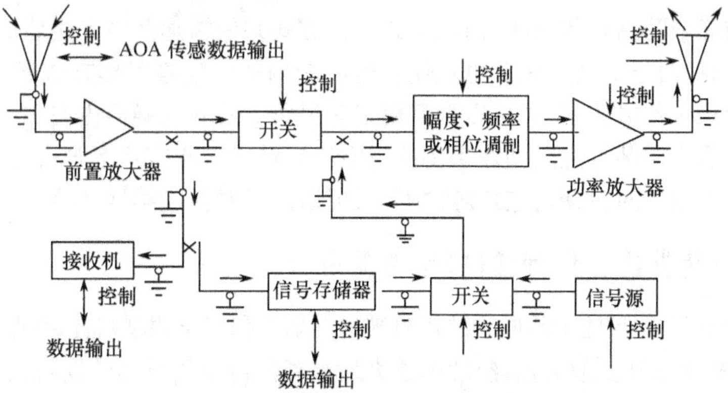

图 6.1.3　典型的干扰机系统结构

为了完成不同的干扰任务，这种典型的干扰机系统可以有三种不同的干扰方式，即转发式、应答式和噪声干扰方式。表 6.1.1 给出了对三种干扰方式的说明和典型的应用例子，图 6.1.4画出了这三种方式工作时干扰机输入和输出 RF 信号包络的例子，其中有阴影线的部分表示加了调制。图 6.1.4 (a)、(b)、(c)分别画出了三种工作方式的射频信号流。

表 6.1.1　三种基本的干扰方式

方　式	定　义	例　子
转发式	发射调幅/调相/调频的已放大信号(一般采用恒定增益)	速度波门拖引(VGPO)
应答式	发射调幅/调相/调频的距离上延迟的复制信号(一般用峰值功率)	距离波门拖引(RGPO)
噪声	发射随机噪声信号，具有较长的持续时间，采用近乎最大平均功率	压制噪声

在应答式和噪声工作方式，射频(RF)信号是系统内产生的，或至少是复制的，而在转发式工作方式，干扰系统只是调制威胁雷达自己的信号。应答式工作方式和噪声工作方式之间的主要不同之处在于：前者模拟威胁雷达的脉冲信号，但有距离即时间上的延迟。转发式工作方

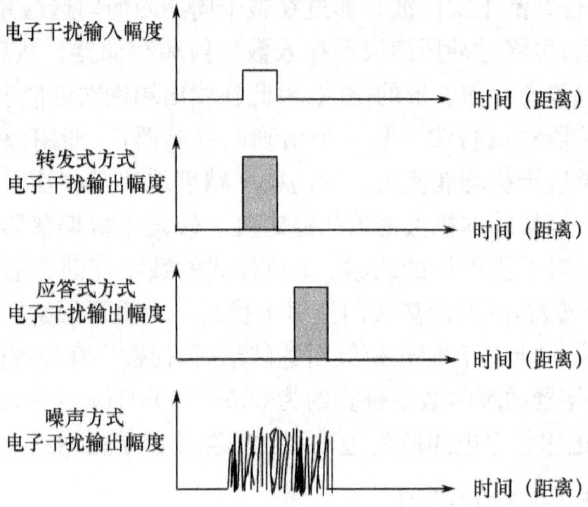

图 6.1.4　不同工作方式的输入和输出信号

式一般用射频存储子系统实现，或通过 RF 脉冲信号的引导来调谐 RF 振荡器，以产生一个或多个复制的 RF 脉冲。噪声干扰方式通常也用一个引导调谐的 RF 振荡器来实现，只不过瞄准式噪声方式产生较窄频偏的噪声调频，而阻塞噪声方式产生较宽的调频频偏。转发式工作方式并不直接破坏威胁雷达的测距，而应答式工作方式则使雷达测距产生假的距离数据，噪声工作方式是遮蔽真实目标回波，因此也就使雷达不能测距。应答工作方式通常以中到低的占空比工作。在噪声工作方式，虽然可以降低用于对付每一威胁的噪声占空比——距离范围，但它需要同时干扰多个威胁，因而，往往采用高占空比。转发工作方式不管占空比如何都是有效的，实际上，既可以用于对付低占空比脉冲列，又可以用于对付连续波(CW)信号。

6.1.3.2　转发器工作方式(恒定增益系统)

如图 6.1.5(a)所示，接收天线收到的信号被送到幅度和相位调制装置，在那里进行适当的调制。调制电路的输出被送到放大器，经功率放大后由指向待干扰雷达的发射天线发射出去。这种工作方式称为转发器方式(又称回答式)，因为被发射的信号是用相干方式由干扰系统的接收天线截获到的信号得来的。在此信号上欺骗性调制是为了混淆或欺骗雷达分析电路。

在这种工作方式中，发射机的输出与被截获信号成正比，因而这类系统称为恒定增益系统。发射机的输出并不达到最大输出，而大致与截获信号的电平乘以放大系统的增益成比例。对于截获信号来说，系统的增益必须小于发射天线与接收天线之间的反馈衰减量(隔离量)。之所以提出这一要求，是因为当接收天线正在接收信号时，几乎同时发射机正在辐射信号。如果系统的增益大于反馈衰减，反馈信号就会大于截获信号；这种情况可能在放大系统中引起振荡。为此，发射机的功率输出应设计得与被截获的信号功率电平成正比，且在大多数情况下，小于其最大功率输出能力。

6.1.3.3　应答器工作方式(恒定功率系统)

应答器工作方式中的 RF 信号通路如图 6.1.5(b)所示。在应答式工作方式中，信号进入接收天线，通过 RF 前置放大器，从主通路中耦合出来，然后进入信号存储子系统。信号存储子系统把信号保持一段时间，在系统控制下，定时输出一个脉冲复制信号。信号存储子系统可用 RF 抽头延迟线、RF 存储回路、数字射频存储器、电荷耦合器件(CCD)、声电荷转移器件(ACT)或其他器件构成，要求尽量做到相干存储。信号存储子系统输出的应答复制脉冲通过 RF 开关进入主应答通路，再通过调制通路和功率放大器，最后从发射天线发射出去。应答式干扰机的输出脉冲以大致相同的脉宽和 RF 载频模仿敌方的雷达脉冲。为了欺骗相干雷达，再生信号应与雷达信号相干，在被截获信号持续期间，再生信号频率的精度应达到数十赫兹。为了欺骗跟踪雷达，信号存储装置中的编程是变时的距离延迟，以产生距离波门拖引干扰。应答式工作方式最适于对付低占空比脉冲型威胁，且极为有效。

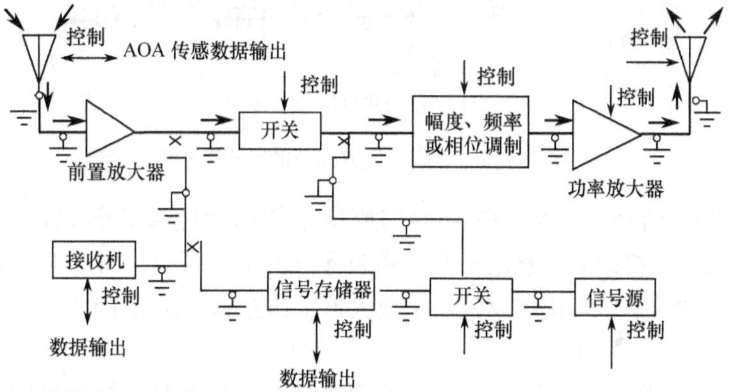

(a) 转发器工作方式的 RF 信号流

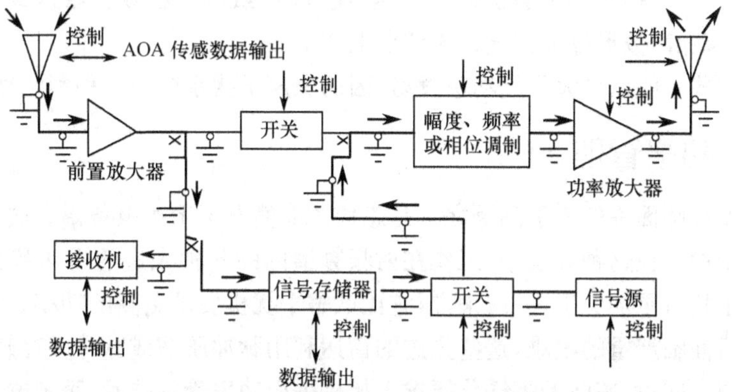

(b) 应答器工作方式的 RF 信号流

通常，微波存储系统再生的被截获信号，要求其功率电平能使发射机产生最大功率输出，而与被截获信号的信号电平无关，这就导致一个恒功率电平输出的系统。由于在正常工作情况下，在干扰信号不出现在信号被截获的时刻，因此在干扰发射期间，干扰系统的接收机是关闭的，所以即使发射天线和接收天线之间的隔离度不足以防止正反馈，也是可以正常工作的。

6.1.3.4　噪声工作方式(恒定功率系统)

转发式工作方式不能破坏、威胁雷达的测距，应答式工作方式使雷达测出假距离，而噪声工作方式其目的则在于完全抑制雷达的测距，如图 6.1.5(c)所示。在这种工作方式，RF 信号由系统内部信号源产生，一般产生射频连续波信号。这种 CW 信号多数采用噪声调频等阻塞干扰信号样式。CW 噪声的持续宽度一般控制为威胁雷达脉冲度的 10～20 倍，以此来获得较大的干扰效能，而这也决定了雷达距离上受到干扰的范围。

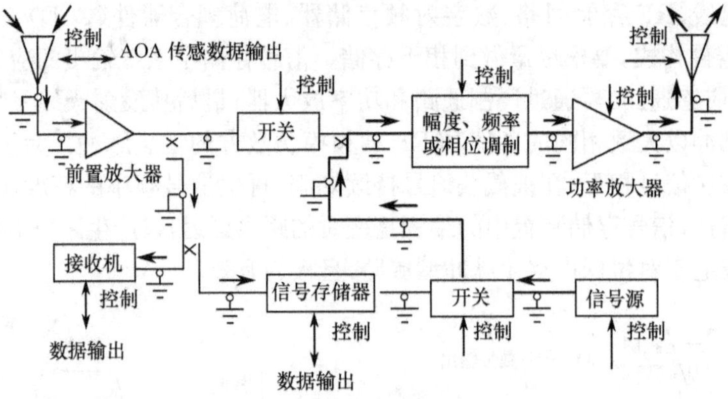

(c) 噪声方式的 RF 信号流

图 6.1.5 不同干扰方式下的 RF 信号流

CW 噪声信号自信号源产生出来后，经门控开关控制，通过调制器、功率放大器，最后经发射天线发射出去，接收机来的信息用于调谐瞄频噪声的中心频率。由于对测距的干扰是通过噪声在距离上实现的，一般来说难以使功率放大器工作在脉冲触发工作方式，因此难以同时干扰更多的威胁。

干扰系统的信号源一般采用 RF VCO，它很容易产生非常有效的噪声调频干扰。为了产生准确的瞄频噪声干扰，需调节直流调谐电压，使 VCO 载频处在威胁雷达载频不确定范围的中心，然后把交流噪声波形叠加到该直流调谐电压上。

噪声工作方式一般以最大平均功率发射，因而噪声干扰系统是一种恒定功率系统。

6.1.4 功率管理

电子干扰设计师面临的棘手问题之一是怎样才能使电子干扰设备卓有成效地工作在高密度电磁威胁环境中。在这种环境中，工作在射频频谱内的各种先进的雷达数目与日俱增。这个问题对噪声干扰机更加突出，一般来说，它比欺骗干扰机要求更高的功率。对付更先进的新型雷达使干扰机面临严重的困难，这些先进的雷达利用脉冲压缩或脉冲多普勒技术，使信号与背景噪声相类似。同时，威胁的多样化要求干扰机采用功率管理技术，否则电子干扰系统在这种环境中的干扰效能就很低。

功率管理是通过一体化和自动化来使干扰能力更有成效，以便电子战装备能以最佳对策形式响应瞬时态势。更确切地说，功率管理也称电子干扰资源管理。

功率管理式电子干扰系统的基本单元包括接收威胁信号的电子支援接收机和数字计算机。计算机利用存储的威胁数据库分析并判断威胁，然后提出灵活运用现有干扰装备的最佳对策。成功地实现功率管理概念在很大程度上取决于电子对抗设计师确定交战规则的能力，这些规则包括各式各样军事态势和新型雷达威胁。

功率管理方案最适合于机载，在该场合，主电源、质量、体积和冷却资源都是有限的。在一般情况下，当飞机在飞行时，电子支援接收机可获得一系列方位，用计算机对每个威胁雷达定位，并且可能的话，将其与以前知道的雷达相关。计算机可以根据已知的雷达位置、类型和工作方式快速估计出(计算机程序中的预定逻辑)沿着航迹有哪些雷达对飞机构成最大的威胁。然后由计算机控制机载干扰样式的选择(例如噪声或欺骗)，并选择具体的工作方式和功率电平

(包括天线的方向性),以对付最严重的瞬时威胁。最后,监视雷达对所选择的干扰技术产生反应。

功率管理可用在频域、时域、空域和功率域。对每种范围的考虑都有所不同,但必须在功率管理处理机中考虑所有域的总影响。

6.1.5　干扰机的主要技术指标

不同干扰机系统根据其任务需求,可能有不同的技术指标,这里给出一般电子干扰机的常用技术指标。

(1) 干扰频率

干扰机能有效实施干扰的最高工作频率和最低工作频率。

(2) 发射功率

在干扰机发射输出端测得的射频干扰信号的峰值功率。发射功率与天线增益的乘积,称为有效辐射功率。

(3) 干扰空域

干扰机能有效实施干扰的空间角度范围。

(4) 多目标干扰能力

干扰机在特定时间内能同时对多部雷达实施干扰的能力。

(5) 适应信号环境密度

干扰机在单位时间内能正确测量、分选、识别脉冲信号的最大数量,用每秒多少万脉冲表示。

(6) 反应时间

干扰机从收到第一个雷达脉冲到对雷达施放出干扰信号所需的最小时间。

(7) 系统延迟时间

干扰天线瞄准目标后,从收到雷达脉冲信号到发射干扰信号之间的滞后时间,是转发式干扰机对频率捷变雷达实施瞄准式干扰的一项重要指标。

(8) 频率瞄准(引导)精度

干扰信号载频与被干扰信号载频之间的差值。

(9) 最小干扰距离

干扰有效时,被干扰机保护的目标与威胁雷达的最小距离。

(10) 压制系数

干扰机开始达到有效干扰时,被干扰雷达接收机输入端干扰功率与雷达信号功率之比的最小值。

(11) 有效干扰扇面

干扰机对雷达实施干扰时,雷达不能发现被保护目标的方位扇面范围。

(12) 暴露区

雷达受到干扰时,仍能正常探测目标的区域。

(13) 有效干扰压制区

雷达受到压制干扰时丧失正常探测能力的区域。

(14) 最大暴露半径

目标离暴露区和压制区边界线的最大距离。

6.2　电子干扰系统体系结构与作战应用

典型的作战电子干扰系统兼具雷达电子侦察告警接收机和电子干扰的功能，其电子侦察的功能强于通常的雷达告警接收机，要求具有足够分辨率的威胁频率特征来引导干扰机瞄准频率；具有足够精度的威胁定位数据以采取防御压制行动；具有威胁优先级数据以便最佳利用干扰机资源达到电子攻击的功率管理目的。图 6.2.1 是一个通用的电子干扰系统的功能框图。

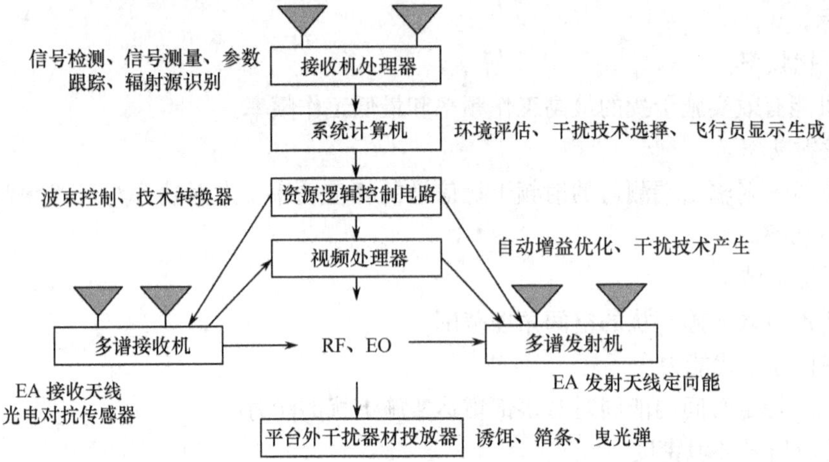

图 6.2.1　电子干扰系统功能框图

一个多谱接收和处理系统可提供环境的态势感知并侦察按该环境中的威胁信号。系统计算机资源评估整个威胁，并分配电子干扰资源和威胁技术来对付该威胁。电子干扰资源包括工作在射频、红外和光电(激光)谱段的平台式干扰发射机、平台外使用的箔条和曳光弹投放器以及有源和无源诱饵。

目前电子干扰要对付的最主要的威胁是雷达或红外制导导弹。红外制导导引头通常易受天气、曳光弹以及海面反射等因素影响而造成过多虚警。而雷达制导武器可提供全天候、远距离和较强的抗干扰能力。因此，目前的电子干扰设备中强调使用红外干扰技术。但随着红外成像制导、双色制导等先进技术的使用，红外干扰能力需要进一步提高。而新的电子干扰技术，如拖曳式诱饵、地形反弹干扰、隐身的使用，显著提升了射频波段的电子干扰能力。

6.2.1　平台上/平台外体系结构

图 6.2.2 给出了平台上/平台外使用或结合使用的三种电子干扰系统体系结构。平台上采用的对抗措施[如图 6.2.2(a)所示]是主要针对射频威胁的现有的典型系统，它包括安装在平台内部的设备和安装在飞机吊舱内的设备。

平台外对抗措施指的是由飞机、直升机或舰船携带的，但要在受到威胁的直接攻击时才部署启用的那些系统。通常包括三种类型：

(1) 一次性投放干扰器材(如箔条、曳光弹等)，从被保护平台投放出去就不再回收；

(2) 诱骗导弹飞离目标的动力推进式假目标；

(3) 可回收和再次使用的拖曳式诱饵等。

使用平台外对抗措施意味着需要导弹逼近告警系统，由它发出告警，在适当的时机和合适

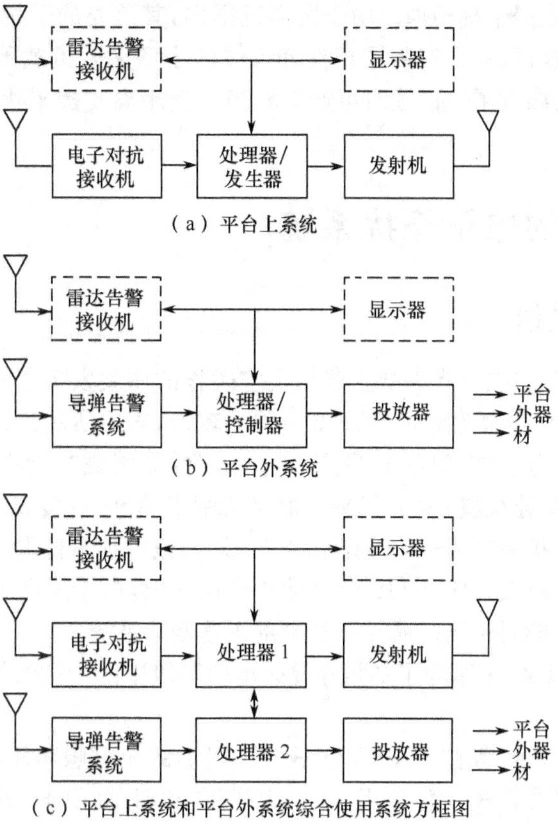

图 6.2.2　平台上、平台外使用的三种电子干扰系统体系结构

的方向启动平台外对抗手段。

平台上/平台外综合系统提供了比采用单一系统结构更优的生存能力。平台上系统可降低威胁的目标截获、目标跟踪和导弹制导的性能；而平台外系统则只在导弹最终从其预定的目标引开时才有用。

近代电子战一体化技术将多频谱、多种手段的侦察和干扰等对抗设备综合一体化设计，降低设备部件总量，提高部件公用程度和信息综合处理与共享水平，使平台电子对抗系统结构又前进一步。

6.2.2　电子干扰系统的作战应用模式

电子干扰系统的作战应用主要分为两类，一类是平台自卫，另一类是支援干扰。

自卫电子干扰系统的主要特点是每架飞机、舰船或其他武器平台携带足够的电子干扰设备以提供自卫能力。

远距离支援干扰系统携带专用电子干扰载荷，可在敌方的防区外实现最佳干扰效果。缺点是由于距敌方接收机远，而且可能需要干扰敌天线的旁瓣，因此需要很大的有效辐射功率。随队支援干扰机的优势在于其距离被干扰目标更近，且有可能实现主瓣干扰，因而可达到更好的干扰效果。但随队干扰机已经成为敌防御系统的高优先级目标，一旦被攻击，会使整支作战部队落入危险境地。

目前正在研究的新概念是抵近式分布干扰机。这种干扰机可由无人机携带和布设，其要达到的目的与远距离支援干扰相似。由于距离近得多，其需要的干扰辐射功率按作战距离平方的比例大大减小。这样，一个安装了相控阵天线的小型无人机载干扰机可产生超过 100W 的有效辐射功率，当它靠近雷达作战时可产生相当于远距离支援干扰机释放 40kW 的有效辐射功率的效果。

6.3 典型的电子干扰系统

6.3.1 干扰机

雷达干扰机早在第二次世界大战空袭与反空袭作战中就发挥了重要作用。到了 20 世纪 60 年代，在越南战场上，美军为对付 SAE-2 导弹的攻击，先后研制出许多干扰吊舱，外挂在飞机上执行电子干扰任务。如 AN/ALQ-71 干扰吊舱，采用磁控管振荡源，工作频率只覆盖 2～3.1GHz，干扰功率（连续波）大于 50W。后又研制出 AN/ALQ-87 第一代用返波管作振荡源的噪声干扰机，频率扩展到 2～8GHz，随后又采用行波管作振荡源，且兼具噪声压制和欺骗两种干扰能力的 AN/ALQ-101，/-119 双模脉冲干扰吊舱，由于采用了先进的调制技术，具有较大的干扰输出功率，能对付当时所知道的全部雷达制导系统。

20 世纪 70 年代以来，美军为了加强在复杂电磁环境中的干扰效果，先后研制出一系列电子干扰系统。

AN/ALQ-99(V) 是装备在 EA-6B 电子战飞机上的典型噪声干扰机，如图 6.3.1 所示。主要用于干扰警戒和地面引导跟踪雷达，工作频率为 64MHz～18GHz，干扰发射机有效辐射功率达 100kW。AN/ALQ-99(V) 能干扰常规雷达和各种新体制雷达，能同时对付多个威胁目标，并可根据新的威胁重新编程，不需要更改硬件即可对付新出现的威胁。

图 6.3.1 AN/ALQ-99(V)

AN/ALQ-126B 是美机载平台内多波段欺骗干扰机的一大支柱，装备在 EA-6B 电子战飞机以及 F-14、F/A-18 等战斗机上，它的工作频率为 2～18GHz，每个波段上干扰功率大于 1kW，主要用于对付各种防空导弹和高炮系统中的跟踪雷达。干扰机采用分布式微处理器控制，具有功率管理和外场可重编程能力，能够应对变化的威胁。

AN/ALQ-165 是美国新一代自卫干扰机，（见图 6.3.2）工作频率为 0.7～18GHz，可扩展到 35GHz，具有脉冲欺骗和连续波噪声干扰两种干扰模式，能干扰频率捷变等新体制雷达。该系统采用了先进的功率管理单元，可同时干扰 16～32 部雷达辐射源，并具有可重编程能力，能对抗新出现的雷达威胁。在科索沃战争中，美国首次把该干扰机装在 F/A-18 上用于自卫。

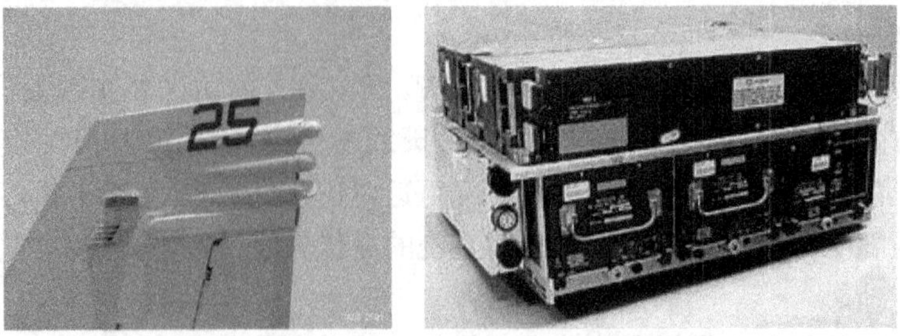

图 6.3.2 AN/ALQ-165 机载自卫干扰机

其中，图 6.3.2(a)F/A-18C/D 左垂尾顶部，从上到下依次是 AN/ALQ-165 发射天线，AN/ALR-67 接收天线，AN/ALQ-165 接收天线，电子设备冷却进气/排气口。国外大量装备的几种雷达干扰机的主要性能列于表 6.3.1 中。

表 6.3.1　国外几种雷达干扰机的主要性能

名　称	工作频率(GHz)	干扰功率(kW)	干扰样式	平　台
AN/ALQ-99	0.0064～18	连续波 1～2	噪声干扰	EA-6B
AN/ALQ-126B	2～18	脉冲 1,连续波 0.1	欺骗干扰	F/A-18,F-14
AN/ALQ-165	0.7～18	脉冲 2,连续波 0.2	噪声/欺骗干扰	F/A-18,F-14
天影干扰吊舱(英)	7.5～17	连续波 0.1	噪声/欺骗干扰	“旋风”战斗机
SL/ALQ-234(意)	6～20		噪声/欺骗干扰	多种作战飞机
ABD-2000(法)	6～20		噪声/欺骗干扰	幻影 2000
AN/ALQ-184(V)	E/F, G/H, I		噪声/欺骗干扰	F-15, F-16, F-111 等

6.3.2　投掷式干扰系统

20 世纪 80 年代以来，投掷式干扰系统有了很大发展，如美国新研制的 AN/ALE-45/-47 就是具有威胁自适应能力的投放装置，可投放箔条、曳光弹和有源雷达诱饵等。

AN/ALE-45 是一种微处理器控制的干扰物投放器，它能自动响应雷达告警接收机、导弹逼近告警接收机或飞行员的指令。可对投放程序进行自动的优先级搜索。投放程序和参数是可选择的，投放参数包括干扰物类别、投放数量和间隔。

AN/ALE-47 是一种威胁自适应软件编程投放器(见图 6.3.3)，它有三种工作模式：

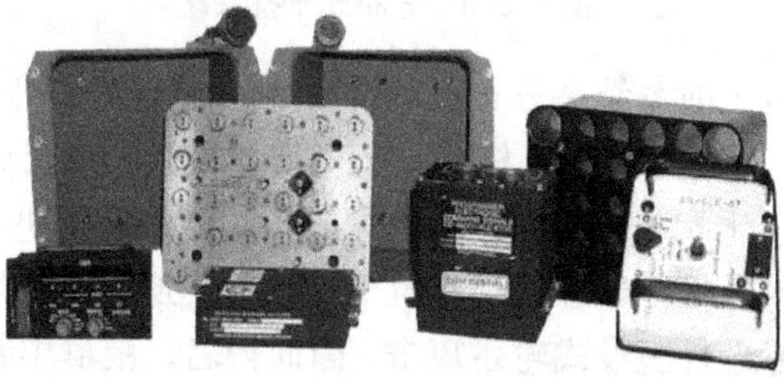

图 6.3.3　AN/ALE-47 干扰物投放器

(1) 手动方式。提供 6 种优先编程的、在座舱中可选择的投放程序；

(2) 半自动方式。根据告警接收机的指示，操作员用开关选择最佳干扰物和投放程序；

(3) 自动方式，根据自身高度、飞行速度和威胁类型，自动启动投放器的投放，按最佳方式投放箔条、曳光弹或有源雷达诱饵等。

图 6.3.4　舰载“达盖”干扰投放器(图中圈出)

舰载干扰物投放装置有法国的“达盖”、英国的“乌鸦座”、美国的超快速散开系统等。“达盖”是一种自动对付雷达和红外的反舰导弹防御装置(见图 6.3.4)。箔条弹工作频率为 6～18GHz，全部散开时间小于 2s，留空时间 10s；红外曳光弹可在 1 秒内发射，留空时间 32s。从告警到发射的反应时间小于 5s，并可重复发射以对付一个或多个威胁。

6.3.3 分布式干扰系统

分布式干扰(见图 6.3.5),是指在关键时刻和主要进攻方向上,通过有人或无人机、火炮等工具,把众多小型干扰机投掷到战场纵深上空或地域,形成协同工作群,在关键的一段时间内对地方的局部电磁环境和实施压制或欺骗干扰,破坏处于该地域战场通信网的全部节点,中断该地域的一切通信,使其无法协同作战而降低或丧失战斗力。

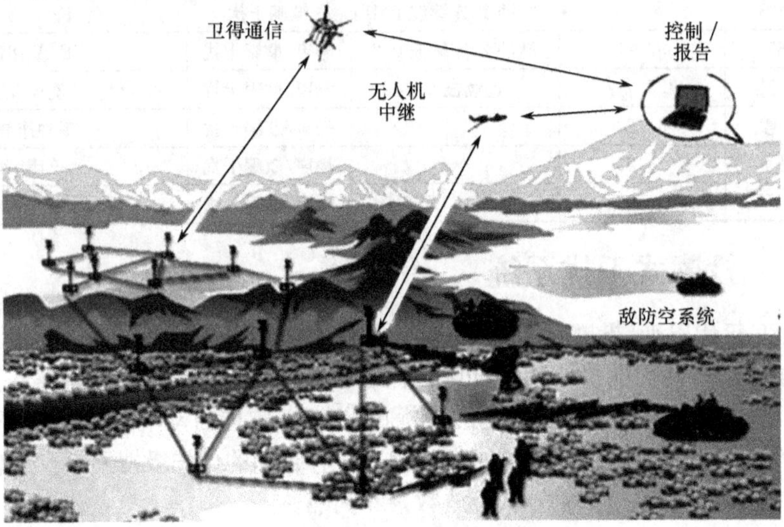

图 6.3.5　分布式干扰系统

美军的"狼群"综合电子战系统是分布式干扰系统的典型代表(见图 6.3.6)。其使用大量相互协作的小型干扰机，可以采用无人机或灵巧飞行器投放。每架无人机或飞行器就是系统中的一个节点。其采用了干扰机联网技术，通过分布式网络结构进行数据交换，以抵近和分布式干扰方式来破坏敌人通信链路和雷达系统工作，对敌方的辐射源进行围攻 ，就像狼群围攻猎物一样，对攻击目标进行湮没式轮番攻击，因而得名。狼群中每个系统节点都会探测敌人的信息交换活动，并利用自己的通信网，将各探测节点获得的信息提供给分布式干扰系统节点,确定目标系统的位置和意图。一旦识别出敌方系统，狼群将根据所预测的效率、以前的成功经验、探测概率，以及如何保存能量使其部署周期最长等因素实施电子攻击,例如利用压制式干扰进行定向攻击，或利用信号欺骗和雷达假目标，来破坏敌方的通信和雷达系统，降低敌方侦察接收机灵敏度。

狼群攻击系统每个节点设备的尺寸小于 574 cm^3，质量小于 1.36 kg，易于从空中投掷。狼群攻击系统能探测 90%～95%的战场射频辐射信号，同时能够在混杂有友方、中立方和敌方的环境下对野外或开阔地区 3 km 以外的敌方辐射源进行定位。狼群攻击系统所具备的基本参数包括：2.5 GHz 瞬时带宽，瞬时带宽门限为 60MHz；大于 60 dB 的无寄生动态范围；频率分辨率 6.25kHz～ 1kHz；射频截获设备功耗不超过 40W 峰值功率和 2W 平均功率。狼群攻击系统对在开阔地区的雷达截获距离能达到 5km，频率覆盖范围 20MHz～25GHz，截获信号形式为连续波和脉冲信号，截获概率达 90%～95% 。各个节点的最低工作能力：在休眠模式中工作 60 天，在监视模式中工作 10 天，在攻击模式中保持 5h～10h。

狼群系统功能主要有以下三种：

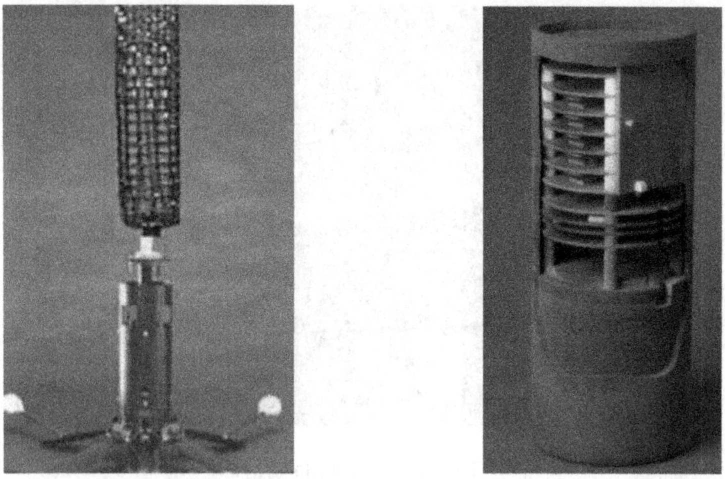

(a) 节点设备（全图）　(b) 干扰机（局部放大）

图 6.3.6　BAE 公司生产的狼群节点设备

(1) 电子侦察。侦察敌方无线电或雷达信号，并鉴别其类型，即电子支援侦察（ESM）。采用无人机或其他灵巧飞行器，扩大了 ESM 侦察系统的作用距离，规避了地形、地物的遮挡，有利于探测敌方电磁信号。

(2) 电子攻击。发射压制式和欺骗式干扰信号。这些干扰子系统具有较高的分布部署密度，在有效作用时间内，与作战目标靠得较近。

(3) 监视系统中各子系统的状态，协调各子系统之间的工作。这个功能要交给具有较高位置和较强处理能力的、处在更有利空间位置的少数几个子系统来完成。它们将描绘出战场空间敌方辐射源的地理位置，并确定整个狼群攻击系统对敌方活动应采取的有效反应措施。

6.3.4　小型空中发射诱饵(MALD)

小型空中发射诱饵(MALD)是一种由飞机在防区外发射到敌方地对空导弹阵地上空实施电子干扰的模块化、可编程空射诱饵，它通过复制友方飞机的飞行剖面和雷达信号来迷惑敌方的防空系统，由于它贴近敌方雷达实施欺骗干扰使得干扰距离大大缩短，从理论上讲，对于获得同样干扰效果所需的发射功率也随之减小。故 MALD 小型空中发射诱饵与海军及海军陆战队使用的防区外实施电子干扰的 EA-6B“徘徊者”专用电子战飞机相比，在相同的干扰效果下成本更低。而且，近距离干扰将使敌方雷达的视场受到更多的限制。

MALD 小型空中发射诱饵的外形看上去象一枚巡航导弹。其早期样机的长度为 2.31m，直径为 0.152m，翼展为 0.635 m，质量为 40.3kg。当 MALD 被发射到空中后，将采用全球定位系统导航飞行。MALD 的核心部件是一个电子战有效载荷，装在基本型内的是电子侦察子系统。虽然对于不同的战斗任务，可以开发不同类型的有效载荷。MALD 基本型能够模拟成小、中、大型飞机的投掷式诱饵，以突防或瓦解敌防空系统。MALD-J 是增加了干扰能力的 MALD 改型，并形成了机载电子攻击系统体系的防区内干扰部分，可用于发射欺骗干扰信号，其工作频率可以是甚高频、特高频和微波信号。在计算机控制下，这些信号的功率、振幅和频率分布等特征可与 F-16 飞机所产生的雷达回波十分相似。如果增大发射功率和改变频率，可模拟较大的 F-15 战斗机。诺思罗普·格罗曼公司还曾为它研制了一种可编程的信号特征增强系统，来模拟不同雷达截面积的飞机的雷达回波。MALD 诱饵在敌方雷达看来

图 6.3.7　MALD诱饵

就会是一架雷达截面积小的隐身飞机，如一架正在逃逸的 F-117 隐身战斗机或 B-2 隐身轰炸机。

MALD 小型空中发射诱饵除了上述基本的诱饵功能之外，军方对其远期的潜在能力很感兴趣。目前正在考虑以下几种应用：

(1) 压制防空能力。由多个装有电子欺骗系统的 MALD 小型空中发射诱饵到战区上空巡航几个小时，甚至几天，通过饱和干扰压制敌防空能力。

(2) 收集情报。把 MALD 飞行器置于高危险地区上空巡航，截获低功率电子信号和通信情报。这种用途将需要在其电子战有效载荷中配备不同的传感器，并要求能维持较长的飞行时间。

(3) 拦截巡航导弹。把 MALD 中的电子载荷改换成高爆装制战斗部用以拦截亚音速的巡航导弹。目前军方对小型低成本的带有各种战斗部的 MALD 的兴趣也正在增加。

(4) 实施干扰。由于美军 EA-6B"徘徊者"专用电子战飞机数量有限，若用干扰机取代 EA-6B 中的电子战有效载荷，则可以使敌方雷达暂时致盲或使敌通信中断，从而帮助 EA-6B 对付面对空导弹的威胁。

目前每个 MALD 的价格约为 3 万美元，是现有诱饵的 1/4～1/3，但它在飞行距离、速度以及机动性方面却胜过现有的诱饵。

习题六

1. 干扰机由哪些部分组成？
2. 典型的干扰机有哪几种基本工作方式？分别适用于何种干扰场合？
3. 数字射频存储的原理决定其较适合于何种干扰方式？

第7章　隐身与硬摧毁

7.1　隐身技术

减少武器平台的各种可探测特征称为低可观测技术，或更正式地称为特征控制技术。各种武器系统有许多不同的信号特征，主要的可探测特征是射频（RF）特征和光电/红外（EO/IR）特征。目前的特征控制技术已能把特征控制到低于基本特征两个数量级以上的程度。由于雷达是最通用的传感器，尤其在各种环境条件下远程作战更是如此，所以特征控制技术的重点是射频特征，大量的特征控制技术旨在降低平台雷达截面积（RCS）。红外特征也受到重视，因为红外探测器能探测到军用平台动力源的热辐射。

低可观测技术能达到的极限状况被形象地称为隐身。隐身技术已经用到许多飞机和其他平台上。隐身飞机的典型例子包括美国的B-2、F-117、YF-22、F-35、A50、我国第四代战斗机等作战飞机，这些飞机的雷达截面积范围约在0.001～0.1m^2。瑞典的Visby级隐身护卫舰是低可观测军舰的例子。其他还有先进的巡航道弹AGM-129A采用了低可观测设计特征。

当前隐身技术主要研究降低目标的雷达截面积以及红外特征的方法，旨在使敌方探测设备难以发现或降低其探测能力。只有使目标在被探测过程中或自身辐射的能量被散射、吸收或者对消掉，才能减少其被传感器探测到的信号特征。通常有四种方法降低目标的雷达回波：赋形、采用雷达吸收材料、无源对消和有源对消，其中前两种方法是当前主要采用的隐身方法。

7.1.1　射频隐身

7.1.1.1　赋形

赋形通过武器平台外形设计，来减少目标的雷达有效散射截面积。赋形的假设条件是雷达威胁将出现在可确定的有限立体锥角方向范围内。赋形的目的是控制目标表面的取向，抑制目标的后向散射，即使它们不在对着雷达接收机的方向上反射入射波。

美军F-117A和B-2飞机使用了典型的赋形设计技术。如图7.1.1所示，F-117A平台由18个直线部分组成，被配置在4个主要方向上。当雷达信号照射到飞机上，它会在偏离辐射源的几个特定的较窄角度范围之一的方向上形成较强散射。

B-2使用了比F-117更先进的隐身技术。飞机外轮廓只有4个方向角度的主体线条，将反射雷达信号的方向数目减少到最小。从外观上看，B-2平台主体轮廓由12个直线段构成，每个线段都调整到4个方向中的一个方向上。这样它将雷达电磁散射控制在4个极窄的方向上。在B-2上还采用了其他的特征控制措施，包括（1）弯曲引擎进气管；（2）埋入式引擎以降低红外和射频特征，并用隔音板降低声学特征；（3）在机翼前边缘下面安装了嵌入式低截获概率雷达，并采用高性能的电子战支援系统。

F-35的隐身设计借鉴了F-22的很多技术与经验，其RCS（雷达反射面积）的分析和计算，采用整机计算机模拟（综合了进气道、吸波材料/结构等的影响），比F-117A的分段模拟后合

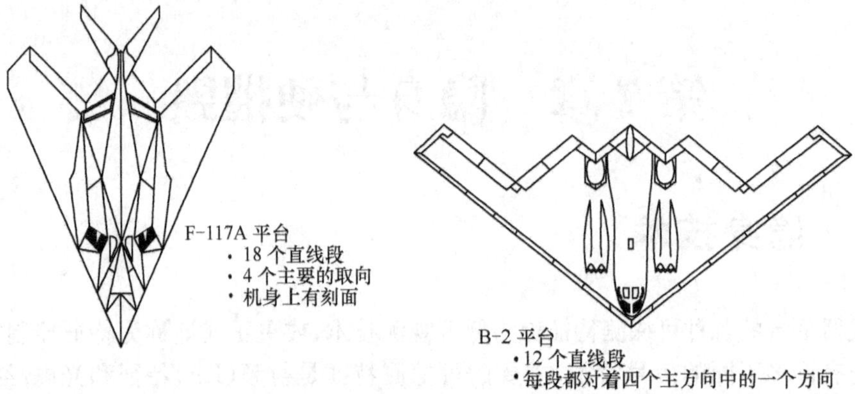

图 7.1.1　使用赋形技术减少目标 RCS

成更先进、全面和精确，同时可以保证机体表面采用连续曲面设计。该机的头向 RCS 约为 0.065 平方米，比苏-27、F-15(空机前向 RCS 均超过 10 平方米)低两个数量级。由于 F-35 武器采用内挂方式，不会引起 RCS 增大，隐身优势将更明显。

F-35 的隐身设计，不仅减小了被发现的距离，还使全机雷达散射及红外辐射中心发生改变，导致来袭导弹的脱靶率增大。这样该机的主动干扰机、光纤拖曳式雷达诱饵、先进的红外诱饵弹等对抗设备也更容易奏效。根据有关模型进行计算，取 F-35 的前向 RCS 为 0.1 平方米，与 10 平方米的情况比较，在其他条件相同的情况下，前者的超视距空战效能比后者高出 5 倍左右。

7.1.1.2　雷达吸收材料(RAM)

雷达吸收材料能吸收部分入射能量，从而降低反射波的能量。适用于战术应用的雷达吸收材料的电磁波吸收原理利用了碳和某些磁铁混合材料的能量交换特性。如图 7.1.2 所示，当射频信号照射到雷达吸收材料上，雷达吸收材料的分子结构被激发，此过程中将射频能量转变为热能，雷达吸收材料以这种方式吸收部分入射信号，减少了反射回去的雷达信号。目前使

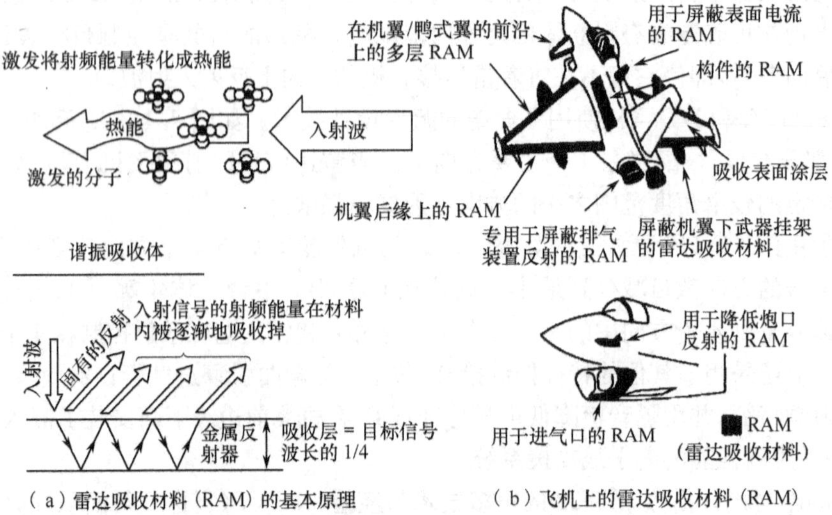

（a）雷达吸收材料（RAM）的基本原理　　（b）飞机上的雷达吸收材料（RAM）

图 7.1.2　雷达吸收材料在飞机上的应用

用的四种雷达吸收材料有宽带雷达吸收材料、窄带或谐振式雷达吸收材料、混合雷达吸收材料以及表面涂层。

雷达吸收材料用于飞机的部分关键部位，尤其是那些产生高反射的区域，能显著降低飞机的雷达截面积。

7.1.1.3　隐身目标探测区域的减缩

度量武器平台雷达隐身技术水平的主要物理量是平台的雷达（有效散射）截面积及其频带宽度，表7.1.1列出了隐身平台与非隐身平台的特征比较。

表7.1.1　隐身平台与非隐身平台的特征比较

隐身飞行器		非隐身飞行器	
名称	雷达截面积(m^2)	名称	雷达截面积(m^2)
B-2轰炸机	0.10	B-52	10.0
F-117A强击机	0.02	F-4	6
YF-22战斗机	0.05	MIG-21	4
AGM-129A巡航导弹	0.005	AGM-86B	1
AGM-136A	0.005	AGM-78	0.5
F-16	0.2～0.5	F-15	4

由于雷达作用距离与雷达截面积4次方根成正比，显然隐身飞机雷达截面积的缩减使得雷达作用距离随之缩减。

典型防空导弹武器系统探测雷达的两维雷达威力剖面图如图7.1.3所示。

图中给出了隐身目标对探测距离缩减的情况。若隐身效果为－15dB（即雷达截面积减缩为31.6%）；则探测距离减小为原距离的42%；若隐身效果为－30dB（即雷达截面积减缩为0.1%）；则探测距离减小为原距离的18%，由此可知，隐身目标对探测距离的缩减是非常显著的。

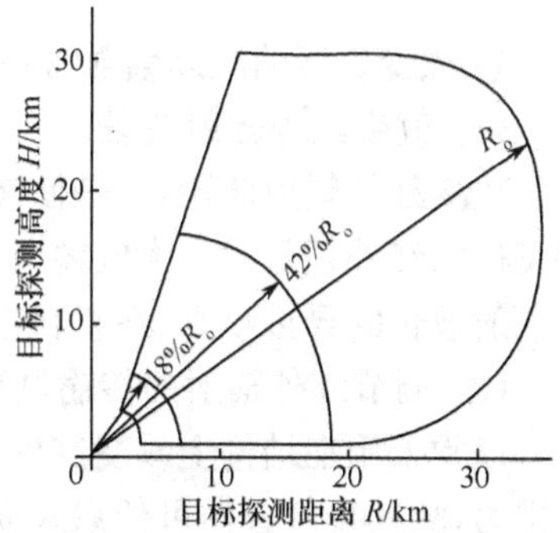

图7.1.3　隐身目标对探测距离缩减示意图

隐身技术尽管在多种武器平台上成功运用，但依然存在问题，如赋形设计在微波波段效果最好，但在较低频率上（如VHF），在结构体周围出现蠕波，故出现谐波效应，破坏其隐身特性，已有利用高频（HF波段）超视距雷达探测B-2飞机的报道；在毫米波范围，飞机表面的粗糙不平往往会增大雷达截面积；引擎设备中排气系统的重量和耐用性是一直未解决的问题。

7.1.2　红外隐身

随着军用光电技术的迅速发展，各种先进的光电侦察设备和光电制导武器对军事目标形成严重的威胁。因此，要提高军事目标的生存能力，就要降低被探测和发现的概率，这就促使了红外隐身技术的发展。红外隐身就是利用屏蔽、低发射率涂料、热抑制等措施降低目标的红外辐射强度与特性。

光电隐身技术于20世纪70年代末基本完成了基础研究和先期开发工作，并取得了突破性进展，已由基础理论研究阶段进入实用阶段。从80年代开始，先进国家研制的新型飞机、舰船和坦克装甲车辆等已经广泛采用了红外隐身技术。

7.1.2.1　红外辐射的基本概念

由红外物理学的斯蒂芬－玻尔兹曼定律可知，物体辐射的红外能量密度W与其自身的热力学温度T的4次方成正比，与它表面的比辐射率ε成正比。

$$W = \varepsilon\sigma T^4 \tag{7.1.1}$$

式中，$\sigma = 5.6697\times10^{-12}$ W/cm²K⁴ 为玻尔兹曼常数，ε为物体的比辐射率($\varepsilon\leqslant1$)，T为物体的绝对温度(单位K)。

可见物体辐射红外能量不仅取决于物体的温度，还取决于物体的比辐射率ε。温度相同的物体，由于比辐射率ε的不同(例如，在温度为100℃时，表面抛光的铝$\varepsilon = 0.05$；黑色的漆$\varepsilon = 0.97$)，而在红外探测器上显示出不同的红外图象。鉴于一般军事目标的辐射都强于背景，所以采用低比辐射率的涂料可显著降低目标的红外辐射能量。另一方面，为降低目标表面的温度，热红外伪装涂料在可见光和近红外还具有较低的太阳能吸收率和一定的隔热能力，以使目标表面的温度尽可能接近背景的温度，从而降低目标和背景的辐射对比度，减小目标的被探测概率。

7.1.2.2　红外隐身技术

目标的红外隐身技术包括三方面内容，一是改变目标的红外辐射特性，即改变目标表面各处的辐射率分布；二是降低目标的红外辐射强度，即通常所说的热抑制技术；三是调节红外辐射的传播途径(包括光谱转换技术)。

1. 改变目标的红外辐射特性

(1) 改变红外辐射波段

改变红外辐射波段，一是使飞机的红外辐射波段处于红外探测器的响应波段之外；另外是使飞机的红外辐射避开大气窗口而在大气层中被吸收和散射掉。具体技术手段可采用可变红外辐射波长的异型喷管、在燃料中加入特殊的添加剂来改变红外辐射波长。

(2) 调节红外辐射的传输过程

通常采用在结构上改变红外辐射的辐射方向。对于直升机来说，由于发动机排气并不产生推力，故其排气方向可任意改变，从而能有效抑制红外威胁方向的红外辐射特征；对于高超音速飞机来说，机体与大气摩擦生热是主要问题之一，可采用冷却的方法，吸收飞机下表面热，再使热向上辐射。

(3) 模拟背景的红外辐射特征

模拟背景红外辐射特征是通过改变飞机的红外辐射分布状态，使飞机与背景的红外辐射分布状态相协调，从而使飞机的红外图象成为整个背景红外辐射图象的一部分。

(4) 红外辐射变形

红外辐射变形就是通过改变飞机各部分红外辐射的相对值和相对位置，来改变飞机易被红外成象系统所识别的特定红外图象特征，从而使敌方难以识别。目前主要采用涂料来达到此目的。

2. 降低目标红外辐射强度

降低飞机红外辐射强度也就是降低飞机与背景的热对比度，使敌方红外探测器接收不到足够的能量，减少飞机被发现、识别和跟踪的概率。它主要是通过降低辐射体的温度和采用有效的涂料来降低飞机的辐射功率。具体可采用以下几项技术手段：减少散热源、热屏蔽、空气对流散热技术、热废气冷却等。

3. 调节红外辐射的传播途径(光谱转换技术)

光谱转换技术就是采用在 3～5μm 和 8～14μm 波段这两个大气窗口发射率低，而在这两个波段外的中远红外上有高的发射率的涂料，使所保护飞机的红外辐射落在大气窗口以外而被大气吸收和散射掉。

7.1.2.3 红外隐身材料

飞机的红外隐身要涉及到红外隐身材料问题。红外隐身材料具有隔断飞机的红外辐射能力，同时在大气窗口波段内，具有低的红外比辐射率和红外镜面反射率。按照作用原理，红外隐身材料可分为控制比辐射率和控制温度两类。前者主要有：涂料和薄膜；后者主要有：隔热材料、吸热材料和高比辐射率聚合物。

7.1.2.4 红外隐身技术的应用

1. 飞机的红外隐身技术

飞机采用的红外隐身技术主要有：

(1) 发动机喷管采用碳纤维增强的碳复合材料或陶瓷复合材料；喷口安放在机体上方或喷管向上弯曲，利于弹体遮挡红外挡板，在喷口附近安装排气挡板或红外吸收装置，或使飞机采用大角度倾斜的尾翼等遮挡红外辐射；在尾喷管内部表面喷涂低发射率涂料；采用矢量推力二元喷管、S 形二元喷管等降低排气温度冷却速度，从而减少排气红外辐射；在燃料中加入添加剂，以抑制和改变喷焰的红外辐射频带，使之处于导弹响应波段之外。例如，美军的 F-35 战斗机在红外隐身方面，从一些资料可推断出该机在推力损失仅有 2%～3%的情况下，将尾喷管 3～5 微米中波波段的红外辐射强度减弱了 80%～90%，同时使红外辐射波瓣的宽度变窄，减小了红外制导空空导弹的可攻击区。

(2) 采用散热量小的发动机。隐身飞机大多采用涡轮风扇发动机，它与涡轮喷气发动机相比，飞机的平均排气温度降低 2000～2500℃，从而使飞机的红外隐身性能得到大大改善。用金属石棉夹层材料对飞机发动机进行隔热，防止发动机热量传给机身。如美国 B-2 隐身轰炸机采用 50%～60%的降温隔热复合材料；F-117 则采用了超过 30%的新型降温隔热复合材料。

(3) 在飞机表面涂覆红外涂料，在涂料中加隔热和抗红外辐射成份，以抑制飞机表面温度和抗红外辐射。采用闭合回路冷却系统，这是在隐身飞机上普遍采用的措施，它能把座舱和机载电子设备等产生的热传给燃油，以减少飞机的红外辐射，或把热在大气中不能充分传热的频率下散发掉。

(4) 用气溶胶屏蔽发动机尾焰的红外辐射。如将含金属化合物微粒的环氧树脂、聚乙烯树脂等可发泡高分子物质，随气流一起喷出，它们在空气中遇冷便雾化成悬浮泡沫塑料微粒；或将含有易电离的铯、钠、钾、铯等金属粉末喷入发动机尾焰，高温加热形成等离子区；或在飞机尾段受威胁时喷出液态氮，形成环绕尾焰的冷却幕。上述三种方法可有效屏蔽红外辐射，同时还能干扰雷达、激光和可见光侦察设备。

(5) 降低飞机蒙皮温度。可采用局部冷却或隔热的方法来降低蒙皮温度；也可采用蒙皮温度预热燃油的方法，如美国 SR-71 高空侦察机，在马赫数大于 3 时，其壁面温度高达 600K，飞机利用这一温度对燃油进行预热，并通过机体结构进行冷却，从而降低了飞机蒙皮温度。

通过采用上述各项技术措施，可把飞机的红外辐射抑制掉 90%，使敌方红外探测器从飞机尾部探测飞机的距离缩短为原来的 30%，甚至更小。就目前的水平看，飞机的红外隐身技术比较成熟，已达到或接近实用阶段，而且已经开始应用于飞机的设计和制造中。

2. 坦克装甲车辆的红外隐身技术

坦克的红外辐射主要来源于发动机及其排出的废气、火炮发射时的炮火、履带与地面摩擦及受阳光照射而产生的热等。坦克装甲车辆的红外辐射抑制措施主要有：

(1) 发动机排气和冷却空气出口只能指向后方，而且不能直指地面，以防扬尘，使排气中粒子杂质含量极低，以减少其热辐射；采用陶瓷绝热发动机，降低坦克的红外辐射强度。

(2) 采用不同发射率的隐身涂料来构成热红外迷彩，可使大面积热目标分散成许多个小热目标，分割歪曲了目标的热图象，在热像仪屏上各种不规则的亮暗斑点打破了真目标的轮廓，降低目标的显著性，这样即使有一部分的红外能量辐射出去，但由于已改变了目标的热分布状态，热像仪也难以分辨出目标的原来形状，从而增加敌方探测、识别目标的难度。

3. 舰艇的红外隐身技术

与飞机的红外隐身技术相比，舰艇的红外隐身技术才刚刚起步，其作用只能是对现有装备进行小的改进，完成低水平的热抑制，它离实用阶段还有一定距离。为了降低水面舰艇的红外辐射，各国实际采用的措施主要有：

(1) 冷却上升烟道的可见部分；

(2) 冷却排烟，使它尽可能地接近环境温度；

(3) 选取适当材料，用它来吸收 $3\sim5\mu m$ 的红外辐射；

(4) 采用绝缘材料来限制机舱、排气管道及舱内外结构的发热部位；

(5) 对舰桥等上层建筑涂敷红外隐身涂料，这样不仅能减少红外辐射，而且能减少光反射。

7.2 反辐射武器

反辐射武器是利用敌方电磁辐射信号作为导引信息来攻击该辐射源的武器总称。由于目前主要的攻击对象是敌方的雷达系统，故又称为反雷达武器。作为电子对抗武器系统中的一种硬杀伤手段，反辐射武器攻击与电子干扰等软杀伤手段不同，它直接对敌方辐射源实施攻击，使其完全毁坏，具有永久摧毁性。

7.2.1 反辐射武器的分类

反辐射攻击武器的主要攻击对象是敌方的各类雷达辐射源及相关的运载武器平台。根据反辐射武器的基本原理，它也可应用于打击大型通信设备、各类干扰设备等具有大功率电磁辐射的设施。根据不同攻击运载方式，这类武器可分为反辐射导弹、反辐射无人机和反辐射炸弹三大类，每类反辐射武器又可根据不同的战术应用分成许多不同的具体类型。

1. 反辐射导弹

反辐射导弹是目前装备最普遍、使用最多的反辐射武器，是一种利用敌方电磁辐射信号作为引导信息的精确制导导弹。反辐射导弹包括空—面型反辐射导弹、面—空型反辐射导弹等。目前，使用最多和最成功的是各种空—地型反辐射导弹，因此本节主要介绍这类导弹。

2. 反辐射无人机

反辐射无人机是反辐射武器的一种，是近年来无人机在电子战应用方面的发展重点之一。它是在无人机上安装被动导引头和引信战斗部，利用敌方雷达发射的电磁信号发现、跟踪直至摧毁雷达的无人机系统。反辐射无人机可分为三种：短航时(2h 左右)反辐射无人机；中航时(4～8h)反辐射无人机；长航时(8h 以上)反辐射无人机。目前研制、使用得比较多的是飞行滞空时间在 4～8h 的中航时反辐射无人机。

3. 反辐射炸弹

反辐射炸弹是在炸弹弹体上安装可控制的弹翼和被动导引头构成的，由导引头输出的角度信息控制弹翼偏转，引导炸弹飞向目标。反辐射炸弹分为无动力炸弹和有动力炸弹两种。在无动力反辐射炸弹的使用中，投弹载机需要飞至敌雷达阵地附近，具有较大的危险，攻击方必须具有较大的制空权优势，才能采用这种反辐射炸弹；有动力的反辐射炸弹则类似于反辐射导弹，攻击命中精度较低，但其最大的特点是战斗部大，足以弥补精度的不足，因而使其具有较低廉的成本。典型的反辐射炸弹是 MK—82 反辐射炸弹，其爆炸时弹片可飞至 300m 以外。

7.2.2　反辐射导弹系统(ARM)的组成和工作原理

7.2.2.1　反辐射导弹系统的组成

反辐射导弹系统是目前应用最广泛的一种对敌防空压制武器。它一般由攻击引导设备和导弹本身两部分组成。

1. 攻击引导设备

根据不同导弹载体的需要，发展了机载、陆基和舰载等不同平台的反辐射攻击引导设备。这些攻击引导设备的组成基本上相同，由以下几部分构成：测向定位设备、测频设备、信号处理器、导弹发射控制器、综合显示控制器、引导设备与导弹数据传输接口和引导设备与其他相关武器平台设备的接口，如图 7.2.1 所示。

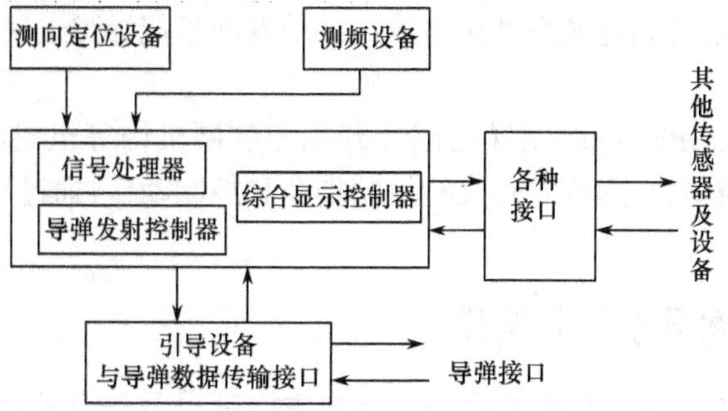

图 7.2.1　反辐射导弹攻击引导设备构成方框图

攻击引导一般采用电子支援侦察设备来实现，它监视并截获威胁雷达信号，测量其入射方位和特征参数(如雷达信号频率、脉冲宽度、重复周期,以及雷达参数的变化范围及规律等),确定雷达的类型和位置,根据作战要求确定攻击对象及攻击时机,并将威胁雷达的参数装定到反辐射导弹中。在作战飞机上,并不一定配备专用的攻击引导设备,而是利用原有的雷达告警接收机,在其基础上改进,来完成截获、识别和引导任务。

机载攻击引导设备(如 F-4G 反辐射导弹载机中的 APR-38),可对飞机周围几十千米乃至几百千米的各种地面防空雷达进行侦察,根据一定的判别准则从中选出对飞机威胁最大的雷达信号(如已处于照射跟踪状态的地—空导弹制导雷达等),并将该雷达参数装定入反辐射导弹导引头,同时给飞行员提供告警信号(如灯光、音响告警等),最终发射导弹。这一切是通过雷达参数显示,导弹发射控制、综合显示控制器,引导设备与导弹和其他相关机载设备的接口等设备完成的。

2. 反辐射导弹

反辐射导弹的组成主要包括反辐射导引头、战斗部、发动机、控制系统、接收机及信号处理器、电源等,如图 7.2.2所示。

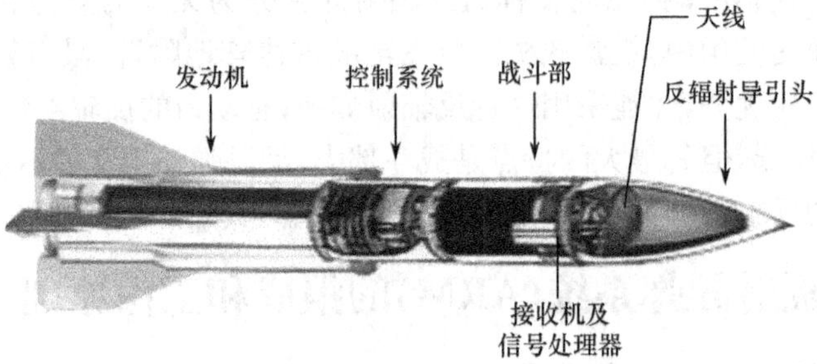

图 7.2.2　反辐射导弹组成示意图

反辐射导引头:包括天线、接收机和信号处理器。天线接收雷达目标辐射的信号,通过比较接收信号的幅度或相位得到控制导弹飞行的方位角和俯仰角误差控制信号。由天线接收的信号经接收机放大、检波,再经信号处理器分选、识别,选出要攻击的威胁目标,并进行跟踪,同时形成控制系统所需要的俯仰和方位控制指令。雷达目标信号中断时,则实施记忆控制。

战斗部:包括爆破引信和炸药。引信部分一般采用无线电近炸引信和触发碰炸引信相结合的引爆方式。同时采用小体积、高效率的破片式战斗部,以此增加杀伤威力半径,提高攻击命中精度。

发动机:由启动发动机和巡航发动机组成。启动发动机使导弹迅速加速,巡航发动机保证导弹正常飞行。

控制系统:由惯导、GPS 导航、制导控制计算机和控制机构等组成,将导引头提供的目标信息和导弹飞行信息相结合,形成导弹飞行控制指令和控制动作,通过气动舵或燃气流偏转装置控制导弹飞行。

7.2.2.2　反辐射导引工作原理

图 7.2.3(a)示出了与导引有关的反辐射导弹主要部分及信息流程。反辐射导引头按照导弹制导所需的数据率输出目标相对于弹轴的角位置信息,制导计算机按照设定的制导规律形成控制指令,操纵导弹按预定的角度或角速度转弯飞行。导弹相对于目标的运动又导致目标方位和俯仰二维角度的变化,通过导引头反映到输出角度信息上,如此形成一个控制闭环。

维持目标跟踪并从目标辐射源提取角度信息的核心部件是反辐射导引头，它也称为宽带微波被动导引头。反辐射导引头主要采用的角度测量体制有幅度单脉冲和相位干涉仪体制等。图 7.2.3(b)示出了一个采用幅度单脉冲体制的反辐射导引头有关部分的示意图。

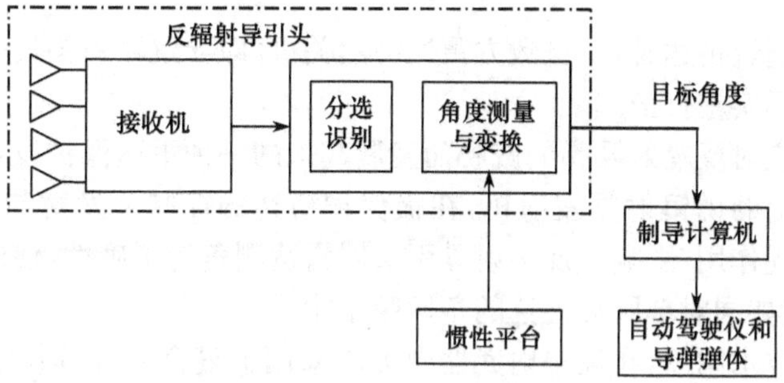

（a）反辐射导弹主要部分及信息流程

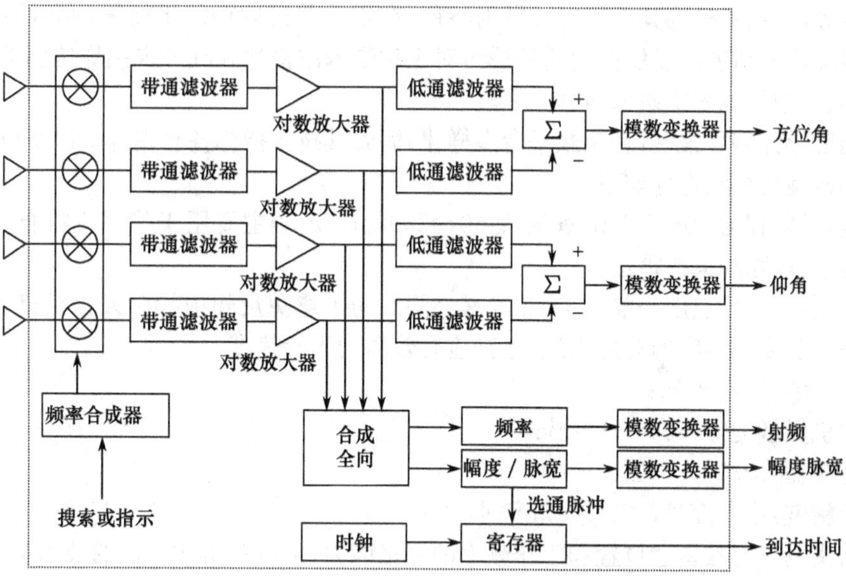

（b） 单脉冲体制的反辐射导引头有关部分的示意图

图 7.2.3　反辐射导弹的信息流程及示意图

为适应若干倍频程信号接收，导引头需要采用宽带天线，例如平面四臂螺旋天线。4 个天线在波束形成网络的作用下，能在空间形成上、下、左、右两个通道 4 个波束，这 4 个波束接收雷达辐射的信号。若导弹的轴线方向正好对准目标，则两个通道的 4 个波束信号强度相等。信号经过检波、放大、相减，其误差信号输出均为零。

当导弹轴向偏离目标，则上下两波束信号不等(或水平两波束信号不等)，形成误差信号。误差信号的大小反映了导弹纵轴与目标连线在垂直水平上的夹角，即俯仰角误差信号。同理，左右两波束形成的误差信号的大小反映了水平方向上导弹纵轴与目标连线在水平面上的夹角。

导引头信号处理器在捕获目标阶段首先要从宽波束天线接收到的诸多信号中分选、识别出威胁雷达，然后根据信号的频域、空域(角度)和时域(脉冲重复频率)等特征建立起对该脉冲列的跟踪。在接下来的目标跟踪阶段，一方面维持对威胁脉冲信号的跟踪，以便选出有用信号，提取威胁目标的方位、俯仰角偏差信息。

7.2.2.3　反辐射导弹的技术和战术性能

反辐射导弹除了要解决大带宽、高精度等关键技术问题之外，还需要解决抗雷达关机和抗雷达诱偏的技术难题。

当反辐射导引头逼近雷达时，一旦敌方雷达突然关机，即导致导引头失去制导信息而无法引导导弹正确地对目标实施打击。

诱偏技术是为了应对反辐射导弹的威胁而发展起来的一种雷达保护技术。该保护措施在雷达附近配置两个以上的诱饵射频发射机，在被保护雷达的控制下发射与雷达相似的信号。诱饵和雷达信号的共同作用，影响了反辐射导引头对雷达测角的正确性，使反辐射导弹偏离原有的攻击点，其原理就如同对单脉冲雷达的角欺骗干扰。

为解决这些关键技术问题，在反辐射武器中逐步采用了复合制导等技术手段。当前发展的主要复合制导体制有微波被动寻的与主动毫米波雷达末制导复合、微波被动寻的与红外末制导复合等，利用目标的其他辐射或散射特征，在雷达关机后仍能维持末制导，并且可提高对目标的跟踪攻击精度。显然雷达诱偏诱饵对主动毫米波雷达和红外末制导传感器难以起到作用，因而复合制导也是抗诱偏的有效手段。

反辐射导弹型号很多，且装载平台多样化，因此其技术指标各有差异。以空对地反辐射导弹为例的典型特征和指标如下。

射程：近射程为 10～50km，远射程 50～200km。近程主要用于作战飞机自卫，攻击防空系统的搜索、跟踪和火控雷达。

飞行速度：飞行速度一般在 1～3 马赫之间。为了避免反辐射导弹发射后遭到拦截，为了使雷达来不及采用相应的对抗措施，导弹应有较高的飞行速度。

频率范围：1～18GHz

接收机灵敏度：−70～−90dBm

角度覆盖：±30°

测角精度：小角度时，<1°；大角度时，<3°

导引头具有对敌雷达位置和工作频率的记忆能力，可应对雷达关机的技术难题。

7.2.3　反辐射导弹的战斗使用方式

电子情报侦察是反辐射导弹战斗使用的基础，只有清楚敌方雷达及战场配置雷达的技术参数，并且储存在反辐射导弹计算机的数据库中，才能有效地使用反辐射导弹。

7.2.3.1　反辐射导弹攻击目标的方式

测定出目标雷达位置和性能参数并装到反辐射导弹计算机中，在满足导弹发射条件的情况下，即可引导反辐射导弹发射。反辐射导弹的攻击方式主要有两种：

1. 中高空攻击方式

载机在中、高空平直或小机动飞行，以自身为诱饵，诱使敌方雷达照射跟踪，满足发射反辐射导弹的有利条件。反辐射导弹发射后，导引头便跟踪目标雷达，引导导弹飞向目标，载机随即脱离，即“发射后不管”。这种方式也称为直接瞄准式，如图 7.2.4 所示。

2. 低空攻击方式

载机远在目标雷达作用距离之外，由低空发射反辐射导弹，导弹按既定的制导程序水平飞行一段后爬高，进入敌方目标雷达波束即转入自动寻的，采用这种方式可以保证载机的安全。这种方式也称为间接瞄准发射攻击方式，如图 7.2.5 所示。

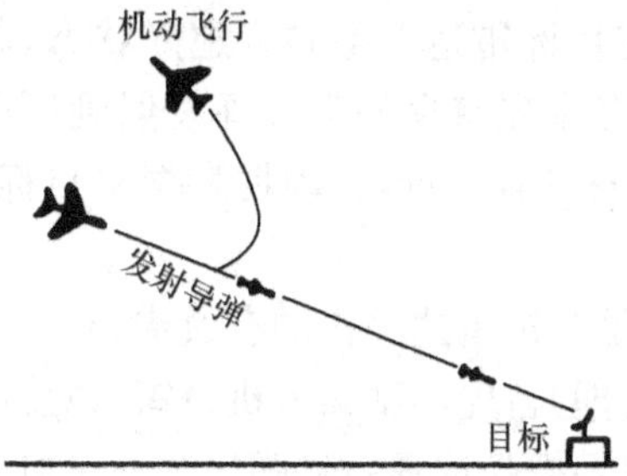

图 7.2.4 直接瞄准发射示意图

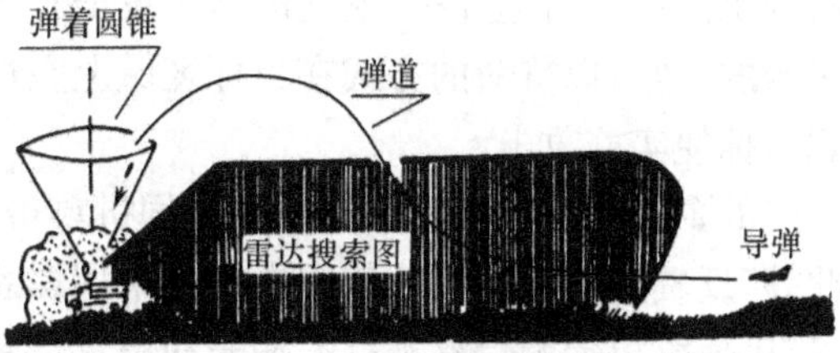

图 7.2.5 间接瞄准发射攻击方式

7.2.3.2 反辐射导弹战斗工作方式

不同的反辐射导弹有不同的工作方式，下面主要介绍三种反辐射导弹的工作方式。

1."哈姆"反辐射导弹的三种工作方式

(1) 自卫工作方式

这是一种最基本的使用方式。它用于对付正在对载机(或载体)照射的陆基或舰载雷达。这种方式先由机载告警系统截获威胁雷达信号，对这些威胁信号及时进行分类、识别、评定威胁等级，选出要攻击的重点威胁目标，向导弹发出数字指令。驾驶员可以随时发射导弹，即使目标雷达在反辐射导弹导引头天线的视角之外，也可以发射导弹，这时导弹按预定程序飞行，直至导引头截获到所要攻击的目标进入自行导引。

(2) 随机工作方式

这种方式用于对付未预料的时间内或地点上突然出现目标。这种工作方式用反辐射导弹的反辐射导引头作为传感器，对目标信号进行截获、识别、评定威胁等级，选定攻击目标。这种方式又可分为两种：一是在载机飞行过程中，反辐射导引头处于工作状态，即对目标信号进行截获、判别、评定，用存储于档案中的各种威胁数据实现对目标的选择。二是向敌方防区概略瞄准发射，攻击随机目标。导弹发射后，导引头自主进行目标捕获、判别、评定、选择攻击目标，选定攻击目标后自行引导。

(3) 预先编程方式

根据先验参数和预计的弹道进行编程，在远距离上将反辐射导弹发射出去。导弹发射后，载机不再发出指令，反辐射导弹导引头有序地搜索和识别目标，并锁定到威胁最大的目标或预先确定的目标上，自行转入跟踪制导状态。如果目标不辐射电磁波信号，导弹就自毁。

2."阿拉姆"反辐射导弹的两种战斗工作方式

(1) 直接发射方式。这种方式是反辐射导引头一旦捕捉到目标，就立即发射导弹攻击目标。

(2) 伞投方式。这种方式是在高度比较低的情况下发射反辐射导弹，发射后导弹爬升到 12000m 高空，然后打开降落伞，开始几分钟的自动搜索，探测目标，并对其进行分类和识别，然后瞄准主要威胁或预定的某个目标。一旦反辐射导引头选定了所要攻击的目标，就立即甩掉降落伞自行攻击目标。

3. "默虹"反辐射导弹巡航攻击方式

美国的"默虹"反辐射导弹采用巡航的攻击方式，也可将其称为反辐射无人机驾驶飞行器。反辐射导弹发射后，如果目标雷达关机，则反辐射导弹在目标雷达上空转入巡航状态，等待雷达再次开机。一旦雷达开机，就立即转入攻击状态。或者预先将反辐射导弹发射到所要攻击目标区域的上空，以待命的方式在目标区域上空进行环绕巡航飞行，自动搜索探测目标，一旦捕捉到目标便实施攻击。

上述的伞投方式和巡航方式也称为伺机攻击方式，是对抗雷达关机的有效措施。

此外，反辐射导弹在战斗使用中往往采用诱惑战术，即：首先出动无人机诱饵，诱惑敌方雷达开机，由侦察机探测目标雷达的信号和位置参数，再引导携带反辐射导弹的突防飞机发射反辐射导弹摧毁目标雷达。

7.3 定向能武器

定向能武器是利用沿一定方向发射与传播的高能电磁波射束以光速攻击目标的一种新机理武器，它包括高功率微波武器(HPM)、高能激光武器(HEL)和粒子束武器。定向能武器攻击目标隐蔽、杀伤力强，既可用于防御，又可用于进攻。因此，它将成为未来信息化战场上对付飞机、军舰、坦克、导弹乃至空间卫星等高价目标的重要武器系统。

现代正发展的定向能武器(DEW，Directed Energy Weapon)包括下列 4 种：

(1) 高能激光武器(HEL，High Energy Laser Weapon)；

(2) 高功率微波武器(HPM，High Power Microwave Weapon)；

(3) 高能粒子束武器(HEP，High Energy Particle Weapon)；

(4) 等离子体武器(PW，Plasma Weapon)。

7.3.1 高能激光武器(HEL)

高能激光武器是利用高能激光波束直接照射目标使之摧毁或失效的一种具有软杀伤能力和硬杀伤能力的定向能武器。其时间域特征主要是脉冲或脉冲群形式。与强激光干扰机类似，其频域主要是在红外波段。根据激光波束中包含的功率及其在目标上产生的脉冲能量密度的不同，一般可将它们分为三类，即低能量激光(LEL)、中能量激光(MEL)和高能量激光(HEL)，如表 7.3.1 所示。低能量激光武器用来干扰目标或破坏视场内同带的光电传感器；中能量激光武器可在光电设备表面产生带外效应导致光电设备损坏和失效；高能量激光武器的目的是利用带外效应破坏金属结构。

表 7.3.1 按波束功率及在目标上能量密度激光武器的分类

类型	波束功率	目标上的能量密度
低能量激光(LEL)	< 1kW	$\leqslant 1$ mJ/cm^2
中能量激光(MEL)	(1～100)kW	> 1 J/cm^2
高能量激光(HEL)	> 100 kW	> 1 kJ/cm^2

7.3.1.1 HEL 的组成

HEL 通常由高能激光器、波束控制与发射系统、精密瞄准跟踪系统、搜索捕获系统、指挥控制系统等部分组成，如图 7.3.1 所示。HEL 一般有两种工作方式：连续波方式和脉冲方式。典型的军事上应用的 HEL 连续波应大于 20kW，脉冲式 HEL 强度可达 $10^6 \sim 10^7 W/cm^2$。

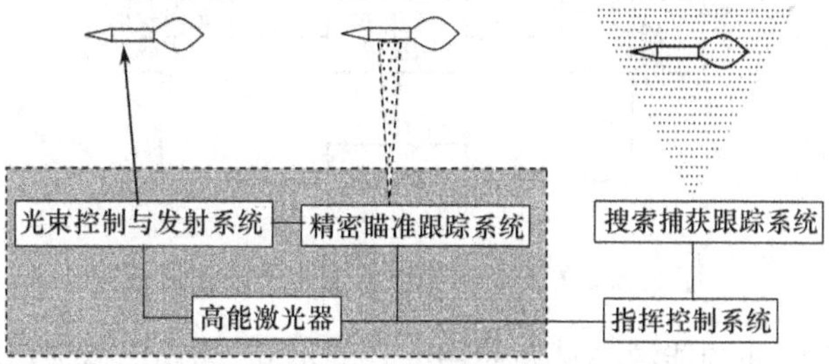

图 7.3.1　HEL 系统组成示意图

7.3.1.2　高能激光武器毁伤机理及效应

高能激光武器的毁伤机理比较复杂，主要有烧蚀效应、力学效应和辐射效应。

烧蚀效应：当高能激光射束照射到目标上后，部分辐射能量被目标吸收转化为热能，在照射能量足够高的情况下，这种热能可使目标壳体熔化并汽化。

力学效应：当汽化产生的蒸汽向外喷射时，在极短时间内这种向外喷射的蒸汽给壳体一个反冲作用，这种反冲作用相当于一个脉冲载荷作用到壳体材料表面上，于是在壳体（固体）材料中形成一个冲激波，这种冲激波从目标壳体的前表面传播到壳体后表面反射层，可能将使壳体产生拉断、层裂、剪切等结构性破坏作用。

辐射效应：高能激光辐射束作用于壳体会产生等离子体，可能产生紫外线甚至 X 射线，这也会造成目标结构及其内部电子器件的破坏和损伤。

使用 HEL 最严重的制约因素是激光的大气传输。传递到目标的那部分激光波束受到绕射、大气吸收、散射、热晕、等离子击穿以及湍流折射等干扰，不仅能量损耗，而且波束方向也可能改变。例如 CO_2 激光辐射在雨中云层仅传输 7m 就损耗了 63%的功率。

7.3.2　高功率微波武器(HPM)

高功率微波（HPM）武器是利用非核方式在极短时间内产生非常高的微波功率以极窄的定向波束直接射向目标，摧毁其武器系统和杀伤作战人员的一种定向能武器。高功率微波武器发射的脉冲功率达到几吉瓦（GW）至几十吉瓦，甚至达到太瓦（TW）量级。

现今高功率微波武器工作的频率范围为 4～30GHz。由于辐射的是微波能量，因而又称为微波辐射武器或射频武器。

7.3.2.1　HPM 的组成

高功率微波武器主要由能源、高功率微波源、定向辐射天线和控制系统等几大部分组成，如图 7.3.2 所示。各组成部分的功能及系统工作原理如下：能源系统包括初级能源、能量存储器及高功率脉冲形成器，用以向高功率微波源提供所需的高功率激励脉冲（单个或脉冲串），因而又称其为高功率脉冲源；高功率微波源是各种类型的高功率微波振荡器，（如相对论速调管、返波管、磁控管、回旋管和虚阴极振荡器等），是高功率微波武器的核心，用以在高功率脉冲驱动下产生高功率微波脉冲；定向辐射天线用以将高功率微波电磁波能量聚集在一个极窄的波束内，使微波能量高度密集地直接射向被攻击目标，对其进行摧毁和杀伤；控制系统用以控制高功率微波武器全系统正常工作，包括对目标瞄准跟踪。

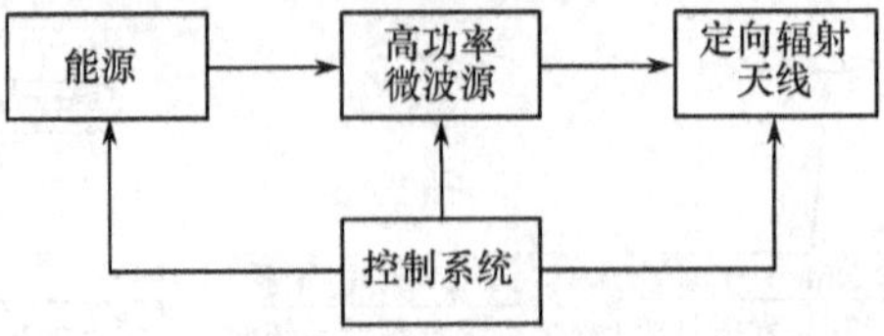

图 7.3.2　高功率微波武器主产要组成框图

根据形成高功率脉冲的能源类型和使用方式的不同，高功率微波（HPM）武器可分为可重复使用的高功率微波武器（或高功率微波发射系统）和高功率微波弹两类。前者是电子激励的，即初级能源是电源，典型的形式是电源向一组并联的高压电容器组件（称为 Marx 组件）快速充电，然后在开关控制下快速变换成串联电路，经脉冲形成线放电形成高压高功率脉冲，用此脉冲去激励高功率微波振荡器，产生高功率微波脉冲，再经定向天线发射出去。这种高功率微波发射系统的特点是类似于射频脉冲干扰机，可以以一定脉冲重复频率发射高功率微波脉冲去攻击目标。其脉冲重复频率为几赫到 10 千赫，脉冲宽度为纳秒量级。这种高功率微波武器常常比较庞大，目前多为陆基设备，如俄罗斯的陆基型高功率微波发射系统，如图 7.3.3 所示。该系统分装于三辆卡车，辐射峰值功率为 1GW，杀伤距离为 1～10km，照射在 1km 和 10km 远距离目标上，其功率密度分别达到 400W/cm^2 和 4W/cm^2。显然，该系统不仅能直接毁伤敌武器系统的电子设备，使武器系统失效，同时还能杀伤其作战人员。该系统主要用于保护重要的军事设施和作战指挥中心。

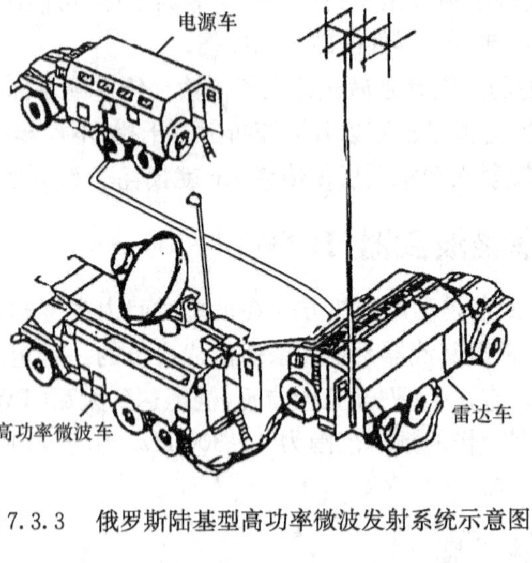

图 7.3.3　俄罗斯陆基型高功率微波发射系统示意图

后一种类型高功率微波武器，即高功率微波弹，实质上是高功率微波武器的一种小型化实现形式。通常将小型化高功率微波装置装载在炮弹、火箭弹、航弹、导弹上，一次性使用。这种高功率微波弹如美国研制的 MK-84，如图 7.3.4 所示，重 900kg，长 3.84m，直径 0.46m。它采用了典型的初级电源向电容器组并联式充电，为了提高脉冲功率，它采用了两级爆炸式磁通量压缩发生器，经脉冲形成网络产生高功率脉冲，用此脉冲激励虚阴极振动器产生高功率微波脉冲振荡，再由天线聚束发射出去。

据报道，俄罗斯研制成功的基于小型强电流加速器 RADAN 的便携式高功率微波弹，它

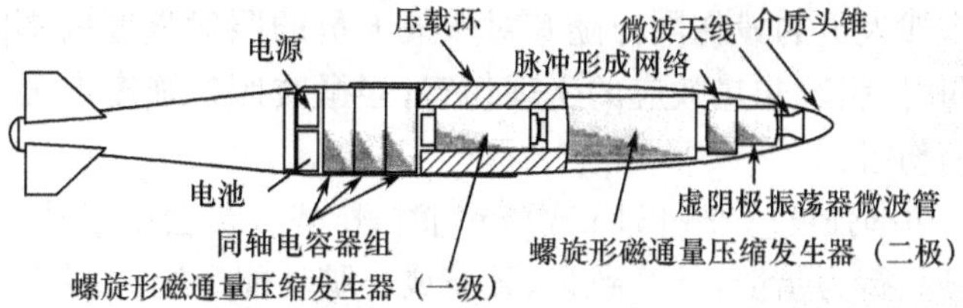

图 7.3.4　高功率微波炸弹

比手提公文包还小，重约 8kg。它能使汽车无法启动，能破坏弹上的电子保险和点火线路。英国、法国也研制过类似的微波弹。

7.3.2.2　高功率微波武器的毁伤机理及效应

高功率微波武器攻击目标装备的毁伤机理是基于电磁强度低的元器件和设备的电场击穿效应和热效应。因此，高功率微波武器主要是通过攻击现代高技术兵器中最关键而又最脆弱的电子技术设备，破坏其武器和作战平台的效能。

高功率微波武器攻击目标的电磁耦合途径有“前门”和“后门”两种。所谓“前门渗透”(front end penetration)是指直接通过天线耦合进入电子设备这样的正常途径；所谓“后门渗透”(rear end penetration)是指通过屏蔽不完善的导线、小孔或缝隙等进入电子设备的非正常途径。

显然，随着高功率微波照射到目标上的微波功率强度（或密度）不同，其毁伤程度不同。如果将传统电子战中电子干扰效应也考虑在内，其毁伤效应大体可分成下列几种程度：

(1) 弱微波照射功率强度[$(0.01\sim1)\mu W/cm^2$]时，通过天线前门耦合，能冲击电路系统和触发电路产生虚假干扰信号，干扰敌方的无线电设备和计算机网络等电子设备的正常工作，或使其过载失效；

(2) 中等微波照射功率强度($0.01\sim1W/cm^2$)时，可直接烧毁各种电子器件、计算机芯片和集成电路等，以致盲武器系统中敏感的传感器和控制系统而使武器失效；

(3) 强微波照射功率强度($10\sim100W/cm^2$)时，其瞬变电磁场在目标金属表面产生感应电流，通过“前门”耦合到敌电子设备接收和发射系统内，破坏其前端设备；也可通过“后门”耦合到飞机、导弹、卫星、坦克等平台中的电子设备内部，烧毁微波二极管、混频管、计算机逻辑电路、集成电路，甚至到装甲车辆点火系统中的半导体二极管，破坏其敏感的传感器和控制系统而使作战平台失效。

(4) 超强微波照射功率强度($1000\sim10000W/cm^2$)时，像家用微波炉那样，通过微波热效应将被照射目标加热，直接烧毁目标机体结构，使整个武器系统被摧毁。

表 7.3.2 给出了几种典型的电子器件高功率微波能量强度破坏阈值。

表 7.3.2　几种典型的电子器件高功率微波能量强度破坏阈值

器件名称	能量密度(J/cm^2)	毁伤程度
微波二极管	1×10^{-7}	烧毁
微波混频管	1×10^{-5}	烧毁
开关二极管	5×10^{-5}	烧毁
整流二极管	6×10^{-4}	永久损坏
音频二极管	5×10^{-3}	损伤
线性集成电路	1×10^{-1}	损伤或烧毁

高功率微波对作战人员的毁伤同样随其对作战人员的照射强度的不同而毁伤程度不同。当微波照射强度较弱时，引起非热效应的生理伤害；当微波照射强度增强后，会由于热效应而造成人体不同程度的伤害：

(1) 弱微波照射功率强度[(3～13)mW/cm^2]时，作战人员会由于非热效应生理伤害产生神经混乱、记忆力衰退、行为错误，甚至致盲、致聋或心脏功能衰竭、失去知觉等；

(2) 较强微波照射功率强度(0.5W/cm^2)时，微波能量的热效应能造成作战人员皮肤轻度烧伤；微波照射功率强度达到 20W/cm^{2}时，微波能量的热效应在 2 秒钟内造成人员皮肤三度烧伤；

(3) 强微波照射功率强度(80W/cm^2)时，能在 1s 内使被照射作战人员致死(烧死)。

7.3.3 粒子束武器

高能粒子束武器是用高能强流加速器将粒子源产生的粒子(如电子、质子、离子等)加速到接近光速，并将其聚束成高密集能量的束流直接射向目标，靠高速粒子的动能或其他效应摧毁杀伤目标的一种定向能武器。高能粒子束武器通常也采用脉冲辐射方式工作，脉冲时宽可达纳秒量级，粒子束能量可达几十到几百兆电子伏特。

高能粒子类武器与高能激光武器有许多共同的性质，它们都是利用其极高的脉冲能量聚焦在目标上对目标进行毁伤的，同样它们都是同时具有软杀伤能力和硬杀伤能力的定向能武器。但与高能激光武器相比，高能粒子束武器具有许多重要的特点：高能粒子束武器的粒子束流比激光具有更强的穿透能力，可穿透大气，能传输到比激光束更远的距离；高能粒子束的巨大动能使其对目标具有更大的毁伤能力，能瞬间摧毁目标。

7.3.3.1 高能粒子束武器的组成

高能粒子束武器的基本组成主要包括能源、粒子源、粒子加速器、高能粒子束发射系统和粒子束瞄准跟踪系统。

能源要能在工作时间内连续提供 100MW 量级的功率，以便能连续发射多个脉冲，如每秒 6 个脉冲。最大电流达 10kA 量级。粒子加速器是粒子束武器的核心，它将粒子源提供的粒子加速到近光速，使粒子束具有几十到几百兆电子伏特的能量，再由高能粒子束发射系统聚束射向目标，粒子束瞄准控制系统用以控制高能粒子束精确地瞄准和稳定跟踪目标。

高能粒子束的粒子可以是电子、质子、中子或重离子，这些粒子有的是带电荷的粒子，有的是不带电荷的中性粒子。因此，由它们构成的高能粒子束武器可分为带电粒子束武器和中性粒子束武器。

7.3.3.2 高能粒子束武器的毁伤机理及效应

高能粒子束武器的毁伤机理是复杂的，也包含前述的力学效应、烧蚀效应和辐射效应。高能粒子束武器对目标的杀伤分为硬杀伤和软杀伤。硬杀伤是指高能粒子束直接击穿目标壳体的杀伤。当高能粒子击穿目标壳体时，还会产生一连串二次粒子辐射效应，这种二次粒子辐射可能直接引爆目标上的弹药和毁伤目标内部的电磁安全硬度弱的电子设备。软杀伤是指高能粒子束直接攻击到目标上的能量不足或高能粒子束未直接攻击到目标上，而攻击到目标前方，使受激大气产生二次粒子辐射，当目标进入时，其中一部分有足够能量的粒子再穿透目标外壳而产生的杀伤效应。当高能中性粒子束(如原子氢、原子氘、原子氚等等)击中目标时，其中的电子在中性粒子穿入目标壳体时被剥离掉，剩下高能质子向目标壳体深处穿入。

粒子束武器目前正处于技术研制阶段，设计攻击目标主要包括来自机动平台的战术导弹。其主要优点是能以接近光速的速度交战，具有突发性的杀伤能力，无限供弹能力，全天候，无法屏蔽等。

习题七

1. 隐身技术有几种？
2. 高能激光武器通过哪些方式对目标进行毁伤？
3. 反辐射武器如何实现对辐射源的攻击？反辐射武器主要有哪些类型？
4. 定向能武器有几种？

第8章　电子防护技术

在现代战争中，各种预警探测、通信、导航等军事信息系统与设备将面临严重的电子侦察、电子干扰、隐身飞机、ARM、定向能武器等威胁，这种威胁不仅来自敌方，有时也来自己方，例如己方实施电子干扰对己方电子设备造成的干扰。为了确保军事信息系统有效工作及其自身的安全，必须针对这些威胁采取电子防护技术措施。电子防护技术通常可以分为反侦察、抗干扰、抗摧毁和电磁加固4个方面，根据应用领域不同，可以分为雷达防护技术、通信防护技术和光电防护技术，等等。限于篇幅，本章主要介绍雷达电子防护技术。

8.1　反侦察技术

反侦察的目的就是使对方的电子侦察接收机不能或难于截获和识别辐射源信号。通过侦察获取敌方电子信息系统的工作参数是干扰和摧毁的基础和先决条件，若电子信息系统具有较好的反侦察能力，它将能防止敌方有针对性的干扰，并且也有利于防止反辐射武器的攻击，因此可以说反侦察是抗干扰和抗摧毁的最根本措施之一。

8.1.1　截获因子与低截获概率雷达

8.1.1.1　截获因子

衡量反侦察能力的一个指标是截获因子。施里海尔(D. C Schleher)为衡量雷达的被截获性能提出了截获因子 α 的定义

$$\alpha=\frac{\text{侦察接收机截获雷达辐射的距离}(R_r)}{\text{雷达对目标的作用距离}(R_a)} \tag{8.1.1}$$

截获因子越小，说明该雷达信号越难以被电子侦察接收机截获到。

第2章给出的修正侦察方程为

$$R_{r\max}=\left[\frac{P_t G_{tr} G_r \lambda^2}{(4\pi)^2 P_{r\min} L}\right]^{1/2} \tag{8.1.2}$$

式中，P_t 为雷达发射功率；G_t 为雷达天线增益；G_{tr}为雷达发射天线在侦察平台方向上的增益；G_r 为侦察天线增益；λ 为信号波长；R_r 为侦察平台与雷达之间的距离；$P_{r\min}$为接收机灵敏度；L 为总的接收系统损耗，一般 $L\approx16\sim18$dB。

假设雷达收发共用天线，简化雷达方程为

$$R_{a\max}=\left[\frac{P_t G_t^2 \lambda^2 \sigma}{(4\pi)^3 P_{a\min}}\right]^{1/4} \tag{8.1.3}$$

式中，σ 为目标的雷达截面积；$P_{a\min}$为雷达接收机的灵敏度；$R_{a\max}$为雷达探测目标的作用距离。

假定在侦察接收机处所需要的灵敏度信号电平等于一个系数 δ 乘以雷达探测目标所需要的灵敏度信号电平，即 $P_{r\min}=\delta P_{a\min}$，根据定义可得

$$\alpha=\frac{R_r}{R_a}=R_a\left[\frac{4\pi}{\delta}\cdot\frac{1}{\sigma}\cdot\frac{G_{tr}G_r}{G_t^2 L}\right]^{1/2} \tag{8.1.4}$$

设目标反射截面积$\sigma=1\text{m}^2$，$G_r=1$或$G_r=0\text{dB}$(侦察天线是全向天线)，可以分为如下两种情况：

1. 旁瓣侦察

当侦察接收机仅仅对雷达的旁瓣进行侦察时，$G_{tr}=1$或$G_{tr}=0\text{dB}$，此时截获因子

$$\alpha=\frac{R_r}{R_a}=\frac{R_a}{G_t}\left[\frac{4\pi}{\delta}\right]^{1/2} \tag{8.1.5}$$

实际中δ一般较大，相对而言，雷达接收机探测目标因其灵敏度高而拥有一定的优势。原因是：

(1) 雷达接收机的通带特性能与信号匹配，因而是最佳或准最佳的接收机；

(2) 雷达可利用多脉冲积累；

(3) 侦察接收机的等效噪声带宽较宽，且多基于单脉冲工作，δ的最小值是1，典型$\delta\geqslant 100$，甚至可能为1000。

此时采用低旁瓣和信号匹配技术的雷达，可能做到$\alpha<1$，对旁瓣侦察可以实现信号不被截获。

2. 主瓣侦察

侦察平台位于雷达天线的主波束内，即$G_{rt}=G_t$，这时可以计算得到截获因子

$$\alpha=\frac{R_r}{R_a}=R_a\left[\frac{4\pi}{\delta G_t}\right]^{1/2} \tag{8.1.6}$$

雷达天线增益一般为30～40dB。比较式(8.1.5)和式(8.1.6)可知由于雷达主瓣的高增益，电子侦察对雷达主波束截获的距离优势较旁瓣侦察大得多，也就是说，对于装载在目标上的电子侦察接收机来说，雷达要实现信号不被截获的难度较大。

8.1.1.2　低截获概率雷达

具有信号难以被侦察接收机截获性质的雷达，称为低截获概率雷达(Low Probability of Intercept，LPI)。具有难以被侦察接收机截获性质的信号，称为低截获概率信号。从广义上来说，可以认为雷达有三个等级的LPI。

(1) 雷达信号容易被接收但不容易被识别，称作LPID雷达。由于电子侦察接收机需要对辐射源进行分选和识别，如果雷达的信号形式非常复杂，导致电子侦察接收机分选和识别失败，则这样的雷达也具有低截获概率能力。

(2) 雷达能探测到目标，并且其信号不能被位于同样距离但处于雷达主瓣之外的电子对抗侦察接收机截获到，这种雷达可称为旁瓣侦察低截获概率雷达，如图8.1.1所示。这种情况主要对应着雷达面临电子情报侦察设备的侦察威胁，电子情报侦察通常需要在雷达的旁瓣中截获信号。

(3) 雷达可探测到目标，并且其信号不能被位于同样距离且处于目标上的电子对抗侦察接收机截获到，这种雷达可称为主瓣侦察低截获概率雷达，也称作寂静雷达，如图8.1.2所示。这种情况主要对应着雷达面临电子支援侦察设备的侦察威胁，特别是武器自卫电子对抗系统中的雷达告警接收机，它通常在雷达的主瓣中截获信号。

设定高放检波式侦察接收机的参数：天线增益$G_r=10\text{dB}$；接收灵敏度$P_{r\min}=-70\text{dBm}$；支路损耗$L_r=3\text{dB}$；高放带宽$B_{rrf}=500\text{MHz}$；视放带宽$B_{rv}=20\text{MHz}$；目标的等效截面积$\sigma=2\text{m}^2$。美国的三坐标雷达(AN/TPS-59)对该目标的探测距离$R_a=560\text{km}$，侦察接收机对雷达

的主瓣侦察截获距离可计算得 $R_r=27747\text{km}$，因此，其主瓣截获因子 $\alpha=17\text{dB}$，即这种雷达面对如此的主瓣侦察远不能达到低截获概率的要求。

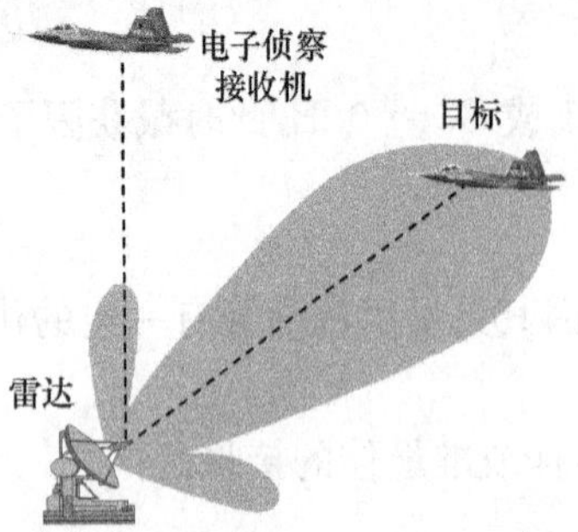

图 8.1.1 旁瓣侦察低截获概率雷达

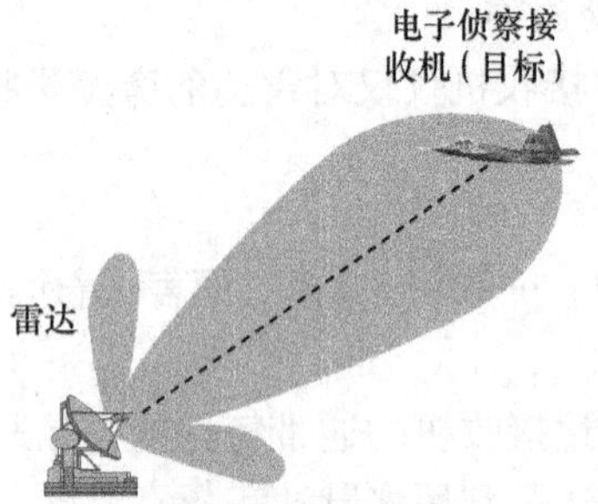

图 8.1.2 主瓣侦察低截获概率雷达(寂静雷达)

当侦察接收机处在 -35dB 的旁瓣时，侦察距离为 $R_r=493\text{km}$，小于雷达探测距离；$\alpha=-0.55\text{dB}$，满足旁瓣侦察低截获的条件。

从式(8.1.4)可知，如雷达探测距离 R_a 为定值，则

$$\alpha\propto\frac{1}{\sigma^{1/2}}$$

因此截获因子与目标的雷达反射截面积 σ 是有关的，不同类型目标对截获因子 α 值的影响(相对于 1m^2 目标)如表 8.1.1 所示。

表 8.1.1 不同类型目标对 α 值的影响

目标类别	舰船	飞机	隐身飞机
$\sigma(\text{m}^2)$	100～10000	1～10	0.001～0.1
$\sigma(\text{dB})$	+20～+40	0～+10	−30～−10
对 α 值的影响(dB)	−10～−20	0～−5	+15～+5

表 8.1.1 说明以舰船为探测目标的 LPI 雷达，对飞机就不一定是 LPI 雷达。

8.1.2 低截获概率技术措施

为了降低截获因子，可以设计复杂的雷达信号形式和调制方式，合理选择雷达和侦察设备的天线波束增益之比、接收机带宽之比和最小检测信噪比，提高天线主瓣增益，降低副瓣增益，提高工作频段，减小主波束宽度以及变极化等。

8.1.2.1 脉冲压缩技术

雷达采用脉冲压缩技术的基本目的是通过发射大的时宽带宽积信号，以获得高的距离分辨率、速度分辨率并兼顾作用距离，而不必增加雷达的峰值功率，如图 8.1.3 所示。

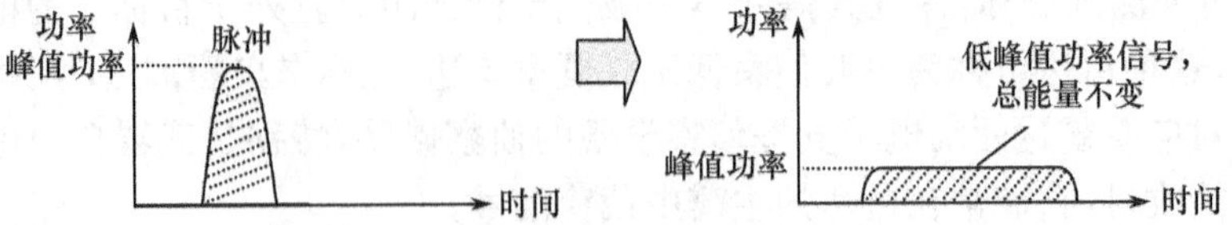

图 8.1.3 脉冲压缩技术可以降低峰值功率

脉冲压缩雷达发射较大带宽的信号，接收时通过匹配滤波实现对脉冲的压缩。由于采用

了大带宽、大时宽信号，信号在时域上表现出较低的峰值功率，在频域上也有平坦且较低的功率谱，所以无论在时域还是在频域都增加了侦察接收机截获信号的难度，因此，脉冲压缩信号是一种低截获概率信号。另外，脉冲压缩雷达信号的调制形式较为复杂，如通常用的线性调频(LFM)信号、非线性调频信号、相位编码信号等，对这些信号的识别和参数估计较困难，因此采用脉冲压缩技术还可以提高雷达反侦察和抗干扰能力。

线性调频、相位编码信号是常用的脉冲压缩信号。在宽脉冲发射信号载频上进行频率调制或相位调制，然后在接收端利用相应的变换实现匹配接收，将接收的这种调制脉冲压缩成高幅度的窄脉冲，实现对目标信号的检测。图 8.1.4 中，图(a)为线性调频脉冲信号的视频包络，图(b)为信号频率变化规律，图(c)为线性调频信号波形，图(d)为脉冲压缩后的信号波形。在电子侦察接收机中，不可能实现匹配滤波，因而不可能得到类似图(d)中信号的高峰值输出。

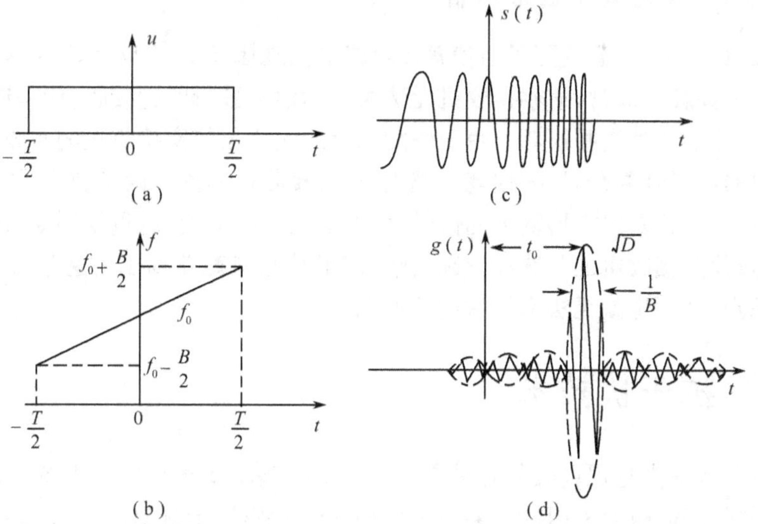

图 8.1.4　线形调频信号与脉冲压缩示意图

8.1.2.2　低旁瓣天线设计

在现代雷达系统中，为了提高雷达的角分辨率和目标参数测量精度，通常雷达天线主波束宽度都很窄。因此，侦察系统要想从雷达天线主波束方向截获雷达信号的侦察截获的概率很低。但是，除了很窄的主波束外，雷达还有占相当大辐射空间的天线旁瓣，这为侦察系统提供了侦察截获雷达信号的有利条件。

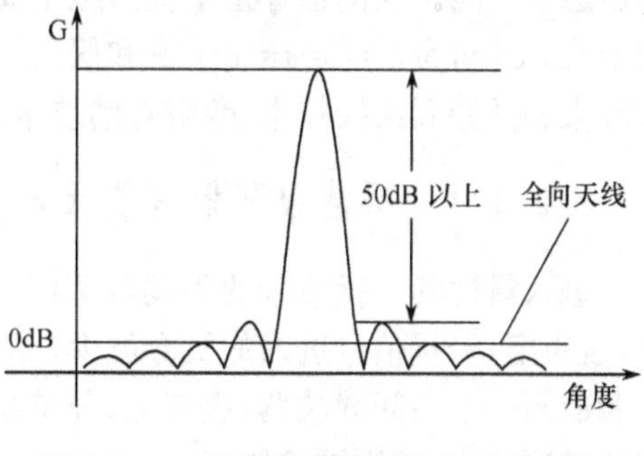

图 8.1.5　低旁瓣天线副瓣电平示意图

低截获概率设计对雷达天线旁瓣电平提出了很高的技术指标，比如要求天线最大旁瓣电平低于主波束 50dB，如图 8.1.5 所示。雷达天线旁瓣电平越低，则侦察系统要想达到相同的侦察距离就必须提高侦察接收机灵敏度，这就增加了侦察系统的设计制造难度。

采用窄波束、超低旁瓣天线，并且天线波束随机扫描，能够有效地减小信号被截获的概率。天线波束越窄，扫描时天线主瓣停留在敌侦察接收机上的时间就越短，加上随机扫描，使得敌侦察接收机难以捕获主瓣信号,同时结合采用低旁瓣技术,使得敌侦察接收机难以在空域有效截获旁瓣信号,所以采用空域低截获概率设计能有效提高雷达的反侦察能力。

8.1.2.3 雷达功率管理技术

由式(8.1.4)可知,降低辐射源信号的峰值功率,将使得截获因子减小。采用功率管理技术,可以使得截获概率保持在尽可能小的程度。雷达功率管理的原则是雷达在目标方向上辐射的能量只要够用(有效检测和跟踪目标)就行,尽量将发射功率控制在较低的数量值上。

雷达功率管理技术通常适用于测高和跟踪雷达,而搜索雷达则不适用,因为它必须在很大范围内连续搜索小目标。

8.1.2.4 发射复杂波形的信号

由式(8.1.4)可知,截获因子与侦察接收机的损耗因子 L 成反比,而损耗因子包括了侦察接收机的失配损耗。通常,侦察接收机无法对雷达信号进行匹配接收,而是以失配的方式进行接收,所以自然会产生失配损耗。由于失配损耗的大小与侦察接收机的接收形式密切相关,所以雷达发射的信号越复杂,失配损耗就越大,侦察接收机的损耗因子越大,导致截获因子越小。

另一方面,雷达发射波形复杂的信号,例如瞬间随机捷变频,重复周期、极化甚至脉宽跳变等,可以导致侦察接收机的分选和识别失败,使得其即使截获到了雷达信号,也无法进行有效的分选和识别,从而也就无法提供雷达的信息。

8.2 抗干扰技术

具备抗干扰能力是现代战争对军事电子系统的基本要求。电子系统的抗干扰措施很多,有通用抗干扰措施,也有专门针对某项干扰技术的专用抗干扰措施。可以从空域、频域、功率域、时域、极化域等多方面采取措施,提高设备的抗干扰能力。

8.2.1 空间选择抗干扰技术

空间选择抗干扰是指尽量减少雷达在空间上受到敌方侦察、干扰的机会,以便能更好地发挥雷达的性能。空间选择抗干扰措施主要是提高雷达的空间选择性,重点抑制来自雷达旁瓣的干扰。针对旁瓣噪声压制干扰和假目标欺骗干扰,可采用的空间选择抗干扰技术主要包括窄波束和低旁瓣天线技术、旁瓣对消技术、旁瓣消隐技术等。

8.2.1.1 窄波束和低旁瓣天线技术

进入雷达的干扰信号的强弱与天线波束宽度有关,波束宽,干扰信号进入雷达的机会就多,波束窄,干扰信号进入的机会就少。所以,与信号频域滤波特性相比,雷达天线波束实质可以看成是一个空间滤波器,换言之,分布在空间的各种信号,只有落在空间滤波器的通带中才能被雷达接收,否则被抑制。

对分布式干扰环境和大范围的点式干扰环境,比如箔条干扰云,如图 8.2.1 所示,只要雷达天线主波束宽度足够窄,天线增益足够高,旁瓣足够低,目标回波信号就能被主瓣接收,而干扰信号则被有效抑制。如果主波束宽度在目标处的线尺寸正好与目标的线尺寸相当,则干扰被最大限度地抑制。

当波束足够窄、旁瓣足够低时，雷达将只接收目标回波信号，而将目标周围空间的各种干扰抑制掉，从而最大限度地提高雷达接收的信干比。目前低旁瓣和超低旁瓣天线已经成为提高雷达整体性能的一个重要方面。一般传统雷达天线的第一旁瓣电平约为－13～－30dB，平均旁瓣约为－35～－40dB。由于天线设计制造技术的发展，现代雷达天线的旁瓣电平可比传统雷达低 15～20dB，使从雷达天线旁瓣进入的有源干扰、箔条干扰和地(海)杂波干扰强度降低 30～100 倍，大大降低了从旁瓣进入的干扰功率密度，同时使从旁瓣辐射的雷达信号强度降低，使对雷达旁瓣信号的侦察、测向、定位更加困难。

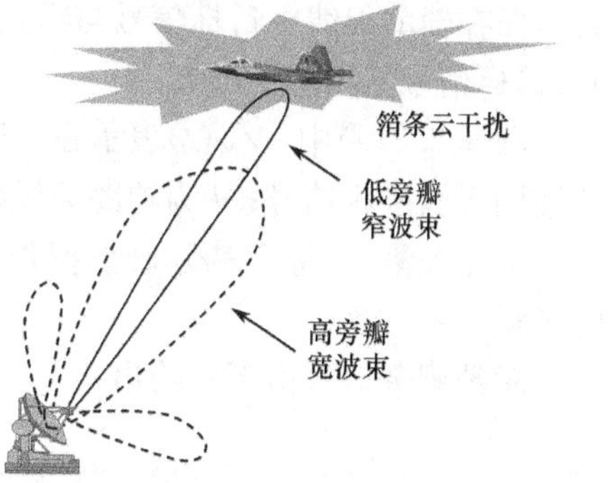

图 8.2.1　箔条云干扰与波束宽度示意图

8.2.1.2　旁瓣对消技术

在通信与雷达系统中，尤其是在雷达电子对抗中，尽管目前的天线旁瓣电平已经做得较低(－30dB 以下)，但由于干扰信号往往比有用信号强得多(可能达 80dB 或以上)，所以从天线旁瓣进入的干扰信号有时仍远大于从主瓣进入的信号，致使信号检测的难度增大。

为了减小干扰信号对雷达系统的影响，可以在雷达正常的接收通道以外增加一个或多个低增益的全向性天线(辅助天线)，辅助天线的增益应与主天线的第一旁瓣增益相当，主天线在目标方向的增益远大于辅助天线在目标方向的增益，如图 8.2.2(a)所示。自适应处理器根据主、辅天线接收的信号计算出一组自适应权系数 W，辅助天线的目标信号和干扰信号同时乘以加权系数 W 后与主天线的目标信号和干扰信号相加，则主天线中的干扰信号恰好与辅助天线中的干扰信号相抵消。调节辅助天线的幅度与相位，从而在有源干扰方向自适应形成零点，达到抑制有源干扰的目的。这就是所谓的自适应旁瓣对消(SLC)技术。

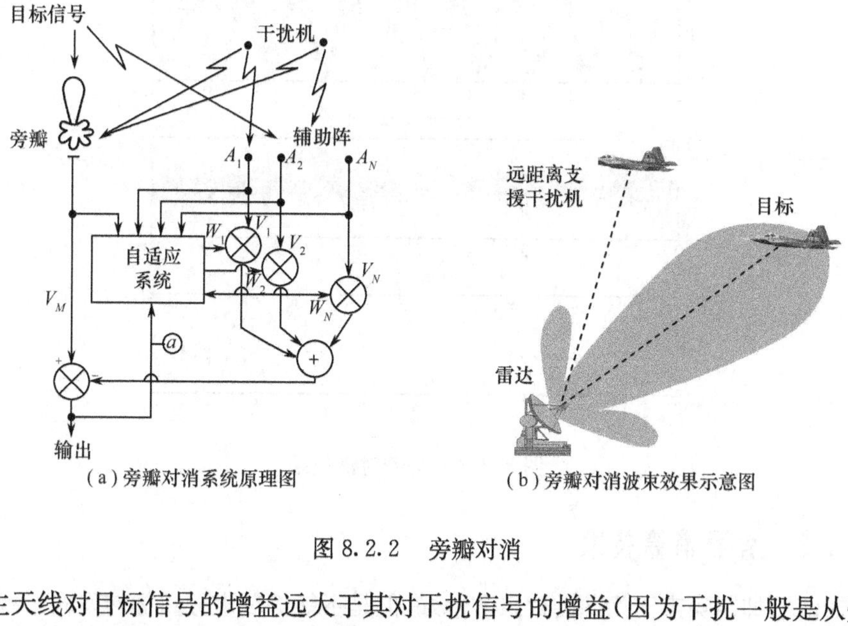

(a) 旁瓣对消系统原理图　(b) 旁瓣对消波束效果示意图

图 8.2.2　旁瓣对消

由于主天线对目标信号的增益远大于其对干扰信号的增益(因为干扰一般是从旁瓣进入

的)，而在辅助天线中目标信号与干扰信号的增益相近，所以，当主天线中的干扰信号被抵消掉时，目标信号基本不受影响。

图 8.2.2(a)中，$V_M(t)$表示在 t 时刻主天线上的采样电压矢量；$A_1(t)$，$A_2(t)$，…，$A_N(t)$为各辅助天线接收信号；N 为辅助天线数；$\boldsymbol{A}(t)=[A_1(t)\quad A_2(t)\cdots A_N(t)]^{\mathrm{T}}$表示 t 时刻辅助通道接收电压矢量，上标 T 表示转置操作；$\boldsymbol{W}=[W_1\quad W_2\cdots W_N]^{\mathrm{T}}$表示由相应算法得出的最优加权值矢量。

对消剩余信号由下式给出

$$r(t)=V_M(t)-\sum_{n=1}^{N}W_n A_n=V_M(t)-\boldsymbol{W}^{\mathrm{T}}\boldsymbol{A} \tag{8.1.7}$$

最优权值计算可采用最小均方算法(LMS)自适应滤波处理，使剩余功率最小，即最小均方准则(LMS)，可表示为

$$\begin{aligned}P_{\mathrm{res}}&=E\{|r(t)|^2\}\\&=E\{[V_M(t)-\boldsymbol{W}^{\mathrm{T}}\boldsymbol{A}][V_M(t)-\boldsymbol{A}^{\mathrm{T}}\boldsymbol{W}]\}\\&=E\{V_M^2(t)\}-\boldsymbol{R}_0^{\mathrm{T}}\boldsymbol{W}-\boldsymbol{W}^{\mathrm{T}}\boldsymbol{R}_0+\boldsymbol{W}^{\mathrm{T}}\boldsymbol{R}\boldsymbol{W}\end{aligned} \tag{8.1.8}$$

式中，$\boldsymbol{R}_0=E\{V_M(t)\boldsymbol{A}\}$表示主通道干扰矢量与辅助通道干扰矢量形成的互相关矩阵；$\boldsymbol{R}=E\{\boldsymbol{A}\boldsymbol{A}^{\mathrm{T}}\}$表示各辅助通道干扰矢量形成的协方差矩阵。

将式(8.1.8)两侧分别对权值矢量 $\boldsymbol{W}$ 中的每一个分量 W_1，W_2，…，W_N 做求导运算，并且使偏导结果为零，最终得到自适应旁瓣对消的最优权值表达式为

$$\boldsymbol{R}\boldsymbol{W}_{\mathrm{opt}}=\boldsymbol{R}_0 \tag{8.1.9}$$

通过最佳权系数 $\boldsymbol{W}_{\mathrm{opt}}$ 对辅助天线信号加权，叠加到主天线信号中，可最大程度地将主天线中的干扰信号抵消。目前旁瓣对消技术已能使旁瓣噪声干扰减低 20～30dB。这种措施对于连续波噪声干扰抑制较好，但对脉冲干扰没有什么抑制作用。雷达旁瓣对消的前提是干扰源数量小于或等于雷达辅助天线的数量(自由度)。图 8.2.3 为旁瓣对消效果。

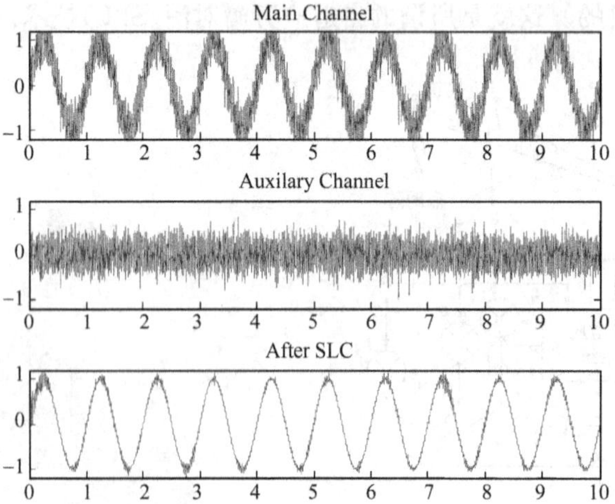

图 8.2.3　旁瓣对消效果

8.2.1.3　旁瓣消隐技术

旁瓣对消器抑制噪声干扰源的效果非常好，但是不能抑制虚假目标转发式干扰。因此，需

要用另外一种电子反干扰技术对抗不同的干扰，也就是雷达旁瓣消隐(SLB)技术，或称之为旁瓣匿隐技术。

旁瓣消隐技术采用主通道和副通道两通道系统，结构与旁瓣对消技术类似，只是信号处理的方式不同。如图 8.2.4(a)所示，目标回波信号由主通道 A 的主瓣进入，一般主瓣最大增益比第一旁瓣最大增益大十几分贝到几十分贝，这主要是为了减少旁瓣检测到目标的可能性，同时也减少通过旁瓣到达的干扰信号。辅助天线连接 B 通道，通常采用弱方向性的全向天线，其增益大于主天线旁瓣的增益，但小于主天线主瓣的增益。

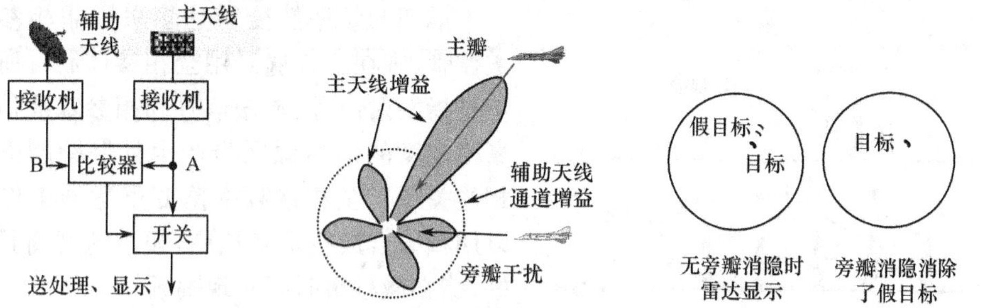

(a)旁瓣消隐系统结构示意图　(b)主波束和辅助天线波束　(c)旁瓣消隐抗假目标效果示意图

图 8.2.4　旁瓣消隐

主、辅通道接收到的回波信号同时送给比较器，在接收机的输出端比较两路信号的幅度电平。如果 A 路接收机中的回波信号的视频幅度大于 B 路接收机中的信号幅度，则选通器始终被打开，主信道接收到的回波信号被送去正常的检测和显示。如果 A 路接收机中回波信号视频幅度小于 B 路接收机中回波信号视频幅度，则产生一个消隐触发脉冲加到消隐脉冲产生器，并由消隐脉冲产生器产生一具有适当宽度的旁瓣消隐脉冲加到选通器，当消隐脉冲出现时，即表示雷达受到从旁瓣进入的干扰，这时选通器被关闭，则旁瓣干扰被消隐掉。

旁瓣消隐方法结构简单，易于实现，可用于去除来自旁瓣的强脉冲干扰和强点杂波干扰。旁瓣消隐系统抑制从雷达天线旁瓣进入的干扰信号效果明显，而且如果副天线的增益选择得当，也不会显著降低主瓣检测目标的能力，但它并不能消隐主瓣进入的干扰信号。在存在噪声和波程差的情况下，只能消隐部分干扰信号。对于来自旁瓣的连续的噪声干扰或连续的杂波干扰，旁瓣消隐反而会起抑制主瓣信号正常接收的作用，因此，旁瓣消隐系统无法对付连续波或噪声干扰，这时就需要采用旁瓣对消技术。

8.2.2　频率选择抗干扰技术

频率选择抗干扰技术就是利用雷达信号与干扰信号频域特征的差别来滤除干扰，当雷达迅速的改变工作频率跳出频率干扰范围时，就可以避开干扰。常用频率选择抗干扰方法包括选择靠近敌雷达载频的频率工作、开辟新频段、频率捷变、频率分集等。

8.2.2.1　频率捷变

频率捷变技术是指单个发射信号的载频以随机或预定方式在较宽的频带内作较大范围的随时间捷变，是当前实现频域抗干扰最有效的措施。随着抗干扰技术的发展，频率捷变技术也大致经历了三个发展阶段。第一阶段主要是抗瞄准式干扰，体现在变频速率的对抗上，早期的雷达为了避开窄带瞄准式干扰，常采用机械调谐的方式改变雷达工作频率，在干扰机实现了无惯性电子调谐系统后，可以在数微秒到数十微秒的时间将干扰频率对准雷达工作频率，为了应对这种干扰，频率捷变雷达被研制出来。第二阶段主要是抗阻塞式干扰，体现在功率密度的对抗上。为了有效干扰频率捷变雷达，必须施放宽带阻塞干扰，其干扰信号的频带可达数百到数千兆赫，但如果雷达具备宽频段捷变能力，将迫使干扰带宽进一步增大，使得干扰功率谱密度降低，干扰效果变差。第三阶段主要体现在自适应能力对抗上，频率捷变雷达不再盲目的随机频率捷变，而是根据侦察到的全频段干扰信号的分析结果，自动选定受干扰最弱的雷达工作频率。图 8.2.5 为频率捷变抗干扰示意图。

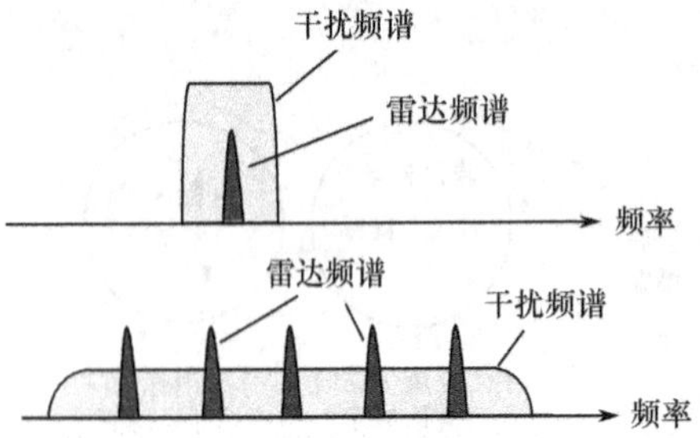

图 8.2.5　频率捷变抗干扰示意图

早期的频率捷变雷达多采用非相参的捷变磁控管，现在已普遍采用全相参体制。所谓全相参是指发射信号、本振信号和相参基准信号都由高稳定度的信号源同步产生且保持严格固定的相位关系。全相参频率捷变雷达的工作频率可以用频率合成技术来控制，频谱纯度高且灵活性好，能在微秒级时间实现跳频。

频率捷变不仅是重要的抗干扰手段，而且有利于雷达性能改善，主要表现在以下方面。

(1) 提高雷达的作用距离

由于目标雷达截面积对频率的变化十分敏感，采用频率捷变信号就能起到脉间去相关的作用，目标起伏模型变成快起伏模型，在同样检测概率条件下所需信噪比更小。

(2) 提高跟踪精度

目标回波的视在中心的角度变化现象称为角闪烁，它表现为角噪声会引起测角误差。对于频率捷变雷达，捷变的发射载频提高了目标视在中心变化的速率，使角闪烁频谱落在角伺服带宽以外，使视在中心的均值更接近真值。

8.2.2.2　频率分集

频率分集技术是为完成同一个任务采用相差较大的多个频率，同时或近似同时工作的一种技术。在雷达中，采用频率分集技术能有效地抗瞄准式有源干扰。对宽带阻塞干扰，加大频率分集频宽也将迫使干扰机加大干扰频宽，从而降低干扰的功率谱密度，改善雷达的抗干扰性能。因此，频率分集技术具有较好的抗干扰能力，属频域对抗的一种有效的抗干扰措施。在通信中，频率分集可以用来消除多径衰落的影响，当各射频的频率差足够大时，其衰落的情况是不同的，利用这些衰落不相关的输出信号，可以有效地抗选择性衰落，改善接收质量。

图 8.2.6 给出了频率分集雷达的一种实现方式，在定时器所产生的脉冲同步下，n 部发射机产生 n 种不同载频的大功率脉冲信号，然后，经过高通滤波器、大功率合成器和天线向空间发射，不同频率的目标回波信号经各自的接收机放大处理后，将不同频率检测到的目标回波视频信号送至信号处理机。

图 8.2.7 给出了一种相加进行分集处理的波形图。在信号处理机中，根据检测概率和虚警概率的不同，分集处理可采用求和、求积、取两和之积、取两积之和等处理运算，最后，经过分集处理的目标回波信号送到终端显示分机，以完成对目标的检测和跟踪。

研究分析表明，求和分集处理检测概率最高，虚警概率也最高；反之，求积分集处理检测概率最低，虚警概率也最低。

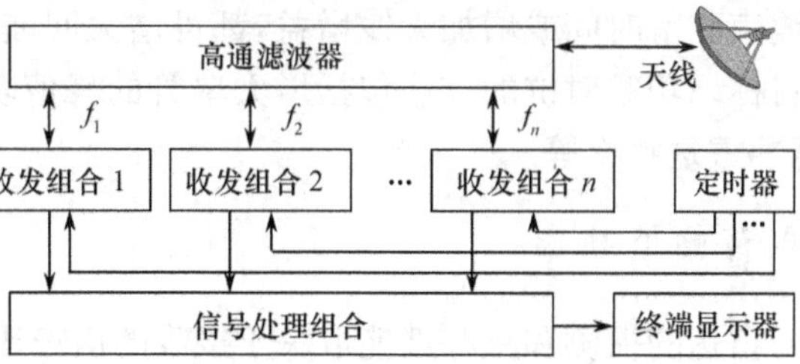

图 8.2.6　频率分集雷达的一种实现方式框图

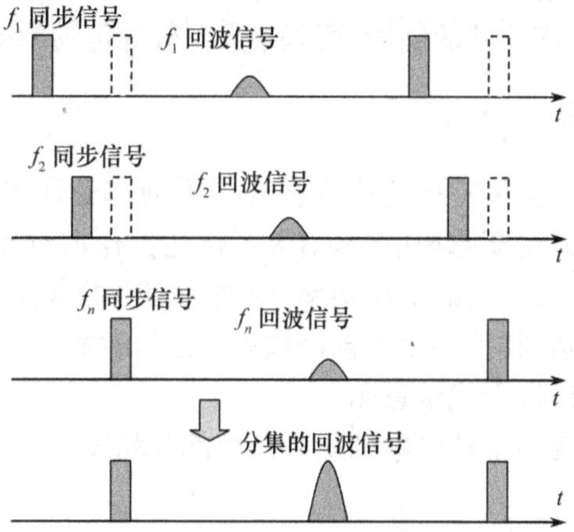

图 8.2.7　相加进行分集处理的波形图

频率分集所占有的频带越宽，将迫使敌方施放宽带阻塞干扰，降低了干扰的功率谱密度。对于瞄准式干扰，只要分集带宽大于瞄准干扰带宽，除受干扰通道外，其他通道仍可正常工作。频率分集雷达信号也属较复杂的雷达信号，降低了被侦察的概率，侦察的准确度也较低，受干扰也较小。

与采用频率捷变技术相类似，频率分集在改善雷达起伏目标检测、目标测量精度、低空目标检测性能的同时，提高了抗干扰能力。

8.2.2.3　选择适当的频率抗干扰

选择适当频率抗干扰的主要方式在于：

(1) 选择靠近敌雷达载频的频率工作

由于敌方无法对这一频率施放干扰，否则其自身雷达也不能正常工作，因此可达到避开干扰的效果。在紧急情况下这是一种有效的战术抗干扰措施。

(2) 开辟新频段

雷达常用的频段有超短波、L 波段、S 波段、C 波段和 X 波段等，一般不超过 220MHz～35GHz，敌方干扰机也重点针对这些频段实施干扰，如果雷达频率超出敌干扰机的频率范围，雷达就可避免被干扰，这些新频段的雷达如毫米波雷达和高频超视距雷达都具备优良的抗干扰特性。

8.2.3　功率选择抗干扰技术

功率选择抗干扰是抗有源干扰特别是抗主瓣干扰的一个重要措施。通过增大雷达的发射功率、延长在目标上的波束驻留时间或增加天线增益，都可增大回波信号功率、提高接收信干比，有利于发现和跟踪目标。功率对抗的方法包括增大单管的峰值功率、脉冲压缩技术、功率合成、波束合成、提高脉冲重复频率等。

8.2.3.1　增大单管峰值功率

根据雷达原理可知，雷达的探测和跟踪性能取决于接收的信噪比，增大单管峰值功率也就是增大雷达对目标的辐射能量，是提高雷达抗噪声干扰的最有效也最简单的措施。主要是选用功率大、功效高的微波发射管，但增大单管的峰值功率，电源的体积增大，价格增加，还容易使传输系统打火，且受到功率器件的制约，所以增大单管峰值功率受到限制较多。

8.2.3.2　脉冲压缩

脉冲压缩雷达采用大时宽带宽积的信号形式，在保证雷达距离分辨率的条件下，增大辐射信号能量。脉冲压缩雷达采用宽脉冲信号，增大了雷达工作占空比(脉冲宽度/重复周期)，在峰值功率受限制的条件下，实现大的平均功率，即增大信号的能量。比起同样峰值功率、同样距离分辨率的定频常规雷达，其信噪比改善倍数等于信号时宽带宽积，因此抗干扰能力也大大增加。图 8.2.8 为脉冲压缩抗干扰示意图。

具体实现技术和前面反侦察技术中的脉冲压缩部分相同，在此不再赘述。

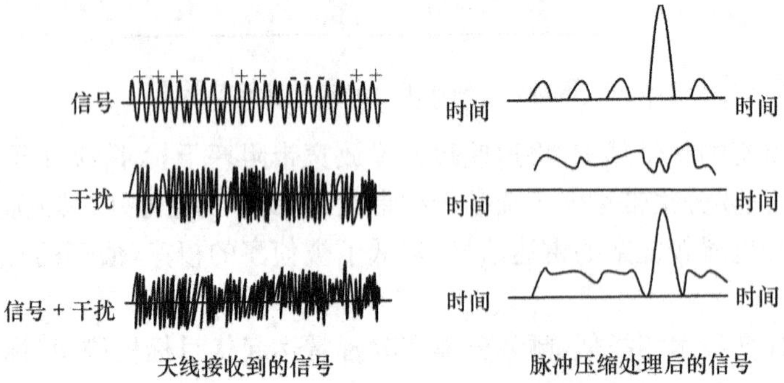

图 8.2.8　脉冲压缩抗干扰示意图

8.2.3.3　波束合成技术

波束合成就是将许多功率较小的波束合成一个波束，固态有源相控阵雷达就是应用波束合成的一个典型。它用许多个固态发射/接收模块，分别给天线阵列的各个阵元馈电，通过控制各个阵元辐射电磁波的相位，即可在空间形成一个能量很大的波束。

相控阵雷达可形成多种不同形状的波束，并可根据需要随意改变这些波束的指向，具有很大的灵活性。相控阵天线能在空间实现天线辐射能量的合理分配，并具有旁瓣对消、低旁瓣等多种空域抗干扰的优异性能。

8.2.3.4　提高脉冲重复频率

提高脉冲的重复频率可以增大其平均功率，如脉冲多普勒雷达即采用高重复频率方式(增大雷达工作占空比)提高辐射平均功率，接收时对高重复频率的回波信号进行相参积累，相参积累的处理增益正比于积累的脉冲个数。

8.2.4　信号波形选择抗干扰技术

8.2.4.1　抗干扰信号选择的原则

在复杂的电磁干扰环境下，寻求一种具有理想抗干扰性能的雷达信号形式是一个十分复杂的问题，从抗干扰的基本概念出发，比较理想的抗干扰信号应当具有大时宽、大频宽和复杂内部结构。

(1) 大时宽

增大信号的时宽，能有效地改善目标速度的测量精度。根据模糊函数的性质，大时宽信号具有良好的速度分辨率，可以提高在频域上的抗干扰能力。大时宽信号的能量较高，相当于提高雷达的输出信干比，增大了雷达的自卫距离。

(2) 大频宽

大频宽的信号也称扩谱信号，占有很宽的瞬时带宽。现代雷达发展的一个重要特点是应用扩谱技术，从而使雷达信号带宽越来越宽。增大信号的频宽，一方面是为了提高雷达的距离分辨率，因为雷达的距离分辨率数值与其信号频宽成反比，大频宽信号具有较窄的等效脉冲宽度因而能有效提高距离分辨率；另一方面，在雷达平均功率不变的条件下，信号带宽越宽则信号在单位频带内的功率越低，使得电子侦察设备难以检测这种信号，也就难以被干扰，而且增大信号频宽将迫使敌方施放宽带干扰，干扰功率谱密度的下降可提高雷达的输出信干比，增大了雷达在干扰条件下的有效探测距离。

(3) 复杂的内部结构

对敌方来讲，侦察掌握雷达信号的特征和参数是施放干扰的前提，只有准确侦察到雷达的性能参数才能施放最有效的干扰。显然，雷达信号的内部结构越复杂，敌方侦察截获雷达信号的可能性就越小，模拟复制的可能性也越小，施放干扰的效果也将变差。

8.2.4.2　典型的抗干扰雷达信号

根据以上抗干扰信号选择原则，具有较好抗干扰特性的雷达波形有脉内调频信号、伪随机序列相位编码信号、相参脉冲串信号、噪声信号以及冲击信号等。这些信号改变了常规单载频脉冲信号的模糊函数形状，可将能量密度集中在需要的时频域内，利用雷达对信号的良好选择性有效抑制各类干扰，并且增大了电子对抗侦察与干扰波形产生的难度。

8.2.5　极化选择抗干扰技术

极化和振幅、相位一样，是雷达信号的特征之一。一般雷达天线都选用一定的极化方式，以最好地接收相同极化的信号，抑制正交极化的信号。不同形状和材料的物体有不同的极化反射特性，在对特定目标回波的极化特性有深刻的了解后，雷达可以利用这些先验信息，根据所接收目标回波的极化特性分辨和识别干扰背景里的目标。

雷达在极化域的抗干扰措施，主要是利用目标回波信号和干扰信号之间在极化上的差异，以及人为制造或扩大的差异来抑制干扰，提取目标信号。它是信号与干扰进入接收系统之前行之有效的抗干扰方法。极化抗干扰有两种方法，第一种方法是尽可能降低雷达天线的交叉极化增益，以此来对抗交叉极化干扰，通常要求天线主波束增益比交叉极化增益高 35dB 以上；第二种方法是控制天线极化，使其保持与干扰信号的极化失配，能有效抑制与雷达极化正交的干扰信号，理论上，雷达极化方向与干扰极化方向垂直时，抑制度可到无穷，实际上，受天线极化隔离度限制，可得到 20dB 左右的极化隔离度。

控制天线极化与干扰的极化失配，其关键技术有极化主瓣对消技术和自适应极化滤波技术等。

8.2.5.1 极化主瓣对消技术

实际上，干扰机为了避开雷达的极化对抗措施，一般采用椭圆极化或旋转线极化。采用极化主瓣对消技术可以实现抗椭圆极化干扰。设计对消器的基本思想是将干扰信号的椭圆极化变成一种线极化，然后用负载去吸收它，把与此线极化正交的信号送至接收系统就可抑制干扰。这种方法只能对付一定极化形式的干扰，若干扰信号有两种不同的极化形式，而且互相统计独立，该方法就失去了作用。图 8.2.9 为变极化器的物理结构示意图。

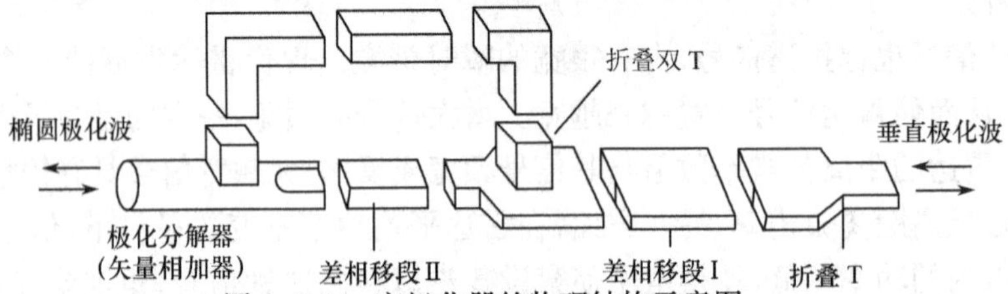

图 8.2.9　变极化器的物理结构示意图

8.2.5.2 自适应极化滤波技术

自适应极化滤波是适时地选择发射信号的极化形式，使之与干扰极化始终正交。其理论依据是，运动目标回波的极化是随目标的运动姿态作随机的变化，其变化可以在脉间或几个脉冲周期内发生，而干扰信号的极化在短时间内是相对稳定的。因此在这段时间内选择一种与干扰信号极化最接近于正交的极化信号作为发射信号，就能有效抑制干扰信号。由于敌方干扰信号的极化方向事先是未知的，并且往往有可变的多种极化方式，所以要实现极化失配抗干扰就必须采用极化侦察设备和变极化天线，自适应地改变发射和接收天线的极化方向，使接收的目标信号能量最大而干扰能量最小。当自卫干扰机或远距离支援干扰机正使用某种极化噪声干扰信号时，通过极化测试仪可以测得干扰信号的极化数据，由操纵员或自动控制系统控制雷达天线改变极化方式，最大限度地抑制干扰信号，获得最大的信干比。如图 8.2.10 所示。

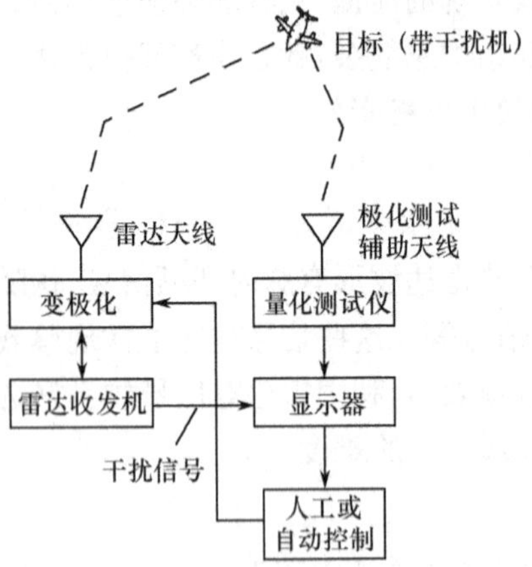

图 8.2.10　极化自适应抗干扰的原理框图

此外，极化抗干扰技术还包括极化捷变、极化分集等，其基本原理都是通过极化方向的调整抑制任意固定极化的干扰信号。

8.2.6 抗干扰电路技术

接收机内抗干扰就是根据干扰与目标信号某些特性的差异，设法最大限度地抑制干扰，同时输出目标信号。目前常用的接收机内抗干扰技术包括：宽—限—窄电路、抗波门拖引电路、脉冲串匹配滤波器、相关接收、脉冲积累、抗过载电路、脉宽鉴别器、恒虚警处理电路、雷达杂波图控制技术等。

8.2.6.1　宽—限—窄电路

宽—限—窄电路(Dicke—Fix circuit,又称“迪克—菲克斯电路”)是一种功率域和频域综合抗干扰电路,它是宽带中放与限幅器和窄带中放级联而成的电路,如图 8.2.11 所示,主要用于抗噪声调频干扰和其他快速扫频干扰。

图 8.2.11　宽—限—窄电路组成

宽—限—窄电路的宽带放大器的带宽取得足够宽,响应时间足够短,使得噪声调频干扰通过宽带放大器后,输出离散的随机脉冲,再以适当的电平对强干扰脉冲限幅,削弱干扰脉冲的能量,然后使干扰与目标信号一起通过窄带放大器。窄带放大器与普通中放一样,它的带宽设计保证与目标信号匹配,而与宽带干扰失配,因此,干扰信号在通过窄带放大器时又将受到进一步的削弱,最终提高检测的信噪比。图 8.2.12 为宽—限—窄电路的各级波形。

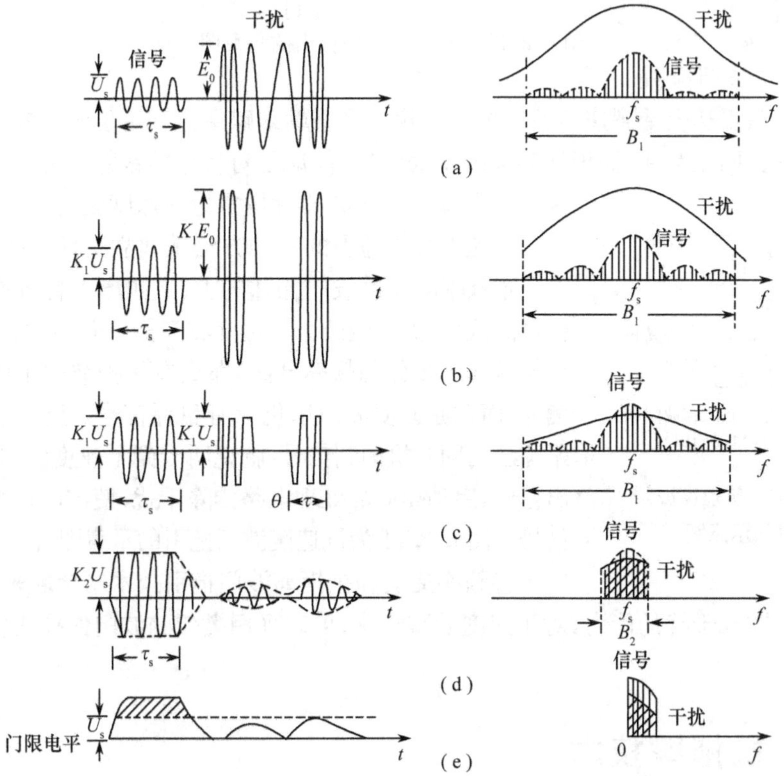

图 8.2.12　宽—限—窄电路各级波形

8.2.6.2　抗波门拖引电路

抗波门拖引电路是一种跟踪雷达常用的抗欺骗干扰的措施。

(1) 抗距离波门拖引

针对跟踪雷达的干扰主要是欺骗干扰,距离波门拖引是其中最常遇到的一种。抗距离波门拖引的一种方法是在跟踪电路中采用前沿距离跟踪器。因为距离波门拖引主要由自卫干扰产生,在自卫干扰情况下干扰机和目标处于同一位置上,由于目标回波是雷达信号照射到目标上立即反射回去的,而干扰信号的产生总需要经过干扰机耗费时间,最少也要有十几纳秒的延迟,所以干扰总是落后于目标回波信号。如果波门仅仅跟踪在回波脉冲的前沿,而不是脉冲的中心,那么滞后的干扰脉冲就不可能拖走波门。前沿跟踪技术和频率捷变或脉冲重复周期捷变相结合,可以使干扰机无法预测下一脉冲出现的时刻和频率,因而致使无法实施向近距离拖动波门,使前沿不受到干扰,这样距离波门就保持在脉冲的前沿而不被拖动了。图 8.2.13 为抗距离波门拖引的示意图。

也可以将目标回波信号经过微分电路得到相应的两个正负脉冲,控制距离跟踪波门对前沿脉冲进行跟踪,可以在干扰回波未起作用时即启动真目标的距离跟踪。

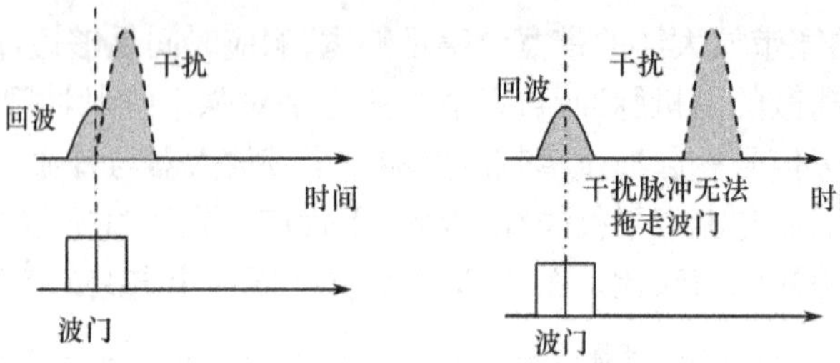

图 8.2.13　抗距离波门拖引的示意图

(2) 抗速度波门拖引

多普勒跟踪雷达会受到速度波门拖引干扰。多普勒跟踪雷达利用位于目标多普勒频率处的滤波器把目标回波套住,而把地杂波统统滤除掉,保证了对目标的跟踪。可以随目标运动而调整频率位置的滤波器就是雷达的速度波门。

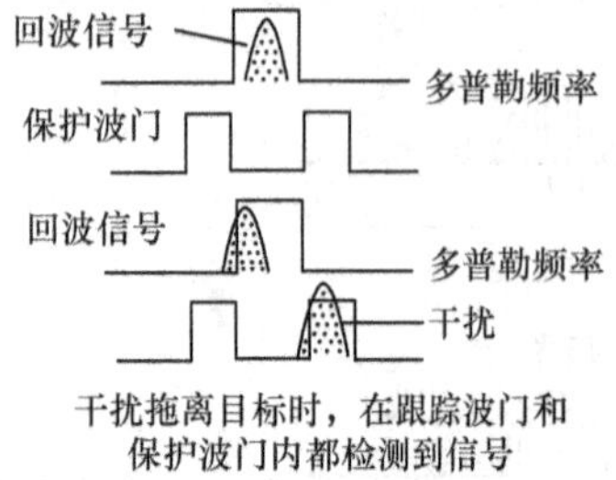

图 8.2.14　抗速度波门拖引的示意图

抗速度波门拖引的一种方法是建立速度保护波门,就是在多普勒频率滤波器波门相邻的上、下频率上再各设置一个滤波器,称为速度保护波门。当速度波门拖引开始时,一旦干扰的频率与目标的多普勒频率分离,那么在保护波门里就检测到干扰信号,而在原速度波门里仍然有目标信号。所以当保护波门和跟踪波门同时检测到信号,就说明受到了速度波门拖引,于是发出警告,启动相应的处理电路排除干扰,使波门仍然跟踪原目标信号。图 8.2.14 为抗速度波门拖引的示意图。

将频率捷变和抗距离波门拖引技术结合起来,雷达将具有很强的抗距离欺骗干扰的能力,对于速度欺骗干扰,可以采用类似的波门保护或多波门技术进行反干扰。

8.3　抗摧毁技术

当前对雷达实施硬摧毁的主要进攻手段是反辐射导弹(ARM),军用雷达必须具备抗反辐射导弹攻击的能力,才能在战争中生存下来。

8.3.1　抗反辐射导弹的有源诱偏原理

抗反辐射导弹行之有效的方法之一是诱偏导弹的航向,使它瞄准到雷达之外的地方,称为诱偏技术。为了做到这一点，在地面雷达阵地的附近放置若干个小发射机，它们和雷达发射机通过电缆连接起来，在雷达发射脉冲的时候，它们也同时发射同样的雷达信号。这些小发射机也称为诱偏装置，或者称为诱饵。它们和雷达的位置对于反辐射导弹构成一个小的夹角，就如同角欺骗电子干扰中的两点源干扰，对导引头起到引偏的作用，最终使导弹打到雷达和诱偏装置之间的某个安全的位置上，保护了雷达。

反辐射导弹一般采用被动单脉冲测向体制，利用比幅或比相在比天线波束窄得多的范围内获得辐射源角度信息。但同一时刻波束内目标多于一个时，经由导引头形成的角度信息表征的是合成信号的幅度和相位，一般不代表任何一个目标的角度信息。由一部被保护雷达和一个或多个有源诱饵组成的有源诱偏系统，利用导引头分辨角大、在天线波束内无法区分相距较近的两个辐射源的特点，将 ARM 诱偏到离雷达和诱饵都有一定距离的地方，保护雷达和诱饵的安全。有源诱偏 ARM 系统的原理如图 8.3.1 所示。

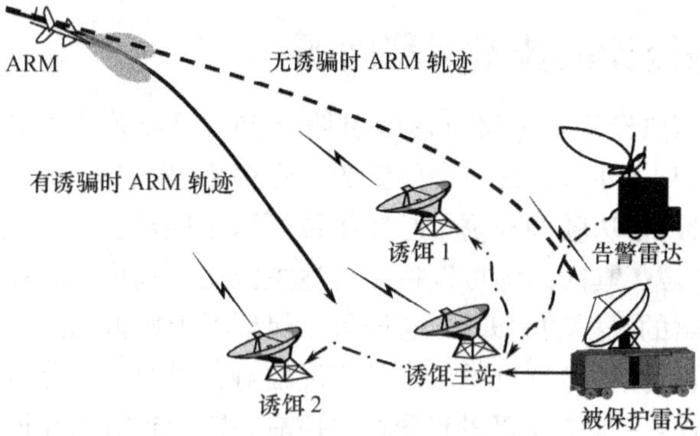

图 8.3.1　有源诱偏 ARM 系统的原理示意图

有源诱偏可以分为相干诱偏和非相干诱偏两大类，若有源诱偏系统各点源辐射信号到达反辐射武器导引头天线平面处的相位保持确定的关系，则称其为相干诱偏；否则，称为非相干诱偏。

对于两点源诱偏系统（包括一部被保护雷达和一部诱饵），如图 8.3.2 所示，由于被动雷达导引头跟踪的是雷达与诱饵的合成电磁场波阵面的法线方向，在该时刻，反辐射导引头指示的方向线位于雷达与诱饵的连线上，与 X 轴的交点将偏离雷达处，形成距离偏差 ΔX。可推导其诱偏反辐射武器的诱偏误差由下式决定：

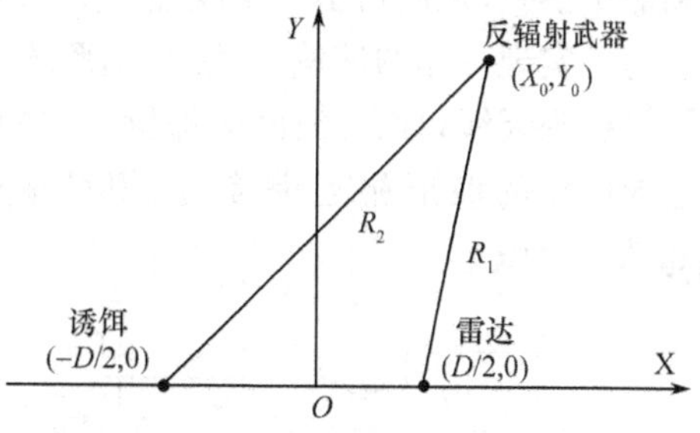

图 8.3.2　两点源诱偏系统

$$\frac{\Delta X}{D/2}=\frac{(K-\beta^2)+\beta(K-1)\cos\Delta\varphi}{(K+\beta^2)+\beta(K+1)\cos\Delta\varphi} \tag{8.3.1}$$

式中

$$\left\{\begin{array}{l} K=\dfrac{\omega_1 R_2}{\omega_2 R_1},\beta=\dfrac{E_{20}}{E_{10}} \\ R_1=\left[\left(x_0-\dfrac{D}{2}\right)^2+y_0^2\right]^{1/2},R_2=\left[\left(x_0+\dfrac{D}{2}\right)^2+y_0^2\right]^{1/2} \\ \Delta\varphi=\varphi_1-\varphi_2,\varphi_1=\omega_1\left(t-\dfrac{R_1}{C}\right),\varphi_2=\omega_2\left(t-\dfrac{R_2}{C}\right)+\varphi_0 \end{array}\right\} \tag{8.3.2}$$

其中，E_{10}，E_{20}为分别为雷达和诱饵的电场强度峰值；φ_1，φ_2为分别为雷达和诱饵到达导引头的电场相位；φ_0为雷达和诱饵之间的初始相位差；ω_1，ω_2为分别为雷达和诱饵的工作频率。

由式(8.1.10)可见，诱偏误差ΔX由D，K，β，$\Delta\varphi$ 4个量决定。其中D是常数，可将K和β视为慢变化参数，因此诱偏误差ΔX主要由$\Delta\varphi$决定。当$\Delta\varphi$变化很慢时，导引头有可能实时响应它的变化，即反辐射武器将按照式(8.3.1)决定的值瞄准。可以近似认为有源诱偏系统各点源辐射信号到达反辐射武器导引头天线平面处的相位保持确定的关系，即为相干诱偏，显然相干诱偏时，必然有$\omega_1=\omega_2=\omega$；但当$\Delta\varphi$变化足够快时，导引头无法实时响应它的变化，有源诱偏系统各点源辐射信号到达反辐射武器导引头天线平面处的相位信息经过时间的积累而消失，只剩下幅度信息，因此在这种情况下，只能讨论诱偏误差ΔX的平均值和方差，因此称其为非相干诱偏。在非相干诱偏中，当$\beta=0$或$\beta\to\infty$时，将构成闪烁干扰；当$\omega_1\neq\omega_2$时，称为异频诱偏，其中两个频率的差异以临界测频分辨为最宜。

8.3.2　有源诱偏的技术实现问题

在雷达周围一定距离设置有源假目标以引偏ARM，可以采用非相干诱饵源也可以采用相干诱饵源。采用非相干源时，其诱饵辐射源的工作频率、发射波形、脉冲定时及扫描特征等与雷达发射机完全一致，雷达脉冲和诱饵脉冲相位可以不同步。一般要求诱饵源天线波束较宽，可以覆盖大面积空域。其次因为可以控制雷达主波束不指向ARM，所以只要诱饵源的辐射功率不低于雷达旁瓣的辐射功率即可，这样可以保证不干扰雷达的正常工作。

在进行诱偏系统设计时，所有点源均应处于反辐射武器的不可分辨角度范围内，并在设置间距时要遵循两种考虑：一是使反辐射武器在失控前必定受到雷达和诱饵的共同影响，即保证雷达和诱饵共同处于选通角内；二是适当选择间距，使反辐射武器虽然能在失控前分辨雷达和诱饵，但由于惯性，在时间上有可能来不及转向命中目标，并且还要考虑反辐射武器的杀伤半径和命中误差，从而得出一个既能有效诱偏又能保证雷达和诱饵安全的最佳间距。

为了实现可靠的诱偏，有源诱偏系统各点源信号脉冲与被保护雷达信号脉冲到达反辐射武器导引头天线口面的时间应保持一定的顺序关系。确保几个诱饵站的发射脉冲到达反辐射武器导引头的波形相互搭接，且相对雷达脉冲的位置按前、中、后顺序进行覆盖包含，如图8.3.3所示。

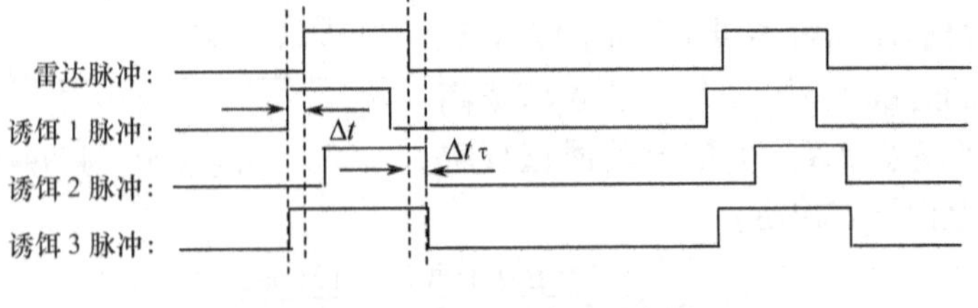

图8.3.3　诱偏的脉冲时序图

在实际系统中为了使雷达和诱饵站难以被反辐射导引头分辨出来，增强诱偏效果可靠性，一般需采用两个以上的诱饵站。

非相干诱偏系统有两种工作方式：一是保持雷达的正常工作，当探测到来袭ARM时，调节诱饵的辐射时间，使诱饵脉冲和雷达脉冲同时到达ARM，此时ARM的测角跟踪系统将失效，最终将攻击雷达和诱饵辐射的功率重心。二是在探测到ARM来袭时，诱饵源和雷达交替开机，对ARM形成“闪烁”干扰，ARM时而跟踪诱饵时而跟踪雷达，最终可将ARM引向诱饵或其他安全的地方。图 8.3.4 为“闪烁”诱偏原理示意图。

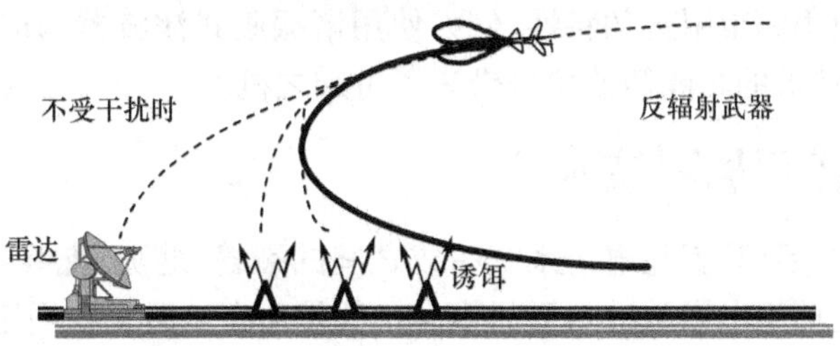

图 8.3.4　“闪烁”诱偏原理示意图

诱饵引偏系统具有设备简单，可重复使用的优点，可以在雷达工作状态下起到保护作用。但对真假辐射源参数一致性要求比较高，尤其是相干诱偏系统，需要准确控制真假辐射源信号的相位，技术难度较大，如果控制不好，其作战效果会显著下降，所以，目前装备的有源诱偏系统基本上都是非相干诱偏系统。

美国爱国者导弹的 AN/MPQ－52 雷达就使用了诱饵发射机。每部发射机（每个阵地 3～4 部）覆盖扇区 120°，脉冲功率 15kW，平均功率 450W，脉冲重复频率范围 4.4～5.6kHz，天线口径 2.4m。这种雷达诱饵对付 ARM，既可用于主瓣，也可用于旁瓣。每部发射机只向一定的方位扇区辐射，其他发射机向另外的方位辐射。同时，美军还进行了 AN/TPS－59、AN/TPS－75 和 AN/TPS－32 等防空雷达的 ARM 诱饵系统试验。

8.4　电磁加固技术

高功率微波对电子设备或电气装置的破坏效应主要包括收集、耦合和破坏三个过程。高功率微波能量能够通过“前门耦合”和“后门耦合”进入电子系统。前门耦合是指能量通过天线进入包含有发射机或者接收机的系统；后门耦合是指能量通过机壳的缝隙或者小孔泄漏到系统中。

按照电磁辐射对武器系统的作用机理，电磁加固可以分为前门加固技术和后门加固技术。

8.4.1　“前门”加固技术

雷达、电子对抗设备和通信设备的天线和接收系统属于电磁武器“前门”攻击的途径。高功率电磁脉冲可以通过天线、整流天线罩或其他传感器的开口耦合进入雷达或通信系统造成电子设备的故障瘫痪。因此在设计这些电子产品的接收前端时就要通过适当的途径，尽可能地抑制大功率的电磁信号从正常的接收通道进入，采用多种防护措施保护接收通道。

“前门”加固技术主要有如下几种。

(1) 研制抗烧毁能力更强的接收放大器件，尤其是增强天线的抗烧毁能力。可以通过选择低损耗耐高温材料，增加天线罩到天线的距离，降低罩内能流密度等方法来实现。

(2) 研制更大功率的电磁信号开关限幅器件。可以采用脉冲半导体器件、气体等离子器件、高速微波功率开关器件、铁氧体限幅器件或它们的组合构成大功率微波防护电路，提高开关保护电路的瞬态特性，在强电磁脉冲冲击下及时响应，阻止电磁脉冲进入接收机烧毁前端，并切断供电电源减小元器件受损伤的可能性。

(3) 采用信号的频率滤波技术。利用滤波的方法对从天线、电缆耦合进来的高能微波信号进行吸收或反射衰减。滤波器一般采用带通结构，在满足正常信号接收的条件下，滤波器的瞬时带宽越小越好，阻带内衰减越大越好。并且需要注意目前的很多微波段的通信、雷达设备前端滤波器仅考虑使用频带附近的特性，例如使用谐振腔式滤波器，其二倍频、三变频等信号一样可以通过，这给宽带的高能微波信号带来了可乘之机。

8.4.2 “后门”加固技术

所谓电子装备的“后门”就是电子系统中或之间的裂缝、缝隙、拖线和密封用的金属导管，以及通信接口等。大功率电磁脉冲从后门耦合一般发生在电磁场在固定电气连线和设备互联的电缆上产生大的瞬态电流(称为尖峰，由低频武器产生的)或者驻波情况下，与暴露的连线或电缆相连的设备将受到高压瞬态尖峰或者驻波的影响，它们会损坏未经加固的电源和通信接口装置。如果这种瞬态过程深入到设备内部，也会使内部的其他装置损坏，包括击穿和破坏设备系统的集成电路、电路卡和继电器开关。设备系统本身的电路还会把脉冲再传输出去，导致对系统的深度破坏。因此后门防御技术是整个电子设备防御的关键之一。

“后门”加固技术主要有以下几种。

8.4.2.1 屏蔽技术

在强电磁攻击的照射下，电子设备机箱上的任何小孔或缝隙的作用都非常像一个微波腔体中的槽口，能让微波辐射直接激励或进入腔体。高能微波信号进入电子设备腔体后就会对腔体内的集成电路和一些敏感器件直接产生干扰。

减小空间辐射耦合的防护方法之一是屏蔽。金属屏蔽体对高频电磁场的作用主要是反射和吸收。屏蔽可以分为电场屏蔽与磁场屏蔽。最常用的屏蔽材料是高电导率的金属材料，如铜、铝等。在工艺上也有多种方法，一般针对不同的环节采用不同的屏蔽措施。当高能微波信号的波长与孔缝尺寸相当时，高能微波信号可以很容易通过这些孔缝进入腔体，所以阻止高能微波信号进入腔体主要还应从这些小孔和缝隙入手。

1. 缝隙的屏蔽

许多电子设备(或系统)的机箱或屏蔽室的屏蔽门与屏蔽墙之间，屏蔽箱与箱盖之间都会存在缝隙，电缆线通过机箱或建筑物的进出孔，飞行导弹在加速时，连接法兰盘也会出现缝隙，这些缝隙会破坏屏蔽体的完整屏蔽性，必须采取有效措施。缝隙的耦合有多种方式，缝隙有大小之分，同样要区别对待。可采取如下措施。

(1) 减小缝隙，使盒体与盖板接触良好。

(2) 增加缝隙的深度。增加深度可以减小耦合，为了不增加屏蔽板的厚度常采用接缝处弯折交迭的方法。另外，研究证明，耦合进入腔体内的高能微波信号能量随孔缝壁厚度还会出现共振现象，其最大值能量出现的条件为 $d \approx n\lambda$，式中 d 表示孔缝壁厚度，λ 为高能微波信号主脉冲中心频率对应的波长，n 取整数。所以阻止高能微波信号耦合进入腔体应适当增加孔缝壁的厚度，并且设计其厚度为高能微波信号主脉冲半波长的奇数倍，使从孔缝内端口输出的能量处于最小值。

(3) 采用非直通缝，如图 8.4.1 所示。有人用计算机模拟了电磁脉冲通过如图 8.4.1 (b) 所示缝隙耦合进入腔体的情况，研究表明进入腔体的微波能量比直通缝少得多。

(4) 可用微波吸收材料填充孔缝等间隙，吸收耦合进入孔缝的微波能量，从而阻止高能微波信号进入腔体。填充材料常称之为屏蔽衬垫，如导电橡胶衬垫、金属网衬垫及屏蔽布网等。微波吸收材料具有良好的导电性和反弹性，加塞在缝隙中，在一定压力下利用弹性变形来消除

图 8.4.1　非直通缝

缝隙，提高电磁屏蔽能力。

2. 孔洞的屏蔽

电子设备的面板上指示电参数的表头和调控按钮开关以及显示器等都需要在面板上开相应尺寸的孔，或为降低内部温度开设的通风孔，窥视窗或建筑物的窗口等都会留下孔洞。对于这些孔洞必须采取屏蔽措施。

(1) 用金属屏蔽网，蜂窝波导通风板，屏蔽玻璃(编织的细金属丝网夹于两块玻璃或有机玻璃之间以增加透光性)对孔洞进行屏蔽。这些金属屏蔽网也是基于蜂窝波导的原理对电磁波进行屏蔽的。高于波导截止频率的电磁波可以畅通，而低于截止频率的电磁波则随频率提高很快衰减。在截止频率以下，屏蔽效率是以－20dB/10 倍频程下降。

除了屏蔽玻璃之外，也可用导电玻璃作为电子设备的窥视窗或建筑物的窗口以防电磁波进入窗口对电子设备造成干扰或破坏。导电玻璃是在玻璃上喷镀一层金属(如铜)薄膜。导电玻璃的透光率比较高(60％～80％)，但屏蔽效能比金属网屏蔽玻璃要低得多。

(2) 在必须开孔的地方，当开孔面积相同时，尽量开成圆孔，因为矩形孔比圆形孔的泄漏大。此外在孔的背面要安装附加屏蔽罩，在面板与屏蔽罩之间加入导电衬垫，以减小缝隙，改善电接触，增加屏蔽效果。对于商用电子设备孔洞大小一般不能大于二十分之一截止波长，对于军用电子设备则不能大于五十分之一截止波长。

(3) 电源线和信号线在机箱的出入处都要采取铝箔的屏蔽处理，减少不必要的干扰信号能量耦合进入腔体，常用办法是采用带螺口的穿心电容实现。

(4) 在永久孔洞可以配上截止波导管，在按键开关上可用管帽陶铸并配上金属垫片以获得屏蔽，对于一些不再使用的孔洞，如电话线、面板接头、保险丝座等，可用金属帽盖上。

除了上面介绍的屏蔽方法与材料外，还有一些材料与工艺对屏蔽是有效的，如在腔体内壁涂上一层微波吸收材料，吸收腔体内的电磁波，使进入腔体的微波能量很快衰减掉，减少高能微波信号对元器件、电路的作用时间，以保护设备正常工作。在外表面喷涂掺金属粉的油漆，在塑料外壳上镀金属屏蔽层，化学涂镀工艺等。此外，采用多层屏蔽也是常用方式，如在野外工作计算机采用屏蔽布网的帐篷可以防止高能微波信号的干扰以及自身辐射泄漏，卫星通信系统在天线周围采用金属屏风等。

8.4.2.2　接地技术

良好的接地是抑制噪声，防止干扰的重要手段。良好、正确的接地可以有效地抑制系统内部的噪声耦合，防止外部干扰的侵入。

8.4.2.3　适当选择电气材料和器件，尽量使用光纤技术

各种电气接口部分也是比较薄弱的环节。通信接口和电源一般必须满足调节器所需的电气安全指标要求，这些接口通常利用隔离变压器加以保护，其额定电压从几百伏到大约 2～

3kV。很明显，一旦由变压器、电缆脉冲放电器或屏蔽提供的保护功能被破坏，只要几十伏的电压就能给计算机和通信设备造成很大的破坏。

电子设备中纵横交错的指挥控制信息网络的这种分散性及组网工作情况极易遭受电磁攻击，只有使用电磁加固的机房才能使得计算机、网络等通信设备抵御电磁攻击，而大量的分布式网络却没有这个能力。网络里的电缆本身也是一个能有效传播电磁影响的媒介，从而使网络内的设备受到损坏。光纤具有传输信息快而且不怕电磁辐射的特性，因此对于裸露在外的接口，应尽量使用光接口技术。

8.5　通信电子防护技术

本章前几节介绍的许多反侦察、抗干扰、抗摧毁和电磁加固等技术措施和运用原则在通信领域都具有一定适应性，可应用于通信电子防御，以保护已方通信不被侦察截获、干扰，确保已方通信设施安全以及通信顺畅。本节将重点讨论通信反侦察和抗干扰的若干主要技术措施。

8.5.1　扩谱通信技术

8.5.1.1　扩谱通信概述

扩谱通信，又称扩频通信，全称“扩展频谱通信(Spread Spectrum Communications)”。扩谱通信是一种信息传输方法，一般要求其信号所占有的频带宽度远大于传输信息必需的最小带宽。频带的展宽是通过编码与调制的方法实现的，而与传输的信息无关；在接收端则用相同的扩频码进行同步相关解扩及解调来恢复所传输的信息数据。扩谱通信主要是指跳频(FH)通信和直接序列扩谱(DS-SS)通信(简称“直扩通信”)，另外还有跳时(TH)、线性调频(Chirp)以及以上各种方式组合的混合扩谱通信。

香农信道容量公式给出了带限加性高斯白噪声(AWGN, Additive White Gaussian Noise)波形信道的信道容量公式：

$$C=W\log_2\left(1+\frac{S}{N}\right) \tag{8.5.1}$$

其中：$\frac{S}{N}$为信道的信噪比；W 为信道带宽。由上式(8.5.1)可知，在信号功率及信道容量不变的情况下，可以通过加大信号带宽来降低系统对信噪比的要求。香农信道容量公式解释了扩展频谱传输达到反侦察、抗干扰的最基本原理。

相对于普通的窄带调制，扩谱技术的特性主要有：

(1) 反侦察特性

相对常规系统而言，扩谱信号占据了更大的带宽，因此在发射功率相同的情况下，扩谱信号的功率谱密度要远远小于常规系统发射信号的功率谱密度，具有低截获概率特性。此时，在不了解扩谱信号有关参数的情况下，侦察接收机难以对扩谱信号进行监视、截获，更难以对其进行测向。

(2) 抗干扰特性

扩谱系统通过接收端的解扩处理，使解扩后的干扰功功率被大大压制，而扩谱信号本身在解扩前后的功率可以近似保持不变。因此，扩谱技术的采用提高了接收机信息恢复时信号的信干比，相当于提高了系统的抗干扰能力。

(3) 其他特性

具有信息保密性：当扩谱系统采用的伪随机序列周期很长，且复杂度较高时，敌方难以识别扩谱信号是有关参数，信息不易被破译和截获。具有码分多址(CDMA)能力：当不同的扩谱系统用户采用互相关特性较好的伪随机序列作为扩谱序列时，这些系统可以在同一时刻、同一地域内工作在同一频段上，而相互造成的影响可以很小。具有抗多径衰落能力。这些优良性能使 CDMA 广泛用于数字蜂窝移动通信、卫星移动通信等民用领域，以满足日益增长的通信容量需求和有效利用频谱资源。

8.5.1.2 跳频通信

跳频通信就是用扩频码序列进行移频键控调制的通信。也就是说，由所传输的信息与扩频码的组合进行选择控制，使载波频率不断地跳变。通过频率随机跳变，跳频通信系统占用了比信息带宽要宽得多的频带。图 8.5.1 给出了跳频通信系统的组成方框图。

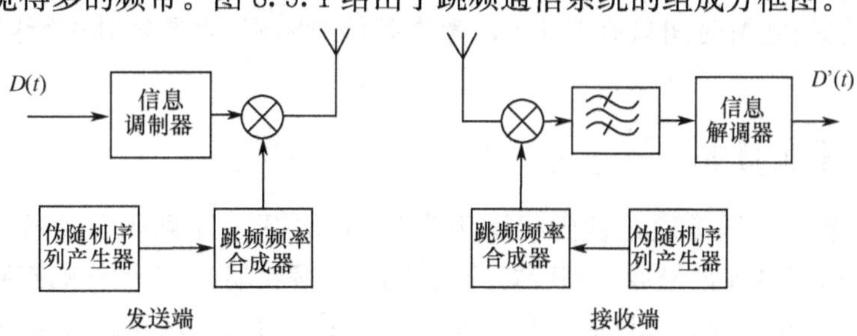

图 8.5.1 跳频通信系统组成框图

发送端用伪随机序列控制频率合成器的输出频率，经过混频后，发送信号的中心频率就按照跳频频率合成器的频率变化规律来变化。在接收端的跳频频率合成器与发送端按照同样的规律跳变，这样混频器输出的中频信号经过窄带解调后就可以恢复出发送的数据。

跳频系统在每一个频率上的驻留时间的倒数称为跳频速率。当系统跳频速率大于信息符号速率时，该系统称为快跳系统。此时系统在多个频率上依次传送相同的信息，信号的瞬时带宽往往由跳频速率决定。当系统跳频速率小于信息符号速率时，该系统称为为慢跳系统。此时系统在每一跳时间内传送若干波特的信息，信号的瞬时带宽由信息速率和调制方式决定。

跳频系统的频率随时间变化的规律称为跳频图案。为了直观地显示跳频系统的跳频规律，可以用图形方式将跳频图案显示出来。图 8.5.2 给出了一种跳频图案。该跳频图案中共有 8 个频率点，频率跳变的次序为 f_3、f_1、f_5、f_7、f_4、f_8、f_2、f_6。实际应用中，跳频图案中频率的点数从几十个到数千个不等。跳频图案中两个相邻频率的最小频率差称为最小频率间隔。跳频系统的当前工作频率和下一时刻工作频率之间的频差的最小值称为最小跳频间隔。实际的最小跳频间隔都大于最小频率间隔，以避免连续几个跳频时刻都受到干扰。

考虑跳频系统的处理增益时，如果认为进入跳频接收机的白噪声是布满整个跳频频段的宽带噪声，经过解跳处理后，由于跳频系统在任何一个跳频时间间隔内与常规窄带系统的工作过程是完全一样的，因此起作用的是窄带高斯白噪声，那么噪声功率在解跳前后是有变化的，即跳频系统对白噪声是有处理增益的，处理增益的大小一般等于跳频点数 N。

在 VHF 频段，20 世纪 70～90 年代使用的低、中速跳频电台，跳频速率大多在 500 跳/s 以下。在 UHF 频段，美军使用的 Have Quick 跳频系统的跳速达到 1 000 跳/s。在 L 频段，

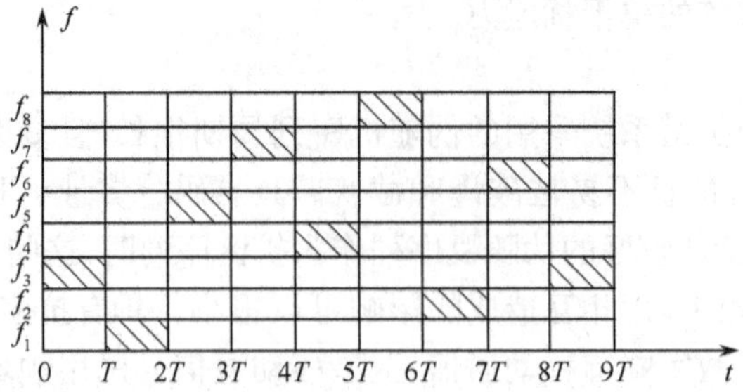

图 8.5.2　跳频图案

美国三军联合战术信息分发系统(JTIDS)的跳速为 38 000 跳/s 和 77 000 跳/s。跳频速率越高,意味着在每一个跳变频率上的驻留时间就越短。例如,对于 1 000 跳/s 的跳频通信,每跳的驻留时间(包括换频时间在内)只有 1 ms,要在这么短的时间里完成对信号的搜索、截获、测频和选择干扰样式并发出瞄准干扰,已是非常困难。若跳频速率进一步提高到 10 000 跳/s,每跳的驻留时间只有 0.1 ms,考虑到传播时间,再要对其进行瞄准干扰是根本不可能的。

8.5.1.3　直扩通信

直扩通信的基本原理是通过伪随机噪声序列码(即"PN 序列码",或称"扩频码"和"伪码")在通信发射端将载波信号展宽到较宽的频带上;在接收端,采用同样的扩频码序列进行解扩和解调,把展宽的信号还原成原始信息。通过扩展频谱的相关处理,大大降低了频谱的平均能量密度,可在负信噪比条件下工作,获得了高处理增益,从而降低了被截获和检测的概率,避免了干扰影响。直扩通信系统的简化组成原理框图如图 8.5.3 所示。

图 8.5.4 显示了系统各部分的示意性波形。其中(a)是数据波形 $d(t)$,码元宽度 T_b,码速率 $R_b=1/T_b$,(b)是二进制 PN 码波形 $c(t)$,码速率 $R_c=1/T_c$,且 PN 码序列长度 $N=R_c/R_b$,这习惯称为短码扩谱调制,(c)是 PN 码对数据的调制,为乘积 $d(t)c(t)$,经载波调制形成 BPSK 信号 $s(t)$,如(d)所示。(e)则显示了接收端经解扩、解调后恢复的发送信号 $v(t)$。

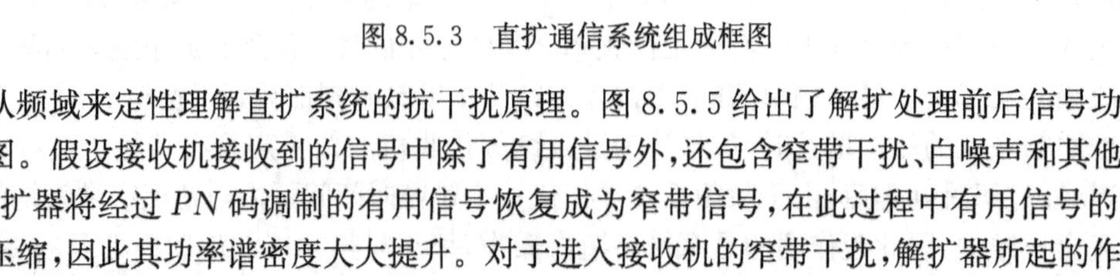

图 8.5.3　直扩通信系统组成框图

从频域来定性理解直扩系统的抗干扰原理。图 8.5.5 给出了解扩处理前后信号功率谱的示意图。假设接收机接收到的信号中除了有用信号外,还包含窄带干扰、白噪声和其他宽带干扰,解扩器将经过 *PN* 码调制的有用信号恢复成为窄带信号,在此过程中有用信号的带宽被大大压缩,因此其功率谱密度大大提升。对于进入接收机的窄带干扰,解扩器所起的作用是扩谱调制,即窄带干扰被本地伪随机序列调制,成为一个带宽被极大扩展的宽带干扰信号,在解扩后其功率谱密度大大降低。对于带限白噪声和其他宽带干扰,通过解扩器后,其带宽也同样被扩展,功率谱密度下降,但其下降的幅度没有窄带干扰那样显著。这样的信号通过后面的带

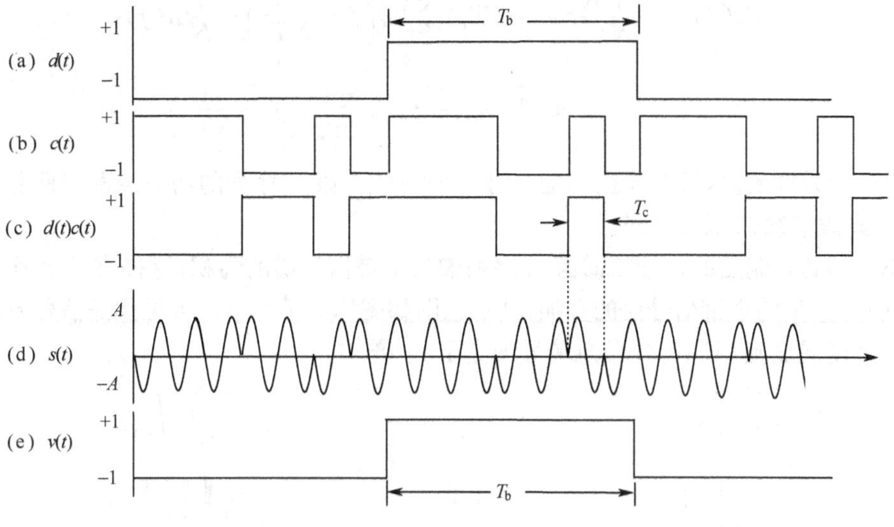

图 8.5.4　直扩通信波形示意图

通滤波器后，大部分的干扰功率被滤除，而信号功率基本没有损失。因此，解扩器前后信号的信干比大大提高，实现了抗干扰的功能。

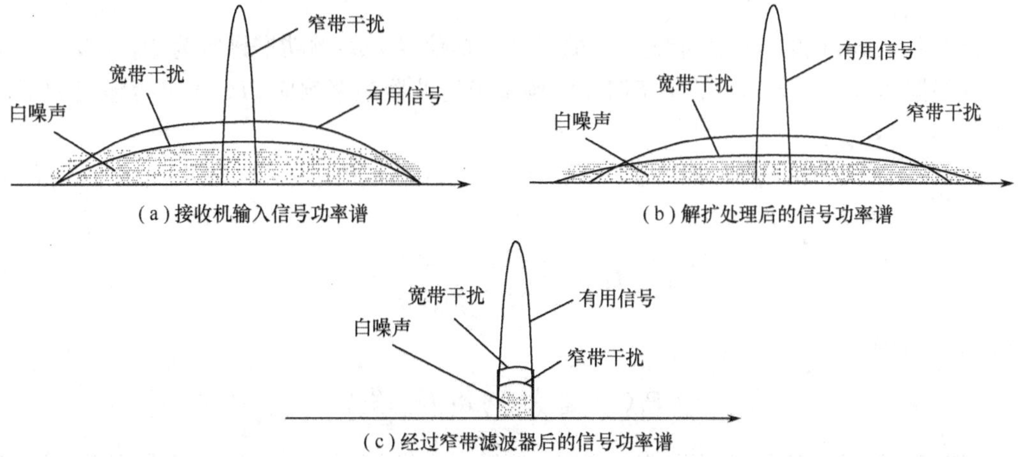

图 8.5.5　解扩处理前后的功率谱密度示意图

下面讨论直扩通信的带宽和处理增益。假设伪随机序列采用 m 序列，周期为 NT_c，在周期内自相关函数为三角形，记为

$$R_{c1}(\tau)=\begin{cases}\left(1+\dfrac{1}{N}\right)\left(1-\dfrac{|\tau|}{T_c}\right), & |\tau|\leqslant T_c\\ 0, & |\tau|>T_c\end{cases} \tag{8.5.2}$$

则 m 序列的自相关函数是以 NT_c 为周期的，为

$$\begin{aligned}R_c(\tau) &= \sum_{n=-\infty}^{\infty} R_{c1}(\tau-nNT_c)-\frac{1}{N}\\ &= R_{c1}(\tau) * \sum_{n=-\infty}^{\infty}\delta(\tau-nNT_c)-\frac{1}{N}\end{aligned} \tag{8.5.3}$$

m 序列的功率谱密度可对式(8.5.3)进行傅里叶变换得到，为

$$P_c(f)=\frac{1+N}{N^2}Sa^2(\pi f T_c)\sum_{\substack{n=-\infty\\ n\neq 0}}^{\infty}\delta\left(f-\frac{n}{NT_c}\right)-\frac{1}{N}\delta(f)$$

$$\approx\frac{1}{N}Sa^2(\pi f T_c)\sum_{\substack{n=-\infty\\ n\neq 0}}^{\infty}\delta\left(f-\frac{n}{NT_c}\right)\tag{8.5.4}$$

其中 $Sa(x)$为采样函数，近似式在 N 远大于 1 时有效。该 m 序列的功率谱密度是主成分在$\pm R_c$之间的离散谱线，如图 8.5.6。

扩谱与信息调制后的信号频谱为 m 序列谱与窄带信号谱的卷积，这样直扩信号的功率谱为若干间隔为 R_b 的窄带信号谱的叠加，其示意图如图 8.5.7 所示。可见扩谱信号 $s(t)$的频谱第一零点宽度展宽到 $2R_c$，即比信息信号展宽了 N 倍。

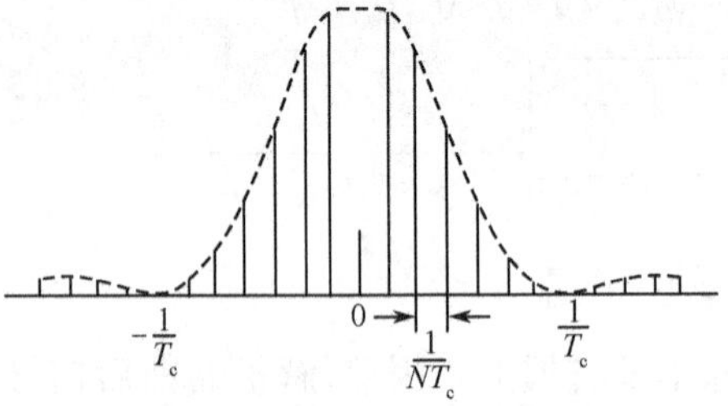

图 8.5.6　m 序列功率谱示意图

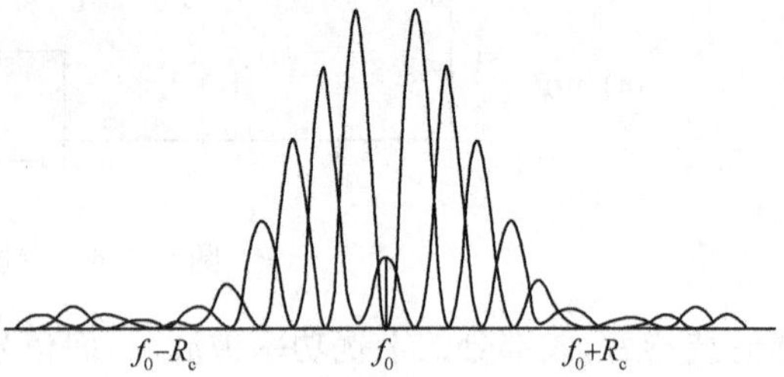

图 8.5.7　直扩信号功率谱示意图

假设进入接收机的与信息带宽相当的窄带干扰信号 $n(t)$的功谱函数为 $P_n(f)$，干扰功率为 σ_n^2 则根据 $N(t)=c(t)n(t)$的功率谱和解调基带滤波器频率响应 $H(f)$ 可得输出的干扰功率谱

$$P_{N0}(f)=|H(f)|^2P_N(f)=|H(f)|^2P_c(f)*P_n(f)\tag{8.5.5}$$

设

$$H(f)=\begin{cases}1, |f|\leqslant f_b\\ 0, |f|>f_b\end{cases}\tag{8.5.6}$$

由式(8.5.4)得

$$P_c(f)\leqslant\frac{1}{N}\sum_{\substack{n=-\infty\\ n\neq 0}}^{\infty}\delta\left(f-\frac{n}{T_b}\right)$$

$$=\frac{1}{N}\sum_{\substack{n=-\infty\\ n\neq 0}}^{\infty}\delta(f-nf_b)\tag{8.5.7}$$

于是

$$P_c(f)*P_n(f)\leqslant\frac{1}{N}\sum_{\substack{n=-\infty\\ n\neq 0}}^{\infty}P_n(f-nf_b)\tag{8.5.8}$$

将(8.5.8) 带入式(8.5.5)，经积分可得输出干扰信号功率为

$$\sigma_{N0}=\int_{-f_b}^{f_b}P_{N0}(f)\mathrm{d}f=\int_{-f_b}^{f_b}P_c(f)*P_n(f)\mathrm{d}f$$

$$\leqslant\frac{1}{N}\left[\int_{-f_b}^{0}P_n(f+f_b)\mathrm{d}f+\int_{0_b}^{f_b}P_n(f-f_b)\mathrm{d}f\right]$$

$$=\frac{1}{N}\left(\frac{\sigma_n^2}{2}+\frac{\sigma_n^2}{2}\right)=\frac{\sigma_n^2}{N}\tag{8.5.9}$$

从上式可以看出，直扩通信输出的窄带干扰功率被抑制到原功率的 N 分之一，而信号的输出功率与输入保持不变，或者说相对于窄带干扰，直扩通信的处理增益为扩谱码带宽与数据带宽之比

$$G_p = \frac{f_c}{f_b} = N \tag{8.5.10}$$

对于单频连续波干扰，用类似的分析方法可以得出直扩通信的处理增益为

$$G_p = \frac{1}{2}\frac{f_c}{f_b} \tag{8.5.11}$$

直扩通信在军事通信、卫星通信、遥测遥控、敌我识别、GPS 定位和 CDMA 多址通信等方面的应用日趋广泛和深入。如美国国防卫星系统的 AN-VST-28、全球定位系统（GPS）、跟踪和数据中继卫星系统（TDRSS）等，都采用了直扩通信的工作方式。直扩通信以其抗干扰性强、信息传输隐蔽和易于组网等优点，在军用和民用通信领域得到了广泛的应用。

8.5.2　自适应天线技术

与 8.2.1 节雷达自适应旁瓣对消类似，在现代通信系统中采用"自适应天线技术"在空间形成一个或多个主要的电波传播方向，既可以实现空分多址通信，也可以让天线的主波束对准主要信号方向，在干扰方向形成天线方向图的零点即实现自适应陷零，以避开强的干扰方向。自适应天线系统的一种典型组成形式如图 8.5.8 所示，由 N 个天线单元、波束形成网络和自适应处理器组成，波束形成网络权值根据某种优化准则计算得到。一般调整算法以接收天线输出信噪比最大或最小均方差作为准则来进行。

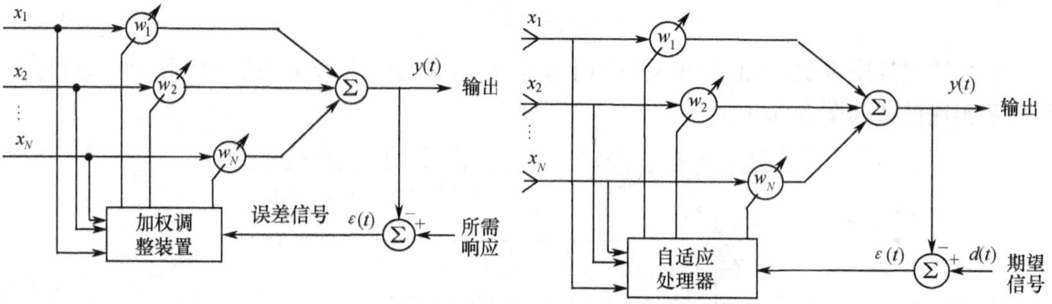

图 8.5.8　自适应天线系统的组成

波束形成器在时刻 j 的输出信号 $y(j)$ 是此时 N 个阵元输出数据的线性组合用向量形式表示为

$$y(j) = \sum_{i=1}^{N} w_i x_i(j) = \boldsymbol{W}^{\mathrm{T}} X(j) \tag{8.5.12}$$

其中，$\boldsymbol{W}=[w_1, w_2, \cdots w_N]^{\mathrm{T}}$ 称为加权向量。将期望获得的信号记为 $d(j)$，输出与期望信号的误差为

$$\varepsilon(j)=d(j)-\boldsymbol{W}^{\mathrm{T}} X(j) \tag{8.5.13}$$

当输入信号能被认为是平稳随机过程时，通常用最小均方误差（LMS）去寻找一组加权值。$\varepsilon(j)$ 可作为自适应运算的控制信号。均方误差为

$$E[\varepsilon^2(j)]=E[d^2]-2\boldsymbol{W}^{\mathrm{T}}\boldsymbol{R}_{xd}+\boldsymbol{W}^{\mathrm{T}}\boldsymbol{R}_{xx}\boldsymbol{W} \tag{8.5.14}$$

其中 $\boldsymbol{R}_{xx}$ 为输入 $X(j)$ 的自相关矩阵，$\boldsymbol{R}_{xd}$ 为输入信号与期望信号的互相关矢量。

式(8.5.14)中，$E[\varepsilon^2(j)]$为加权值 w 的二次函数，为了寻找最小值，可将式(8.5.14) 对加权值 w 求导，得到梯度

$$\nabla E[\varepsilon^2]=2\boldsymbol{R}_{xx}\boldsymbol{W}-2\boldsymbol{R}_{xd} \tag{8.5.15}$$

并令其等于 0，可得最小均方误差加权量

$$W_{LMS}=R_{xx}^{-1}R_{xd} \tag{8.5.16}$$

对于任何给定的阵元排列，二次曲面 $E[\varepsilon^2(j)]$类似一个碗型，其形状、位置和取向随入射到阵列的信号的个数、到达角或功率电平而变化，自适应运算正是连续调节加权值 w，去搜寻碗底，并对碗底进行跟踪。在这个过程中可以采用最陡下降法形成递推计算

$$w(j+1)=w(j)-\mu\,\nabla_w E[\varepsilon^2(j)]\Big|_{w=w_j} \tag{8.5.17}$$

其中 μ 为正数，可控制收敛的速度和稳定度。但是上式的计算涉及数学期望运算，在实时处理器中难以直接实现，因此可以采用以下替代方式，并且不必矩阵求逆。这种方法以两位提出者的名字命名，为 Widrow-Hoff LMS 算法（威德罗－哈夫算法）。将式(8.5.15)代入式(8.5.17)得到

$$\begin{aligned} w(j+1)&=w(j)-\mu\nabla_w E[\varepsilon^2(j)]\\ &=w(j)-2\mu[\boldsymbol{R}_{xx}\boldsymbol{W}-\boldsymbol{R}_{xd}] \end{aligned} \tag{8.5.18}$$

上式中用当前值代替期望值，即用 $\boldsymbol{X}(j)\boldsymbol{X}^T(j)$ 代替 $\boldsymbol{R}_{xx}$，用 $\boldsymbol{X}(j)d(j)$ 代替 $\boldsymbol{R}_{xd}$，得到

$$\begin{aligned} w(j+1)&=w(j)-2\mu[X(j)X^T(j)W-X(j)d(j)]\\ &=w(j)-2\mu[X^T(j)W-d(j)]X(j)\\ &=w(j)+2\mu\varepsilon(j)X(j) \end{aligned} \tag{8.5.19}$$

这个迭代规则说明，当前加权矢量加上由误差调节的输入矢量，就得到下一个加权矢量。其数字实现框图如图 8.5.9 所示

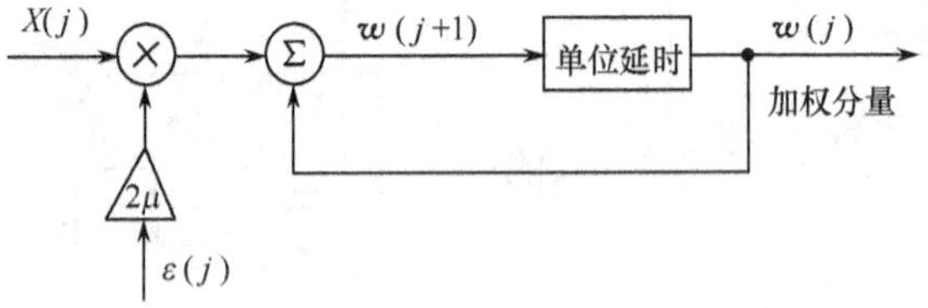

图 8.5.9　Widrow-Hoff LMS 算法的数字实现框图

实际的天线阵列可以是直线阵列、L 阵列和圆形阵列等。一般情况下对于 N 元阵，可以形成抗干扰波束零点的数目最多为 $N-1$。

自适应天线技术已在军用通信、民用移动通信、全球卫星定位系统等方面得到应用。S 美国防通信卫星上行信道应用透镜多波束天线阵，工作频率 8GHz，能产生 61 个零点可控波束，波束宽度 1°～3°；下行接收信道工作频率 7GHz，应用多波束天线阵，产生 38 个波束，每个波束有效辐射功率 200～1000W。美空军的军事星(Milstar)应用自适应天线技术，该卫星有 15 个自适应调零波束天线用以抗定向干扰。图 8.5.10 示出了 GPS 实际使用的抗干扰七阵元自适应天线。

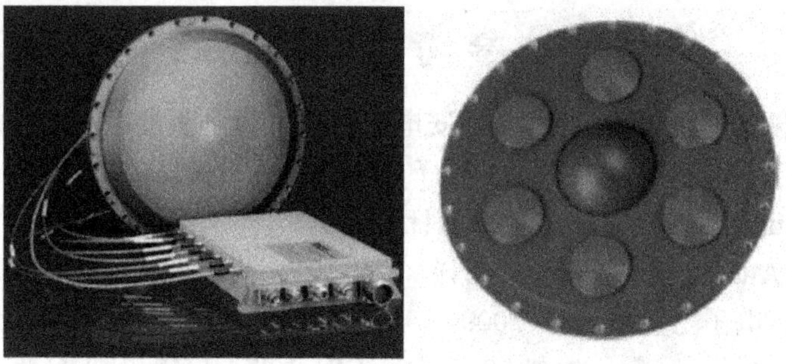

图 8.5.10　GPS 实际使用的七阵元自适应天线系统

8.5.3　其他技术(猝发通信、编码、MIMO)

1. 猝发通信技术

猝发通信技术是一种速率极高的通信方式。它利用宽的频带，在一个随机的短时间内突发信息，短暂的发射时间加上随机性，使敌方的截获和测向十分困难，尤其当所用的频率快速变换时更是如此。

2. 新的通信体制

通信反侦察、抗干扰可以采用频分多址（FDMA）、时分多址（TDMA）、空分多址（SDMA）、码分多址（CDMA）等措施来实现，这样既可实现多址联接、提高通信容量，又可以增加通信对抗侦察和干扰的难度。有的系统将几种通信体制结合使用，如数据链 JTIDS 是采用跳频和扩频结合的方式。美空军的军事星（Milstar）上行信道工作频率 44GHz，应用跳频加频分多址；下行信道工作频率 20GHz，应用时分多址，跳频带宽达 1～2GHz。一种频谱更加类似自然界白噪声的混沌通信正在受到关注，相比之下，混沌通信更能达到“隐身通信”的效果。

除了上述技术以外，还有高速短波差分跳频通信、毫米波通信、激光通信和紫外光通信等技术，开拓了通信新频段和新方法，给通信侦察和干扰带来新的困难。

3. MIMO 技术

多入多出（MIMO）技术或多发多收天线（MIMRA）是无线电移动通信领域智能天线技术的重大突破。MIMO 技术能在不增加带宽的情况下成倍地提高通信系统的容量和频谱利用率。MIMO 系统的典型特征是在发射端和接收端均采用了多个天线，其核心思想是空时信号处理。理论研究表明，和传统单进单出（SISO）系统相比，频谱利用率得到极大提高。由于 MIMO 技术潜在的巨大优势，目前，3G 协议中已经将两天线空时分组编码应用到 WCDMA 和 CDMA2000 中。

习题八

1. 低截获概率技术措施包括哪些？
2. 反侦察的主要目的是什么？
3. 在抗干扰技术中，旁瓣消隐技术和旁瓣对消技术有何差异？
4. 宽一限一窄电路是如何抑制宽带干扰信号？
5. 对反辐射导弹成功进行有源诱骗的条件是什么？有哪几种方式？

参考文献

[1] 赵国庆．雷达对抗原理．西安：西安电子科技大学出版社，1999

[2] Richard G. Wiley 著．吕跃广等译．ELINT：The Interception and Analysis of Radar Signals. 北京：电子工业出版社，2008

[3] David L. Adamy 著．王燕、朱松译．EW 101：A First Course in Electronic Warfare. 北京：电子工业出版社，2009

[4] David L. Adamy 著．朱松，王燕译．EW 102：A Second Course in Electronic Warfare. 北京：电子工业出版社，2009

[5] 童志鹏主编．现代武器装备知识丛书：电子战和信息战技术与装备．北京：原子能出版社，航空工业出版社，兵器工业出版社，2003

[6] 熊群力等，综合电子战(第 2 版)．北京：国防工业出版社，2008

[7] 张嵘，博士学位论文：宽带高灵敏度数字接收机．成都：电子科技大学，2002

[8] D. Curtis Schleher. Electronic warfare in the information age. Artech House Inc，1999

[9] 张永顺等．雷达电子战原理．北京：国防工业出版社，2006

[10] Filippo Neri. Introduction to Electronic Defense System. Second Edition，2001. 8

[11] Phillip E. Pace，Detecting and Classifying Low Probability of Intercept Radar

[12] Robert N. Lothes. Radar Vulnerability to Jamming. Artech House Inc，1990

[13] Sergei A. Vakin 著．吴汉平等译．Fundamentals of Electronic Warfare. 北京：电子工业出版社，2004

[14] James D. Townsend，Improvement of ECM Techniques Through Impelmentation of a Generic Algorithm，Thesis，March 2008

[15] 孙仲康等著．单站无源定位跟踪技术．北京：国防工业出版社，2008

[16] 周一宇等著．电子战导论(内部教材)．长沙：国防科技大学，2006

[17] 荀彦新主编．无线电抗干扰通信原理及应用．西安：西安电子科技大学出版社，2005，4

[18] (美)泊伊泽(Poisel，R. A.)著；吴汉平等译．通信电子战系统导论．北京：电子工业出版社，2003. 3

[19]《电子战技术与应用—通信对抗篇》编写组编．电子战技术与应用：通信对抗篇．北京：电子工业出版社，2005. 12

[20] 王铭三等编著．通信对抗原理．解放军出版社，1999. 11

[21] 栗苹主编；赵国庆等编著．信息对抗技术．北京：清华大学出版社，2008. 3

[22] 李云霞等编著．光电对抗原理与应用．西安：西安电子科技大学出版社，2009. 2

[23] D. Curtis Schleher. Electronic Warfare in Information Age. Artech House ，1999